미생물 해양학
Microbial Oceanography

조병철 저

(주)바이오사이언스출판

이 도서의 국립중앙도서관 출판예정도서목록(CIP)은 서지정보유통지원 시스템 홈페이지(http://seoji.nl.go.kr)와 국가자료종합목록시스템 (http://www.nl.go.kr/kolisnet)에서 이용하실 수 있습니다.
(CIP제어번호 : CIP2020012880)

조병철(Byung Cheol Cho)

서울대학교 자연대학 해양학과 학사 및 석사(1982)
UCSD, Scripps Institution of Oceanography 박사(1988)
한국외국어대학교 환경학과 조교수(1990~1993)
서울대학교 자연대학 지구환경과학부 교수(1993~2019)
군산대학교 새만금환경연구센터 전임연구원(2019~현재)
서울대학교 해양연구소 객원연구원(2019~현재)

미생물 해양학 Microbial Oceanography

인쇄일: 2020년 4월 6일
발행일: 2020년 4월 10일

저　자: 조병철
발행인: 문정구
발행처: (주)바이오사이언스출판
주　소: 06569 서울특별시 서초구 도구로 115, 1층(방배동)
전　화: (02)581-4057~8
팩　스: (02)581-4059
이메일: inquiry@biosciencepub.com
홈페이지: http://www.biobooks.co.kr
ISBN: 978-89-6824-103-1 (93470)

등록번호: 제22-3079호

값 19,000원

(주)바이오사이언스출판

DEDICATION

To my wife Sunchil
and daughters Youngeun and Eugenia
whose love and support
have resulted in this book.

서문

미생물 해양학은 지난 40여년 동안 괄목할 만한 발전을 보인 학문 분야이다. 미생물 해양학은 다양한 해양 생태계에 서식하는 미생물을 대상으로 하며 폭넓은 주제들을 다루고 있다. 국내에서도 이 분야의 전문 인력 양성을 위한 교육과정에서 사용할 적절한 교재가 요구되었으나, 미생물 해양학에 대한 체계적인 전문서적이 지금까지 거의 없었다.

1990년대 중반부터 조금씩 저술 준비를 해왔으나, 정년을 하고서야 비로서 마치게 되었다. 이 책을 통해 국내에 미생물 해양학 분야를 소개하고, 최근까지의 중요 연구 결과들을 종합하여 제시하고자 한다.

미생물 해양학에서 다루는 주제들은 광범위하여서, 학부 과정의 학생들을 위해 저술된 한 권의 책에서 해양 미생물과 관련된 모든 분야를 충족할 정도로 기술하는 것은 거의 불가능하다. 또한 학부의 교과 과정에서 미생물 해양학을 한 학기에 다루기에는 시간이 부족할 수 있다. 그러한 이유로 이 분야에 대한 대부분의 전문서적들은 특정한 분야에 저술의 촛점을 맞추어왔다. 마찬가지로, 본 저술은 해양의 수층 환경에 중점을 두었다. 그러나 때로는 가까운 관련 분야의 흥미로운 주제들도 소개하였다. 해양 미생물을 연구할 때에 필요한, 실질적이고 근본적인 해양 미생물 생태학의 원리 이해와, 미생물 해양학의 발전에 큰 도약을 가져온 주요 발견들과 개념들의 이해에 우선적인 중점을 두고, 이것을 유기적으로 연결시키고자 하였다. 또한 최근 미생물 해양학의 제반 연구에서 분자 생물학적 기법과 오믹스(omics) 기법들이 급속도로 활용되고 있는 바, 이를 심도 있게 소개하였다. 끝으로, 관심을 기울여야 할 분야인 해양 환경의 보전과 관련하여, 또는 환경 문제와 관련하여 미생물 해양학이 기여할 수 있는 분야들에 대해서 기술하였다. 이 책에서는 방법론에 대한 설명은 최대한 생략하였고, 불가피한 경우에는 최소한으로 하였다. 독자들은 이 책을 처음부터 끝까지 읽어도 되고, 또는 필요한 부분만을 선택해서 읽어도 될 듯하다. 이 책을 처음부터 끝까지 읽는 경우 어려운 부분이 있다면, 그 부분들은 건너 뛰고 읽기를 권하고 싶다. 다시 읽을 때는 많은 부분들이 저절로 이해가 되리라 본다.

이 책은 대학 학부 4학년의 교재로 사용될 수 있는 수준으로 저술하였다. 이 책을 효율적으로 이해하는 데에는 일반 미생물학, 생태학, 생화학, 미생물 유전학, 또는 해양학에 대한 지식이 있으면 도움이 되겠다. 각 장에서 가능한 한 도입부를 통해 배경 지식을 제공하여, 본론의 내용들을 이해함에 편의를 제공하려 하였다. 또한 참고문헌을 인용하여 관심있는 독자들이 해당되는 문헌을 찾아 심화학습을 할 수 있도록 하였다.

본 저술은 총 9개의 장으로 되어 있고, 효율적인 공간 활용을 위해 참고문헌은 책의 뒷 부분에 따로 수록하였다. 각 장의 주요 내용은 다음과 같다. 1장에선 현대적인 미생물 해양학으로 발달되어 온 과정과 학문의 성격에 대해 간단히 소개한다. 2장에선 해양 환경에 출현하는 해양 미생물의 다양성과 대표적인 해양 환경들의 특징을 기술한다. 기술되는 주요 해양 미생물로서는 미소조류, 박테리아, 원생생물, 바이러스 등이며, 각 미생물의 주요 생리 · 생태적 특징들이 간단하게 기술된다. 3장에선 해양 미생물의 수도(數度) 및 생물량, 세포 수준 또는 군집 수준에서의 활동도, 그리고 변화하는 해양 환경에 적응하는 해양 미생물의 다양한 적응 방식에 대해 소개한다. 4장에선 해양 미생물의 성장과 사망에 대해 기술하며, 일차 생산과 신생산, 혼합영양, 그리고 해양 미생물 먹이망에 대해 기술한다. 널리 사용되는 기법들의 이론적 배경, 장 · 단점을 소개하며, 해양 미생물의 성장과 사망 과정의 생태적 의미를 기술한다. 5장에선 생태학적 중요성이 부각되는 해양 바이러스에 대해 기술한다. 해양에서 바이러스의 분포와 생산, 이로 인한 박테리아의 사망, 용원(lysogeny), 대형/거대(large/giant) 바이러스를 포함한 바이러스의 다양성, 숙주–바이러스 간의 상호작용 및 바이러스의 기원에 대해 소개한다. 6장에선 해양 환경에서 미생물들이 관여하는 중요한 생지화학적 순환에 대해 기술하고, 주요 원소(탄소, 질소, 인, 황, 철)들이 해양 생태계에서 순환되는 경로와 여기에 관여하는 미생물, 각 경로의 생태적 중요성 및 기후변화에 대한 해양 미생물의 변화와 반응 예측에 대해 기술한다. 7장에선 해양 미생물의 다양성과 군집에 대해 기술한다. 해양 아키아(Archaea), SAR11 단계통(clade), *Roseobacter* 단계통, 해양 액티오박테리아 등을 기술하고, 해양 대기, 수층, 해저 열수 분출공, 고염 환경 등의 독특한 해양 환경에 서식하는 원핵생물 군집의 특징 및 생지리학(biogeography), 종속영양 미소편모류의 다양성과 군집 조성에 대해 다룬다. 그리고 원핵생물의 분리 · 배양에 대해 소개한다. 8장에선 최근 (메타)유전체학, (메타)전사체학, 메타단백질체학을 미생물 해양학에 적용하여 밝혀진 새로운 생태학적 통찰 및 생명수, 진화 등에 대해 기술한다. 끝으로 9장에선 미생물 해양학의 실제적 활용 및 전망에 대해 기술한다. 해양 환경 모니터링, 유류 유출, 난분해성 오염물질과 플라스틱의 분해, 보건과 관련된 이슈들과 생물체에 의한 환경의 자체정화를 목표로 하는 환경 정화(bioremediation)를 소개한다. 또한, 생물 검정(bioassay), 항생제 개발 및 항생제 내성에 대한 대책과 관련된 문제 등을 다룬다. 끝으로, 미생물 해양학의 궁극적인 목표 및 전망에 대해 기술한다.

본 저서에서는 적합한 경우 한반도 주변 해역에서 얻어진 자료들을 사용하였다. 용어의 번역에는 해양과학용어사전, 최신화학용어사전, 미생물학 · 분자생물학 사전을 참고하였다. 용어 사전에 나와있지 않은 용어들은 구글 탐색을 하여서, 또는 원음 그대로 우리말로 표기를 하였다.

미생물 해양학 발전에 대한 저자의 깊은 관심과 오랜 노력이 본 저서에 충분히 반영되어, 본 저서가 국내의 미생물 해양학 연구에 디딤돌이 되기를 기대한다. 저술을 시작한 지난 25년여 동안 이 분야에 엄청난 발전이 있었고, 최대한으로 저술에 포함시키려고 노력하였다. 그러나 미처 포함시키지 못한 중요 연구들도 있을 것으로 본다. 가까운 미래에 후학들과의 공동 집필을 통해 보다 완성된 저술이 나올 것을 기대한다. 아무쪼록 본 도서가 미생물 해양학 분야에 관심을 가진 많은 분들에게 도움이 되기를 바란다.

본 저술이 무사히 출판되도록 도와주신 ㈜바이오사이언스 출판사의 문정구 대표와 책자의 제작 과정에 힘써주신 홍수희 팀장께 감사를 드린다. 귀중한 사진과 그림들을 제공/제작해 주고, 본 저술의 일부를 읽고 수정해 준 KIOST의 최동한 박사와 서울대학교 황청연 교수, 서해수산연구소 장광일 박사, 그리고 원생생물 용어에 도움을 주신 군산대학교 이원호 교수에게 감사를 표한다.

2020년 3월 관악 푸른 숲에서

저자 조병철

차례

제3장 해양 미생물의 수도, 생물량 및 활동도

제4장 해양 미생물의 성장 및 사망

제5장 해양 바이러스의 생태

제6장 생지화학적 순환

제8장 해양 미생물의 오믹스(omics)

제9장 미생물 해양학의 활용과 전망

축약어

AAI	Average amino acid identity
AAP	Aerobic anoxygenic phototroph
AMGs	Auxiliary metabolic genes
ANI	Average nucleotide identity
ATP	Adenosine triphosphate
Bchl *a*	Bacteriochlorophyll *a*
BLAST	Basic Local Alignment Search Tool
CARD−FISH	Catalyzed reporter deposition fluorescence *in situ* hybridization
CRP	Concatenated ribosomal protein
DCM	Deep chlorophyll maximum
DGGE	Denaturing gradient gel electrophoresis
DMS	Dimethyl sulfide
DMSP	Dimethylsulfoniopropionate
DNA	Deoxyribonucleic acid
DOC	Dissolved organic carbon
FISH	Fluorescence *in situ* hybridization
GOS	Global Ocean Sampling
GOV	Global Oceans Viromes
HGT	Horizontal gene transfer
HPLC	High performance liquid chromatography
MAG	Metagenome−assembled genome
MAR−FISH	Microautoradiography and fluorescence *in situ* hybridization
Mbp	millions base pairs
MGE	Mobile genetic elements
MLSA	Multilocus sequence analysis
NanoSIMS	Nanoscale secondary ion mass spectrometry

NCBI	National Center for Biotechnology Information
NGS	Next generation sequencing
ORF	Open reading frame
OTU	Operational taxonomic unit
POC	Particulate organic carbon
POP	Persistent organic pollutant
PCR	Polymerase chain reaction
PHAs	Polyhydroxyalkanoates
PFU	Plaque−forming unit
RCP	Representative concentration pathways
rDNA	Ribosomal DNA
RNA	Ribonucleic acid
rRNA	Ribosomal RNA
SEM	Scanning electron microscope
SML	Surface microlayer
SSU	Small subunit
SST	Sea surface temperature
TAR	Taxa−area relationship
TEM	Transmission electron microscope
TEP	Transparent exopolymer particles
UCYN	Unicellular cyanobacteria nitrogen−fixing
VLP	Virus−like particle
WGS	Whole−genome sequence

제 1 장

미생물 해양학의 발전: 서론

미생물 해양학 분야는 지난 40여 년 동안 괄목할 만한 발전을 하였다. 이러한 발전은 혁신적인 기술 및 방법론의 도입, 그리고 많은 현장 조사에 기반하여, 새로운 발견들과 개념들의 정립을 통해 이루어졌다.

1940년대에 해양에 서식하는 미생물을 대상으로 연구하는 학문 분야는 해양 미생물학(Marine Microbiology; ZoBell, 1946)이란 명칭으로 자리를 잡고 성장하였다(그림 1-1). 해양 미생물학의 아버지로 불리는 Claude E. ZoBell 교수(미국 스크립스 해양연구소)와 동 시대의 과학자들에 의해 학문의 토대가 마련되었다. 해양 박테리아를 분리할 때에 흔히 사용하는 ZoBell 배지(medium)에는 Na^+와 Cl^-가 함유되어 있는데, 이는 해양 박테리아가 성장할 때에 1~5%의 염(salt)을 필요로 하는 것이 규명되었기 때문이다. ZoBell 교수는 석유 분해 박테리아와 대기로 이동하는 해양 박테리아에 대한 연구 등 다양한 주제에 대한 연구를 수행하여 해양 박테리아 연구의 지평을 열었다. 1960년대에는 박테리아의 기아-생존(starvation-survival)이란 주제에 대한 연구가 미국 오리건 대학의 Morita 교수에 의해 시작되었다. 그는 남극에서 분리된 박테리아(비브리오 균주 Ant 300)가 심해 환경에서 오랫동안 생존하는 동안 어떤 현상이 나타나는가에 대해 연구하였다. 영양원 액체배지(nutrient broth)에서 기르다가 인산염-염분 완충용액(phosphate-saline buffer)으로 박테리아를 씻어낸 후, 즉 기아 조건에서 배양하면서 나타나는 변화에 대해 연구하였다. 후에 '해양에서 박테리아가 휴지(dormant) 상태인가 또는 활성이 있는(active)가' 라는 논쟁에 영향을 주었다. 1974년에 Colwell 교수와 Morita 교수에 의해 편찬되어 발간된 서적의 제목 'Effect of the Ocean Environment on Microbial Activities'에 반영되어 있듯이, 1960년~1970년대에는 분리된 해양 미생물에 대해 염분, 수온, 압력 및 영양원의 영향과 상호작용, 그리고 미생물 간의 상호작용에 대한 연구들이 수행되었다.

1970년대에는 해양에서 박테리아 생물량과 관련된 생화학적 변수들에 대한 측정과 해수 분석 기술들이 많이 개발되었다. ATP 측정, DNA 측정, 용존 ATP 측정에 관한 연구들이 스크립스 해양연구소의 Holm-Hansen 박사에 의해 이루어졌다. 1970년대에 미국 조지아 대학의 Pomeroy 교수는 해양 먹이망(oceans food webs), 용존 유기 탄소, 유기쇄설물(detritus) 등에 대

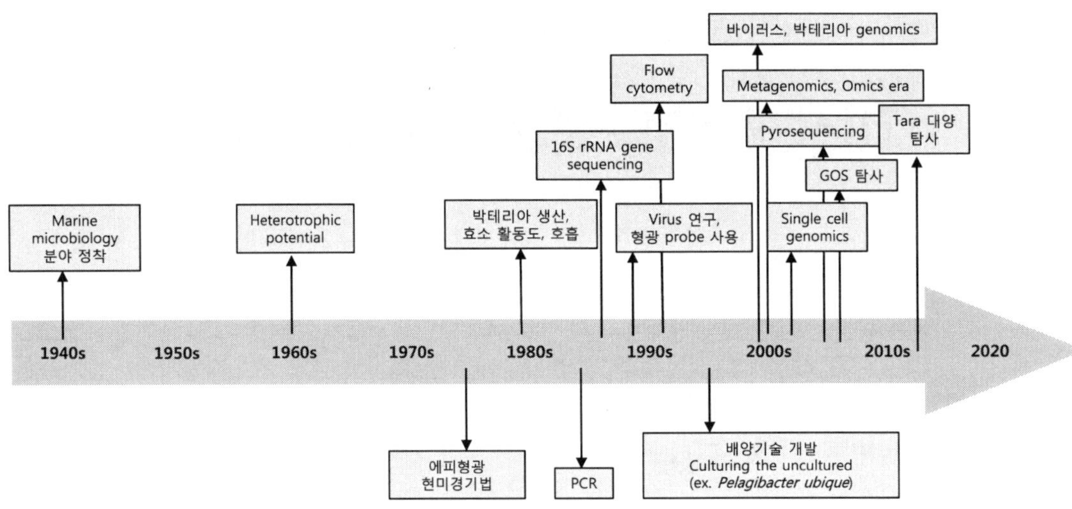

그림 1-1 지난 80여 년 동안의 미생물 해양학의 발전 역사.

한 연구를 수행하며, 해양 먹이망에서 박테리아의 중요성을 강조하였다(Pomeroy, 1974).

전자현미경을 연구에 많이 사용하였던 미국의 로드 아일랜드 대학의 Sieburth 교수는 해양 생물/미생물을 크기에 따라 구분할 것을 제안하였다: 초극미소플랑크톤(femto[1]−plankton), 극미소플랑크톤(pico−plankton), 미소플랑크톤(nano−plankton), 소형플랑크톤(microplankton), 중형플랑크톤(mesoplankton) 및 거대플랑크톤(megaplankton).

1970년~1980년대에 진행된 중요한 연구 분야 중 하나는 심해 박테리아에 대한 연구이었다. Yayanos 교수와 Baross 박사, Jannasch 박사들에 의해 심해 박테리아의 분리 · 배양이 이루어졌고, 성장에 대한 압력의 영향 연구와 고압유지 샘플링의 개발이 이루어졌다. 또한 잠수정의 개발과 이를 이용한 정밀한 해저 탐사를 통해 세계 최초로 심해저 열수 분출공(hydrothermal vents)을 발견하였고, 화학합성에 의해 생성된 유기물에 의존하는 독특한 심해 열수 생태계가 존재한다는 사실이 알려졌다(Corliss et al., 1979).

1970년대 중반에서 1980년대 초반에 미생물 해양학 발전에 획기적인 영향을 준 대표적인 기술과 방법론들은 먼저 미세한 기공−크기(pore−size; 0.2 μm)를 갖는 여과지(filter)를 사용한 에피형광현미경 기법(epifluorescence microscopy)을 들 수 있다. 에피형광현미경 기법의 등장으로 해양 생태계에 존재하는 박테리아의 개체수가 재래식 방법인 배양에 의해 측정

1) 초극미소플랑크톤에는 크기가 0.02~0.2㎛인 바이러스가, 극미소플랑크톤에는 0.2~2㎛인 박테리아가, 미소플랑크톤에는 2~20㎛인 미소편모류와 규조류가 주요 그룹이다.

된 것보다 수십에서 수백 배 많음이 발견되었다(Hobbie et al., 1977). 또한 해양에서 시아노박테리아(cyanobacteria)의 분포와 생태적 중요성에 대한 연구가 진행되었고, 미소편모류(nanoflagellates)의 분포와 생태적 기능에 대한 연구가 진행되었다(Waterburry et al., 1979; Caron, 1983). 한편 방사능 동위원소로 표지된 기질을 이용하여 해양 박테리아의 생산을 정확하게 측정하는 ^{3}H−thymidine 고정(incorporation) 기법이 개발되었으며(Fuhrman & Azam, 1982), 가수분해되면 형광을 발하는 인공 기질 유사체인 MUF−기질(Hoppe, 1983) 또는 LLβN (Somville & Billen, 1983)과 같은 기질을 사용하여 효소 활동도를 측정할 수 있는 기법이 개발되었다. 그리고 HPLC (high performance liquid chromatography; Lindroth & Mopper, 1979)의 발달로 해수에 용존하는 아미노산, 단백질, 단당류 등에 대해 매우 낮은 농도 수준에서 측정이 가능하게 되었다.

이러한 눈부신 발전에 힘입어, 1980년대 초에는 해양에서의 에너지 흐름과 물질 순환에서 미생물의 역할이 중요하다는 인식에 도달하게 되었다. 연안 해역은 물론 빈영양 해역에서 미생물의 호흡 활동도에 대한 정밀한 측정을 통해 박테리아의 호흡 활동도가 플랑크톤 호흡의 대부분을 차지한다는 사실이 발견되어, 해양 생태계의 물질 순환과 에너지 흐름에서 차지하는 박테리아의 중요성을 정량적으로 재평가하게 되었다(Williams, 1981a, b). 이러한 연구결과들은 종전의 '초식 먹이사슬'(grazing food chain; Steele, 1974) 개념에서 거의 무시되었던 미생물의 역할이 현재는 미생물 먹이망(microbial food web)으로 부각되어, 하나의 중요한 기능군으로 해양의 먹이사슬에 도입되었다(Azam et al., 1983). 종전의 관점은 식물플랑크톤에 의해서 생산된 유기물(일차 생산)이 동물플랑크톤을 경유하여 먹이사슬 상부구조로 전달되는 먹이사슬이었다. 그러나 현재는, 이러한 물질전달 과정에서 흘려지는 유기물이 박테리아를 포함한 해양 미생물들(원생동물과 바이러스들)에 의해서 순환되고 재생산되며, 이러한 복잡한 구조의 미생물 먹이망이 차지하는 비중 또한 상당하다는 새로운 개념이 도입 · 정착되었다. 1983년에는 해양에서 용존 유기물(dissolved organic matter; DOM) → 박테리아 → 미소편모류 → 섬모충류 → 동물플랑크톤으로의 새로운 에너지의 중요한 흐름이 이해되면서, 기존의 초식 먹이사슬과는 대별되는 '미생물 고리'(microbial loop; Azam et al., 1983)라는 전문 용어가 등장하였다. 해양 환경에서 미생물 생태에 대한 이해가 급증하면서 이 분야의 명칭은 1973년에 Wood 교수에 의해 발간된 '*Marine Microbial Ecology*' 서적의 제목에 나타나 있듯이, 1970년대에 '해양 미생물 생태학(marine microbial ecology)'으로 바뀌었다. 해양 미생물 생태학이란 명칭은 지금도 사용된다.

1980년대 후반에서 1990년대 초반에는 해양 생태계에 존재하는 박테리아의 생물량에 대한 재평가에 의해 빈영양 해역의 생지화학에서 해양 박테리아의 중요성이 인식되었고(Cho & Azam, 1990), 해양 박테리아는 유광대(有光帶, euphotic zone)는 물론(Cole et al., 1988), 무광대(無光帶, aphotic zone)에서도 생지화학적 순환에 매우 중요함이 밝혀졌다(Cho & Azam, 1988; Simon et al., 1992; Smith et al., 1992). 또한 해양 박테리아의 성장을 정확히 측정할 수 있는 ^{3}H−leucine 고정 기법(Simon & Azam, 1989)과 초고속원심분리기(ultracentrifugation)와 투과전자현미경을 사용하여 수생 환경에 서식하는 바이러스(virus)에 대한 연구 기법이 개발되어(Bergh et al., 1989; Proctor & Fuhrman, 1990), 해양 바이러스의 분포와 바이러스 생산에 대한 연구를 크게 촉발시켰다. 그 결과, 바이러스는 해양 미생물의 중요한 구성원임이 밝혀졌다. 이외에도, 박테리아의 용존 유기 탄소(dissolved organic carbon, DOC) 이용에 관한 연구가 진행되었고, 작은 분자량의 DOC가 오히려 느리게 순환하는 물질인 것으로 시사되었다(Amon & Benner, 1994).

이 당시에 해양 미생물 생태 연구에 분자생물학적 기술이 도입되어 새로운 차원의 획기적인 발달이 가능하게 되었다. 예를 들면, 배양 절차를 필요로 하지 않는 면역형광 현미경 기법(immunofluorescence microscopy; Ward & Perry, 1980)과 분자 탐색(molecular probing) 기술(DeLong et al., 1989)은 해양 환경에서 특정 박테리아의 식별 및 분포 연구에 획기적인 기여를 하였다. 그리하여 1990년대 초반에 분자 미생물 생태학 연구의 지평이 열렸다. 형광 탐침(fluorescent probe)을 이용하여 해양 박테리아 군집의 조성에 대한 정량적 연구가 가능해졌다(DeLong et al., 1994). 1990년대 초 · 중반에는 PCR (polymerase chain reaction, 중합효소 연쇄 반응), 클로닝(cloning), DGGE (denaturing gradient gel electrophoresis)와 형광 탐침 등 여러 분자 미생물 생태학적 기법들이 현장에서 적용되면서, 16S rRNA 유전자를 대상으로 하여 해양 원핵생물의 다양성에 대한 새로운 발견들이 급속하게 증가하였다. 대표적인 사례로는 중층대 및 심해에서 아키아의 우점적 출현, 질산화 아키아의 존재, 배양되지 않은(uncultured) 박테리아인 SAR 11 단계통(α−프로티오박테리아)의 우점적 출현 등을 들 수 있다. 그리고 유세포 분석(flow cytometry)의 활용으로 시아노박테리아의 중요한 분류군인 *Prochlorococcus*의 해양에서의 분포와 성장의 특징에 대한 새로운 지식이 얻어졌고(Chisholm et al., 1988; Vaulot et al., 1995), 해양에서 바이러스와 박테리아의 분포에 대한 연구를 기존에 비해 최소 10배 이상의 속도로 처리할 수 있게 되었다(Marie et al., 1999). 해양 바이러스 연구에도 분자생물학적 기법이 도입되었고, 해양 바이러스의 새로운 다양성과 숙주−파아지 상호작용에 대해 이해하게 되었다.

20세기 말을 향하면서 해양 미생물 생태학은 주류 과학(mainstream science)의 최첨단이 되었고, 가장 흥미 진진하고 빠르게 발전하는 연구 분야들 중의 하나가 되었다. 분자생물학, 생물정보학(bioinformatics), 대양 규모의 탐사, 심해 탐사와 같은 강력한 새로운 도구들을 이용하여, 해양 미생물의 다양성과 지구생태에서의 해양 미생물의 역할에 대한 놀라운 발견들이 이루어졌다. 21세기에 들어 오면서 이 분야는 새로운 명칭인 '미생물 해양학(microbial oceanography)'으로 부르게 되었다. 미생물 해양학은 해양 생태계의 생지화학적 순환과 기후 변화에서 해양 미생물의 역할을 연구하기 위하여 미생물학[2], 분자생물학, 생태학, 그리고 해양학의 원리들을 통합하는 분야로 볼 수 있다(Karl, 2007). 주목할만한 것은 19세기 비글호와 챌린저호의 해양 탐사와 유사한 규모로, 21세기 초반에 글로벌 대양 샘플링 탐사(Global Ocean Sampling [GOS] expedition, 2004−2010)와 타라 대양 탐사(Tara Oceans expedition, 2009−2013)가 이루어진 것으로, 미생물 해양학에 대한 보다 포괄적인 이해를 위해 수행되었다.

21세기 들어서 시퀀싱(sequencing) 기술이 발달하였고, 시퀀싱 기술(예, 파이로시퀀싱 [pyrosequencing])을 다양한 해양 환경 시료에 적용함으로써 해양 미생물 군집의 구조와 특징에 대해 획기적인 이해가 가능해졌다. 그리고 유전체(genome) 시퀀싱의 속도가 매우 빨라짐과 더불어, 유전체학(genomics)과 메타유전체학(metagenomics) 및 전사체학(transcriptomics)과 메타전사체학(metatranscriptomics)의 발달과 적용으로 해양 원핵생물, 바이러스 및 원생생물의 생태, 적응과 진화, 다양성 및 기능에 대한 이해에 획기적인 진전이 이루어졌다.

미생물 해양학은 이와 같이 언제나 새로운 기술과 기법들의 끊임없는 개발과 적용으로 학문의 빠른 발전을 이루어왔다. 미생물 해양학은 학문의 태생과 발전 단계가 본질적으로 융합과학으로서의 성격이 매우 짙다. 그렇지만 미생물 해양학의 학문적 성격은 아직도 상당히 기술적(descriptive)이며 경험적인 면이 강하고, 이론적인 면이 약하다고 하겠다.

현대의 미생물 해양학은 실로 분자적 수준의 연구에서 전지구 규모에 이르는 범위의 연구를 수행하는 학문으로 발전해가고 있다. 또한 미생물 해양학은 산업화에 수반되는 환경 오염의 정화 및 물질 회수, 환경 감시(monitoring) 영역, 해산물관련 식품 미생물학(food microbiology), 그리고 산업에 활용되고 있다. 다음 장들에서는 서론에서 언급된 내용들을 포함하여 미생물 해양학 전반에 대해 상세하게 다룬다.

---

2) 저자의 견해로는 미생물 해양학 연구에는 미생물학, 분자생물학, 생태학, 해양학 외에도 생물정보학(bioinformatics), 오믹스(omics), 미생물 분류학, 통계학 및 분석화학 등의 지식이 필요하다.

제 2 장

해양 미생물과 서식 환경의 다양성

미생물은 지구상에서 수적으로 가장 많고, 널리 분포하며, 분류학적으로 그리고 기능적으로 다양하다. 해양에 분포하는 미생물은 생명의 3개의 역(域, Domain)인 박테리아(Bacteria), 아키아(Archaea), 진핵생물(Eukaryote)에 속하며, 지금까지 알려진 모든 주요 분류군에 해당하는 미생물을 포함하고 있다. 해양 미생물은 원핵생물(prokaryotes)과 단세포성 진핵생물인 원생생물(protists)로 나뉠 수 있다. 해양에는 원핵생물에 속하는 박테리아와 아키아, 단세포성 진핵생물에 속하는 미소조류 또는 식물플랑크톤(phytoplankton), 균(fungi), 원생동물(protozoa)이 있다.

아키아는 1977년 Carl Woese 박사와 그의 동료들에 의해 생명의 세 번째 도메인으로 제안되었다. 호열성(thermophilic), 호산성(acidophilic), 호알카리성(alkaliphilic), 호염성(halophilic), 메탄형성(methanogenic) 및 암모니아−산화(ammonia−oxidizing) 아키아가 있다. 암모니아를 질산염으로 산화시키는 아키아 종들(Thaumarchaeota 문에 속함)은 해양에 가장 많은 그룹들 중 하나이다.

또한 다양한 종류의 바이러스가 해양에 풍부하게 존재한다.

여기서는 각 분류군에 대한 세부적인 이해보다는, 해양 환경에서 중요한 생태적 역할을 수행하는 것으로 알려진 미생물에 대해서 그 주요 특성과 해양에서의 출현 양상에 대해 기술한다. 그리고 주요 해양 환경들의 환경특징과 각각의 환경특징들이 미생물들의 삶(life)에 주는 영향과 생태적 의미(즉, 분포와 적응)에 대해 기술한다.

2.1 주요 해양 미생물 그룹의 특징과 출현 양상

2.1.1 일차 생산자(primary producers)

해양 환경에서 광합성의 기능을 수행하는 원핵생물로는 시아노박테리아(cyanobacteria)가, 진핵생물로는 식물플랑크톤과 저서 미소조류(benthic microalgae)가 있다. 해양의 일차 생산자

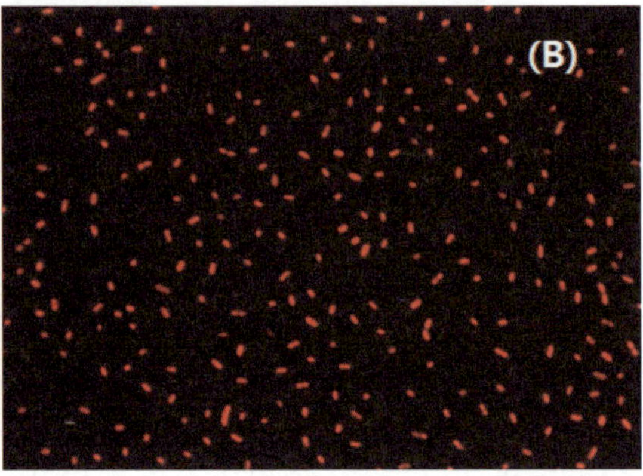

그림 2-1 (A) 동중국해 및 북서태평양에서 분리된 시네코코커스(*Synechococcus*)의 배양체. 왼쪽(동중국해에서 분리됨)은 PEB가 풍부한 시네코코커스 배양체(PUB/PEB 비율이 <1), 가운데(북서태평양에서 분리됨)는 PUB가 풍부한 시네코코커스 배양체(PUB/PEB 비율이 >1), 오른쪽은 phycoerythrin이 없는 시네코코커스 배양체. (B) 시네코코커스의 자가형광 사진(최동한 박사[KIOST] 제공). PUB, phycourobilin; PEB, phycoerythrobilin.

는 그 분류군(taxa)이 다양하다. 따라서 해양 생태계의 기능에 대한 각 식물플랑크톤 그룹들의 기여를 이해하는 것은 미래의 환경 변화가 가져올 생지화학적 영향을 예측함에 있어서 중요하다(6장 참조).

시아노박테리아는 20억 년 훨씬 전에 산소를 발생하는 광합성(oxygenic photosynthesis)을 진화시켰다(Liu et al., 2009). 진핵생물 중에서는 4개의 주요 식물플랑크톤 분류군이 해양에서 광합성을 담당한다; 석회비늘편모류(coccolithophore)가 속한 착편모조류(prymnesiophytes), 와편모조류(dinoflagellates)가 속한 피하낭류(alveolates), 규조류(diatoms)가 속한 부등편모조류(stramenopiles)와 *Ostreococcus*와 *Micromonas*가 속한 담록편모조류(prasinophytes) (Cuvelier et al., 2010).

전 지구적 일차 생산의 약 절반이 해양 시아노박테리아와 식물플랑크톤에 의해 행해진다. 대부분의 빈영양 및 중영양(mesotrophic) 해양에서 일차 생산은 <3 μm 크기의 극미소식물플랑크톤(picophytoplankton; 시아노박테리아와 진핵생물 극미소조류)에 의해 주도된다. 이들 개체군들의 수도(abundance)는 빛, 수온, 영양염의 이용성, 원생생물에 의한 섭식 등에 의해 조절된다. 시아노박테리아인 프로클로로코커스(*Prochlorococcus*)와 시네코코커스(*Synechococcus*, 그림 2-1)의 경우, 수온은 이들 시아노박테리아의 지역적 분포에 있어서 주요 조절 인자로 여겨진다(Flombaum et al., 2013). 프로클로로코커스의 경우와 유사하게 시네코코커스의 수도와 영양염 농도 사이에서 명확한 관계는 나타나지 않아, 영양염 농도는 프로클로로코커스와 시네코코커스의 생지리(biogeography)에 제한된 영향을 갖는 것으로 보인다(Flombaum et al., 2013).

시네코코커스(*Synechococcus*). 1970년대 중반까지 외양(open-ocean)은 생물학적으로 볼 때 사막으로 간주되었다. 그러나 에피형광현미경 기법에 의해 *Synechococcus*의 존재가 발견되었고, 외양의 일차 생산이 2~3배 과소평가된 것으로 추정되었다. 에피형광현미경으로 관찰한 *Synechococcus*는 오렌지색을 띤다[3]. 세포는 구형이며, 세포의 크기는 대체로 0.4~2.0 μm이다. 시네코코커스[4]는 빈영양 해역보다는 영양염이 높은 해역(즉, 환경 조건과 영양염 수준이 더 변화하는 연안과 온대 지역)에서 수도가 더 높고, 저온 · 저염의 해양 환경에서도 높은 수도를 보인다. 시네코코커스는 *Prochlorococcus*보다 더 넓은 지리적 분포를 가지며, 극지방의 해수와 높은 영양염 해수에서도 출현한다. 시네코코커스는 1~6일마다 증식하는 것으로 알려져 있다. 시네코코커스는 낮 시간 동안에 광합성을 하므로 세포의 부피가 증가하며, 저녁에는 세포 분열로 인해 세포의 부피가 감소한다. New England 대륙붕에서 시네코코커스는 강한 계절 주기를 나타냈다. 겨울과 이른 봄에는 낮은 농도를 보이고, 늦은 봄에 100~1000배 증가된 수준의 대발생(bloom)이 나타났다. 대발생은 미국의 북동부 해역에서 수온이 ~6ºC를 넘으면 시작하였다. 겨울에 시네코코커스의 분열 속도는 0.1 d^{-1}로 낮고, 봄에는 최대 1.4 d^{-1} 이었다. 대양에서 수온과 시네코코커스 농도 사이에 상관관계가 확인되고 있다(Hunter−Cevera et al., 2016).

시네코코커스는 동물성 플랑크톤에 의해 소화가 잘 되지 않는 것으로 알려져(왜냐하면 세포벽의 주요 성분인 펩티도글리칸을 소화하는 효소인 라이소자임[lysozyme]이 없기 때문), 주로 미생물 먹이망에 의해 순환되는 것으로 보인다(Hagström et al., 1988). 해양에서 시네코코커스의 최대 수도는 2×10^5 ml^{-1}로 여겨진다(Guillou et al., 2001).

프로클로로코커스(*Prochlorococcus*). 세포의 크기는 약 0.6 μm(보통 1.0 μm 이하)이다. 보통의 형광 현미경으로는 엽록소의 자가형광이 거의 관찰이 되지 않았으나, 유세포 분석(그림 2-2)에 의해 해양에서 그 존재가 알려졌다. 프로클로로코커스는 그램 음성의 세포벽을 갖고 있고, 색소단백질체(phycobilisome)는 없다. 프로클로로코커스는 chl *a*가 없으며, 주요 광합성 색소로서 엽록소 *a*의 변형된 형인 디비닐(divinyl) 엽록소 *a*와 *b*(세포당 3 fg 정도)를 갖고 있고, 보조 색소로 α−카로틴(세포당 0.9 fg)을 갖고 있다. 분리 · 배양된 종으로는 *Prochlorococcus marinus*가 알려져 있다(Chisholm et al., 1992). 프로클로로코커스는 원녹조식물(Prochlorophyte) 친척인 *Prochloron*과 *Prochlorothrix*보다는 *Synechococcus* 그룹의 해양 클러스터(cluster) A의 시아노박테리아 계열이다. 프로클로로코커스는 배양되어 특성이 파악될 때

---

3) *Synechococcus*의 자가형광(autofluorescence)을 관찰하기 위해서는, 검게 염색한 폴리카보네이트(polycarbonate) 필터에 해수를 여과한 후, 글리세롤(glycerol) 한 방울을 떨어뜨리고 에피형광현미경으로 관찰한다.

4) 종전의 해양성 시아노박테리아인 *Synechococcus*는 *Parasynechococcus*로 최근 속명의 변경이 제안되었으며, 이후에 Walter et al. (2017)은 추가적으로 일부 *Parasynechococcus* 종들에 대해 새로운 속명을 제안하였다: *Pseudosynechococcus*, *Regnicoccus*, *Magnicoccus*와 *Inmanicoccus*. 예를 들면, *Parasynechococcus indicus*는 *Magnicoccus indicus*로 속명의 변화를 제안하였다.

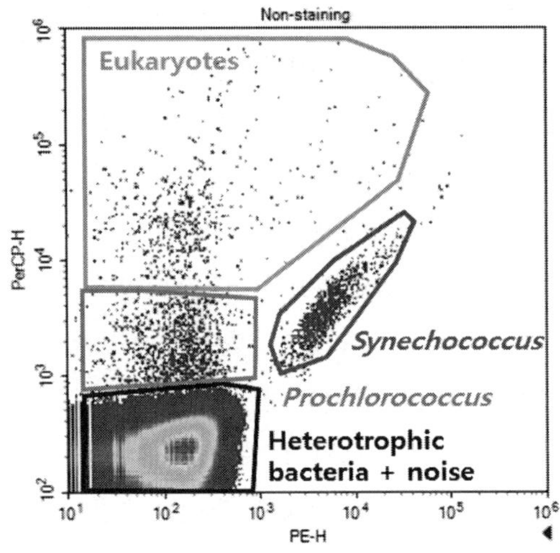

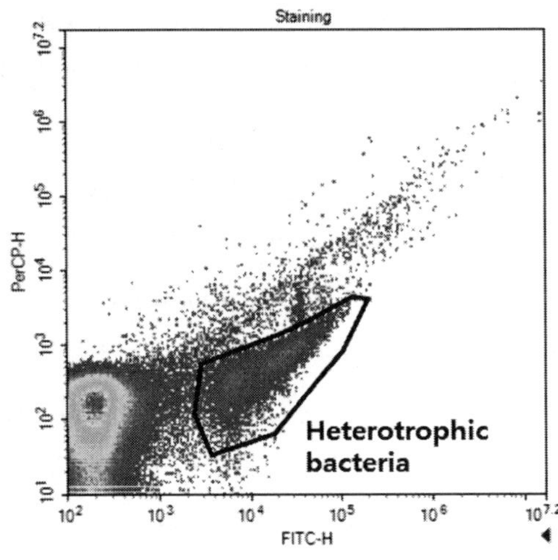

그림 2-2 (A) 유세포 분석(flow cytometry)에 의한 시아노박테리아의 계수(최동한 박사[KIOST] 제공). 염색하지 않은 동중국해 2016년 8월 해수 시료를 사용. (B) SYBR-Green I으로 염색한 해수 시료를 대상으로 유세포 분석에 의한 종속영양 박테리아의 계수. PE, 오렌지색 형광; PerCP, 빨강색 형광; FITC, 녹색 형광을 의미함.

까지 prochlorophytes로 불려졌다. 성장 포화 광도는 60 μE m^{-2} s^{-1}이다. 최적 온도는 25°C 이다. 29°C에서는 자라지 못하며 15°C 이하에서는 출현하지 않는 것으로 보인다. 프로클로로코커스는 일반적으로 기수성 수역, 혼합 수역에는 출현하지 않으며, 따뜻하고 영양염이 적은(low-nutrient) 40°N~40°S의 외해역과 빈영양해역에 많다. 프로클로로코커스에는 저광도(low-light, LL; 예, 균주 MIT9313)에 적응한 생태형(ecotype)과 고광도(high-light, HL; 예, 균주 MED4)에 적응한 생태형이 있으며, 수온, 영양염 등이 이들 생태형의 분포에 영향을 준다.

높은 영양염 수괴에서는 다른 식물플랑크톤에 의해 경쟁에서 밀리는 것으로 여겨진다. 그러나 인공신경망 분석에 의하면 질산염 농도와 프로클로로코커스 수도 사이에 의미있는 관계는 나타나지 않았다(Flombaum et al., 2013).

해양에서 프로클로로코커스는 1~2일마다 증식한다. 해양에서 프로클로로코커스의 최대 수도는 7×10^5 ml^{-1}로 생각된다(Guillou et al., 2001). 원양 조사시에 선상에서 프로클로로코커스(또는 *Synechococcus*와 진핵 극미소식물플랑크톤)의 수도를 측정할 수 없는 경우, 시료를 0.1% 글루타르알데하이드(glutaraldehyde)로 고정하여 액체 질소로 냉동시키고(frozen), -80°C에 보관하여 실험실로 가져와 유세포 분석기(flow cytometer)로 분석한다.

동부 태평양의 적도상에서 유세포 분석을 이용한 프로클로로코커스의 세포주기(cell cycle)에 대한 연구는 수심 45 m 내에서 프로클로로코커스의 최대 수도($6 \sim 17 \times 10^4$ ml^{-1})가 나타남과 프로클로로코커스의 최대 성장 속도(1 doubling day^{-1})는 수심 30 m에서 나타남을 보고하였다(Vaulot et al., 1995). 프로클로로코커스의 이와 같은 성장 속도는 최대 성장 가능 속도와 비슷한 값으로서, 프로클로로코커스가 철과 같은 영양염에 의해 제한을 받고있지 않음을 시사하였다. 프로클로로코커스의 생산은 174~498 mg C m^{-2} d^{-1}로 추정되어, 적도 태평양에서의 총 일차 생산의 5~19%에 해당하였다.

프로클로로코커스 개체당 DNA 양의 분포를 측정함으로써, 초저녁에 세포의 분열이 일어나는 매우 강한 세포의 동시성(synchrony)이 있음이 나타났다. 그러나 DNA 복제가 일어나는 시기는 수층 전체에서 완전하게 균일하지는 않았다. 즉, 수심이 깊은 곳에서는 표층에 비해 약 3시간 정도 먼저(오후 2시 대 오후 5시) 일어났다. 이는 아마도 표층에서의 DNA 복제가 한낮의 강한 빛에 노출되지 않기 위함과 관련된 것으로 보인다. 동부 태평양의 적도상에서 프로클로로코커스의 세포 주기는 매일의 광주기와 동조하여 진행되었다. 참고로 와편모조류는 통상 밤 늦게 분열하고, 시아노박테리아인 *Synechococcus*는 전체 광주기에 걸쳐 분열하는 특징이 알려져 있다.

프로클로로코커스는 빈영양 대양에서 광합성 생물량의 21~43%를 차지하고, 순 일차 생산의 13~48%를 차지하는 것으로 보인다. 프로클로로코커스는 대양에서의 분포에서 *Synechococcus*와 역 관계를 갖는 것으로 나타났다(Johnson et al. 2006).

이외에도 해양의 시아노박테리아 중에서 중요한 종으로는 질소고정을 하는 *Oscillatoria* 종과 *Trichodesmium*이 있다. 총 해양 질소 고정률 100~200 Tg N y^{-1}의 60~80 Tg N y^{-1}을 질소고정(diazotroph) 해양 시아노박테리아인 *Trichodesmium*가 공급하는 것으로 추정된다(Carpenter & Capone, 2008). *Trichodesmium*은 낮 동안 질소를 고정하는 점이 특이하며, 질소고정효소(nitrogenase)가 위치한 'diazocytes'에서 질소고정이 진행된다.

밤에 질소고정을 하는 *Crocosphaera watsonii*는 단세포(직경 2.5~6 μm)인 해양 시아노박테리아 종으로 해양 미생물 수도의 <0.1%를 차지한다(Zehr et al., 2001, 2007): *C. watsonii*는 수온이 24℃ 이상인 외해 빈영양 해역에서 번성한다. 유광대에서 *C. watsonii*는 수도가 10^3 ml^{-1}를 넘을 수도 있으나, 성장은 인 제한을 받는 것으로 보인다. *C. watsonii*는 세포 크기와 빠른 성장 속도 때문에 열대 대양의 탄소와 질소 수지(budget)에 기여할 수 있고, 외양 계(open-ocean systems)에 질소의 주요 공급원으로 보인다.

규조류. 세포벽에 규소를 함유하는 독특한 미소조류로서, 연안 및 부영양 해역에서 중요한 일차 생산자이다. 규조류는 부유생활을 하기도 하고, 어떤 종들은 저서생활 내지는 부착생활을 한다. 각 종의 세포마다 독특한 무늬 모양의 외곽(frustule)을 갖고 있어서 규조류의 분류에 이용된다. 규조류는 크게 중심돌말목(Centrales)과 깃돌말목(Pennales)으로 나뉜다. 세포의 크기는 대개 5~200 μm이며, 단세포 또는 연결된 형태로 존재한다. 수도는 대개 10^3 l^{-1}로 출현하나, 대발생 동안에는 10^6 l^{-1}에 달한다. 이들은 전형적인 초식 먹이사슬(grazing food chain)의 한 요소로서 동물성 플랑크톤에 의해 이용되는, 해양의 생지화학적 순환에서 매우 중요한 일차 생산자이다(6장 참조). 또한 규조류의 응집(aggregation)은 빠르게 침강하는 큰 응집체인 해설(海雪, marine snow)을 형성하여, 중층대와 심해로의 유기물 수출(export)에 기여한다. 우리나라의 연안 해역에서 주로 나타나는 종은 *Skeletoneam costatum*, *Paralia sulcata*, *Chaetoceros* 종, *Coscinodiscus* 종, *Nitzschia* 종 등이 있다. 그리고 이들 중 *Nitzschia pseudodelicatissima*는 대발생시 동물에게 독소인 도모산(domoic acids)을 생산하는 것으로 알려져 있다(Martin et al., 1990).

규조류와 규질편모류(silicoflagellates)의 성장에 규산염은 반드시 요구되는 영양염이다. 따라서 해수에서 규산염의 고갈은 규조류의 급속한 감소와 와편모조류 등의 추이를 수반하게 된다. 한 예로, 노르웨이 연안에서 행한 실험에서 규산염의 농도가 >2 μM인 경우, 규조류가 우점적으로 항시 출현함이 관찰되었다(Egge & Aksnes, 1992). 이는 연안과 만이 N과 P로 부영양화된 경우 규산염의 농도 변화에 따라 규조류 대발생의 형성을 시사하였다. 규산염의 농도가 비제한적인 경우, 규조류의 성공적인 성장은 높은 고유의 성장 속도에 기인한 것으로 보인다(편모조류[flagellates]보다 5~50% 더 빠른 것으로 추정됨).

실리콘(silicon)을 필요로 하지 않는 박테리아가 죽은 규조류로부터 실리콘의 재생을 조절하는 것이 보고되었다(Bidle & Azam, 1999). 박테리아는 외부가수분해효소(ectohydrolases)인 단백질 분해효소를 사용하여 유기물을 용존시키는 과정에서, 실리콘의 녹음을 막아주는 보호성의 프로테오글리칸 실라핀(silaffins)을 실리콘 각(frustules)으로부터 제거한다. 박테리아에 의한 실리콘 순환의 조절은 탄소-수출 유동량에 영향을 줄 것으로 보인다.

와편모조류. 탄소가 세포막의 주성분이고, 편모를 가지고 있는 연안 및 부영양 해역에서 중요한 일차 생산자이다. 이들은 때로는 적조를 일으키는 원인 생물로, 특히 연안의 수산업에 영향을 준다. 와편모조류는 진주담치와 가리비 등의 이매패류를 독화시키며, 마비성 패독(paralytic shellfish poison), 하리성(diarrhetic) 패독 및 신경계 독소(neurotoxin)를 생산하는 것으로 알려져 있다(한, 1990): 마비성 패독의 원인종으로는 *Protogonyaulax catenella*, *P. tamarensis*, *P. acatenella* 등이 알려져 있다. 하리성 패독의 원인 종으로는 *Dinophysis fortii* 등이 알려져 있다. 신경계 독소를 생산하는 것으로는 *Gymnodinium veneficum*이 알려져 있다. 국내에서 1986년에 독화된 패류의 섭식으로 인해 2명이 사망하는 사례가 보고되었으며, 원인 생물인 *P. tamarensis*의 수도는 5×10^5 l^{-1}에 달하였음이 보고되었다(장 등, 1987).

종속영양 와편모조류도 존재한다. 특히 *Protoperidinium* 속에 속하는 종들은 전 세계의 해양에 널리 분포하며, 종종 종속영양 원생생물(protists)의 생물량의 주요부분을 차지한다. 그리고 연안과 외해역에서의 생체 발광에 중요한 원인생물이기도 하다. 이들 *Protoperidinium* 은 규조류와 자가영양 와편모조류를 섭식하는데, 최근에 동물플랑크톤의 알과 어린 유생을 또한 섭식하는 것으로 알려졌다(Jeong, 1994). 이들은 허족의 베일(일명 'pallium'이라고 함)을 사용하여 먹이 세포를 둘러싼 후 외부에서 소화하여 섭식한다. 요각류(copepod)의 어린 유생은 *Protoperidinium*보다 크기가 5배 정도 큰 경우도 있다. 이 경우 *Protoperidinium*이 많게는 6 개체가 동시에 공격하여 섭식하는 경우가 실험실에서 관찰되었다. 물론 *Protoperidinium*은 성체 요각류의 먹이가 된다. 이러한 예는 해양의 먹이망 구조가 단순한 선형관계가 아니고, 생물의 생활사에 따라 먹이망 구조가 역동적으로 변하고 있음을 시사한다.

미국 남동부 Pamlico와 Neuse 염하구(estuary)에서 여러 어류 및 어패류 사망의 주요 원인 종으로 *Dinamoebales*에 속하는 신종의 와편모조류가 보고되었다(Burkholder et al., 1992). 이들 종은 적은 세포 밀도만으로도 어류의 신경 독성 증후와 사망을 가져왔다. 이들 종은 어류가 사망하기 전에 숫자가 증가하며, 새로운 살아 있는 어류의 추가 공급이 없으면 그 숫자가 급격히 감소하였다. 이때에 휴면기의 포자(cyst)를 생성하거나 또는 비독성의 아메바 단계를 거쳐 퇴적층으로 가라 앉는다. 따라서 다른 류의 독성 식물플랑크톤과 달리, 이 종은 수층에서 잠시 존재하고는 사라진다. 잠시 존재하고는 사라지기 때문에 이의 입증을 위해선 세밀한 시료의 채취가 필요하였다. 설명되지 않는 어류의 사망이 신경독성 증후 후에 빨리 사망하는 경우로서, 이와 같은 현상은 세계적으로 점차 많이 보고되고 있다. 따라서 얕고, 탁하며 부영양의 연안수에서 많은 어류가 죽는 경우 이러한 종류의 와편모조류가 발견될 가능성이 높다.

석회비늘편모류(coccolithophore). 석회비늘편모류는 세포막 외부에 $CaCO_3$로 된 비늘들을 다양한 형태로 갖고 있다. 열대에서 온대 해역에 이르기까지 중요한 일차 생산자로 알려져 있다. 열대성 그리고 빈영양 해수에 가장 많이 분포하며, *Emiliania huxleyi*는 수온이 섭씨 14°C 인 6~8월의 노르웨이 연안에도 출현하고 때로는 우점종이 되기도 한다.

대서양에서 대발생시 인공위성으로 관측될 정도로 규모가 크다. 1991년 6월에 북동 대서양에서 *E. huxleyi* 대발생은 250,000 km^2의 규모이었다(Fernández et al., 1993). 이들 석회비늘편모류 그룹은 단위 생물당 DMS (dimethyl sulfide) 분비율이 가장 높은 종으로 알려져 있다(Charlson et al., 1987). 2~3 μm 크기의 착편모조류는 평균적으로 전지구 극미소플랑크톤 생물량의 25%를 차지한다(Cuvelier et al., 2010).

해양이 더 많은 이산화탄소를 흡수함에 따라(즉, 해양 산성화, ocean acidification), 낮아진 pH는 식물플랑크톤의 석회화(calcification)를 방해할 것으로 예상이 된다.

Emiliania huxleyi 입자들이 1993년에서 2005년 사이에 지중해 표층 퇴적물로부터 채집되었고, 만 년 이상된 퇴적물 코어(core)로부터 얻은 *E. huxleyi*의 석회비늘[coccolith] 무게 자료와 비교한 결과, 해양 산성화의 영향으로 1993년 *E. huxleyi* 석회비늘의 평균 무게가 약 5 pg에서 2005년 4 pg 미만으로 20% 정도 감소한(즉, 석회비늘이 얇아지는) 것으로 밝혀졌고, 최근에 지난 만 년 동안 가장 낮은 값을 보인 것으로 나타났다(Meier et al., 2014).

Aureococcus. 북아메리카 대서양 연안에서 1995년에 갈조 대발생(brown tide bloom)이 최초로 보고되었다. 원인생물은 *Chrysophyceae*에 속하는 진핵생물로서 미소조류인 *Aureococcus anophagefferens*로 밝혀졌다. 이 미소조류는 크기가 약 2.5 μm이며, 구형이다. 대발생 시에 해수의 색갈을 짙은 황갈색으로 변색시키며, 수층 내의 빛의 투과를 줄임은 물론 잘피(*Zostera marine*)의 광범위한 사망을 가져왔다. 그리고 가리비(bay scallop), 홍합(blue mussel) 등의 개체군을 폐사시켰다.

2.1.2 박테리아(원핵생물)

해양에 출현하는 박테리아의 생체부피(biovolume)는 약 0.03~0.1 μm^3 정도이고, 대부분이 1.0 μm의 기공-크기를 갖는 여과지를 통과할 정도로 작다. 그러나 직경이 0.1~0.3 mm인 거대 황 박테리아[5](giant sulfur bacterium)도 존재한다. 해양 박테리아의 생물량은 전형적으로 10~20 fg C으로 알려져 있다(Lee & Fuhrman, 1987; Simon & Azam, 1989). 수층에 서식하는 박테리아는 대부분이 그램-음성이다. 박테리아의 많은 수도와 작은 크기로 인하여 박테리아의 세포 표면은 해수 1 m^3 당 0.1~1 m^2의 면적으로 추정된다. 크기가 가장 작은 박테리아인 *Pelagibacter ubique*의 경우, 그 작은 유전체(1.31 Mbp)는 세포 부피의 약 30%를 차지한다. 해양 박테리아는 대부분 종속영양(heterotrophy)을 한다. 생지화학적으로 중요한 탈질화(denitrification)에 관여하는 박테리아도 여기에 포함된다. 종속영양 박테리아는 용존 유기물 또는 입자상의 유기물을 이용하여 성장하며, 호흡은 호기성 호흡으로부터 절대적 혐기성 호흡에 이른다. 잘 알려진 종속영양 해양 박테리아는 슈도모나스(pseudomonad), 알테로모나스(alteromonas), 비브리오(vibrio), 플라보박테리아(flavobacteria) 등이 있다.

25년 전에 아키아(Archaea)가 해양에서 중요함이 알려졌다. DeLong et al. (1994)은 현장의 극미소플랑크톤으로부터 리보조말 RNA를 추출한 다음, 아키아-그룹에 특이한 올리고뉴클레오티드 프로브(probe)와의 결합함을 측정함으로써 아키아의 수도를 추정하였다. 남극 해역과

5) 거대 황 박테리아인 *Thiomargarita namibiensis*(γ-프로티오박테리아)가 나미비아의 연안 해저 퇴적물에서 발견되었다(Schulz et. al., 1999). 황 과립(granules)을 세포질 주변에 갖고 있다.

수온이 낮은 여러 환경의 해역의 수층에서 아키아는 전체 원핵생물의 생물량의 34%까지 차지하는 것으로 추정이 되었다. 이러한 발견은 아키아가 오직 몇 가지 독특한 환경에서 특이한 생리적 특성으로 적응하여 일부의 환경에만 국한되어 존재한다는 기존 관념을 크게 수정시킨 결과를 가져왔으며, 이들의 생지화학적 순환에서의 중요한 역할이 예측되었다(6장 참조).

해양에서 잘 알려진 박테리아 그룹으로는 무기물을 에너지원으로 이용하여 유기물을 생성하는 화학합성(chemosynthetic) 박테리아인 질산화(nitrifying) 박테리아가 있다. 이들은 암모니아와 아질산염을 각각 아질산염과 질산염으로 산화시키는 두 개의 그룹으로 나뉜다. 면역형광 현미경 기법(immunofluorescence microscopy)을 이용하여 계수한 결과, 이들 질산화 박테리아는 해양에서 약 10^3 ml^{-1} 정도로 분포하며 빛에 민감하여 표층에 적게 분포하는 것으로 나타났다(Ward, 1987).

화학합성 박테리아는 이외에도 2가의 철을 산화시키는 박테리아, S^{-2}를 산화시키는 박테리아, 메탄을 산화시키는 박테리아 등이 있다.

흥미로운 그룹으로는 일명 “killer bacteria”로 알려진 브델로비브리오(*Bdellovibrio*)와 브델로비브리오와 유사한(*Bdellovibrio-like*) 포식자 박테리아가 있다. 이 박테리아는 항시 빠르게 유영을 하여, 다른 그램-음성 박테리아의 세포벽을 뚫고 세포질 주변 공간(periplasmic space)에 침투하여 성장한 후, 먹이의 세포벽을 용해시키고, 환경으로 배출되어 다른 먹이 박테리아를 찾는 생활사를 갖는다. 아직 그 생태적 중요성은 미지수이다(4장 참조). 브델로비브리오와 유사한 원핵생물들은 ml 당 0~50개의 플라크 형성 단위(plaque-forming unit, PFU)로 개체수가 적지만, 전 지구적으로 널리 분포한다. 특히 박테리아의 농도가 높은 표면 미소층(surface microlayer)에서 브델로비브리오와 유사한 원핵생물들이 박테리아 사망에 중요한 역할을 할 것으로 여겨진다.

혐기성 조건에서 광을 이용하여 광합성을 하며 성장하는 박테리아 그룹으로는 자주색 황 박테리아(purple sulfur bacteria)와 녹색 황 박테리아(green sulfur bacteria)를 들 수 있다. 이들은 전자 공급체로서 물이 아닌 유화물 또는 황을 이용하기 때문에 광합성의 결과로 산소가 발생되지 않는다. 이 종류의 박테리아는 퇴적물 또는 안정된 혐기성 내만에서 그 중요성이 높을 것으로 보인다. 끝으로 흥미로운 그룹으로 주자성(走磁性, magnetotactic) 박테리아가 있다.

2.1.3 종속영양 원생생물(protists)

해양에서 생태적 기능이 잘 연구된 대표적인 종속영양 원생생물 그룹으로는 미소편모류(nanoflagellates)와 섬모충류(ciliates)를 들 수 있다. 이들이 취하는 섭식영양(phagotrophy)은 먹이 세포 또는 입자를 섭취(ingestion)하여 영양을 얻는 방식이다. 일부 광합성을 하는 미소편모류 중에서도 섭식영양이 발견되는데, 이러한 영양 방식은 혼합영양(mixotrophy)이라 한다('4.4 혼합영양' 참조).

종속영양 미소편모류(heterotrophic nanoflagellates, HNF)는 해양에 널리 분포하며 박테리아, 시아노박테리아, 광영양 미소편모류(autotrophic nanoflagellates)의 섭식자이다. HNF의 생태적 기능은 유기물의 분해 및 영양염(인, 질소, 철)의 재무기물화(remineralization)이고, 여과-섭식(filter-feeding) 동물플랑크톤의 잠재적인 먹이원이다.

HNF의 세포 크기는 1~20 μm의 범위에 있고 대개 <3 μm이다. 작은 HNF는 1 μm의 기공-크기를 갖는 여과지를 통과하는 것으로 알려져 있다. HNF의 외형적인 특징이 자주 기술되며, 형태적으로 깃편모충류(choanoflagellates), 은편모류(cryptomonads), 황색편모조류(chrysomonads), 보도충류(bodonids) 등으로 나뉜다. 흥미롭게도 섭식영양성으로 보이는 <2 μm 크기의 편모류인 *Symbiomonas scintillans* 종은 핵 부근에 내부공생 박테리아의 존재가 알려져 있다(Guillou et al., 2001).

미국 체사피크만에서 염하구의 외부로 흘러가는 플룸(plume)에서 수행한 미소편모류의 연구 보고에서 수도의 계절적 변이가 관찰되지 않음이 보고되었다(McManus & Fuhrman, 1990). 그러나 플룸 내에서 미소편모류의 수도는 주변보다 몇 배 더 높았다. 미소편모류의 성장속도는 약 1 d^{-1}를 나타냈고, 섬모충류에 의해 포식되는 것으로 보였다. 한편 미소편모류의 세포의 크기는 계절별 차이를 나타내어 여름보다 겨울에 큰 것으로 관찰되었다(4.5 μm 대 2.5 μm).

해양에서 섬모충류는 ml 당 몇 개체에서 몇백 개체에 달하며 대개 식물플랑크톤, 동물플랑크톤의 유생을 섭식한다. 섬모충류의 분류는 그 크기로 인해 비교적 분류가 잘되어 있으나, 역시 종 수준까지의 분류는 보통 광학현미경 하에서는 어렵다. 따라서 이를 위해 특수한 염색처리 방법이 이용되고 있다. 특기할만한 종으로는 자가영양(autotrophy)을 하는 *Mesodinium rubrum*이라는 섬모충류가 있고, 열대 해역과 온대 해역에서 극지역까지 분포하며 적조를 일으키기도 한다. 그리고 흥미로운 원생동물로는 심해의(1,000~3,300m) 퇴적물 표면에서 발견되고 있는 대형 단세포 생물로서 *Xenophyophorea*[6]가 있다. *Xenophyophorea*는 퇴적물을 세포 면에 부착시키는 원생동물로 크기는 약 5~10 cm에 해당하고, 주변의 유체역학(hydrodynamic) 조건을 변화시키며, 다세포 생물들에게 기질(substrate) 및 먹이와 피난처를 제공하는 것으로 보인다.

---

6) 근족충류(Rhizopoda)의 1강.

2.1.4 균(fungi)

균은 염하구에서 심해에 이르기까지 분포하는 것으로 보인다. 수생 환경의 균은 주의 깊게 정의할 필요가 있다. 왜냐하면 육상의 균들의 포자가 비에 의해 유입될 수 있기 때문이다. 해수에 존재하는 기간과 활동도에 따라 Indwellers, Migrants, Versatiles 및 Transients로 나뉠 수 있다. 균에 대한 연구시 다른 기법들(예, 희석 도말법, 직접 관찰)을 사용하면 같은 수괴의 시료에 대해 시행된 경우에도 전혀 다른 종 조성의 분포 결과를 줄 수 있다. 해양에 약 500여 종의 균이 알려져 있다(육상에는 수천 종이 알려짐; Kohlmeyer & Volkm−Kohlmeyer, 1991).

해수에는 다음과 같은 그룹의 균이 있다. 하등 균류(lower fungi)는 유주자(zoospore)로 번식하며, 다양한 유연관계의 생물들을 포함한다. *Chytridiales*와 *Lagenidiales*의 몇 종은 기생성이며, 다른 종들은 부생영양적(saprotrophic)이다. *Thraustochytriales*와 *Labyrinthulales*는 모두 해양에서만 산다. 고등의 해양성 필라멘트형 균은 약 300종이 있다. 대부분이 자낭균류(ascomycetes)와 불완전균류(deuteromycetes)이다. 그리고 약간의 담자균류(basidiomycetes)도 있다. 그리고 해양에 사는 효모(yeast)도 있다. 해양 이끼류도 있으며, 이 경우 자낭균류는 녹조류 또는 시아노박테리아와 공생적으로 성장한다. 일부 해양 균은 산호와 연합되어 있기도 하다. 그러나 대부분의 균은 부생영양적이다. 여기서 한가지 언급할 것은 배양을 통해 수행된 해양성 균의 연구 결과는 박테리아의 경우와 마찬가지로 생태적 의미에 대한 정보를 거의 제공하지 않는다는 것이다(Jennings, 1986).

해양에서 식물에 기생하는 균으로 유일하게 알려진 것으로는 규조류인 *Thalassionema nitzschioides*에 기생하는 *Schizochytrium* 균이 있다. 그 외에 문어, 오징어 그리고 나새류(nudibranch) 등 동물에 병을 일으키는 균이 보고되고 있다. 또한 연안 해역에서 때로 효모는 많은 수도를 나타내기도 한다. 조간대나 내만에서 균의 생지화학적 중요성이 있을 것으로 추측된다. 그러나 해수에서는 일반적으로 균의 생태적 역할이 중요하지 않은 것으로 알려져 있다. 해양과 관련된 것은 아니지만, 매우 흥미로운 균에 대해 소개한다. 유럽과 동북부 아메리카의 혼합 경목 수림(mixed hardwood forest)에 사는 *Armillaria bulbosa*라는 한 개체가 최소한 15헥타르의 면적을 차지하며 10톤 이상의 무게를 갖고 있는 것으로 발견되었다(Smith et al., 1992). 이 균은 유전적으로 안정하게 1,500년 이상을 생존해 온 것으로 보이며, 현존하는, 크기가 크며 오래 사는 생물 중의 하나에 속한다.

2.1.5 바이러스

1989년에 투과전자현미경(transmission electron microscopy, TEM)을 이용하여 수생 환경에서 바이러스의 수도가 기존에 숙주 박테리아를 이용하여 PFU의 계수(그림 2-3)를 통해 알려진 것보다 10^3~10^7배 높음이 알려졌다(Bergh et al., 1989).

해양에 출현하는 바이러스의 크기는 대개 30~200 nm 범위에 있다(Bergh et al., 1989). 바이러스의 분류는 대체로 핵산 구성 물질(즉, DNA 또는 RNA)의 종류, 단일 사슬(single strand, ss) 또는 이중 사슬(double strand, ds), 핵산을 둘러싸고 있는 단백질의 종류와 배열 모양, 돌출 부속기의 유무와 형태적 특성, 병을 일으키는 숙주의 특이성 등에 의해서 구분된다. 해양에 서식하는 모든 생물그룹은 바이러스에 감염될 것으로 보인다.

해양에서 DNA 바이러스는 이중 사슬이며, 대부분 박테리오파아지(bacteriophage, 또는 파아지)이다. 9개의 조류 그룹(algal groups)에서도 바이러스의 감염 또는 바이러스의 존재가 발견되었고(Martin & Benson, 1982), 갈조 대번성을 일으키는 *Aureococcus anophagefferens*에 특이하게 감염하는 DNA 바이러스가 존재함이 보고되었다(Milligan & Cosper, 1994). 최근 대형 갈조(kelp)를 감염하는 DNA 바이러스인 Phaeoviruse가 발견되었다(McKeown et al., 2017; 5장 참조).

해양에서 RNA 바이러스는 진핵생물을 주로 감염하며, 다양한 군집 조성을 갖는다. RNA에 특이적인 염료(stain)가 없는 탓으로 직접 RNA 바이러스를 계수하는 방법이 아직 없기 때문에, 해양에서 RNA 바이러스의 수도는 거의 알려지지 않았다. 최근 정제된 바이러스 입자들로부터 RNA와 DNA의 상대적 정량과 유전체 크기 외삽(extrapolation)에 기반하여, 최근 RNA 바이러스의 수도는 DNA 바이러스(즉, 파아지)의 수도와 비슷한 것으로 추정되었다(Miranda et al., 2016).

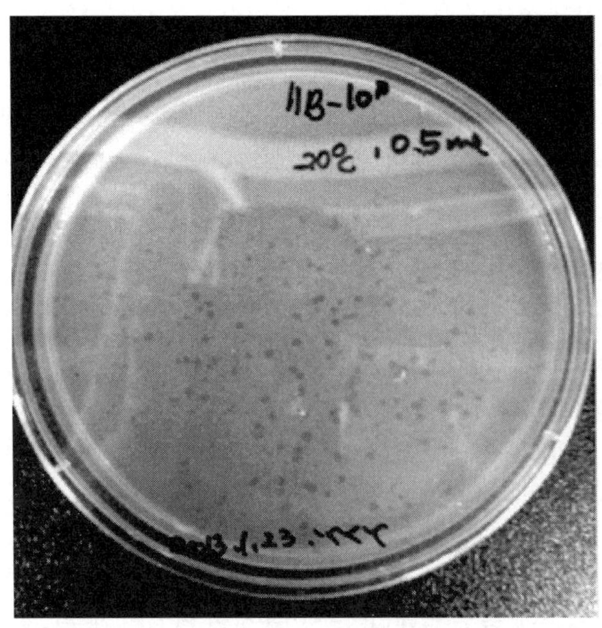

그림 2-3 서북극해 멘델레프 해령 퇴적물 코어(깊이 4 m)에서 분리한 *Pseudolateromonas* 파아지 CA2의 플라크 사진 (20°C에서 2일 배양; 황청연 교수[서울대학교] 제공).

2.1.6 프리온(prion)

해양에서 프리온의 존재는 아직까지(2017, 3 기준) 규명되지 않았지만, 박테리아 프리온이 여러 문(phylum)에서 출현하는 것으로 나타나, 간단히 소개한다. 처음에 프리온은 단백질 기반의 치명적 전염성 뇌병(encephalopathy)의 원인 작용제(agent)로 기술되었다. 그리고 균에서도 발견되었다. 균에서 프리온은 자가 번식(self-propagating)하는 단백질 집합체(aggregates)로 단백질 기반 유전 요소로 작용한다. 적어도 12개의 다양한 기능을 갖는 프리온 형성 단백질이 발아 이스트(budding yeast)에서 발견되었다. 비병원성(nonpathogenic)의 프리온-유사(prion-like) 단백질들도 포유류와 식물(예, Arabidopsis)에서 발견되었다.

최근 박테리아(*Clostridium botulinum*)의 전사 종료암호(transcription terminator)인 Rho (Cb-Rho)가 프리온을 형성할 수 있는 단백질임이 박테리아에서 최초로 보고되었다(Yuan & Hochschild, 2017). Cb-Rho에서 프리온-형성 도메인(domain)이 식별되었고, 그 도메인이 Cb-Rho 단백질에 아밀로이드 생성 기능을 부여함이 입증되었다. 유사한 박테리아 프리온이 γ-프로티오박테리아, δ-프로티오박테리아, 액티노박테리아, Bacteriodetes, Firmicutes, 그리고 Planctomycetes 문에 속하는 박테리아에서도 출현하는 것으로 나타났다.

그리고 Rho-프리온의 형성은 terminator readthrough(종료암호를 못읽음) 때문에 전형적으로 프리온 형성은 기능이 감소된 표현형(phenotype)을 초래한다. 프리온은 박테리아에서 후성적(後成的 epigenetic) 다양성의 원(source)으로 여러 환경에서 박테리아의 적합성(fitness)에 기여할 수 있을 것으로 여겨진다.

2.2 서식환경의 다양성

해양의 원핵생물이 서식하는 환경은 다양하다. 해양 대기, 표면 미소층(surface microlayer), 수층(water-column), 심해 환경, 퇴적물, 해저 표면 아래의 퇴적물(marine subsurface sediments), 해저 열수 분출공(hydrothermal vents), 고염분의 환경, 그리고 해양 동식물과의 공생환경을 소개한다.

2.2.1 해양 대기

일반적으로 대기에서 미생물의 분포는 고도, 장소(육지, 연안, 외양) 및 풍력에 따라 변한다. 일부 박테리아는 물 응결(water condensation) 핵으로 그리고 얼음 형성(ice formation)의 핵(nuclei)으로 기능할 수 있어서, 구름 형성과 강우에 영향을 주어 지구 기후 과정에 관여한다.

해수면의 2%는 white caps로 덮여 있으며, 표면으로의 거품(bubble)의 유동량은 약 2×10^6 $m^{-2}s^{-1}$ 이다. 거품이 터져서 해수 물방울이 형성되면 증발하여 농축된 짠 물방울이 되거나, 순수한 해양염(sea-salt) 입자가 된다. 이러한 염 입자의 공급원은 해양의 표면 미소층(surface microlayer, SML)이며, SML은 용존 유기물과 입자상 유기물, 많은 수의 바이러스와 박테리아 등의 미생물을 포함하고 있어, 해양 대기 미생물의 중요한 공급원이다(Colbeck, 1995).

해양 대기는 지구상에서 생물학적 탐사의 마지막 남은 프론티어 중 하나라고 할 수 있다. 해양 대기 미생물에 대한 생태 연구는 상대적으로 알려진 것이 적다(7장 참조). 해양 대기에서 미생물의 지리적인 전파와 대기에서의 생지화학적 반응, 산포(散布, dispersal) 동안에 자외선 노출 등 환경 스트레스로 인한 사망과 미생물의 생존 및 적응, 바람이 불어가는 방향에 있는 지역의 생태계와 건강에 끼치는 영향에 대한 이해가 필요하다.

2.2.2 표면 미소층(surface microlayer, SML)

표면 미소층은 해양 표면의 두께가 얇게는 10 μm까지의 층을 말하고, 박테리아 뉴스톤을 포함한다. 여기서 뉴스톤(neuston)이라 함은 이러한 환경에 서식하는 생물을 의미하며, 박테리아 및 다양한 미소조류와 원생생물이 포함된다. 그리고 표면 막(surface film)은 추가적인 표면의 층들을 포함함을 의미한다(Sieburth, 1983; Maki, 1993). 표면 막은 모든 해양에서 나타나며, 가끔 눈에 보이는 slick으로 나타난다. 대기와 해수의 경계로서 통상 수십 μm 이내의 두께를 갖는다.

표면 미소층은 전혀 다른 두 개의 환경(대기와 해양)의 경계이므로, 매우 많은 환경 변화에 직접 노출되어 있다. 큰 온도 변화와 자외선에 가장 많이 노출된 환경이며, 비(rain)로 인한 가장 많은 염분 변화에 노출된 환경이기도 하다. 또한 중금속과 유해 물질들의 농축이 가능하여, 이로 인한 환경 스트레스를 잘 견뎌내거나 적응을 해야 하는 환경이기도 하다. 표면 미소층은 금속망(metal screen), 유리판(glass plate), 회전 드럼(rotating drum; 그림 2-4) 등으로 채집한다. 금속망은 150~400 μm의 SML 두께를(Sieburth, 1965), 유리판은 20~100 μm(Harvey & Burzell, 1972), 회전 드럼은 60~100 μm의 두께를(Harvey, 1966) 채집하는 것으로 알려져 있다.

남태평양에서 입자상 유기 탄소(particulate organic carbon, POC)의 농도는 SML에서 그 아래의 표층에서보다 1.3~7.6배 높았고, PON 농도는 SML에서 그 아래의 표층에서보다 1.4~7.0배 높았다(Obernosterer et al., 2008). 그리고 POC:PON의 비는 그 아래의 표층보다 항상 SML에서 높았다. 흥미롭게도, SML에서 POC와 PON 농도의 증강도(enhancement factor)는 시료 채집 6시간 전 평균 풍속과 반비례 관계를 나타냈다. 그러나 용존 유기 탄소(DOC) 농도는 SML과 그 아래의 표층에서 유사하였다.

그림 2-4 회전식 드럼 타입의 해수 표면 미소층 샘플러(2014년 12월 16일 남극 로스해 테라노바 만에서; 황청연 교수[서울대학교] 제공).

표면 미소층 환경의 유기물 농도가 높기 때문에, 종속영양 박테리아의 수도도 그 아래 수층에 비해 높은 것으로 보고되고 있다(Williams et al., 1986). 이 환경은 매우 빠른 물질의 순환이 일어 나는 곳으로 볼 수 있다. 그러나 그와 같은 결과가 발견되지 않는 경우도 있다.

2.2.3 수층(water-column)

해양에서 수층의 수심이 얕은 곳은 1 m 이하로부터 깊은 곳은 11 km에 달한다. 해양은 대륙붕을 기준으로 연안(neritic)과 외양으로 구분된다. 연안역(coastal zone)은 수심이 200 m 미만인 곳으로 전 해양 표면의 약 7%를 차지하나, 해양의 순 일차 생산(net primary production)의 약 1/5이 연안역에 분포한다. 전 지구적 유기물 매장(burial)의 80%와 퇴적물 무기물화(sedimentary mineralization)의 90%가 연안역에서 발생한다.

해양의 표층은 해수의 영양면에서 볼 때, 부영양 해역(eutrophic; 엽록소의 농도가 1 μg l^{-1} 이상), 중영양 해역(mesotrophic; 엽록소의 농도가 0.1~1 μg l^{-1}), 그리고 빈영양 해역(oligotrophic; 엽록소의 농도가 0.1 μg l^{-1} 이하)으로 나눌 수 있다. 표층의 해수는 지역과 계절에 따라 수온의 변이가 >−2°C에서 30°C 정도까지 달한다. 또한 표층에선 빛의 투과에 의해 광합성이 진행된다. 유광대의 깊이는 지역과 계절에 따라 변하나 대개 1~150 m 의 범위에 있다.

심해(수심 1 km 아래의 수층)는 지구 표면의 약 2/3를 덮고, 전 지구적 생물권 부피의 90%를 차지한다. 심해의 생태학적 특징은 생체 발광을 제외하면 빛이 전혀 없고, 수온이 대개 4도

이하이며, 압력이 100기압을 넘는 곳이다. 지중해의 경우는 수심 1 km에서도 수온이 약 10도에 달한다. 심해는 수심에 따라 일반적으로 반심해성(bathypelagic, 1,000~4,000 m), 심해성(abyssal, 4,000~6,000 m), 심연(hadopelagic, >6,000 m)으로 구분한다.

수층에서 미생물의 생활형은 독립생활형(free−living)과 부유성 입자 또는 해설(marine snow)과 생물 표면에 부착된 부착형(attached form)으로 크게 나뉘며, 생물 내부에 사는 경우엔 공생과 기생의 형태로 세분할 수 있다. 최근 해양에서 소형플라스틱(microplastics)의 출현이 심각한 환경 문제로 등장하였고, 플라스틱은 미생물이 부착할 표면을 제공한다. 소형플라스틱에서 생물막(biofilm)의 형성은 밀도를 증가시켜 침전을 가져오고, 해양 표층에서 소형플라스틱의 크기−선택적인 제거를 설명해주는 것으로 여겨진다(Kooi et al., 2017). 소형플라스틱 입자에서 조건적 병원체(facultative pathogen[7)]) 비브리오 종들이 발견되어(Kirstein et al., 2016) 소형플라스틱은 잠재적인 건강 위험이 될 수 있다.

해양에서 미생물의 분포에 큰 영향을 줄 수 있는 해양물리적 조건들로는 해수의 혼합(mixing)과 성층(stratification)이 있다. 그리고 다른 두 개의 특성을 갖는 수괴가 만나는 경계인 전선(front)을 들 수 있다. 전형적으로 전선은 성층화된 수괴와 강한 혼합이 일어나는 수괴가 만나서 형성되는데, 일반적으로 전선에서는 매우 높은 일차 생산력이 나타난다. 연안에서의 이러한 연구는 많이 보고되어 있으나, 외양(open−ocean) 전선은 많이 알려지지 않았다. Yoder et al. (1994)은 적도 부근의 태평양 용승 해역에서 인공위성, 항공기, 연구선, 우주왕복선을 이용한 연구에서 전선과 관련되어 상당한 생물학적 반응(즉, 증가된 일차 생산자의 생물량과 생산)이 나타남을 보고하였다. 특히 전선을 따라 쇄파(breaking waves)와 진한 녹색의 해수가 수백 킬로미터에 걸쳐 바다에서 볼 수 있는 선을 나타냄이 관찰되었다. 전선의 폭은 약 2 km이었고, 성층화된 따뜻한 해수의 수괴에서 부유성 규조류가 전선 가까이에 밀집되어 나타났다.

2.2.4 퇴적물(sediments)

수층 아래에 존재하는 환경으로 지구 표면의 약 70%가 해양이므로, 지구상의 환경으로서 해양 퇴적물이 차지하는 범위와 중요성은 매우 크다. 지질학적 시간에 걸쳐 퇴적물 내에서 유기물의 선택적 분해로 인하여 해양과 대기의 화학적 조성에 지대한 영향을 준다(Holland, 1984). 심해저(deep−sea floor)는 지구 표면의 거의 60%를 덮고 있으며, 대부분 고운 입자의 퇴적물로 덮여 있다. 수온은 대부분 −1ºC에서 4ºC이며 수압이 매우 높다.

심해 퇴적물의 상층 10 cm에는 지구상의 총 박테리아의 약 13%가 서식하고 있어, 역동적인

---

7) 이들은 주로 환경 박테리아이며, 간혹 감염을 일으킬 수 있다.

생물권(biosphere)이다. 박테리아는 약 천만 년 된 퇴적물에서도 검출된다. 태평양의 5곳에서 채집된 퇴적물 코어의 깊이 518 m에서도 박테리아가 존재(1.1×10^7 cells cm^{-3})하고, 분열 중인 또는 분열한 박테리아 세포는 전체 박테리아의 5%임이 보고되었다(Parkes et al., 1994). 퇴적물의 표층에서 박테리아 수도는 최대를 보이며 1.4×10^9 cm^{-3}이었다.

얕은 수심의 연안 퇴적물 환경은 심해의 퇴적물 환경과는 크게 다르며, 일차적으로 빛이 퇴적물 표면까지 도달할 수 있다는 사실과, 퇴적물의 조성 입자(즉 모래 또는 실트[silt])의 특성 및 퇴적물의 표면에 도달하는 유기물의 특성에서 일반적으로 크게 다르다. 따라서 빛의 존재 유무에 따른 차이로 인한 생물학적 · 화학적 변화로 인해, 연안의 퇴적물 환경은 심해의 퇴적물 환경에 비해 매우 유동적인 변화가 빠르게 일어날 것으로 예측할 수 있다. 퇴적물 환경의 특징과 생태적 기능의 이해에 일반적으로 중요한 요인은 산소 농도의 분포이다. 대부분의 해양 환경에서 수층에 가까운 퇴적물은 산화된 상태이고, 퇴적물의 깊은 내부는 환원된 상태를 나타낸다. 따라서 퇴적층 내의 깊이에 따라 산화 · 환원 정도의 차이가 있게 되고, 이에 따라 이용되는 물질의 차이가 있게 되며, 출현 미생물의 조성과 물질의 순환도 자연히 다르게 된다.

따라서 퇴적물 환경에선 산화 상태와 환원 상태인 물질의 수직 분포에 대한 이해가 매우 중요하다. 주목할 점은 이러한 수직 분포가 cm의 규모에서 크게 변할 수 있다는 사실이다. 따라서 이에 대한 상세한 연구는 매우 작은 공간에 대해 해상력을 갖는 분석능력이 있는 현장 기술을 필요로 한다. 이러한 필요성을 충족시키는 기술이 미소전극(microelectrodes)이다(그림 2-5).

미소전극의 폭이 대개 5~100 μm의 범위이기 때문이다. 산소, 황화수소(H_2S), pH, 아산화질소(N_2O, nitrous oxide)를 측정할 수 있는 미소전극이 개발되어, 이를 이용한 많은 생태학적 연구가 있었다. 한 예로, 퇴적물내의 산소와 H_2S의 분포에 대해 조사한 결과, 빛의 유무에 따라 산소-H_2S 계면(interface)의 깊이가 변화함이 나타났다(Revsbech & Jorgensen, 1986). 이러한 결과는 화학적 환경이 수직적으로 변함에 따라 미생물이 이에 적응해야 함을 시사해주며, 미생물에 운동성이 있을 것임을 예측할 수 있다. 산소와 H_2S의 상호 존재면에서는 *Beggiatoa*와 같이 황을 산화시켜 에너지를 얻는 화학자가영양(chemoautotrophic) 박테리아가 존재하며, H_2S가 존재하고 빛이 함께 존재하는 퇴적물에서는 H_2S를 이용하는 혐기성 광합성이 녹색 황 박테리아와 자주색 황 박테리아에 의해 일어난다.

퇴적물 환경을 이해할 때 반드시 필요한 개념은 확산 경계층(diffusive boundary layer)이 존재한다는 것이다. 이 층은 액체와 접하는 모든 표면에서 존재하는 것으로, 물의 얇은 막이 표면에 존재함을 의미한다. 이 층 내에서의 물질의 이동은 분자의 확산에 의해서 일어난다. 따라서 표면과 액체의 대부분의 공간 사이의 물질의 교환을 제한할 수 있게 된다. 퇴적물 위에서 유속

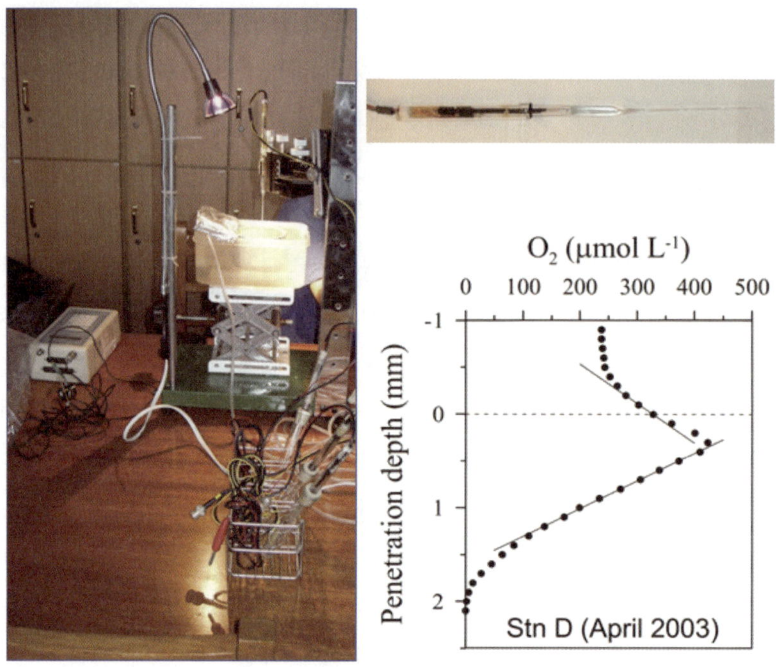

그림 2-5 산소 미소전극(오른쪽 위), 산소 미소전극을 이용한 퇴적물에서의 산소 수직분포 측정(왼쪽), 강화도 갯벌 퇴적물에서 산소 미소전극에 의해 측정된 산소 수직분포(오른쪽 아래).

이 5~10 cm/sec인 경우 확산 경계층의 두께는 0.1~0.2 mm이고, 유체의 흐름이 정지된 곳의 확산 경계층의 두께는 약 1 mm이었다. 이와 관련된 현상으로 섬모충류의 한 종류인 *Vorticella* 종이 부착자루(stalk)를 이용하여 부착한 기질(substratum)의 확산 경계층 위로 세포가 뻗어나오도록 하는 것은 물질의 이용과 관련한 적응으로 볼 수 있겠다(Revsbech & Jorgensen, 1986). 퇴적물 환경과 관련하여 암모니아, 수소 기체, 2가의 철 이온 등의 변화를 가져오는 요인은 생태적으로 중요하다. 이들 화합물을 이용하는 미생물들은 이들 화합물을 에너지원으로 이용함에 있어서 자연상태에서 자발적으로 일어나는 화학적 산화와 경쟁을 하여야 한다.

2.2.5 해저 표면 아래의 퇴적물(marine subsurface sediments)

상부 해양 퇴적물(50 cm 깊이)에는 해설, 유기쇄설물(detritus), 생분해가능 입자들이 퇴적되어 퇴적물의 미생물에 많은 영양분이 제공된다. 상부 해양 퇴적물에는 4×10^{28}의 박테리아와 1×10^{28}의 아키아가 있는 것으로 추정되며, 상부 해양 퇴적물에서 원핵생물의 대부분은 생물막으로 존재하는 것으로 추정된다(Flemming & Wuertz, 2019). 생물막은 퇴적물을 안정화하고 그 다음의 속성작용(diagenesis)에 중요한 역할을 한다.

해저 표면 아래의 퇴적물 환경은 지구 표면의 거의 70%를(부피로는 10^{18} m^3로서 해양의 부피와 유사) 포괄한다. 해저 표면 아래의 퇴적물에서 원핵생물(박테리아와 아키아)이 살 수 있는 깊이는 적어도 해저 표면 아래 800 m로 추정된다. 120ºC를 원핵생물 생존의 상한선에 가깝다고 한다면, 가능한 원핵생물 생물권의 깊이는 백만 년 된 암석권에서 약 0.5~1 km 깊이에서, 1억8천만 년 연령의 섭입(攝入, subduction)에서는 5 km 깊이까지, 암석권의(lithospheric) 연령에 따라 증가하는 것으로 보였다(Heberling et al., 2010). 캔터베리 분지의 해저 아래 거의 2 km로부터 배양가능한 박테리아와 진핵생물이 분리되었다(Ciobanu et al, 2014). 원핵생물이 살 수 있는 해저 표면 아래의 퇴적물의 총 부피는 193×10^6 km^3로 추정된다. 심해 퇴적물에서는 평균 퇴적 속도와 연안에서의 거리에 따라 원핵생물의 수도가 장소(sites) 간에 10^5 수준으로 변할 수 있다. 심해 퇴적물의 상부 퇴적물 표층에서 원핵생물의 평균 세포 수는 $1 \sim 5 \times 10^8$ cells cm^{-3}에서 표면 아래 1,000 m에서는 1×10^6 cells cm^{-3}로 감소한다. 한 연구에서, 해저 표면 1 cm 아래에서 367 m까지의 퇴적물에서 손상되지 않은 극성 지질(intact polar lipids, IPL)의 분포는 깊이에 따라 감소 경향을 나타내었고, 퇴적물 ml 당 12 ng IPL에서 16,000 ng IPL의 범위를 나타내었다. 이는 최소 9×10^6 ml^{-1}에서 최대 1×10^{10} ml^{-1}까지의 원핵생물의 분포를 시사하였다. 이 환경에 서식하는 원핵생물의 탄소량은 90 Pg (petagram, 10^{15} 그램 = Gt)으로 추정되었다(Lipp et al., 2008). 해저 표면 1 m 아래의 퇴적물에서 아키아는 우점적으로 분포하였다. 아키아는 이와 같은 극한적인 낮은 에너지 조건에 박테리아보다 잘 적응하는 것으로 보인다. 해저 표면 아래의 퇴적물에 있는 상당한 양의 원핵생물 생물량과 아키아의 우점 때문에, 해양에선 박테리아보다 아키아가 더 많이 존재하는 것으로 보인다(Lipp et al., 2008).

최근 대양의 심해 해저표면 아래(deep oceanic subsurface)에는 독립생활형 원핵생물 대 표면에 부착한 원핵생물의 비가 $1:10^2$에서 10^3이며, 총 4×10^{29} cells가 있는 것으로 추정되었다(Flemming & Wuertz, 2019). 이는 약 10 Gt C에 해당하여, 종전보다 9배 감소한 추정치이었다.

대서양, 태평양, 지중해, 북극해의 심해(1,000~10,000 m 수심) 퇴적물 표층에서 바이러스의 회전율은 평균 2~3일이었고, 바이러스의 감염은 박테리아보다는 아키아(주로 Thaumarchaeota; 총 원핵생물 개체수의 12%)에 더 높은 영향을 주는 것으로 나타났다(Danovaro et al., 2016). 심해 퇴적물의 상부 50 cm에서 바이러스에 의한 아키아의 용균(lysis)은 전 지구적으로 연간 약 0.3~0.5 Pg C을 방출하는 것으로 추정되었다. 퇴적물 상부 50 cm에서 바이러스 수도는 $7 \sim 36 \times 10^{12}$ m^{-2}이었고, 바이러스 생산은 $4 \sim 13 \times 10^{12}$ 바이러스 m^{-2} d^{-1} 이었다. 아키아와 박테리아의 회전(turnover) 시간은 각각 11~23일과 12~27일로 유사하였다.

수심이 980 m인 퇴적물의 표면 아래 80 m에서 순수 분리된 박테리아는 10 MPa[8]에서 최대 성장을 나타내며, 27.5 MPa까지의 압력에서도 활성을 나타내어 호압성으로 판단되었다. 또한

---

8) 파스칼(pascal, Pa)은 1 N/m^2로 정의된다. 메가파스칼(megapascal, MPa) = 10^6 Pa.
1 MPa = 10 Bar = $\simeq$10기압 (1 Bar $\simeq$ 1기압).

넓은 온도의 범위에서(15~65도) 성장하는 독특한 성장 특성을 나타내었다. 이 균주는 황산염 환원박테리아로 *Desulfovibrio*에 가까운 종으로 추정되었다(Parkes et al., 1994). 퇴적물 표면 아래 깊은 곳까지 존재하는 박테리아는 퇴적물의 속성작용 과정에 지대한 영향을 가질 것으로 보인다.

2.2.6 열수 분출공(hydrothermal vents)

지난 40년 동안 해저에서 고온의 해수가 존재하는 곳이 많이 확인되었다. 최초의 해저 열수 분출공 발견은 1977년에 갈라파고스 근해의 수심이 2,500 m인 곳에서 있었다. 이곳의 해저 열수 분출공 주변에는 관벌레(tubeworm), 몇 종류의 게(decapoda), 초대형 조개(giant clams) 등이 밀집하여 있는 것이 발견되었다. 이곳의 수심을 고려하면 유광대에서 공급되는 유기물의 양으로는 이러한 생물 집단을 지탱하기 어렵기 때문에, 다른 주요 공급원이 예측되었다. 이러한 현상은 화학합성(chemosynthesis)에 의해 진행되고 있는 것으로 보였다. 즉, 환원된 황(S^{2-})을 황화박테리아(*Thiobacillus*)가 산화시키면서 이산화탄소를 고정하는 반응에 근거한 에너지 흐름이 형성된 것으로 보였다. 갈라파고스 해저 열수 분출공의 군집의 생물량은 20~30 kg m^{-2}으로 알려져 있다. 이는 비슷한 깊이의 전형적인 심해에서 발견되는 생물량에 비해 2,000~3,000배 더 높은 값이다. 지금까지 연구된 모든 열수 분출공에서 조사된 생물량은 정상적인 심해 군집에 비해 적어도 500~1,000배가 더 높은 것으로 알려져 있다(Lalli & Parsons, 1993).

태고의(ancient) 해양 열수 분출공은 지구상에서 가장 초기에 거주가 가능했던 환경들 중의 하나로 여겨진다. 카나다 퀘벡에서[9] 얻은 철을 함유하는 퇴적암(ferruginous sedimentary rock)에서 초기 미생물을 시사하는 미소화석(microfossil)의 존재에 대해 조사한 결과, 퇴적암 시료에서 뚜렷한 필라멘트(filament)와 관(tube) 모양의 미세구조들(microstructures)이 관찰되었다(Dodd et al., 2017). 이들 구조는 형태(morphology)가 현대의 열수 분출공에서 발견되는 필라멘트성 철 산화 박테리아와 유사하였다. 또한 시료는 생물량(biomass)의 산화에 의해 형성될 수 있는 로제트(rosette)와 과립(granule)상의 보존된 광물질(minerals)과 탄소질의 물질(carbonaceous material)을 포함하였다. 이러한 자료는 생명에 고유한 대사 과정을 시사하며, 이들 미소화석들은 지구상에서 가장 오래된 생명의 증거로 보인다.

2.2.7 극한 해양 환경

고염 환경(hypersaline environments). 해양에서 차지하는 중요성은 적지만, 염

---

9) NSB (Nuvvuagittuq supracrustal belt)는 37.7억 년 전에서 37.5억 년 전 사이에 열수 분출공 활동의 증거가 있는 원시 해양 지각(primitive oceanic crust)의 한 부분(fragment)이다.

분이 높은 극한 환경에는 흥미로운 미생물들이 출현한다. 극한적인 호염성 미생물(extreme halophile)과 내염성 미생물(halotolerant)들이 발견된다. 고염 환경으로는 염전(solar saltern), 고대 암염의 내부(interior of ancient salt rocks), 그리고 심해의 염수 풀(brine pool)을 예로 들 수 있다. 심해의 염수 풀 안에 있는 해수는 주변 해수보다 염분이 3~10배 더 높고 통상적으로 무산소(anoxic)인 특수 환경이다(Antunes et al., 2011). 염수 풀 환경은 대부분 판 구조 활동(plate tectonic activity)과 관련이 많아, 보통 판 경계(plate boundary)가 있는 곳(예, 멕시코 만, 홍해, 그리고 지중해)에 있다. 하나의 예를 들면, 홍해의 한 염수 풀(Atlantis II)은 최대 수심이 2,194 m이고, 200 m 두께의 염수로 차있다. 염수 풀의 하부로 내려갈수록 수온과 염분이 증가하는 수직 특성을 나타내며, 몇 개의 계단식 성층 구조를 나타낸다. 가장 아래는 수온이 68ºC, 염분은 25.7%, pH는 5.3 이다. 심해의 혐기성 염수 풀에서 새로운 박테리아 문(phylum)인 *Deferribacteres*에 속하는 *Flexistipes sinusarabici*이 분리 · 보고되었고, 박테리아 다양성이 높은 것으로 보고되었다. 또한 혐기성 조건에 적응하여 사는 단세포(원생생물, 섬모충류, 와편모충류, 깃편모충류, 배양되지 않은 해양성 피하낭류) 및 다세포 진핵생물(후생동물, *Loricifera*)이 발견되었다(Antunes et al., 2011). 염수 풀에서 발견된 *Loricifera*에 속하는 종들은 미토콘드리아가 없고, 내부공생 원핵생물을 갖고 있는 것으로 나타났다. 심해의 염수 풀에는 원핵생물에 기반한 복잡한 영양 구조(trophic structure)가 존재할 것으로 예측된다. 새로운 호염성(halophilic) 계열인 KB1 시퀀스 그룹에 속하는 박테리아가 모든 연구된 심해 염수 풀에서 존재하는 것이 관찰되었고, 고염에 적응한 것으로 보인다.

또한 고대(2.5억년 전) 암염의 내부에서 박테리아가 분리 · 배양되기도 하였다(Vreeland et al., 2000). 염전에 출현하는 원핵생물에 대해서는 '7.2.5 염전(salterns)'을 참조하기 바란다.

극지 해역(polar oceans). 극지 해역은 최근 기후 변화와 맞물려 지구 온난화 연구에 있어서 매우 중요한 위치를 갖는다. 북극해는 전 대양 부피의 1.3%를 차지하고 있는 가장 작은 대양으로, 표층 수온은 연중 −1.8°C에서 4°C 정도의 변화를 보인다. 북극해는 주변을 둘러싸고 있는 대륙들로부터 많은 강 유량을 통해 육상 유기물이 유입되어, 매우 성층화된 북극해 표층은 열대 및 아열대 해양 표층과 더불어 DOC 농도가 높은 해역이다(Hensell et al., 2009). 강으로부터 북극해로 유입되는 담수의 증가하는 양과 얼음(ice)의 녹음이 산성화를 중화하는 해양의 능력을 감소시키므로, 북극해는 특히 기후 변화에 취약하다.

남빙양(Southern Ocean)은 남극의 연안에서부터 남극 극 전선(Antarctic Polar Front)까지 펼쳐져 있고, 남빙양의 표층 해수의 수온은 남극 연안 부근의 −1.8°C에서 극 전선에서 3.5°C까지로 변한다(그림 2-6). 박테리아는 해수가 거의 어는 온도인 약 −2°C에서도 살 수 있다. 그러나 극미소-시아노박테리아는 남빙양과 북극해 환경에서 드물다. 극지 해역은 4°C 이하에서 감염하고 번식할 수 있는 '저온 활성'(cold-active) 바이러스가 많은 곳이다.

그림 2-6 2017년 2월 남극 로스해 테라노바 만(Terra Nova Bay)의 전경(황청연 교수[서울대학교] 제공).

극 지역 빙하의 얼음 속 수 km 내에서도(온도가 −30℃에서 −50℃) 미생물이 생존한다[10]. 빙하의 표면에는 수 mm에서 수 cm 지름의 작은 먼지얼음 구멍(cryoconite[11] hole)들이 많이 있는데, 작은 토양 입자들이 빙하 표면에 떨어져 그 주변이 태양 빛에 의해 녹아 원통형 모양으로 녹은 물이 생긴 곳이다. 작은 환경이지만 미생물들(박테리아, 미소조류 등)이 발견된다.

극히 추운 환경(extreme cold environments)과 냉동 환경(frozen environments)에 상당히 다양하고, 대사적으로 활성을 갖는 개체군들이 서식한다는 것은 잘 알려져 있다. 추운 환경에서 미생물들은 구조 및 기능상의 적응을 진화시켜 왔다. 예를 들면, 불포화 지방산 증가에 의한 막 유동성(membrane fluidity)의 유지 조절, 냉동 보호(cryoprotection)를 위한 화합물들의 생성과 흡수(예, compatible solutes), 항산화 활성을 들 수 있다. 친저온성 미생물들(psychrophiles)이 극지 해역에서 분리되고 있다. 친저온성 미생물들의 생존 방식과 응용성에 대한 연구(예, 한랭 쇼크[cold-shock] 단백질, 결빙방지 단백질[antifreeze protein])가 진행되고 있다. 친저온성 미생물의 성장 제한 온도는 −12ºC이다. 친저온성 미생물은 열에 약

10) 박테리아 배양체(culture)의 장기간 보관을 위해서는 배양체를 글리세롤(30% v/v)이 첨가된 배양액에 넣어 −70℃에서 −80℃에 보관한다.

11) "cryo"는 얼음(ice)을 그리고 "conite"는 먼지(dust)를 의미한다.

한 저온 활성 효소들을 생산한다. 남극과 북극의 해빙(sea ice)에 사는 박테리아는 표면 부착과 생물막 형성에 관여하는 많은 양의 세포외다당 물질(exopolymeric substance)을 생산한다.

2.2.8 동식물과의 공생(symbiosis)

오래 지속되는 공생 동안에 숙주는 공생자(symbiont)에게 주거(shelter)를 제공하며, 공생자들은 그 대가로 숙주를 위해 필수 영양분들의 합성을 하는 대사 경로들을 진화시킨다. 해양에서도 동물과 미생물 사이의 공생에 대한 많은 예가 알려져 있다. 널리 알려진 예로는 산호[12)]의 폴립형(polyp) 내에 공생하는 주우키산텔라(zooxanthellae)이다. 부유성 원생동물인 유공충(foraminifera) 스피노스(spinose)도 공생하는 미소조류를 갖고 있으며, 그 미소조류는 엽록소 *a*와 페리디닌이라는 보조 색소를 가진 와편모조류로 알려져 있다(Revsbech & Jorgensen, 1986). 그리고 흑해(Black Sea)의 산화–환원 경계층에서 섬모충류의 높은 수도는 박테리아와의 외부공생(ectosymbiosis)과 관련이 있는 것으로 추정되었다(Zubkov et al., 1992).

해양 환경에서 박테리아와 다른 해양 생물들과의 공생 사례로서 잘 알려진 것으로는 시아노박테리아와 규조류(*Rhizosolenia*)의 공생, 피낭류(ascidian)와 *Prochloron*의 공생, 열수 분출공에서 관벌레(tubeworm)와 황화박테리아의 공생 등이 있다. 아래에선 새로 알려진 사례들인 박테리아와 해양 동물, 박테리아와 해양 식물플랑크톤간의 공생, 시아노박테리아와 원생생물간의 공생, 발광(發光) 박테리아와 오징어의 공생, 그리고 주자성(magnetotactic) 박테리아와 원생생물간의 공생 등에 대해 소개한다.

낮에 오렌지색 형광을 발하는 체장이 약 60 cm인 산호(*Montastraea cavernosa*)에서 질소고정 시아노박테리아와 산호의 공생이 발견되었다(Lesser et al., 2004): 이 형광의 원(原)은 산호 숙주 세포 내의 단세포성 공생 시아노박테리아의 phycoerythrin이었다. 질소를 고정하는 내부공생 시아노박테리아의 개체수는 약 2×10^7 cells cm^{-2}로 많았고, 공생 와편모조류와 공존하며 질소고정효소를 발현하였다. 이러한 발견은 질소고정이 공생적 연합에 있어 제한 요소인 질소의 중요 원임을 시사하였다. 공생하는 주우키산텔라도 광합성을 하는 동안에 질소를 요구하므로, 질소가 제한될 것으로 예견되었었다.

녹조류의 일종인 파래(sea lettuce) 표면에 공생하는 박테리아는 탈루신(thallusin)이라는 물질을 생성한다(Matsuo et al., 2005): 무균상태에서 파래는 잎 모양으로의 형태발생이 일어나지 않고 세포들의 덩어리로 존재한다. 공생박테리와의 연합이 파래의 형태발생에 결정적임이 제시되었다.

---

12) 참고로 저온수(cold–water, 4~12℃) 산호는 공생 와편모조류가 없다(=azooxanthellate). 종종 콜로니들(colonies)을 형성한다. 저온수 산호는 다양하며 널리 분포한다. 심해 산호초 뼈대를 만드는 저온수 scleractinian 산호 종은 10종 미만으로 알려져 있다. 저온수 산호들은 침강 유동량(즉, 표층의 일차 생산)에 의해 에너지를 공급받는다(Roberts et al., 2006).

식물플랑크톤인 *Emiliania huxleyi*는 대발생을 형성하기도 한다. *E. huxleyi*는 실험실에서 박테리아 종인 *Phaeobacter inhibens*과 공동 배양 시에, 초기 10일 동안은 *E. huxleyi*가 단독으로 있을 때에 비하여 박테리아와 함께 있을 때 *E. huxleyi*의 세포 수가 증가하였다. 박테리아인 *P. inhibens*가 미소조류의 성장을 촉진시키는 것으로 생각되었다. 그러나 17일 후(즉, 미소조류와 박테리아 상호작용의 상리공생 기[mutualistic phase]가 지난 다음)에는 공동 배양의 경우 미소조류의 표백(bleaching)을 일으켜 대부분의 *E. huxleyi*는 사멸하였다. 박테리아가 생성하는 화합물 indole−3−acetic acid는 낮은 농도에서 미소조류의 성장을 촉진하나, 높은 농도에서는 해롭게(harmful) 되어 사망을 야기하는 것으로 나타났다(Segev et al., 2016).

단세포성 진핵생물(=원생생물)과 단세포성 시아노박테리아간의 공생적 상호작용이 최근 알려졌다: 착편모조류(prymnesiophyte) 미소조류와 단세포성 질소고정 시아노박테리아(UCYN−A, unicellular cyanobacteria nitrogen−fixing “group A”) 간의 질소고정 공생이 보고되었다. 이 경우 이질세포(heterocyst)의 발생은 나타나지 않았다. 질소고정 시아노박테리아 공생자는 유전체의 크기가 현저히 작았고, 높은 정도로 대사적 간소화(streamlining)를 가졌다. 시아노박테리아 UCYN−A는 완전한 광합성계 I (photosystem I)을 유지하였으나, 산소를 발생시키지 않는 것으로 보였다. 이산화탄소를 고정하는 능력을 상실하였으며, 따라서 시아노박테리아의 특성을 갖지 않았다. 이는 UCYN−A가 절대적 공생자임을 시사한다. 이러한 단세포간의 공생은 진핵생물의 미소기관으로 이끈 진화적 사건들의 흥미로운 모델이라고 하겠다(Zehr, 2015). 시아노박테리아의 성장과 분열이 착편모조류 미소조류의 세포 분열에 앞서 일어나는 것으로 보였다.

비브리오는 해양 환경에 널리 분포하며 동식물 숙주와 연합하는데, 동물에 병을 일으키는 종으로는 *Vibrio coralliilyticus*와 *V. harveyi*가 있고, 인간에 병을 일으키는 종으로는 *V. cholerae*, *V. parahaemolyticus*와 *V. vulnificus*가 있다. 다른 비브리오들은 해양 생물과 공생 관계를 형성한다. *V. fischeri*와 오징어(*Euprymna scolopes*) 간의 공생관계가 한 예이다.

발광박테리아인 *V. fischeri*는 하와이섬의 연안에 서식하는 야행성 오징어(*E. scalopes*)의 발광 기관에 공생한다. 하와이 오징어는 달과 별빛에 대해 위장(camouflage)을 하기 위해서 발광박테리아를 사용한다. 오징어의 발생과 성장에는 *V. fischeri*가 해수로부터 공생기관으로의 침입이 있어야 하며, 이러한 과정은 두 종 간에서 매우 특이적이다. 해양 환경에는 발광박테리아가 3 속이 있는 것으로 알려져 있었고(*Vibrio*, *Photobacterium*과 *Shewanella*), 9종의 발광박테리아가 보고되었다. 하와이 연안에 존재하는 근연종인 *V. harveyi*나 *P. leiognathi*는 오징어와 공생을 일으키지 못했다(Lee & Ruby, 1992). 성체 오징어는 주변 해수로 공생 박테리아를 주기적(매일)으로 방출하며, 공생기관에서 공생박테리아는 viable & culturable한 상태로 성장하나 주변

BOX 1 생물 발광(bioluminescence)

해양에서 생물 발광 현상은 잘 알려져 있어서, '해저 이만리'와 '백경'(Moby Dick) 같은 해양 모험 소설에서도 언급된다. 해양에서 생물 발광의 생태적 중요성은 외양에서 발광생물들이 우세하게 출현하는 사실에 의해 명백하다. 발광박테리아가 어류와 오징어와 공생하는 경우, 발광의 적응적 가치는 명백해 보인다: 빛은 짝과 먹이를 유인하고, 포식자를 피하는 데 사용된다.

인공위성 센서 시스템(satellite sensor systems)을 사용하여 인도양 소말리아 외해에서 15,400 km^2 규모의 "은하바다"(milky sea)가 출현함이 확인되었다(Miller et al., 2005). 이 기이한 현상은 몬순에 의해 야기된 조류(algal) 대발생의 잔해물에 성장하는 발광박테리아(예, *V. harveyi*)에 기인한 것으로 생각된다.

대부분의 생체 발광은 외양에서 진화하였고, 방출 스펙트럼(emission spectra)은 푸른색(λ_{max} 475 nm)이다. 푸른 빛은 해수에서 가장 멀리 갈 수 있는 파장이다. 녹색은 다음으로 흔한 색이며, 저서 및 연안 종들에서 종종 발견된다. 연안 해수에서는 입자들로 인한 탁도가 푸른색을 산란시키고, 더 긴 파장의 전파가 선호되기 때문으로 보인다.

발광박테리아는 두 개의 기질(reduced flavin mononucleotide [$FMNH_2$]와 long chain aliphatic aldehyde [RCHO])을 산소와 luciferase에 반응시키어 발광한다. 그 결과 두 기질은 산화된다.

그 반응식은 아래와 같다:

$$FMNH_2 + RCHO + O_2 \rightarrow FMN + RCOOH + H_2O + light.$$

해수에서는 viable & non-culturable한 상태로 된다. 흥미로운 점은 발광박테리아가 인공 배지에서 집락(colony)을 형성하여도 육안으로는 발광하는 것이 보이지 않는다는 것이다. 공생 박테리아의 방출은 숙주가 해수 중의 공생 박테리아 분포에 중요한 영향을 줌을 의미한다.

어류의 발광 기관에도 발광박테리아가 공생을 하며, 숙주 어류는 철 이온의 공급으로 공생자인 발광박테리아의 성장을 조절(Nealson, 1982)하는 것으로 알려져 있다.

해양의 목재 구조물, 목재 저장과 목재의 수송에서 생물손상(biodeterioation)은 큰 경제적 손실을 준다. 미국에서만 연간 1조원을 넘는 것으로 추정된다. 생물 손상을 일으키는 주요 원인인 배좀벌레(shipworms)는 셀룰로스를 분해하는 박테리아와의 절대적 공생에 의존한다. 기체 질소를 고정하고 셀룰로스 분해효소를 합성하는 γ-프로티오박테리아인 *Teredinibacter turnerae*가 숙주 아가미의 특정 부위에 공생자로 확인되었다. 공생자는 수직적으로, 즉 유생을 통해 전해진다(Munn, 2004).

자기수용(磁氣受容, magnetoreception)은 생물체가 방향과 위치를 찾기 위해 지구 자기장을 감지하는 감각(sense)으로, 주자성 박테리아에서만 알려져 왔다. 박테리아는 마그네토솜(magnetosome)으로 알려진 세포내 미소기관에서 생광물화(biomineralization)된 준자기성

(ferrimagnetic) 나노 입자들 덕분에 자기장을 감지한다. 사슬모양으로 배열된 준자기성 나노 입자들은 세포의 운동 축과 평행하여서 박테리아에게 자기 모멘트(moment)를 부여하며, 박테리아는 편모를 사용하여 자기장 선들을 따라 움직인다(Monteil et al., 2019).

혐기성인 해양 퇴적물 환경에서 자철석(magnetite, Fe_3O_4) 입자들을 갖고 있는 박테리아와 원생생물 간의 상리공생 관계가 최근 보고되었다(Monteil et al., 2019). 프랑스 지중해 연안의 혐기성 퇴적물에서 이례적으로 남쪽을 향하는(south−seeking) 원생생물 개체들이 발견되었다. 이들 원생생물의 외부 전체에는 5 μm 크기의 간상(桿狀)의 자성(magnetic) 박테리아들이 원생생물 세포의 운동 축과 평행하게 부착되어 있었다. 이들 자성 외부공생 박테리아는 평균 27개의 자철석 입자(길이 74 nm, 폭 67 nm)들의 사슬을 포함하고 있었으나, 운동성(motility)은 없었다(즉, 주자성 박테리아로 간주될 수 없음).

하나의 주자성 전체생활체(holobiont)에서 얻은 16S rRNA와 18S rRNA 시퀀스의 분석 결과 외부공생자(ectosymbiotic)는 δ−프로티오박테리아로 주자성 박테리아(예, *Desulfamplus magnetovallimortis*)와 가깝게 연관된 것으로 나타났고, 원생생물은 유글레나인 Symbiontida와 연관된 것으로 보였다. 또한 자성 외부공생 박테리아의 진화계통(phylogeny)과 원생생물의 진화계통의 밀접한 일치성은 자성 외부공생 박테리아와 원생생물이 함께 진화한 것으로 시사되었다. 이러한 원생생물과 외부공생자 간의 상리공생(mutualistic symbiosis)은 공생에 의해서 획득된 진핵생물의 자기수용의 예를 나타낸다.

자성 외부공생 박테리아의 유전체 크기는 감소되었고(3.2 Mb로 독립생활하는 주자성 박테리아의 유전체보다 작음), 전체 마그네토솜 유전자의 세트가 발견되었으며, 수소를 이용한 황산염 환원에 의해 황화수소를 생성하는 대사와 이산화탄소를 고정하는 화학무기자가영양이 유전체 분석으로 예측되었다(즉, 수소의 싱크[sink]로 작용하고, 유기물을 확산에 의해 숙주에게 공급). 숙주가 자성 외부공생 박테리아를 섭식할 가능성이 식포 내에 마그네토솜의 존재에 의해 제시되어, 이러한 방식에 의해서도 유기물이 공급되는 것으로 생각되었다. Symbiontida 원생생물은 히드로게노솜(hydrogenosome)과 유사한 구조를 가진 미소기관(organelle)을 갖는 것으로 관찰되었고, 수소를 생성하는 것으로 예측되었다. 전체생활체가 적절한 산화환원 조건에 위치하여 대사 교환이 가능해지는 혐기적 공생(syntrophy)이 공생의 기반으로 보인다. 참고로, 단세포성 진핵생물이 자체적으로 마그네토솜을 생성하는 것은 현재 알려져 않지 않다.

2.2.9 기생 및 병원성 미생물

기생은 오랜 화석의 기록에서도 나타나듯이, 수생환경에서 일찍부터 존재하였다. 흑규석(rhynie chert) 화석의 관찰에 의해 4억 년 된 고환경의 담수 환경에서 녹조류에 균이 기생하고 있음이 알려졌다(Taylor et al., 1992). 기생은 보편적인 현상으로 여겨짐에도 불구하고 해수에서는 이에 대한 연구가 미미하다.

해양에 서식하거나 또는 전파(dispersal)되는 병원성 미생물에 대한 연구는 인간의 질병 및 수산 양식과 밀접한 관련을 갖는다. 콜레라를 발병시키는 *Vibrio cholerae*와 패혈증을 일으키는 *Vibrio vulnificus*가 그 대표적인 예이다. *Vibrio cholerae*의 콜레라 톡신(toxin)은 박테리오파아지에 의해 인코딩(encode)된다. 가장 최근의 콜레라의 세계적 유행병(pandemics)은 7번째 세계적 유행병으로 불리며, 1961년에 시작해서 진행 중이다. 매년 3백만 건의 발병 사례를 일으키는 것으로 추산된다. 콜레라는 재발생하는 질병으로 2010년 하이티에서 그 파괴적인 유행병의 면모를 입증하였다: 52만에 가까운 발병 사례가 보고되었고, 사망자는 6천9백 명 이상에 달하였다. 최근 유전체 연구 결과는 아프리카에서 발생한 콜레라 유행병은 자생적인 *V. cholerae*이라기보다는 아시아에서 유입된 *V. cholerae*에 영향을 받았음이 제시되었다('9.4 보건에 활용' 참조).

해수에서 *V. cholerae*의 분포와 생존, 독성 기구(機構, mechanism)에 대한 연구는 중요한 발견들을 가져왔다. 강, 호수, 염하구, 연안에 출현하는 *V. cholerae*는 콜레라 질병의 원인체(causing agent)로 종종 동물플랑크톤의 키틴질 외각(exoskeleton)에 붙어서 생존하는 것으로 나타났다. 그리고 평형수(ballast water)를 통해 *V. cholerae*가 여러 해역으로 이동하는 실태가 보고되었다(Ruiz et al., 2002). 상선들(commercial ships)은 평형수에 있는 병원성 박테리아를 전 세계로 퍼트릴 수 있다. 체사피크(Chesapeake)만의 경우, 매년 약 천만 톤 가량의 외국의 평형수를 받는다. *Vibrio cholerae* (O1 & O139)에 대하여 제안된 국제해사기구(IMO)의 평형수 처리 실행(performance) 표준은 습식 동물플랑크톤 시료 1그램당 1 cfu (colony forming unit, 집락 형성 단위) 미만, 해수 100 ml 당 1 cfu 미만이다. 인간에게 콜레라를 일으키는 *V. cholerae* O1과 O139의 수도를 외국 항구에서 체사피크만으로 도착하는 배들의 평형수에서 측정한 결과, 93%의 배에서 두 혈청형(serotype)들이 검출되었다(Ruiz et al., 2002). *Vibrio cholerae* O1과 O139의 수도는 각각 약 $10^3\ l^{-1}$와 $10^2\ l^{-1}$으로, *V. cholerae* O1의 수도가 O139보다 더 높았다. *V. cholerae* O1과 O139의 수도는 모두 플랑크톤 시료(> 80 μm)에서 보다는 해수 시료에서 100배 가량 많아서, *V. cholerae*는 동물플랑크톤에 농축되어 있지 않는 것으로 나타났다.

제 3 장

해양 미생물의 수도, 생물량 및 활동도

해양 미생물의 수도, 생물량(또는 생체량), 활동도 또는 종 조성을 연구하기 위해선, 먼저 해수 시료의 채취가 선행되어야 한다. 해수의 시료채취(sampling) 방식은 크게 두 가지로 나뉜다. 하나는 라그랑주(Lagrangian) 시료채취 방식으로 특정 수괴를 따라가면서 해수 시료를 채취하는 방식이고, 다른 하나는 오일러(Eulerian) 시료채취 방식으로 고정된 정점에서 해수 시료를 채취하는 방식이다. 물류적인 이유로 대부분의 해양 연구는 오일러 시료채취 방식을 사용하는 경향이 있다.

수층에서 해수의 시료채취는 일반적으로 니스킨 채수기(Niskin bottle, 5리터)에 의해 수행된다. 니스킨 채수기의 내부는 10% 염산 용액으로 씻어낸 다음, 증류수로 씻어내어 채수 준비를 한다. 여건이 되면 CTD-로젯 샘플러에 니스킨 채수기를 부착하여 원하는 수심에서 채수를 한다(그림 3-1). 그렇지 않으면 wire에 채수기를 매달아 채수하려는 수심에 내려서 채수를 한다.

그림 3-1 동해 선상에서 해수를 채수하고 CTD를 회수하는 장면(장광일 박사[서해수산연구소] 제공).

준비해 둔 깨끗한 플라스틱 병에 채수기에서 소량의 해수를 담아 1~2회 헹군 후, 필요한 양의 해수를 담아 개체수, 생물량, 활동도, 또는 생산 측정에 사용한다. 채수 후에 곧 실험을 하는 것이 바람직하고, 그렇지 못한 경우 수온 변화가 없도록 잠시 보관한 후 실험을 수행한다.

가장 바람직한 미생물의 계수는 선상에서 수행하는 것이지만, 여건이 허락하지 않을 경우 또는 현장 조사의 기간이 오래 걸리는 경우에, 해수 시료를 고정/냉장하여 실험실로 가져오는 것보다는 현장에서 슬라이드를 제작하여 냉동(−20℃)한 후 실험실에 가져와 계수하는 것을 추천한다.

3.1 해양 미생물의 수도(abundance)

전통적인 평판 계수(plate count) 방법에 의해 표층 해수에는 약 10^3~10^4 ml^{-1} 정도의 박테리아가 존재하는 것으로 알려져 왔다. 그러나 1970년대에 개발된 에피형광현미경 기법에 의해 약 100배에서 1,000배 정도 더 많은 박테리아가 해수에 존재함이 알려졌다(Hobbie et al., 1977). 이와 같은 발견은 해양 박테리아가 죽은(dead) 상태 또는 휴지(dormant) 상태에 있는지, 아니면 활성(active)을 갖고 있는지에 대한 질문을 낳게 하였다('3.3 단세포 및 군집의 활동도' 참조).

해양 박테리아와 바이러스의 수도 자료를 얻기 위해서는 직접 계수(direct cell count)하는 방식이 사용된다. 형광 염료로 염색(staining)하여 해양 박테리아 또는 바이러스를 직접 계수하는 결과는 믿을 만한 방법으로 여겨진다. 해양 박테리아와 바이러스의 계수에는 에피형광현미경(epifluorescence microscope) 또는 유세포 분석기(flow cytometer)가 사용된다.

박테리아. 에피형광현미경을 사용하여 박테리아를 계수하는 경우 DNA와 RNA에 특이하게 결합하는 acridine orange (Hobbie et al., 1977), 또는 DNA에 특이적이고 예민한 형광 염료인 DAPI (4'6−diamidino−2−phenylindole; Porter & Feig, 1980)가 사용된다. 이와 같은 방법으로 연안의 표층 해수에서 박테리아는 약 1×10^6 cells ml^{-1}으로 분포하며, 수심 증가에 따라 감소함이 관찰된다(그림 3−2). 수심 1,000미터에서 박테리아 개체수는 표층의 약 10~20% 정도이다.

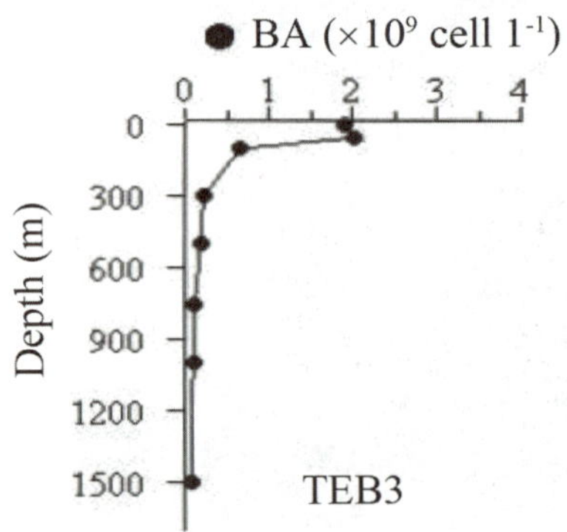

그림 3−2 2012년 3월 동해 울릉분지 주변 해역의 한 정점(130.00 °E, 37.00 °N)에서 박테리아 수도의 수직 분포.

유광대에서 박테리아 수도와 엽록소 *a*의 수직분포의 양상은 유사한 것으로 나타난다. 이는 식물플랑크톤에 의한 유기물의 공급에 의해 박테리아의 분포가 조절됨을 시사하는 것이다(아래 '박테리아 수도와 엽록소 *a*간의 관계' 참조).

박테리아와 아키아의 평균적 수직 분포를 보면 태평양 표층에서 박테리아는 원핵생물 군집의 매우 우점적인 구성원이다. 그러나 중층대(200~1,000 m)와 심해에서는 아키아가 증가하면서 우점(약 50% 수준)하는 것이 관찰되었다(Karner et al., 2001). 북대서양의 중층대와 심해에서도 아키아가 우점하는 것이 관찰되었다(Herndl et al., 2005): 박테리아는 약 31% 수준, *Euryarchaeota*는 약 17%, *Crenarchaeota*는 19~28%로 수심에 따라 증가하였다. 북대서양 시료에서 박테리아, *Euryarchaeota*, *Crenarchaeota*의 합은 DAPI로 염색된 세포의 67~76%이었다. DAPI로 염색된 세포의 20~30%는 죽은 세포로 생각된다. 그러나 남극 순환 해류(Antarctic Circumpolar Current)에서 아키아는 항상 원핵생물의 50% 미만이었다(Herndl et al., 2005).

지구상에는 1.2×10^{30}의 원핵생물이 있는 것으로 추정된다. 이는 약 30 Gt (= 30×10^{15} g)의 탄소 생물량으로, 지구상의 총 생물량(대부분이 식물)인 약 500 Gt의 6%에 상당한다. 지구상의 주요 5대 환경은 토양, deep continental subsurface, 대양(oceans), 해양 상부 퇴적물(10~50 cm oceanic sediment), 심층 해양 표면아래(deep oceanic subsurface)로 각 환경에 존재하는 원핵생물의 수는 각각 3×10^{29}, 3×10^{29}, 1×10^{29}, 0.5×10^{29}, 및 4×10^{29}으로 추정된다(Flemming & Wuertz, 2019). 대양에 있는 1×10^{29}의 원핵생물 중 20%가 아키아로 추정된다.

바이러스. 형광염료(fluorochrome)인 SYBR Green I을 사용하여 에피형광현미경으로 바이러스를 직접 계수하는 빠르고 정확한 기법이 1998년 Noble & Fuhrman에 의해 개발되었다. 이 방법의 장점은 박테리아도 한 슬라이드에서 동시에 직접 계수할 수 있는 것이다. 특별히 0.02 μm 기공-크기를 갖는 Al_2O_3 Anodisc 막 여과지(membrane filter)가 필요하다. SYBR Green I 염료는 해수 시료에 사용할 수 있고 통상적으로 사용되는 고정액과 함께 사용할 수 있는 장점이 있으며, 염색 시간은 15분이면 충분하고, 비용도 저렴하다(Noble & Fuhrman, 1998). SYBR Green I을 사용하여 구한 바이러스 수도와 TEM을 사용하여 구한 바이러스 수도는 매우 상관관계가 높았다(r^2 = 0.98): 남가주 외양 표층에서 최대 바이러스 수도는 약 1.6×10^7 ml^{-1}이었다. 남가주 외양의 유광대에서 바이러스:박테리아의 비율은 평균 14.2이었고, 그 아래에서는 6.7로 감소하였다.

유세포 분석기를 이용하여 해양에서 박테리아와 바이러스를 계수하는 기법이 다음 해에 보고되었다(Marie et al., 1999). 형광염료로는 SYBR Green I이 사용되었고, 유세포 분석으로 구한 바이러스 수도는 에피형광현미경으로 또는 TEM으로 구한 값들보다 약간 높았으나, 높은 상관 관계(r = 0.94)를 나타냈다. 지중해 표층에서 바이러스 수도는 $2{\sim}7 \times 10^6$ ml^{-1}로 다소 낮았다. 유세포 분석은 다른 기법들에 비해 시료 처리의 속도가 빠르고(하루에 약 200개 시료) 정확하며, 농도가 너무 낮아 앞의 다른 기법들이 계수할 수 없는 농도의 바이러스도 계수할 수 있는 장점이 있다(Marie et al., 1999).

지구상에는 바이러스가 10^{31}으로 추정되며, 해양에는 그 중의 반 정도가 존재하는 것으로 추정된다.

미소편모류. 크기가 2~20 μm인 종속영양 및 광영양 미소편모류(heterotrophic & phototrophic nanoflagellates)의 계수에 형광염료로 프리뮬린(primulin)을 사용하는 기법이 개발되었다(Caron, 1983). 이 경우 형광의 관찰을 위해서 에피형광현미경에 두 개의 필터 세트(filter set)가 필요하다: 하나는 프리뮬린으로 염색된 세포들의 관찰 용도로, 다른 하나는 엽록소를 갖는 세포들의 관찰. FITC (fluorescein isothiocyanate)나 proflavine (3−6−diaminoacridine hemisulfate)을 사용하는 방법보다 더 정확한 방법인 것으로 제시되었다. 광영양 미소편모류는 엽록소 *a*의 붉은색 자가형광(autofluorescence)에 의해 종속영양 미소편모류(HNF)로부터 구분된다. Acridine orange를 사용할 경우 슬라이드를 두 개 만드는데, 하나는 acridine orange로 염색하여 총 미소편모류를 계수하고, 다른 하나는 염색을 하지 않고 자가형광을 관찰하여 광영양 미소편모류를 계수한 후, 총 미소편모류 개체수에서 광영양 미소편모류 개체수를 빼면 종속영양 미소편모류 개체수를 구하게 된다. 또한 미소편모류의 개체수는 DAPI를 이용하여 계수할 수 있다(Sherr et al., 1987; 그림 3-3).

HNF 수도는 사가소 해의 표층에서 $0.2 \sim 1.2 \times 10^3$ HNF ml^{-1}이었고, 연안에서는 약 2×10^3 HNF ml^{-1}이었다(Caron, 1983). 한편 광영양 미소편모류 수도는 사가소 해의 표층에서 $0.2 \sim 0.5 \times 10^3$ cells ml^{-1}이었고, 연안에서는 약 $2 \sim 5 \times 10^3$ cells ml^{-1}이었다(Caron, 1983). 동해에서 HNF 수도는 유광대에서 $0.4 \sim 7.5 \times 10^3$ HNF ml^{-1}의 범위, 중층대에선 $0.1 \sim 0.4 \times 10^3$ HNF ml^{-1}의 범위로 분포하였다(Cho et al., 2000). 박테리아와 HNF의 개체수 비율은 전형적으로 ~1000:1로 보나, HNF의 생물량은 계절적으로 100배 정도 변할 수 있다. 빈영양 환경에서는 박테리아의 수도를 조절하는 데

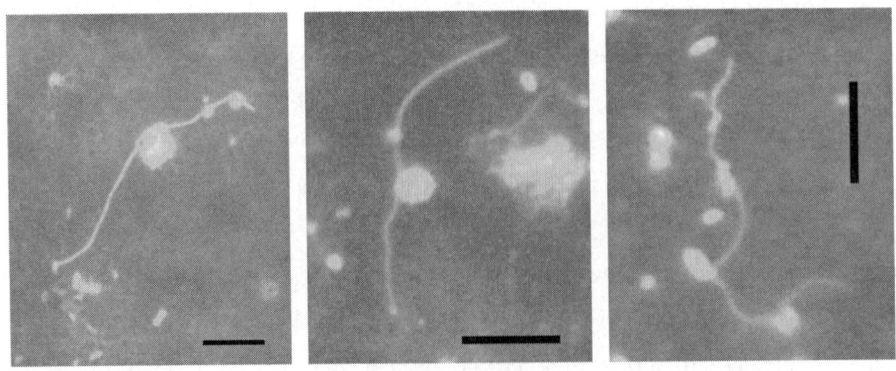

그림 3-3 서해 연안의 표층 시료를 DAPI로 염색한 후, 관찰된 종속영양 미소편모류의 에피형광현미경 사진. 박테리아는 푸른색이 나는 작은 입자들임. 사진에 제시된 막대기의 길이는 모두 5 μm. (황청연 교수[서울대학교] 제공)

있어서 상향식(bottom-up) 조절이 더 중요하나, 부영양 환경에서는 하향식(top-down) 조절(=섭식)이 더 중요한 것으로 보였다(Sanders et al., 1992). 따라서 상향식 조절에서 하향식 조절로 또는 하향식 조절에서 상향식 조절로의 갑작스런 변화는 박테리아의 빠른 군집 조성 변화를 가져올 것으로 예상된다(Pernthaler, 2005).

박테리아에 대한 미소편모류의 섭식 관계는 흔히 Lotka-Volterra 식으로 나타낼 수 있는, 즉 박테리아와 미소편모류 개체수의 진동현상으로 추정되지만, 자연에서 흔히 발견되는 현상이 아니다. 오히려 주어진 환경에서 박테리아의 수도 변화는 상대적으로 다른 플랑크톤의 수도 변화에 비해 안정적이다. 여기서 포식자-먹이계가 본질적으로 불안정함에 유의해야 한다. 따라서 안정화시키는 다른 기구(機構)가 없으면, 포식자 또는 먹이가 소멸될 가능성이 있다. 포식자와 먹이가 공존하도록 하는 이러한 안정화 조건 중에서 가장 효율적인 것은 먹이 종에 대한 피난처로 보인다(Jurgens & Gude, 1994). Jurgens & Gude (1994)는 박테리아의 성장이 높게 유지될 수 있는 조건에서(부영양 환경 또는 유기물 첨가) 미소편모류의 높은 섭식압은 섭식에 저항성 있는(grazing-resistant) 형태의 박테리아를 유도한다고 주장하였다. 이러한 박테리아의 존재가 많은 경우, 먹이망에서 이용이 되지 않는 관계로 유영계(pelagic systems)의 총 생산력을 감소시킬 것으로 예상되었다. 한편, 빈영양 환경에서는 박테리아의 성장이 기질의 공급에 의해 제한되고 있다고 보았고, 미소편모류의 수도가 낮아서 섭식압이 낮아 이로 인해 박테리아는 수적인 피난처(numerical refuge)를 구할 수 있다고 생각하였다.

시아노박테리아. 빈영양 해역에서 *Synechococcus*의 수도는 통상 10^4 cells ml^{-1}이나, 온대 해역에서는 계절에 따라 수도가 1,000배까지 변동한다. 일반적으로 광도가 낮은 유광대의 아랫부분에서 수도의 최대치를 나타낸다. 색소로는 phycoerythrin, phycocyanin 등을 포함한다.

*Prochlorococcus*는 단세포성 해양 시아노박테리아로 북위 40도에서 남위 40도의 빈영양 해역에 서식한다. 이들 해역에서 수도는 5×10^5 ml^{-1}에 달하며 수적으로 중요한 일차 생산자이다.

*Prochlorococcus*와 *Synechococcus*는 해양에서 가장 수도가 높은 시아노박테리아이다. 이들 속들은 각각 2.9×10^{27}과 7.0×10^{26}의 세포수를 갖으며, 표층 200미터 내의 총 해양 극미소플랑크톤(3.6×10^{28} cells로 추정)의 약 10%에 달하는 것으로 보인다. 그리고 *Prochlorococcus*는 4 Gt C y^{-1}의 일차 생산을, *Synechococcus*는 8 Gt C y^{-1}의 일차 생산을 하여 해양의 순 일차 생산의 약 1/4을 기여하는 것으로 예측된다(Flombaum et al., 2013). 해양의 일차 생산자는 전지구의 일차 생산의 약 절반을 기여하며, 전 지구적 생지화학 순환의 조절에서 핵심적인 역할을 한다.

박테리아 수도와 엽록소 *a* 간의 관계. 해양 박테리아의 수도(*bac*, ml^{-1})와 엽록소 농도(*chl a*, μg chl *a* l^{-1}) 간에 양의 상관관계가 있음이 알려졌다(Bird & Kalff, 1984). 담수와 해양에서 관계식들은 차이가 없었다. 그 관계식은 아래와 같다:

$$\log bac = 5.867 + 0.776 \log chl\ a,\ r^2 = 0.88 \quad \cdots\cdots (식\ 3-1)$$

그 후, 태평양 해역에서 얻은 자료는 > 0.5 μg chl *a* l^{-1} 범위에서는 위의 관계식과 잘 일치하나, 0.03~0.5 μg chl *a* l^{-1} 범위에서는 상관관계를 보이지 않고, 대부분의 박테리아 수도는 0.3~1.5 × 10^6 ml^{-1}의 범위에 분포함이 보고되었다(Cho & Azam, 1990). 이러한 발견은 빈영양해역에서 종속영양 박테리아의 생물량 탄소가 식물플랑크톤의 생물량 탄소보다 많음을 시사하였다(Cho & Azam, 1990).

종속영양 박테리아와 식물플랑크톤의 C/N 비의 차이를(각각 < 4와 6~7) 고려하면(즉, 생물량 질소의 관점에서 보면), 빈영양 해역에서 종속영양 박테리아의 생물량 질소는 식물플랑크톤과 박테리아를 합한 생물량 질소의 상당부분을 나타냄을 시사하며(6.2절 참조), 종속영양 박테리아와 식물플랑크톤의 성장이 지속되기 위해선 박테리아와 미생물 먹이망에 의해 재생되어야 함을 의미하였다.

바이러스 수도와 박테리아 수도간의 관계. 해양 환경에서 바이러스 수도와 박테리아 수도 사이의 관계식(n = 149)이 다음과 같이 보고되었다(Maranger & Bird, 1995):

$$\log vir = 1.33 + 0.93 \log bac \quad \cdots\cdots (식\ 3-2)$$

여기서 *vir*는 바이러스 수도(ml^{-1})를 그리고 *bac*는 박테리아 수도(ml^{-1})를 나타낸다. 이러한 결과는 바이러스의 숙주가 대부분 박테리아임을 의미한다.

또한 엽록소 *a* 농도(n = 78)도 바이러스 수도의 예측 변수로 나타났다:

$$\log vir = 7.05 + 0.73 \log chl\ a \quad \cdots\cdots (식\ 3-3)$$

여기서 *chl a*는 엽록소 *a* 농도(μg l^{-1})를 나타낸다.
해역의 영양상태(즉, 엽록소 *a*)가 바이러스 수도에 영향을 주는 것은 박테리아 생산의 증가와 관련된 것으로 여겨진다.

바이러스:박테리아 비(virus-to-bacteria ratio, VBR)는 약 1에서 80으로 넓게 변하였으며, 엽록소 *a*와 상관관계를 나타내지 않았고, 해역의 영양상태와 무관하였다. VBR은 대략 10의 값을 갖는 것으로 여겨졌다. 이는 해수에 ml당 전형적으로 대략 10^6 박테리아와 10^7 바이러스가 존재한다는 생각을 반영한다.

3.2 생물량(biomass)

해양 미생물의 생물량은 통상적으로 생체부피를 측정하고, 전환 상수를 사용하여 탄소 단위로 계산된다. 포르말린으로 고정한 해수 시료를 여과지에 여과하여 형광염료로 염색하고 에피형광현미경 관찰을 통해 박테리아들의 각 세포 크기를 측정한 경우, 박테리아의 생체부피(V)는 통상 아래의 식에 의해 계산된다:

$$V = (\pi/4)W^2 \times (L - W/3) \qquad \text{(식 3-4)}$$

여기서 L은 세포의 길이이고 W는 세포의 폭이다(Bratbak, 1985).

이러한 계산에는 두 개의 가정이 포함된다: 박테리아 세포는 반구를 갖는 원통형(W=Z, Z는 세포의 높이)이고, 박테리아 세포는 여과지 위에서 세포의 모양, 크기와 부피를 유지한다.

해양 박테리아 사이에서도 생체부피에서 큰 변이가 나타난다: 예를 들면, 절대적 저온성 친호압성(obligate psychropiezophilic) 균주인 PRT1의 생체부피는 0.345 μm^3이나, *Pelagibacter ubique* HTCC1062의 생체부피는 0.010 μm^3 (Rappé et al., 2002)이었다. 일반적으로 해양 박테리아의 생체부피는 약 0.03 μm^3에서 $< 0.2\ \mu m^3$의 범위에 있다(Ammerman & Azam, 1984).

생체부피로부터 탄소 단위로 전환되기 위해서는 전환 상수(conversion factor)가 필요하다. 해양 박테리아는 다음과 같이 높은 탄소 함량을 갖는 것으로 보고되었다: 350 mg C ml^{-1} 또는 0.35 pg C μm^{-3} (Bjornsen, 1986a); 380 mg C ml^{-1} (Lee & Fuhrman, 1987); 560 mg C ml^{-1} (Bratbak, 1985). 이와 같이 자연산 해양 박테리아의 세포 물질 구성성분에 대한 정량적인 연구들은 박테리아의 생물량이 종전의 추정치보다 적어도 2배 이상임을 시사하였다(Bratbak, 1985; Lee & Fuhrman, 1987).

Simon & Azam (1989)은 박테리아의 단백질량을 측정하고 거대분자(macromolecule)들의 함량에 근거하여 박테리아 세포당 탄소를 계산한 바, 생체부피가 0.026 μm^3인 박테리아는 400 mg C ml^{-1}로 탄소 함량이 높았고, 0.400 μm^3인 박테리아는 133 mg C ml^{-1}로 낮았다(Simon & Azam 1989). 그리고 0.036~0.07 μm^3의 박테리아는 13~19 fg C $cell^{-1}$일 것으로(0.026 μm^3인 박테리아는 10 fg C $cell^{-1}$) 추정하였다. Lee & Fuhrman (1987)은 생체부피가 0.036~0.073 μm^3 범위에 있는 박테리아는 균일하게 20 fg C $cell^{-1}$로 보고하였다.

Simon & Azam (1989)은 실험에 의해 세포당 단백질량(Y, fg $cell^{-1}$)이 세포 부피(X, cell volume, μm^3)의 멱(power) 함수로 나타나는($Y = 88.6X^{0.59}$)것으로 보고하였다. 단백질:건량(protein: dry weight) 비는 생체부피가 0.026~0.400 μm^3인 해양 박테리아에서 63±1%로 일정하였

고, 배양된(=세포 크기가 큰) 박테리아에 대해서 보고된 50~70% 범위에 있었다. 해양 박테리아 세포의 탄소:건량의 비는 54±1%로 일정하였다. 해양 박테리아의 C/N 비는 약 4 정도인 것으로 보고되었다(Lee & Fuhrman, 1987; Simon & Azam, 1989).

한편 시아노박테리아인 *Prochlorococcus*의 세포당 탄소를 계산한 바, 46~50 fg C $cell^{-1}$로 추정되고(Bertilsson et al., 2003; Cailliau et al., 1996), *Synechococcus*의 세포당 탄소 생물량은 250 fg C $cell^{-1}$로 추정되었다(Kana & Glibert, 1987). *Prochlorococcus*와 *Synechococcus*의 C/N 몰 비는 영양염이 풍부한 배양(replete cultures)의 경우 5~5.7, 그리고 인-제한된 배양의 경우 7.1~7.5의 범위를 나타냈다(Bertilsson et al., 2003). *Prochlorococcus*와 *Synechococcus*의 C/P 몰 비와 N:P 몰비는 영양염이 풍부한 배양의 경우 각각 121~165와 21~33, 그리고 인-제한된 경우 각각 464~779와 59~109의 범위를 나타내어, 시아노박테리아는 Redfield ratio (106C : 16N : 1P)와 다른 입자상 유기물을 생산하는 것으로 시사되었고 해양에서 상대적으로 낮은 인 요구를 가질 것으로 시사되었다. 끝으로 원생동물의 생물량은 먼저 각 세포의 길이를 측정한 후, 구 또는 prolate spheroid를 가정하여 생체부피를 계산하고, 전환 상수 0.08 pg C μm^{-3} (Sherr & Sherr, 1984)를 사용하여 구한다.

원자력 현미경 기법(atomic force microscopy, AFM)에 의해 박테리아의 생체부피를 측정한 결과, 세포의 W와 Z는 같지 않음(W ≠ Z)이 나타났다(Malfatti et al., 2009). 시료의 고정과 건조에 의해 세포의 높이에서 감소가 나타났다. 살아있는 박테리아는 높이가 평균 164 nm인 데 반해, 고정 및 건조된 박테리아는 평균 52 nm이었다. 이러한 문제점에도 불구하고, 에피형광현미경으로 측정한 박테리아의 평균 생체부피는 살아 있는 박테리아를 AFM으로 측정한 생체부피 값에 비해 1.1배 적었다. 왜냐하면 고정으로 인한 세포의 수축이 'W = Z'를 사용(생체부피를 과대평가하게 됨)함에 의해 보상되었기 때문이었다. 원자력 현미경 기법에 의해 측정된 세포의 길이, 폭, 높이를 사용하여 박테리아의 생체부피를 계산함에는 3차원 근사 타원 식이 사용되었다.

또 특이할 만한 발견은 AFM에 의하면 살아 있는 박테리아 중에서 80%가 10 fg C $cell^{-1}$ 미만이었고, 50%는 5 fg C $cell^{-1}$ 미만이었으며, 12%만이 > 31 fg C $cell^{-1}$의 높은 세포 탄소량을 가졌다. 반면에 에피형광현미경으로 측정한 박테리아의 세포 탄소량은 5 fg C $cell^{-1}$ 미만인 세포와 > 31 fg C $cell^{-1}$의 세포가 없는 것으로 나타났다. 이 경우 Simon & Azam (1989)의 세포당 단백질량과 세포부피의 관계식과 C = 단백질×0.86을 사용하였다.

세포당 생물량이 5 fg C 미만인 세포가 많이 출현한 것은 설명하기 어려우나, 앞으로 이에 대한 연구가 필요하다. 세포당 생물량이 31 fg C보다 높은 세포 탄소량을 갖는 12%의 박테리아는 총 박테리아 탄소의 50%를 차지하여, 미생물 먹이망을 통한 탄소의 흐름에서 중요함을 시사하였다 (Malfatti et al., 2009).

지구상에서 해양 박테리아 생물량의 중요성. 해양에는 원핵생물이 1×10^{29} cells 정도가 존재하는 것으로 추정되며, 해양의 해저 표면 아래(subsurface)에는 이보다 많은 4×10^{29} cells가 존재하는 것으로 추정된다. 지구상의 총 원핵생물은 1.2×10^{30} cells (=30 Gt C) 정도로 추산된다(Flemming & Wuertz, 2019). 참고로, 체중 70 kg인 성인은 약 3×10^{13}의 인간(human) 세포들로 구성되어 있고, 인체에 있는 박테리아는 3.8×10^{13} (~0.2 kg)으로 추정된다(Sender et al., 2016).

3.3 단세포 및 군집의 활동도

앞에서 본 바와 같이, 해양 박테리아의 수도가 전통적인 평판 계수 방법에 의한 것보다 훨씬 더 많다는 사실은 해양 박테리아의 활동도(activity) 또는 성장 측정과 그 생태학적 중요성에 대한 연구를 촉발하였다.

해양 박테리아의 활동도는 개체 수준 또는 군집 수준에서 측정된다. 활동도의 측정에는 방사선 동위원소로 표지된 기질(substrate) 또는 효소와 반응하여 형광을 발생시키는(fluorogenic) 기질이 흔히 사용된다. 활동도 측정은 주로 기질의 흡수(uptake), 호흡(respiration)과 효소 활동도(enzyme activity)에 대해 수행된다.

먼저 원핵생물 성장의 생리적 특징에 따라 원핵생물이 어떻게 구분되는가에 대해 간략하게 알아본다. 이러한 구분은 온도, 압력, 염분과 pH의 성장 범위를 기준으로 한다. 온도에 대한 적응에 따라, 영하 이하에서 섭씨 20도까지 성장하는 원핵생물을 친저온성(pschrophilic), 55~60도 이상의 수온에서 100도 부근까지의 범위에서 성장하는 원핵생물을 친열성(thermophilic), 그 중간의 범위(최적 성장 온도가 15~60도; Touchon et al., 2016)에서 성장하는 원핵생물을 친중온성(mesophilic)이라 한다.

압력에 대한 적응에 따라, 대기압에서는 자라지 못하나 증가된 압력하에서 잘 성장하는 원핵생물을 친압력성 미생물(piezophiles, 이전에는 barophiles)이라 한다. 대개 6,000 m보다 깊은 수심에서 분리된 균주는 이러한 특성을 나타낸다(Yayanos, 1986). 높은 압력은 세포막을 겔(gel) 또는 결정질의(crystalline) 상태로 전환시키기 때문에 세포막의 정상적 기능이 불가능해진다. 심해의 박테리아는 압력에 대한 적응을 나타내고 있으며, 다중 불포화 지방산을 세포막의 주요 성분으로 갖고 있다(DeLong & Yayanos, 1985). 내압성(barotolerant)이란 대기압에서도 자라며 증가된 압력을 견뎌 낼 수 있는 미생물을 말한다.

염분에 대한 적응에 따라 크게 호염성 미생물(halophiles)과 내염성(halotolerant)으로 구분한다. 호염성 미생물은 성장에 있어서 높은 염분의 농도를 요구한다. 내염성 미생물은 극단적인 예를 들면 담수에서 최적의 성장을 하나 비교적 염분이 높은 조건에서도 성장이 가능한 미생물이다.

pH에 대한 적응에 따라 호산성 미생물(acidophiles)과 호알카리성 미생물(alkalophiles)로 구분한다. 호산성 미생물은 pH가 1~4의 범위에서 성장 가능하며, 이에 속하는 미생물로는 초산 박테리아(acetic acid bacteria), 호열산성 미생물(thermoacidophiles)들이 있다. 호알카리성 미생물은 pH가 9~12.5에서도 성장이 가능하며, 이에 속하는 전형적인 예는 호염성 및 광합성을 하는 *Ectothiorhodospira*가 있다.

영양분(nutrient) 농도에 대한 적응에 따라 부영양성(copiotrophic) 박테리아와 빈영양성(oligotrophic) 박테리아로 크게 나눈다. 부영양성 박테리아에 속하는 분류군들로는 γ-프로티오박테리아, Flavobacteriia, 또는 일부 α-프로티오박테리아가 있다. 부영양성 박테리아(예, *Alteromonas*, *Vibrio*)는 영양분 농도가 높은 배지(media)에서 자란다. 이들은 해수에서 드문 편이나, 적절한 조건에서 빠르게 많아질 수 있다. 빈영양성 박테리아는 자연에서 흔히 관찰되는 매우 낮은 영양분 농도에서 대사와 성장을 한다. SAR 11 단계통에 속하는 *Pelagibacter ubique*가 이에 속한다. 부영양(copiotrophy)과 빈영양(oligotrophy)을 둘 다 할 수 있는 박테리아는 조건적 빈영양자(facultative oligotroph)라고 한다. 부영양성 박테리아와 빈영양성 박테리아는 각각 *r*-책략(빠르게 번식함으로써 성공하는)과 *k*-책략(느리나 꾸준한 성장)을 갖는 것으로 보인다.

3.3.1 해양 박테리아의 활동도

단세포. 호흡하는 박테리아(respiring bacteria)의 측정은 적절한 기질을 첨가하여 일정 시간 배양한 후, 현미경으로 각각의 박테리아 세포에 대해 직접 관찰함으로써 수행된다: 호흡하는 박테리아를 관찰하기 위해선 CTC (5-Cyano-2,3-di-(p-tolyl)tetrazolium chloride; 형광 tetrazolium 염료)를 사용하여 전자 전달계의 활성으로 붉은색 형광을 나타내는 박테리아 세포를 관찰하거나(Rodriguez et al., 1992), 인공 전자수용체인 INT (2-(p-iodophenyl)-3-(p-nitrophenyl)-5-phenyl tetrazolium chloride)를 사용한다(Zimmerman et al., 1978). INT는 세포 내에 축적되고, 환원된 형태인 INT-formazan이 세포내에서 관찰된다. 관찰에는 에피형광현미경 또는 유세포 분석기가 사용된다. 이와 같이하여, 전자 전달계 활성을 갖는 박테리아 세포의 백분율을 측정한다.

기질을 흡수(uptake)하는 박테리아를 직접 관찰하기 위해선, 방사성 표지된 기질(예, 아미노산, 포도당, 또는 thymidine)을 첨가하여 일정 시간 배양한 후, 마이크로오토라디오 그래피(microautoradiography) 기법을 사용한다. Fuhrman & Azam (1982)는 마이크로오토라디오 그래피와 에피형광현미경을 함께 사용하여 남가주 연안에서 해양 박테리아의 52~84%가 활성(active)임을 보고하였다. 대체로 연안의 유광대에 존재하는 박테리아는 마이크로오토라디오 그래피에 의해 측정시 대부분이(70~95%) 활성이 있는 것으로 나타났다(Tabor & Neihoff, 1984).

이 밖에도 박테리아 세포의 막 포텐셜을 표적으로 하는 형광염료를 사용하는 방법, 세포내 효소의 활동도를 측정하는 방법, nucleoid를 측정하는 방법, 항생제가 있는 상태에서 살아 있는 세포들의 길어짐(elongation)을 측정하는 방법들이 있다(Del Giorgio & Gasol, 2008). 마이크로오토라디오 그래피 또는 CTC로 측정된 활성 박테리아의 수도는 생존하는(viable) 박테리아를 나타내는 것으로, 배지에 배양될 수 있는 박테리아의 수도(=총 박테리아 수도의 1 % 이하)에 비해 높은 값을 나타낸다. Joux & LeBaron (1997)는 최근에 5가지의 항생제 (nalidixic acid, piromidic acid, pipemidic acid, ciprofloxacin, cephalexin)를 사용하여 생존하는 박테리아를 직접 관찰하는 방법을 개량시켰으며, 그 결과는 앞에서의 결론을 확증하였다: 연안에서 생존하는 박테리아는 총 박테리아 수도의 7~44%에 해당하였고, 배양가능한 박테리아는 박테리아 수도의 최대 0.3%에 달하였다. 이는 해수에서 생존하는 대부분의 박테리아가 인공 선택 배지에 배양되지 않는 상태에 있음을 보여주는 것이다.

Karner & Fuhrman (1997)은 캘리포니아 연안에서 FISH (56%) > 마이크로오토라디오 그래피 (49%) > nucleoid를 포함한 세포(NucC[1), 29%) > CTC (1%)의 순서로 각기 다른 방법들이 활성이 있는 박테리아의 %에 대하여 다른 결과를 나타냄을 보고하였다. 일반적으로 DNA 함량과 RNA 함량 및 막의 완전성(integrity)에 대한 측정치는 유사한 값을 나타내고, 호흡과 효소 방법들은 그보다 낮은 값들을 나타냈다.

Zweifel & Hagström (1995)은 에피형광현미경으로 검사한 결과 DAPI로 염색된 박테리아의 2~32%가 nucleoid를 갖고 있었고, 나머지는 nucleoid가 없는 '유령(ghost)' 세포라고 결론을 내렸다. 아마도 유령 세포는 파아지에 의해 용균된 박테리아를 포함할 것으로 보인다. 해양 상층부에서 종속영양 박테리아의 32%까지 그리고 시아노박테리아의 15%까지가 감염될 수 있는 것으로 보고되었다(Proctor & Fuhrman, 1990).

중층대 및 심해에서 원핵생물 단세포의 활동도 측정을 CARD-FISH와 마이크로오토라디오 그래피를 결합하여 극 전선(Polar Front)에 위치한 남부 대서양에서 수행한 결과(Herndl et al., 2005), 200미터 수심에서 박테리아의 42%가, 3,000미터 수심에서는 박테리아의 약 16%가 류신(leucine)을 흡수하였다: 류신을 흡수한 *Euryarchaeota*와 *Crenarchaeaota*의 백분율은 수심에 따른 패턴을 보이지 않았고, 각각 6~35%와 3~18%의 범위로 변하였다. 무기 탄소를 흡수한 *Crenarchaeaota*의 백분율은 6~18%로 수심에 따라 증가하였으나, *Euryarchaeota*의 경우 7~23%로 수심에 따라 감소하였다. 무기 탄소를 흡수한 것으로부터 아키아 생산을 추정하면, 수심 400 m 부근의 산소 최소 층(oxygen minimum layer)에서는 류신 흡수로부터 추정된 총 원핵생물 생산의 13~17%를, 북대서양 심층수에서 10~20%를, 그리고 래브라돌 해수에서 41~84%를 기여하는 것으로 계산되었다.

---

1) nucleoid를 포함한 세포(NucC)를 측정하는 방법은 DAPI로 염색한 후에, isopropanol로 세척해서 비특이적 염색을 제거하여, DNA와 결합되어 있는 DAPI만을 남긴다. 그 DNA는 황색의 반점으로 보인다.

군집의 기질 흡수(uptake), 호흡, 효소 활동도. 박테리아 생산 측정 기법이 개발되기 전에는 포도당 또는 아미노산의 최대 흡수 속도(V_{max})의 측정으로부터 종속영양 포텐셜(heterotrophic potential)을 추정하였다. 이 방식의 명백한 한계점은 박테리아가 이용하는 모든 기질에 대한 실질적 조사가 어렵다는 것이었다.

해양에서 아미노산의 농도는 일반적으로 < 1 nM 수준이다. 반면에 해양 박테리아의 세포내 아미노산 풀(pool)의 농도는 배양된 박테리아에서와 같이 대개의 아미노산의 경우 1 mM에 가까운 수준이고, 글루타믹산과 아스파라긴은 각각 36 mM과 16 mM로 높은 편이다(Simon & Azam, 1989). 따라서 박테리아는 10^6인 농도 경사를 거슬러 세포 내로 능동 수송(active transport)을 하여야 한다. 방사능 표지된 아미노산을 이용하여 수행한 실험은 K_m 값이 nM 수준으로 수송 시스템의 기질 친화도가 높은 것으로 나타났다.

해양에서 박테리아 **호흡**에 대한 연구는 박테리아 생산(bacterial production, BP)에 비해 적게 수행되었다. 호흡 측정을 여러 크기 구배(size fractionation)로 수행한 결과, 플랑크톤에 의한 호흡(community respiration, CR)의 대부분(약 50%에서 > 90%)이 박테리아 호흡(bacterial respiration, BR)에 의한 것임이 일찌기 알려졌고(Williams, 1983), 이와 관련하여 해수에서 일어나는 호흡의(거대동물플랑크톤을 제외시킨 해수에서) 대부분이 박테리아에 의한 것으로 밝혀졌다(Williams, 1981a, b; Griffith et al., 1990). 박테리아 호흡은 일차 생산과 양의 관계식을 나타내었다(Del Giorgio & Cole, 1998). 일부 일차 생산이 낮은(< 70~120 μg C l^{-1} d^{-1}) 해역에서 박테리아 호흡은 일차 생산을 초과하는 것으로 나타났다(Del Giorgio & Cole, 1998). 박테리아 호흡이 일차 생산을 초과하는 경우는 조사 대상인 계(system)가 '순 종속영양'(net heterotrophic)임을 의미하며, 외부로부터 유기물의 추가적인 공급을 필요로 한다. 외양에서는 용존 유기 탄소(DOC)의 약 10%가 육상 기원으로 추정되고 있다. 그리고 DOC의 광화학적 분해가 난분해성(recalcitrant) 부식질의(humic) 화합물을 박테리아가 쉽게 이용하게 해 주는 것으로 보인다(Kieber et al., 1989).

박테리아의 성장 효율(bacterial growth efficiency, BGE)은 동화된(assimilated) 기질에 대한 박테리아 생산의 비율이다. 방사성 표지된 아미노산, 포도당, 또는 식물플랑크톤 exudates를 낮은 농도로 첨가하고 몇 시간 배양하여 구한 해양 박테리아의 기질 이용 효율은 평균 32~78%로 높다. 그러나 해수에서 박테리아는 다양한 기질들(즉, 용존 유기물)을 이용하므로, 이와 같은 방식으로 얻어진 성장 효율 값은 해양 박테리아의 참된 성장 효율 값으로 볼 수 없다. 실제로 해양의 현장에서 측정된 BGE 값들은 이보다 낮다. 높은 박테리아 성장 효율의 값을 사용하면, 박테리아가 이용한 탄소의 양을 과소평가하게 된다.

BGE는 성장과 호흡을 동시에 측정하여 구할 수 있다:

$$BGE = BP/(BP + BR) \quad \text{(식 3-5)}$$

BGE에 대한 연구들은 1%에서 50%까지의 넓은 범위의 값을 보고하였다. Bjørnsen (1986b)은 덴마크의 염하구 해수 시료를 이용하여 측정한 결과 6~15°C에서 평균 20.7 ±1.1%의 BGE 값을 보고하였다. 멕시코만 북부에서 BGE는 생산이 낮은 대륙사면 해역에서 26%를, 생산이 높은 대륙붕 해역에서 50%의 범위를 갖는 것으로 보고되었다(Biddanda et al., 1994). 한편 조지아(Georgia) 대륙붕에서 BGE는 대륙붕 해역에서 2%, 연안 해역에서 6%의 범위를 나타내었다. 공통적으로 연안에 가까운 해역/생산이 높은 해역에서 박테리아의 성장 효율이 상대적으로 높았다(Griffith et al., 1990). Del Gorgio & Cole (1997)도 빈영양 해역에서 < 10%, 가장 생산적인 시스템에서 약 40%로 변하는 것을 관찰하였다. 외양에서 전반적으로 낮은 박테리아의 성장 효율은 낮은 철의 가용성과 관련되어 있을 수 있다(Tortell et al., 1996). 이와 같이 BGE는 극단적인 값들을 제외시키면 약 10~50%의 범위에 있다(Del Giorgio et al., 1997, Biddanda et al., 1994). 중간 값으로 30%를 가정하여 사용한 사례도 있다(예, Hoppe et al., 2002b). Del Giorgio & Cole (1998)은 대부분의 담수 및 해양 환경에서 박테리아의 성장 효율은 10% 미만에서 25%의 범위에 있는 것으로 보고하였다. Rivkin & Legendre (2001)은 문헌상에 보고된 BGE와 수온(T)에 대한 자료를 취합하여 분석한 결과, 아래와 같은 관계식을 얻었다:

$$BGE = 0.3774 - 0.0104T \ (r^2 = 0.54,\ n = 107) \quad \text{(식 3-6)}$$

위의 식은 수온이 증가할수록 박테리아의 성장 효율이 감소함을 시사하고 있어, 저위도에서 동화된 탄소의 더 많은 부분이 호흡됨을 시사한다. 또한 위의 식은 30%의 성장 효율이 섭씨 7.4°C에서 예측되고, 50% 성장 효율은 현실성이 없는 것임을 시사한다. Bjørnsen (1986b)도 6~15°C의 구간에서 수온 증가에 따른 BGE의 감소 경향이 있음을 발견하였다.

흥미롭게도 저위도 및 고위도의 여러 해양 환경으로부터의 편모류와 섬모충류에 대해서도 성장 효율(GE)과 수온에 대한 음의 관계식이 얻어졌다(Rivkin & Legendre, 2001).

$$GE = 0.66 - 0.014T \ (r^2 = 0.41,\ n = 63) \quad \text{(식 3-7)}$$

참고로 식 (3-5)는 박테리아 호흡(BR)은 박테리아 생산(BP)과 박테리아 성장 효율(BGE)을 알면 구할 수 있음을 의미한다:

$$BR = (BP/BGE) - BP \quad \text{(식 3-8)}$$

먹이망의 복잡성으로 인하여 해양 시스템 내에서 동일한 유기물이 몇 번 재순환되기에, 이차 생산은 일차 생산과 거의 같은 정도로 큰 값을 가질 수 있다. 그러나 호흡은 일차 생산량보다 적어야 한다.

또한 표층 수온과 일차 생산으로부터 박테리아 생산의 추정도 가능하다(4장 참조). 수온과 엽록소 *a* 자료는 원격탐사에 의해 얻어질 수 있으므로 일차 생산, 박테리아 생산과 군집 호흡에 대한 예측이 넓은 해역과 전 해양에 대해 가능할 것으로 보인다.

단백질과 다당류와 같은 거대분자들은 박테리아가 직접 이용할 수 없기 때문에(박테리아는 분자량이 약 600 Da보다 큰 분자들을 흡수하기 어렵다), 큰 분자량의 유기물을 이용하기 위해서는 먼저 세포외 효소(extracellular enzyme)에 의해 가수분해되어 작은 펩타이드나 아미노산, 또는 당으로 분해되어야 한다. 기수역에서 MUF-기질(MUF-substrate)을 사용하여 **효소 활동도**(enzyme activity)를 측정하는 방법이 보고(Hoppe, 1983)된 이후, 해양 환경에서 MUF-기질을 사용한 효소 활동도 측정은 보편적인 방법이 되었다. MUF-기질은 효소에 의해 가수분해되어 동등한 몰(mole)의 MUF로 유리된다. MUF-기질 자체는 형광이 낮으나, 유리된 MUF는 강한 형광을 나타내어, 효소에 의한 기질의 가수분해 속도를 측정하게 된다. 그리고 크기 구배(size fractionation)에 의한 실험은 해양에서 대부분의 효소 활동도가 박테리아에 의한 것임을 나타냈다. MUF-기질은 해수에 자연적으로 존재하지 않는 기질이어서, 이 방법이 해양의 효소 활동도 연구에 있어서 타당성을 가지려면, 해수에 존재하는 유기물 기질들에 의해 경쟁적으로 억제됨이 입증되어야 한다. 실제로 MUF-α-D-glucopyranoside의 기질 유사체(analogue)로서 말토오스(maltose)가 경쟁적 억제를 함이 입증되었다.

또한 단백질 분해효소 활동도의 측정에 있어서 L-leucyl-β-naphthylamide (LLβN)이 기질로 사용되었다(Somville & Billen, 1983): MUF-기질과 유사하게, 효소에 의해 가수분해되면 형광을 발생하는 β-naphthylamine이 유리된다. 해수 시료를 가압멸균(autoclave)하면 효소 활동도를 상실하였다. 해수 시료에서 LLβN의 가수분해는 Michaelis-Menten 식을 따랐으며, 겉보기 반포화 상수(apparent K_m)는 100 μM에 가까웠다. 단백질인 혈청 알부민(serum albumin)이 LLβN 기질에 대해 경쟁적 억제를 나타냄이 입증되어, LLβN를 가수분해시키는 효소가 단백질에 유사한 친화도(affinity)가 있음을 나타내었다. V_{max}을 측정하고자 하는 경우, 최종 농도로 LLβN을 1,000 μM을 첨가한다. 표준 분석법에서 사용하는 이 농도는 단백질 분해효소를 포화시키도록 한 것이다. 연안 해역에서 단백질 분해효소 활동도는 약 0.1~0.5 μmole l^{-1} h^{-1}로 분포하였다.

해양 환경에서 일반적으로 용존 효소(dissolved enzyme; < 0.2 μm 여과 해수) 활동도는 해수의 총 효소 활동도의 매우 적은 부분을 차지한다. 기수역에서 단백질 분해효소의 용존 효소 활동도는 해수의 총 효소 활동도의 26%에 달하였고, phosphatase의 용존 효소 활동도는 해수의 총 효소 활동도의 14%에 달하였다. 특이하게도 부영양인 벨기에 연안에서 대부분의 단백질 분해효소는 용존(< 0.2 μm) 상태로 존재하였다(Somville & Billen, 1983). Somville & Billen (1983)은 단백질 분해효소 활동도와 아미노산 이용의 속도(% h^{-1}) 간에 좋은 상관 관계를 얻었고, 박테리아의 유기 질소(즉, 단백질)의 이용에 있어서 효소 활동도의 역할이 불가결함을 입증하였다. 해양 환경에서 단백질 분해효소 활동도와 박테리아 성장간의 좋은 상관 관계는 이러한 결론을 뒷바침하였다(Rosso &

Azam, 1987).

단백질 분해효소의 활동도 측정은 위에서 기술된 것처럼 주로 류신-아미노펩티다아제(leucine-aminopeptidase) 효소 활동도 측정에 의해 수행되어왔다. 한편 아미노펩티다아제(aminopeptidase), 에라스타아제(elastase), 트립신(trypsin)과 키모트립신(chymotrypsin)의 각 기질에 해당하는 펩타이드-유사체(analog) 기질을 사용하여 효소 활동도를 연안 해수에서 측정한 결과, 트립신과 키모트립신의 기질들의 가수분해 속도는 아미노펩티다아제의 기질의 가수분해 속도와 유사하거나 더 높았다(Obayashi & Suzuki, 2005); 반면에 에라스타아제의 기질은 거의 가수분해되지 않았다. 이는 트립신-타입과 키모트립신-타입의 엔도펩티다아제(endopeptidases)가 해수에 존재함을 시사하였다. 아미노펩티다아제와 카르복시펩티다아제(carboxypeptidase)는 엑소펩티다아제(exopeptidase)로서 각각 N-터미날과 C-터미날 아미노산에 인접한 펩타이드 결합을 가수분해한다. 반면에 트립신과 키모트립신은 엔도펩티다아제로서 펩타이드 체인의 내부의 펩타이드 결합에 작용한다. 트립신-타입과 키모트립신-타입의 엔도펩티다아제는 용존 단백질과 폴리펩타이드를 올리고펩타이드로 크기를 줄이는 역할을 할 것이다. 펩타이드는 긴 것이 짧은 것보다 빠르게 가수분해되고, 비슷한 길이의 펩타이드들의 경우 펩타이드의 구조가 중요한 요인으로 나타났다.

일반적으로 해양 환경에서 효소의 활동도가 높은 순위는 aminopeptidase > phosphatase > β-glucosidase > chitobiase > esterase > α-glucosidase인 것으로 나타났다(Hoppe et al., 2002a).

끝으로, 방사성 동위원소로 표지된 기질인 [γ-^{32}P]ATP(가장 끝의 P에 P^{32}로 표지)를 사용하여 인 순환에서 박테리아 효소 활동도의 중요한 역할을 제시한 사례를 소개한다(Ammerman & Azam, 1985).

유광대 내에서 해양의 일차 생산은 플랑크톤의 대사 활동에 의한 인산염의 빠른 재생(regeneration)에 의존한다. 종전에는 동물플랑크톤에 의한 인산염의 배설(excretion)이 연안 해역에서 인의 무기물화(mineralization)에 우점적인 과정으로 생각되었다. 그리고 소형플랑크톤(microplankton, 직경이 < 100 μm인 개체들)이 식물플랑크톤의 성장에 필요한 인산염의 50~100%를 재생하는 것으로 알려졌다.

식물플랑크톤은 용존 무기인의 농도가 낮게 되면, 해수에 있는 용존 유기인(dissolved organic phosphorus, DOP)을 분해하는 알카리 포스파타아제(alkaline phosphatase)를 생성한다. 해양에서 인의 주요 집소(pool)는 용존 유기인과 용존 무기인이며, 보통 0.2~0.4 μM 정도이다(Cho, 1990; '6.4.1 인의 순환' 참조). 용존 유기인의 많은 부분은 주로 용존 핵산이 차지하고 있다. Ammerman & Azam (1985)은 nM 수준으로 첨가된 [γ-^{32}P]ATP의 가수분해에 대한 연구 결과 1) 인산염이 빠르게 생성되며, 2) 알카리 포스파타아제에 의해 사용되는 다른 기질들에 의해 거의 억제를 받지 않으며, 3) 크기 구배 실험 결과 대부분이 박테리아에 의한 것으로 나타나서, [γ-^{32}P]ATP의 가수분해에 관여된 효소는 박테리아의 5'-누클레오티다아제(5'-nucleotidase)임을 보고하였다. 5'-누클레오티다아제는 알카리 포스파타아제와는 달리 높은 농도의 무기 인산염이 있어도 억제되지 않는 특성을 나타내어 연안 해역에서 인산염의 재생에 중요한 기작인 것으로 제시되었고, 해양에서 일차 생산에 재생된 인의 공급에서 중요한 역할을 하는 것으로 추정되었다.

3.3.2 변화하는 환경에 대한 해양 미생물의 적응

화학 주성(chemotaxis). 미생물은 다양하게 변화하는 환경에 적응하기 위해서 여러 적응 기구를 갖고 있는데, 그 중의 하나로 화학 주성을 들 수 있다. 화학 주성은 목표를 향해 곧장 움직여 가는 것이 아니란 의미에서 '편향된 무작위 보행(biased random walk)'이라고 하기도 한다(그림 3-4).

이 현상은 편모를 갖고 있는 박테리아에서 발견되는 것으로, 편모가 없는 해양 박테리아(대개 0.2~0.6 μm)는 브라운 운동에 의해 1초에 1,000°를 넘게 회전하게 되어, 적극적인 위치 변화를 가질 수 없다고 예상된다: 따라서 높은 속력을 가진 세포만이(> 100 μm s^{-1}) 화학 주성 이동(chemotactic migration)에 필요한 직선상에서의 유영을 할 수 있게 된다(Mitchell et al., 1991). 최근 자연산 해양 박테리아를 이용한 연구에서 Mitchell et al. (1995)은 처음에는 약 10% 미만이 운동성을 갖고 있고, tryptic soy broth를 첨가 시 7~12시간 후에(즉, 긴 지체기를 가진 후에) 80%의 박테리아가 운동성을 나타냄을 관찰하였다. 이는 해양 환경에서 에너지가 박테리아의 운동성을 제한함을 의미한다. 최대의 개체 속력은 407 μm s^{-1}까지 도달했다. Mitchell et al. (1995)의 연구 결과는 해양 박테리아가 속도를 빠르게 변화시킬 수 있으며, 이로서 작은 영양분 원의 위치 변화를 빠르게 감지하고 변화하는 영양분 원의 위치를 계속 따라 잡을 수 있음을 시사한다. 여기서 한 가지 중요한 제한 요인은 운동 속도의 제곱에 따라 동력(power) 요구가 증가하기 때문에(Berg, 1983), 대사 요구량도 증가하여 세포에 가용한 에너지의 전부를 소비할 수 있다는 것이다. 따라서 어떤 경우에는 운동을 잠시 중지하는 것이 에너지 이용에 유리할 것이다.

화학 주성은 유인물질(attractant)을 향해 운동해 가는 양의 화학 주성과 혐오물질(repellants)로부터 멀어져 가는 음의 화학 주성이 있다(Adler, 1973). 또한 영양분이 고갈된 조건에서 γ-프로티오박테리아는 편모 후크(hook), 말단 간상체(distal rod)와 필라멘트(filament)를 배출(eject)하는 것이

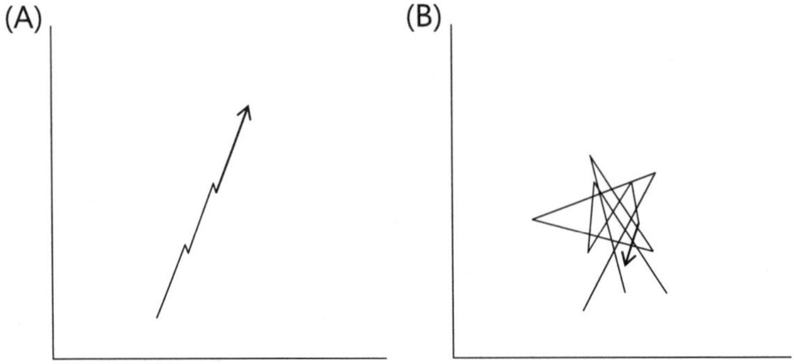

그림 3-4 (A) 화학 주성(chemotaxis)과 (B) 무작위 보행(random walk).

최근 알려졌다(Toit, 2019).

생물막(biofilm) 형성. 해수에 깨끗한 표면을 가진 재료를 넣으면 곧 표면에 유기물이 흡착하고, 박테리아의 부착(attachment)이 시작된다. 규조류의 부착도 일어날 수 있다. 박테리아와 규조류는 일차 점유자들(primary colonizers)이다. 부착에 이어 성장이 일어나면 점액성(slimy) 생물막이 형성되고, 다른 미생물들과 무척추동물 유생의 정착(settlement)이 있게 된다. 복잡하고 밀도 높은 군집이 발달하면 표면에 생물오손(biofouling)을 가져오게 된다.

원핵생물은 표면에 부착할 수 있는 능력이 있다. *Vibrio cholerae*를 포함한 많은 박테리아는 부유성 유영자(swimmer)에서 표면에 부착한 정착형(sessile) 세포로 변환한다. 이러한 과정은 생물막 형성의 초기 단계이다. 원핵생물이 부착하는 표면은 수층에 존재하는 고체(solid)의 표면이 될 수도 있고, 다른 생물체의 표면 또는 같은 종의 개체들의 표면일 수도 있다. 생물막 형성은 박테리아가 표면을 감지하는 능력에 의해 시작되어, 표면에 부착(adehesion)과 점령(colonization)으로 이어진다. 박테리아가 표면을 인식하는 기계감지(mechanosensing) 미소기관은 회전하는 편모와 수축성(retractable) IV형 선모[2](pilus)로 보인다(Hughes & Berg, 2017). 4형(type) 선모는 수축성이 있고, 길고 가는 부착기(appendage)로 '연축운동성(twitching motility)'이라고 불리는 과정에 의해 표면을 기어가는 데 사용된다.

부착한 세포들이 자라서 여러 층(layer)으로 되면 생물막이라고 불린다. 생물막은 독립생활형 박테리아들에서 발견되지 않는 속성들이 나타난다(Hughes & Berg, 2017): 생물막에서 세포들은 세포외 중합 물질의 기질(matrix) 안에 끼워져 있다. 세포외 중합 물질의 기질[3]은 주로 다당류, 단백질과 세포외 DNA로 조성되어 있고, 역학적 안정성을 준다. 생물막의 주요 특징은 기질 내에 세포외 효소들을 보유함으로써 세포외 분해 기능을 갖는다. 생물막은 수분을 보유하여 건조에 대한 보호 기능을 갖고, 영양분(nutrient)을 흡착(sorption)하여 보유한다. 그리고 생물막은 소독제, 살 생물제 및 스트레스 요인들에 저항력을 증가시켜서 생물막 형성은 수생 환경에서 병원체(pathogen)의 성장과 생존을 높이는 것으로 보인다. 생물막에서는 세포간에 복잡한 상호작용(예, 세포간 교신, 기질 합성의 조절)을 가능하게 한다. 또한 접합(conjugation), 형질도입(transduction) 및 변형(transformation)에 의한 수평 유전자 전이를 증강시킨다.

표면에 부착한 세포들은 단세포로부터 완전히 발달된 생물막에 이르기 때문에 엄밀한 생물막의 정의는 어렵다고 말할 수 있다. 즉, 생물막에는 얼마나 많은 수의 부착한 세포가 있어야 하는 것인지 명확하지가 않다. 최근 지구상에서 원핵생물의 40~80%(약 $5\sim9\times10^{29}$)가 생물막 안에 있는 것으

2) 선모는 핌브리아(fimbriae)로도 불린다.

3) *V. cholerae*의 생물막은 비브리오 세포외다당류(exopolysaccharides), 지질, 핵산, 기질(matrix) 단백질(생물막 형성에 중요한 역할을 하는 RbmA 포함)로 구성된 세포외 기질로 구성되어 있다(Hughes & Berg, 2017).

로 추정되었다(Flemming & Wuertz, 2019). 해양에서는 예외적으로 원핵생물은 대부분 플랑크톤으로 존재한다.

또한 금속, 합금과 복합 재료(composite materials) 표면에 형성된 생물막내에서 미생물의 활성에 기인하여 부식(corrosion)이 일어난다. 황산염-환원 박테리아(sulfate-reducing bacteria, SRB)는 오랫동안 해양 부식의 주요 원인으로 알려져 왔으나, 생물막 내에 발효에 의해 산을 생성하는 박테리아(acid-producing bacteria, APB)를 포함하는 혼합 공동체(consortia)의 중요성이 인식되고 있다(Munn, 2004).

운동성(motility). 미소편모류와 섬모충류도 각각 편모와 섬모에 의한 운동성을 갖고 있으며, 많은 미소편모류가 초당 체장의 10배에 달하는 속도로 유영하는 것으로 알려져 있다. 섬모충류 중 가장 빠르게 움직이는 것으로 알려진 종은 일차 생산자인 *Mesodinium rubrum*으로 초당 약 5~8.5 mm의 속도로 움직인다(Lindholm 1985; Jonsson & Tiselius, 1990). 흥미로운 사실은 섬모충류 중 빠르게 움직이는 종들은 미소조류의 공생자를 세포 내부에 갖거나, 또는 플라스티드를 갖고 있다는 것이다. 이는 매우 빠르게 유영하는 데에 많은 대사 에너지가 요구된다는 것을 의미하는 것으로 보인다.

전형적인 20~30 μm 크기의 섬모충류가 초당 1,000 μm의 속도로 움직일 경우, 총 대사의 5~10%를 요구하는 것으로 추정된다. 만약 초당 5,000 μm의 속도로 움직이면, 50 μm 크기의 섬모충류에게는 총 대사의 60%를, 그리고 10 μm 크기의 섬모충류에게는 총 대사의 460%를 요구하는 것으로 추정된다(Crawford, 1992): 굶주린 섬모충류(starved ciliates)의 경우에 25(또는 30) μm 크기의 섬모충류가 초당 1,200(또는 3,000) μm의 속도로 움직일 경우 총 대사의 51(또는 254)%를 요구하는 것으로 추정된다. 그러나 미소편모류가 초당 체장의 10배에 달하는 속도로 유영할 경우, 총 대사의 1%를 초과하지 않는 것으로 추정된다. 굶주린 편모류(flagellates)의 경우에도 총 대사의 미미한 부분(< 2%)을 차지하는 것으로 보인다.

먹이생물이 부족한 상태에서 세포의 크기가 줄어들게 되면, 그리고 수온이 낮은 경우(그 결과 점성도도 증가), 유영 운동은 총 대사의 더 많은 부분을 차지하게 될 것으로 예상된다.

운동의 다른 종류로는 활주운동(gliding)을 들 수 있다. 이러한 운동은 여러 사상형(filament)의 박테리아에서 발견되며, 특히 매트(mat)를 형성하는 황 박테리아(sulfur bacteria)인 *Thioploca* 종의 경우 활주운동을 통해 중요한 생태적 기능을 수행한다(Fossing et al., 1995): *Thioploca*는 남아메리카 서부 연안에서 3,000 km에 걸쳐 출현한다. 가장 밀도가 높은 *Thioploca* 매트에선 습중량(wet weight)이 거의 1 kg m^{-2}에 달하였다. *Thioploca*의 사상체 길이는 최대 7 cm에 달하며, *Thioploca*는 직경 1.5 mm, 길이 10~15 cm인 초(sheath)를 형성한다. 초 안에서 *Thioploca*는 HS^-가 있는 퇴적물과 질산염이 있는 해수 사이를 활주운동(1 cm h^{-1}) 한다. 이는 질산염 확산 속도(0.6 cm d^{-1})보다 빠르다. 액포(vacuole) 내의 질산염의 농도는 500 mM로 매우 높다. 질산염과 HS^-를 이용하기 때문에 질소(즉, 탈질화)와 황 순환 사이의 중요한 연결 고리가 된다. 그 반응식은 아래와 같다:

$$2NO_3^- + 5HS^- + 7H^+ \longrightarrow N_2 + 5S + 6H_2O$$
$$6NO_3^- + 5S + 2H_2O \longrightarrow 3N_2 + 5SO_4^{2-} + 4H^+$$

다음은 기질의 농도 변화에 따른 적응으로, 해양에서 박테리아는 낮은 농도에서는 기질에 대한 높은 친화력을 가진, 그러나 흡수량이 적은 효소계(high affinity, low capacity enzyme system)에 의해 기질의 이용이 이뤄진다고 생각된다(그림 3-5). 한 예로, leucine의 k_m 값은 nM정도의 수준이다(Hagstrom et al., 1984). 반대로 높은 농도에서는 낮은 기질의 친화력을 가진, 그러나 큰 흡수량을 가진 효소계에 의해 기질의 이용이 이뤄진다고 여겨진다(Azam & Ammerman, 1984). 이와 같이 다른 K_m 값을 갖는 여러 개의 효소계(또는 수송자[transporters])를 하나의 박테리아 개체가 갖는다는 것은 박테리아가 DOM 농도가 변하는(또는 경사가 있는) 환경에 적응하고 있다는 의미로 생각된다.

수층에서 해양 박테리아가 대부분이 그램-음성인 것은 해수의 낮은 영양분 농도에 대한 적응의 결과로 보인다. 그램-음성 박테리아는 세포질 주위에 세포질 주변 공간(periplasmic space)을 갖고 있고, 이곳에 결합 단백질들(binding proteins)이 있어서 세포 외부의 기질을 세포 내로 운반시키며, 세포 내로 운반된 기질이 세포 외로 확산에 의해 사라지지 않도록 붙잡는 역할을 수행한다.

미소환경(microenvironments). 해양 박테리아는 유기물 농도가 균일한 환경에서 살고 있는 것으로 생각되지 않는다. 식물플랑크톤의 exudation과 동물플랑크톤의 sloppy feeding, 부유 입자에 부착한 박테리아에 의해 분해된 산물들의 확산, 침강하는 입자에 부착한 박테리아에 의해 분해된 산물들의 플룸(plume) 등은 유기물 농도가 높은 열점(hoptspot)들이다. 운동성과 화학 주성을 갖는

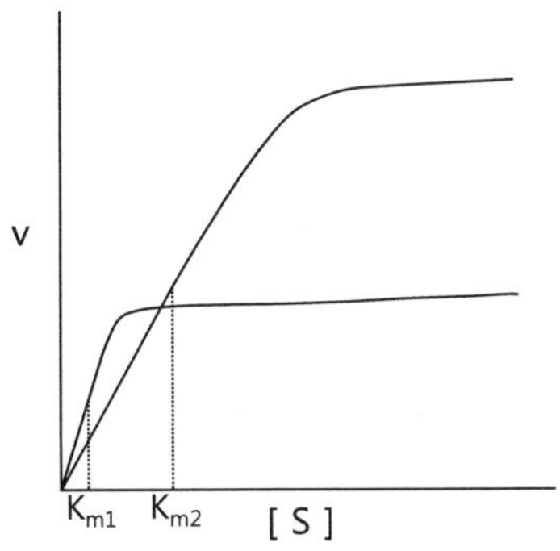

그림 3-5 높은 친화도(high affinity, K_{m1})와 낮은 용량(low capacity, 작은 V_{max})의 효소계와 낮은 친화도(K_{m2})와 높은 용량(큰 V_{max})의 효소계(enzyme system).

해양 박테리아는 이러한 열점을 감지/점유하고 높은 용량의 효소 계를 사용하여 유기물의 이용을 증가시키게 된다. 또한 종속영양 미소편모류가 높은 밀도의 박테리아가 있는 열점을 감지하여 섭식 활동을 통해 재무기물화가 촉진될 수 있다(Azam & Ammermann, 1984).

흥미롭게도 세포의 3차원 관측이 가능한 원자력 현미경 기법(AFM)에 의해서 해양 시료에서 두 개의 원핵생물 세포가 함께 붙어 있는(conjoint cells) 경우들이 많이(총 박테리아 개체수의 21~43%) 발견되었다(Malfatti et al., 2009). 두 세포가 붙어 있는 부분은 함몰되어 있어서(UCYN-A와 석회비늘편모조류 간의 경우에도 유사한 형태의 연합이 보고됨), 우연한 물리적 연합이 아닌 대사적인 공생이 예상되었다. 그리고 4~55%의 박테리아는 선모(pili)에 의해서 그리고 겔(gels)에 의해 연결되어서 세포-쌍으로 또는 20개 세포의 네트워크(network) 안에 존재한 것이 관찰되었다. 이러한 발견은 표영(pelagic) 박테리아가 많은 박테리아-박테리아 연합(association)을 가지며 미소환경 구조를 형성함을 시사하여, 박테리아 생태와 다양성, 해양 생산과 원소 순환에서 고려할 점을 제공하였다.

제 4 장

해양 미생물의 성장 및 사망

4.1 해양 미생물의 성장

해양에서 미생물들은 영양염과 유기물을 흡수 및 이용한 결과 개체의 크기 증가 및 개체수의 증가를, 즉 성장을 나타내게 된다. 따라서 미생물의 성장을 측정하는 것은 미생물의 유기물 이용에 관한 총체적인 결과를 이해하는 것이 된다. 미생물의 성장률과 생체량을 알면 생산된 양을 계산할 수 있고, 성장에 따른 호흡률을 알게 되면 미생물을 통해 흘러간 유기물의 유동량(flux)을 계산할 수 있게 된다. 이러한 정보는 해양 생태계의 에너지 흐름과 물질 순환의 이해에 필수적이다. 아래에서 성장 측정에 기본적으로 많이 사용되는 배양계(培養系, culture system)를 살펴보고, 실제로 해양에서 다양한 미생물 그룹들의 생산 측정 방법에 대해 알아본다.

4.1.1 회분(回分) 배양(batch culture)

회분 배양은 미생물을 키우는 데 사용하는 단순한 기법으로 일정한 양의 영양분(nutrients)이 공급된다. 박테리아는 배양된 시간에 따라 수도와 생체부피의 변화를 나타낸다. 대개 지체기(lag phase), 지수적 성장기(exponential growth phase), 정지기(stationary phase)를 나타낸다(그림 4-1). 해양 박테리아에 대하여 회분 배양을 적용한 해수 배양(seawater culture) 방법이 있다(Ammerman et al., 1984): 0.6 μm의 기공 크기를 갖는 폴리카보네이트 여과지로 여과한 해수를(대부분의 박테리아가 포함된 반면, 대부분의 식물플랑크톤과 원생동물은 제거됨; 물론 바이러스는 존재함) 0.2 μm 폴리카보네이트 여과지로 여과한 해수(=0.2 μm 여과 해수[filtrate])로 20배 희석하여, 빛이 없는 상태에서 일정한 온도 조건 하에서 진탕(shaking)하지 않고 배양하는 방법이다. 지체기 동안은 박테리아의 세포크기 증가가 흔히 관찰된다. 이는 새로운 환경 조건에서의 적응 기간으로 보인다. 지수적 성장기 동안은 박테리아 개체수의 증가가 지수함수적 증가를 나타낸다. 이 기간 동안은 세포의 모든 구성성분들이 골고루 균형있게 증가함이 알려져 있으며, 이를 균형 성장(balanced growth)이라고 부른다. 따라서 지체기 또는 정지기는 비균형 성장(unbalanced growth)에 해당한다고 볼 수 있다. 정지기에 이르면 개체수의 증가가 멈추게 된다. 이 기간에는 세포의 성장이 나타나지 않으며, 아마도 영양분의 고갈이 원인인 듯하다. 한 예로, 박테리아가 정지기에 도달하면, 지수적 성장기 동안 이용되지 않던 요소(urea)가 급격히 분해되는 것을 볼 수 있다(Cho et al., 1996). 정

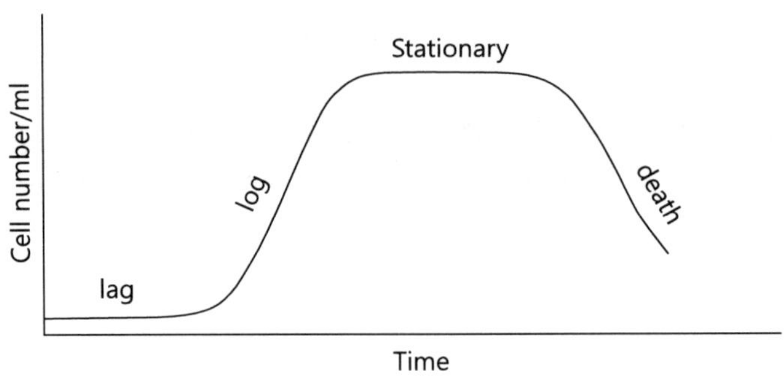

그림 4-1 박테리아를 회분 배양할 때에 관찰되는 수도의 변화. 지체기, 지수적 성장기, 정지기 및 사멸기가 나타남.

지기가 계속되면 박테리아의 사망으로 인해 수도가 감소하는데, 이를 사멸기(死滅期, death phase)라 부른다.

이러한 회분 배양은 thymidine 고정(incorporation) 방법으로 박테리아 생산 측정을 하는 데 있어서 하나의 보정 체계(calibration system)로 유용하게 이용된다(Fuhrman & Azam, 1982; Riemann et al., 1987; Cho & Azam, 1988b). 회분 배양은 대개 1~2일의 배양 기간이 소요되며, 배양기간 동안 박테리아 군집의 변화가 예상되고, 또한 시간에 따른 영양분의 감소에 의해 성장의 변화가 예상된다. 무엇보다도 영양분의 공급원인 식물플랑크톤과 분리된 상태에서 용존 유기 물질만을 이용하는 상태이므로, 과연 자연상태를 대표한다고 볼 수 있는가?라는 문제가 있다. 이러한 문제점을 보완하기 위해 0.6~1.0 μm 여과 해수를 단기간 배양하여 박테리아의 성장을 측정하는 시도가 있다. 이러한 배양계들은 박테리아의 생리 · 생화학적 연구를 하기 위한 좋은 시스템으로 보인다.

4.1.2 연속 배양

회분 배양에서 나타나는 문제점을 보완하기 위해서 배양이 지수적 성장기 후반에 도달할 때에, 다시 0.2 μm 여과 해수로 회분 배양을 적당하게 희석하여서 지수적 성장기를 계속 유지하는 방법이 있다. 이러한 배양 방식을 반-연속 배양(semi-continuous culture)이라고 한다.

항성분-배양조(chemostat)의 기본 원리는 배양액(medium)의 희석 속도(dilution rate, D)가 미생물의 성장 속도(growth rate, μ)와 같다(D = μ)는 것이다. 항성분-배양조를 가동하기 위해선 영양분의 저장기(reservoir), 희석 시스템(dilution system), 배출구(outlet), 모니터링 시스템 등이 요구된다. 항성분-배양조를 이용한 해양 미생물의 성장 측정과 생리 · 생화학적 연구는 회분 배양에 비해 적은 편이다. 해양 미생물 생태학 연구에서 연속배양이 이용된 한 사례에서(Hagström et al., 1984)는 0.2 μm 여과 해수를 영양분의 공급원(源)으로 사용하였다. 이 경우 엄밀히 말하자면 공급되는 해수의 영양분의 성분이 다소 일정치 않음을 예측할 수 있다. 즉, 용존 효소(dissolved enzymes)에 의해서 중합체의 영양물질이 단체(monomer) 또는 소중합체(oligomers)로 분해되기 때문이다. 이러한 잠재적 문제점에도 불구하고 박테리아의 수도는 성장을 통해 정상상태(steady-state)를 나타내었다. 그 결과는 회분 배양에서 나타난 성장 속도와 유사하였다. 이러한 성장 연구를 통해 박테리아는 해수의 용존 탄소 중 극히 일부분만을 이용하는 것으로 추정되었다(< 5%; Azam & Ammermann, 1984).

4.1.3 현장 배양(^{3}H-thymidine & ^{3}H-leucine incorporation)

현장에서 해수의 자연 상태를 최소한으로 교란시키면서(즉, 여과를 하지 않고 식물플랑크톤이 존재하는 상태) 박테리아의 성장을 측정하기 위해 방사성 동위원소인 삼중수소(tritium, ^{3}H)로 표지된 DNA 핵산의 전구물질인 deoxy-thymidine (Tdr)을 시료에 첨가하여 일정시간 배양한 후, DNA 핵산으로 고정된 ^{3}H-Tdr의 방사능 양을 측정함으로써 DNA 핵산의 합성 속도를 추정하는 방법이 있다. 몇 가지 고려해야 할 점이 있는데, 첫째, 해양 박테리아에 특이적이어야 한다. 둘째, 활성이 있는(active) 해양 박테리아는 대부분 ^{3}H-Tdr을 고정해야 한다. Fuhrman & Azam (1982)은 5~10 nM로 ^{3}H-Tdr을 첨가하여 박테리아 생산을 측정하는 경우, 이러한 사항들이 충족됨을 확인하였다. 셋째, 고정된 ^{3}H-Tdr은 대부분 DNA로 고정되는지, 아니면 대사 과정에 의해 RNA 또는 단백질 같은 분자들에 고정되는지 알아야 한다. 넷째, 해양 박테리아의 세포당 DNA 함량을 알아야 한다. 끝으로 고려해야 할 점은 ^{3}H-Tdr의 비(比)방사능(specific activity; Tdr 1 몰당 방사능 양)의 감소가 발생하는지, 그리고 어느 정도로 발생하는가 하는 것이다. 먼저 첨가된 ^{3}H-Tdr의 비방사능이 해수에 존재하는 Tdr에 의해 희석되지 않아야 한다. 즉 세포외 동위원소 희석(extracellular isotope dilution)이 일어남을 막기 위해, 보통 5~20 nM 정도의 ^{3}H-Tdr을 첨가한다. 또한 세포 내로 ^{3}H-Tdr이 들어오게 되면 세포 내에서 Tdr의 생합성(*de novo* synthesis)에 의해 ^{3}H-Tdr의 비방사능은 감소하게 된다(세포내[intracellular] 동위원소 희석). 즉, 세포 내에서 Tdr의 생합성에 의해 세포내 동위원소의 희석이 발생하게 되며, 그 결과 박테리아에 의한 DNA 핵산 합성 속도의 측정이 과소평가된다. 이 문제를 해결하기 위해선 직접적으로 dTTP (deoxy-thymidine triphosphate, DNA 핵산으로 고정되기 바로 전의 Tdr의 형태)의 비방사능을 측정하면 되나, 현재로는 이러한 방법은 불가능한 것으로 여겨진다. 그 이유는 DNA로 고정되는 dTTP의 풀(pool)은 일반적인 세포 내의 dTTP 풀과 혼합되지 않은 상태, 즉 간막이화(compartmentalized)되어 있다고 생각되기 때문이다(Moriarty, 1986).

이러한 문제를 간접적으로 해결하기 위해서 앞서 언급한 해수 배양(seawater culture)을 보정 체계로 흔히 사용한다. 즉, DNA 핵산으로 고정된 ^{3}H-Tdr의 몰 수와 생산된 박테리아의 개체수로부터 박테리아 생산의 전환 상수를 구하게 된다. 전환 상수로는 보통 고정된 Tdr 1몰당 생산된 박테리아로서 $1 \sim 2 \times 10^{18}$을 사용한다(Riemann et al., 1987). 박테리아의 개체당 탄소량은 생체부피를 측정함으로써 추정할 수 있기 때문에, 탄소 단위로서 박테리아 생산을 구할 수 있다.

다음은 현장에서 ^{3}H-Tdr 고정 방법을 이용하여 구한 dpm 값으로 부터 박테리아 생산 값을 계산하는 일련의 과정을 살펴보자. 박테리아 생산을 측정하기 위해서 ^{3}H-Tdr (specific activity = 85 Ci $mmol^{-1}$)을 해수 5 ml에 최종 농도 10~20 nM로 첨가하고 현장 수온에 맞추어 30분간 암(暗)배양했다고 가정하자. 배양 후에 DNA에 고정된 ^{3}H-Tdr의 방사능 양을 액체 섬광 계수기(liquid scintillation counter)로 측정한 결과 22,000 dpm이라고 하자. 그러면 박테리아 생산은 얼마일까? 이러한 계산을 하기 위해서는 몇 가지 기본적으로 알아야 할 사항들이 있다. 먼저 1 μCi가 2.2×10^6 dpm임을 알아야 한다. 이로부터 0.01 μCi가 DNA에 고정된 것을 알 수 있다. ^{3}H−Tdr의 specific activity는 85 Ci $mmol^{-1}$ 이므로(즉, 1 Ci는 1/85 mmol = 0.012 mmol), 0.12 pico mol의 Tdr이 DNA에 고정된 것을 알 수 있다. 그 다음 알아야 할 사항은 DNA의 염기 조성이다. 일반적으로 해양 박테리아 군집의 GC 비를 50%로 본다면, 합성된 염기쌍(base pairs, bp)은 0.24 pico mol이 된다. 염기쌍의 분자량을 660으로 계산하면, 이는 158 pg의 DNA가 합성됨을 의미한다. 해양 박테리아 개체당 DNA 양을 약 3 fg으로 추정하면(이는 염기쌍이 2.73×10^6개를 의미함), 위의 배양 시간 동안 5.3×10^4개의 박테리아가 생산됨을 의미하며, 2.1×10^4 cells ml^{-1} h^{-1}의 박테리아 생산을 의미한다(= 5.3×10^4 cells/5 ml/0.5 h = 2.1×10^4 cells/ml/h). 보통 1 ml 해수에 존재하는 박테리아는 중영양 해역에서 1×10^6으로 가정할 경우, 이러한 결과는 박테리아 군집의 배가 시간(doubling time)이 약 2일임을 의미한다. 이러한 추정치는 세포 내에서 ^{3}H−Tdr의 동위원소 희석을 고려하지 않은 것으로, 실제 성장 속도는 이보다 다소 빠를 가능성이 있다. 전환 상수(예로써, 고정된 Tdr 1몰당 1×10^{18} 생산된 박테리아)를 사용하면, 앞의 예의 경우에 박테리아 생산 값으로 5×10^4 cells/ml/h를 얻게 된다. 이는 약 2배 가량의 동위원소 희석이 있음을 시사한다.

그리고 ^{3}H−Tdr을 이용하여(즉, 박테리아의 DNA 합성 속도에 기반하여) 박테리아 탄소 생산을 추정하는 것이 신빙성이 있음이 ^{3}H−류신(leucine, leu)을 이용한 단백질의 합성 속도(^{3}H−leu) 측정으로 재확인되었다(Simon & Azam, 1989). ^{3}H−leu 고정 방법은 ^{3}H−Tdr 고정 방법과 마찬가지로 박테리아에 특이적이다(Kirchman et al., 1985). ^{3}H−leu 방법을 이용하여 직접적으로 박테리아 탄소 생산을 추정하기 위해서는, 그 선행 조건으로 1) 단백질이 박테리아 생물량의 주요한 부분을 차지해야 한다는 것, 2) 단백질:건량(dry weight)과 탄소:건량의 비율이 생체 부피에 따라 변화가 없어야 한다는 것이다. Simon & Azam (1989)은 해양 박테리아의 단백질과 DNA 함량을 직접 측정하였고, 거대분자들(macromolecules)의 조성으로부터 단백질:건량과 탄소:건량의 비율을 생체부피가 0.026~0.400 μm^3의 범위에 있는 해양 박테리아에 대해서 각각 0.63과 0.54으로 추정하였다. 류신의 mol%는 해양 박테리아의 단백질에서 7.3 ±1.9 mol%를 차지하였고, 그 변이는 아미노산들 중에서 가장 적었다.

^{3}H−leu 방법도 원리상으로 ^{3}H−Tdr 고정 방법과 동일한 문제, 즉 세포외 및 세포내 동위원소 희석의 문제에 당면한다. 10 nM의 ^{3}H−leu을 해수에 첨가할 경우, 세포내 동위원소 희석은 남가주 해역과 Subarctic Pacific에서 2배임이 밝혀졌다. 세포내 동위원소 희석의 직접적인 측정은 세포 내의 아미노산(이 경우 류신)을 추출하여 HPLC (high pressure liquid chromatography, 고압 액체 크로마토그래피)로 그 농도를 측정하고, 동시에 방사능 양을 측정함으로써 이뤄졌다.

^{3}H−leu 고정 방법에 의한 박테리아 단백질 생산(bacterial protein production, BPP)은 다음과 같이 계산된다:

BPP (g) = (고정된 류신의 몰 수) × (100/7.3) × 131.2 × 세포내 동위원소 희석 … (식 4-1)
= (고정된 류신의 몰 수) × 1797 × 세포내 동위원소 희석 ························ (식 4-2)

여기서 7.3은 단백질의 류신 몰%, 131.2는 류신의 분자량을 나타낸다. 세포내 동위원소 희석은 2를 사용하면 된다. 세포내 동위원소 희석이 알려지지 않은 경우, 이론적 최소 값은 세포내 동위원소 희석을 1로 간주하면 된다.

박테리아 단백질 생산(BPP)에 0.86을 곱하여 주면 탄소 단위로 전환이 가능하다. 0.86은 탄소:건량의 비율인 0.54와 단백질:건량의 비율인 0.63으로부터(0.54/0.63=0.86) 얻어진다(Simon & Azam, 1989).

실전에서 ^{3}H-leu 고정 속도의 측정 또는 ^{3}H-Tdr 고정 속도의 측정에 있어서 반드시 유념할 점들은 아래와 같다. 어느 농도에서 고정 속도가 최대에 도달하는지? 그리고 고정 속도가 배양한 총 기간(아래 그림에선 1시간) 동안 일정한지?를 점검하여야 한다. 아래 그림(그림 4-2A)은 첨가된 10 nM에서 고정 속도가 최대임을 보여준다. 그리고 그림 4-2B는 10 nM의 기질을 첨가한 경우, 배양 시간 동안 ^{3}H-Tdr이 고정되는 속도가 일정함을 보여준다.

오랫동안 박테리아의 RNA:DNA 비는 성장과 대사 활동도의 수준과 비례하는 것으로 생각되어 왔다(Neidhardt & Magasanik, 1959). 그러나 Jeffrey et al.(1996)는 염하구와 해양 환경에서 RNA:DNA의 비가 thymidine 또는 leucine 고정 속도와 의미있는 또는 항상성있는 관계를 나타내지 않음을 보고하였다. 이는 해양 박테리아의 낮은 대사 활동도와 박테리아 군집의 이질적인 조성에 기인한 듯하다. 따라서 해양 환경에서 생화학적 지시자(RNA, DNA)를 이용하여 박테리아 군집의 활동도를 추정하는 것은 어려울 것으로 보인다. DNA 합성 속도와 단백질 합성 속도를 동시에 측정하고자 할 경우, ^{3}H-Tdr과 ^{14}C-leu을 동일한 해수 시료에 각각 10 nM로 첨가하여 수행하면 된다.

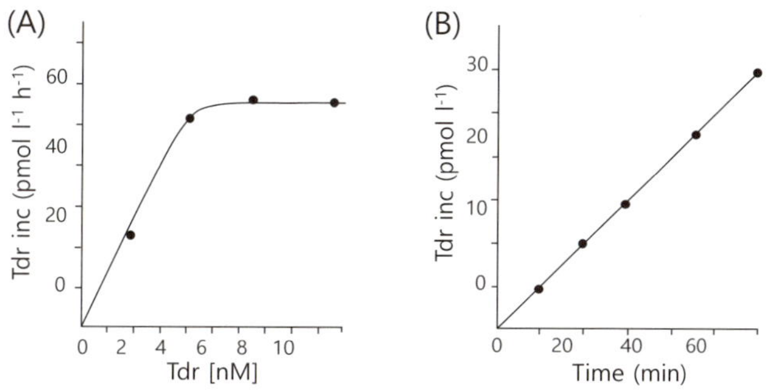

그림 4-2 (A) Tdr 농도에 따른 ^{3}H-Tdr 고정 속도(pmol $l^{-1}h^{-1}$)의 변화. (B) Tdr을 10 nM로 첨가하여 배양하는 동안 ^{3}H-Tdr 고정량(pmol l^{-1})의 시간에 따른 변화.

끝으로, 박테리아 생산 측정에 있어서 현장에서 방사성 동위원소로 표지된 기질을 사용하지 않는 방법을 소개한다. 방사능 물질의 운반, 사용 및 폐기에 대한 엄격한 규정 때문에, Tdr 유사체(analog)인 비방사성 BrdU (5-bromo-2'-deoxyuridine)를 사용하여, DNA에 고정된 BrdU를 면역 화학적으로 (immunochemically) 검출하고 정량화하는 기법이 개발되었다(Steward & Azam, 1999). ^{3}H-BrdU와 ^{3}H-Tdr의 고정 속도는 높은 상관 관계가 나타났고, BrdU:Tdr의 고정 비율은 평균 0.71이었다(그림 4-3). 따라서 BrdU는 박테리아 생산 측정에 사용할 수 있음이 제시되었고, 다음과 같은 실험 과정의 화학발광 면역측정법(chemiluminescent immunoassay)이 개발되었다: 해수 시료에 20 nM의 BrdU를 첨가하여 현장 수온에서 암배양하며, 여러 시점에서 시료를 채취하여 블로팅 매니폴드(blotting manifold)에서 여과한 후, 용균(lysis)시키고, 뉴클레아제(nuclease)로 DNA를 처리한 다음, 구운(bake) 후, 면역화학적으로 검출 · 정량한다. 고정된 BrdU의 검출 한계는 7 fmol로써 빈영양해역에서도 박테리아 생산 측정이 가능하다. 이 방법을 사용하기 위해선, BrdU의 함량이 알려진 표준 DNA의 제작이 필요하다: 10~20리터 해수에 20 nM BrdU와 0.2 nM ^{3}H-BrdU를 첨가하여 배양한 후, 1) 해수를 모두 여과하고 DNA를 추출하여 DNA 양을 측정한다. 2) DNA에 고정된 ^{3}H-BrdU의 방사능 양을 측정하고, 3) ^{3}H-BrdU의 최종 비방사능(specific activity)으로부터 DNA에 고정된 BrdU의 양을 계산한다. 동해에서도 Tdr 방법과 BrdU 방법 간에 높은 상관관계가 나타났다(그림 4-3).

새로 복제된 DNA는 BrdU를 함유할 것이므로, 특정 화합물에 활발하게 반응하는 원핵생물을 조사하는 데 활용될 수 있다. 실제로 DMSP 또는 vanillate에 활발하게 반응한 원핵생물을 조사하기 위해서 연안 표층수 20리터의 격리수계(mesocosm)에 DMSP 또는 vanillate (100 nM)를 첨가하고,

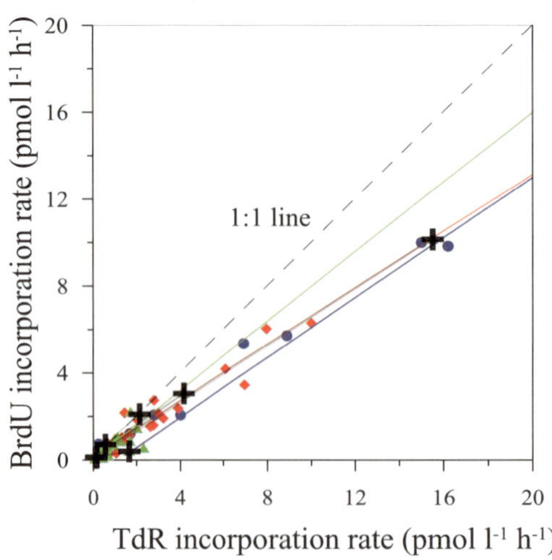

그림 4-3 2008년 8월 동해에서 관찰된 ^{3}H-Tdr 방법과 BrdU 방법 간의 높은 상관관계. DNA에 고정된 BrdU는 화학 발광면역 측정법에 의해 측정됨. 청색 기호: Steward & Azam (1999), 적색 기호: Nelson & Carlson (2005), 녹색 기호: Hamasaki (2006), 흑색 기호: 황 & 조 미발표 자료.

BrdU (10 μM)를 첨가한 후 12시간 배양하여 DNA를 면역포획(immunocapture)하고, 파이로시퀀싱을 한 메타유전체 연구(Mou et al., 2008)가 수행되었다: 시퀀싱 결과, 약 30만 개의 리드가 얻어졌다. DMSP와 vanillate 격리수계에서 *Alteromonadales*와 *Oceanospirillales*의 우점(dominance)이 관찰되어 DMSP와 vanillate 대사에 중요함이 시사되었다. DMSP가 첨가된 격리수계에서는 탈메틸화 및 분해효소들이 많이 발견되었다.

끝으로, 현장 배양에 의해 미생물의 성장 또는 활동도를 측정하는 방법과 관련하여 반드시 언급하여야 할 점이 있다. 방사성 동위원소를 사용하여 미생물의 성장 또는 활동도를 측정하는 방법을 이용하게 될 경우, 바탕값(blank)을 측정하여 측정치에서 빼주어야 한다. 이는 성장과 관계없이 미생물 세포에 또는 시료 내에 존재하는 무기물/유기물에 단순히 방사성 추적자가 흡착함에 의해 나타나게 되는 값이다. 바탕값 측정에 다양한 대사 억제물질이 이용되고 있으며, 최종 농도로서 약 2~3%의 포르말린, 0.1~1%의 아자이드(NaN_3), 1% 글루타르알데하이드가 종속영양 생물의 성장 및 활동도를 근절시키기 위해 사용된다.

4.1.4 FDC (frequency of dividing cells, 분열 중인 세포의 빈도)

이 방법은 박테리아가 일정한 속도로 분열할 때에 전체 군집 중에서 일정한 부분이 분열 중에 있다는 사실에 착안한 방법이다. 먼저 실험실에서 일정 온도에서 각각 다른 성장 속도로 성장하는 박테리아의 FDC를 구하여 표준 곡선(standard curve)을 만든다. 이러한 표준 곡선은 여러 수온에서 만들어진다(섭씨 5~25도). 다음 단계로는 현장 시료의 FDC를 측정하고 시료의 수온을 측정하여, 현장 박테리아의 성장을 추정한다(Hagström et al., 1979). 이 방법은 현장에서 배양을 전혀 필요로 하지 않는 장점이 있으나, 분열이 끝난 그러나 분리되지 않은 박테리아와, 분열 중인 박테리아를 에피형광현미경하에서 구분함에 있어 주관적인 요소가 있어서 정확한 성장의 추정이 쉽지 않다. 그러나 상(image)의 분해능(resolution)이 강화된 분석기기가 발달될 경우, 유용한 기법이 될 수 있는 것으로 보인다.

4.1.5 해양 박테리아의 성장 및 성장 상태

위에서 기술된 다양한 방법들을 사용하여 해양 박테리아의 성장에 대한 많은 연구들이 있었다. 박테리아 군집의 평균 성장 속도는 연안 해역의 유광대에서는 보통 1~3일 정도이고, 외양에서는 1주일 정도로 나타났다(Cho & Azam, 1988a; Ducklow & Shiah, 1993). 식물플랑크톤의 경우 성장 속도가 1~2일 정도임을 고려하면 박테리아의 성장 속도는 그다지 느리지 않은 것으로 볼 수 있다. 심해의 경우는 더욱 느려져서 1달 이상으로 나타난다.

많은 자료들이 얻어져서, 박테리아 생산과 환경 요인과의 관계식이 제시되었다. 특히 White et al. (1991)은 수온을 고려할 때 박테리아 생산(BP)과 수도(BA)간의 관계식이 증진됨을 보고하였다

($r^2 = 0.81$):

해양의 경우

log BP = −0.08 + log BA + 0.052 Temp ·· (식 4-3)

염하구 및 연안의 경우

log BP = 0.165 + log BA + 0.046 Temp ·· (식 4-4)

여기서 BP (μg C l^{-1} d^{-1}), BA (10^9 cells l^{-1}), Temp (℃)는 각각 박테리아 생산, 박테리아 수도 및 수온이다.

해양에서 박테리아의 성장 상태가 비균형 성장(unbalanced growth)인 경우가 보고되었다(Chin-Leo & Kirchman, 1988). 앞서 본 바와 같이 균형 성장에선 박테리아의 모든 생체 구성성분의 성장 속도가 일정하게 유지된다. 따라서 해양 박테리아를 배양하는 동안 DNA 핵산의 합성 속도와 단백질의 합성 속도는 일정하게 유지될 것이다. 현장에서의 자료는 그와 같은 균형 성장의 결과를 얻지 못했다. 이는 박테리아가 연안의 환경에서 2~3일 정도의 평균적 성장 배가시간을 갖더라도, 당면하는 유기물의 환경이 매우 불규칙하게 그리고 역동적으로 변화하고 있음을 시사하는 것으로 볼 수 있다. 한 예로 낮과 밤의 일주 변화에 따른 식물플랑크톤으로부터 유래되는 유기물 공급의 차이와 동물플랑크톤의 섭식활동에 의한 유기물의 공급 등에 기인하는 것으로 생각된다.

한편 입자에 부착한 박테리아는 독립생활형의 박테리아보다 대체로 세포의 크기가 크며, 세포별(cell-specific) 활동도가 높은 경향이 있다(Iriberri et al., 1987; Alldgedge & Gotschalk, 1990; 그림 4-4).

그리고 아미노산과 포도당에 대한 세포별 최대 흡수율(V_{max})은 입자에 부착한 박테리아가 총 박

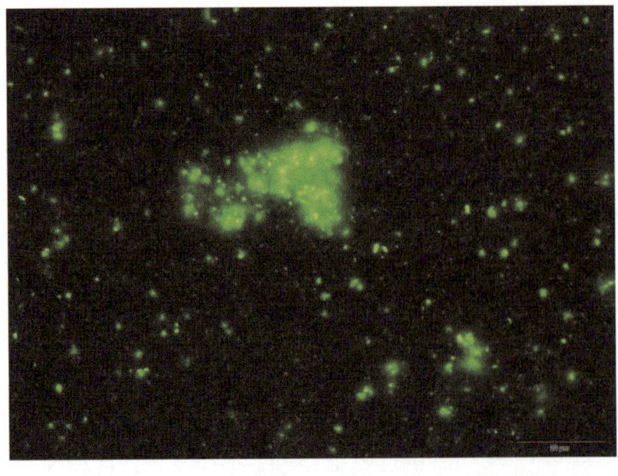

그림 4-4 인천 연안의 표층 시료를 SYBR Gold로 염색하여 관찰된 입자에 부착한 박테리아와 독립생활형 박테리아의 에피형광현미경 사진(황 청연 교수[서울대학교] 제공).

테리아보다 100배까지 높은 것으로 나타났고, 겉보기 K_m 값들도 부착한 박테리아가 높았다(Ayo et al., 2001). 그리고 해양 박테리아의 경우 세포의 크기가 클수록 호흡하는 박테리아의 %가(CTC로 측정된) 군집 내에서 증가하고, 세포의 성장 속도가 빠름이 시사되었다(Gasol et al., 1995). 이러한 발견은 세포의 크기가 작은 박테리아는(전형적으로 0.05 μm^3) 적은 부분만이(약 20% 정도) 활성을 갖고 있기 때문인 것으로 보인다. 이러한 생리적 차이로 입자들에는 특정 분류학적 그룹이 선택된다(DeLong et al., 1993; 제7장 참조).

4.2 일차 생산(primary production, PP)과 신생산(new production, NP)

해양의 일차 생산은 지구의 탄소 순환, 해양 생태계에서의 에너지 흐름과 물질 순환의 시작이 되므로, 이에 대한 정확한 측정이 요구된다. 널리 사용된 방법은 $^{14}C-HCO_3^-$를 해수에 첨가하여 일정 기간 동안 현장의 빛과 수온 조건에서 배양하여 여과한 후, 식물플랑크톤에 고정된 방사능 양과 해수의 총 탄산염 농도로부터 고정된 탄소량을 추정하는 방법과(Platt et al., 1983), light bottle과 dark bottle을 현장에서 일정 시간 배양하여 각 병에서 변화된 산소의 량을 측정함으로써 순 광합성량과 총 광합성 양을 추정하는 방법이 있다(Williams & Jenkinson, 1982). $^{14}C-HCO_3^-$방법은 감도(sensitivity)가 높아 빈영양 해역에서도 쉽게 적용될 수 있고, 보편적으로 사용된다. 후자의 방법은 빈영양 해역에서도 광합성 양을 측정할 수 있는 민감한 방법이 발달되어 왔으나, 제한된 범위의 해양학자들 사이에서 사용되었다.

일차 생산자의 광합성과 영양염 흡수에 대한 생리 · 생화학적 연구를 위해서 회분 배양 또는 항성분-배양조가 이용되기도 하며, 이러한 연구 결과는 식물플랑크톤이 현장에서 최대 성장률에 가까운 성장을 하고 있다는 것을 나타내었다(Laws, 1987).

해양에서의 일차 생산은 영양염의 이용에 따라, 즉 암모니아와 또는 요소가 이용된 경우 재생 생산(regenerated production)이라 하고, 질산염이 이용된 경우 신생산이라고 정의한다(Duckdale & Goering, 1967). 그러한 구분은 질소 영양염의 공급 루트에 따른 분류로서 질산염은 무광대로부터 유광대로 확산, 바람 또는 수직 혼합, 또는 난류(turbulence), 그리고 내파(internal waves)의 결과로 유입되기 때문이며, 암모니아와 요소는 유광대에서 종속영양 생물에 의해 유기물의 분해 및 무기물화의 결과(즉, 재생)로 생성되기 때문이다. 신생산은 해양의 유광대로 외부로부터 공급되는 질소에 기반한 식물플랑크톤의 생산을 의미한다. 해양이 정상상태에 있다고 가정하면 유광대로 공급된 질산염태 질소는 무광대로 유입되는 질소의 유동량과 평형을 이룰 것으로 볼 수 있다(Eppley & Petersen, 1979). 신생산의 측정은 N^{15}으로 표지된 질산염을 해수에 미량(해수 농도의 10% 미만) 첨가하여 배양한 후 입자상에 고정된 N^{15} 질소를 측정하고, 해수의 질산염 농도를 알면, 신생산의 추정이 가능하다. 일반적으로 연근해 해역에서 이 방법의 사용은 효율적이고 정확하나, 빈영양 해역에서는 질산염의 농도가 유광대에서 대부분 30 nM 이하(Eppley & Renger, 1986) 이기 때문에, 그리고 N^{15} 질산염의 비활성도(specific activity)가 낮기 때문에, 많은 량의 질산염 첨가로 인한 방법상의 문제가 따른다. 일정시간 배양을 통해 감소된 질산염의 농도를 화학발광(chemiluminescence) 방법으로 추정하는 신생산 측정법이 개발되어 빈영양 해역에서 적용되었다(Eppley & Renger, 1986; Boyd et al., 1995).

f-ratio는 Eppley & Peterson에 (1979) 의해 정의되었으며, 총 일차 생산 중 신생산이 차지하는 비율을 나타낸다. 이는 일차 생산에 있어서 신생산의 중요성을 나타내는 것이다. 그리고 r = (1 - f)/f 라는 계수가 정의되는데, 이는 무광대로 운반되기 전에 유광대 내에서 재순환 되는 질소의 순환 횟수를 나타낸다. 따라서 재생 생산이 전적으로 우세한 빈영양 해역에서는(즉, f = 0.05), r 값이 19에 이르는 경우도 있다. 이 경우 대개 종속영양 극미소플랑크톤과 미소편모류에 의해 영양염이 재생되는 것으로 보인다.

최근 해양에서 BP/PP의 비가 해양 표층 수온과 양의 상관관계가 있음이 조석 전선을 포함하는 황해 해역과 대서양에서 보고되었고(Cho et al., 2001, Hoppe et al., 2002b), 황해 해역에서 BP/PP의 비는 f-ratio와 역(inverse) 관계를 나타내어, 재생 생산이 우세한 곳(즉, f-ratio가 낮은 곳)에서는 BP/PP 비의 값이 높은 것으로 나타났다(Cho et al., 2001). 황해에서 구하여진 BP/PP의 비와 해양 표층 수온(sea surface temperature, SST)의 관계식(Cho et al., 2002)은 다음과 같다:

$$\text{Log BP/PP}(\%) = 0.21 + 0.06 \times \text{SST}\ (^\circ\text{C}) \quad \cdots\cdots\cdots \text{(식 4-5)}$$

성장 효율과 수온의 관계식(식 3-6)을 이용하면 BP로부터 호흡의 추정이 가능하다. 식 (4-5)는 표층 수온이 높은 여름에 호흡이 일차 생산을 초과하여서 조사 해역으로 다른 곳에서의 유기물의 유입이 시사되었다.

대서양의 북위 53°에서 남위 65°까지 50~100 해리(nautical mile)마다 수심 11m에서 채수하여 박테리아 생산과 일차 생산, 수온, 효소활동도를 조사한 결과, 황해에서 얻은 BP/PP의 비와 SST의 관계식과 유사한 관계식이 대서양에서 관찰되었다(Hoppe et al., 2002b). 그 결과, 열대 지방에서는 (북위 8°에서 남위 20°까지) 순 종속영양(net heterotrophy)이 시사되었다. 즉, 박테리아에 의한 성장과 호흡에 요구되는 탄소 요구량이 일차 생산에 의한 탄소 고정량보다 많은 상태임이 제시되었다. 이 방법은 유광대에서 수심-적분한(depth-integrated) 값에 근거하지 않고, 단 하나의 수심에서 구한 값에 근거했다는 단점이 있다. 표층 수온과 일차 생산은 인공위성에 의한 원격탐사로 자료를 얻을 수 있기 때문에, 전 지구적 해양규모에서의 BP/PP의 비와 SST의 관계식은 기후 변화가 주요 미생물 해양학적 과정들(즉, 해양에서의 에너지 흐름)에 끼치는 영향을 이해하는 데에 유용한 토대가 될 것으로 보인다(Cho et al., 2001).

4.3 사망

정상상태(steady−state)에서 측정된 미생물의 성장 속도는 곧 사망률과 같은 속도임을 시사한다. 해양에서 미생물의 사망을 일으키는 주요 기작은 포식자에 의한 섭식(grazing)과 바이러스에 의한 용균(lysis)이다. 또한 UV 등 환경 스트레스에 의한 사망이 일부 환경에서 사망의 원인일 수 있다.

섭식과 바이러스에 의한 사망은 직접 측정될 수 있으나, 환경스트레스에 의한 해양 박테리아의 사망 추정은 현장 자료가 거의 없는 상태이다. Painchaud et al. (1995)은 염하구에서 담수 박테리아의 염분도와 관련된 사망률을 다음과 같이 추정하였다. 즉, 담수 박테리아가 담수에서 나타내는 성장 속도와 기수에서의 성장 속도의 차이를 환경 스트레스에 의한 사망률로 해석하였다. 10 ppt 이내에서는 염분에 의한 사망 효과가 없었으며, 오히려 2 ppt에서는 약 50%의 성장 효과가 있었다. 그러나 20 ppt에서는 담수 박테리아는 약 50%의 성장 저해를 나타냈다. 그러나 이 결과가 사망 자체에 기인한 것인지, 또는 박테리아 발육저지(bacteriostatic) 효과에 기인한 것인지 명확지 않았다.

원생생물에 의한 섭식(protistan grazing)은 박테리아 수도와 생물량을 제한하는데 영향력이 있는 반면에, 바이러스는 박테리아 군집 다양성에 크게 영향을 주는 것으로 여겨진다. 이는 바이러스가 전형적으로 좁은 숙주 범위를 갖는 것에 기인하는 것으로 생각된다. 아래에서 원생생물에 의한 박테리아 섭식과 원생생물(또는 소형동물플랑크톤) 섭식에 의한 먹이생물의 사망에 대해 알아보자. 바이러스에 의한 원핵생물의 사망은 제5장을 참조하기 바란다.

4.3.1 원생생물에 의한 박테리아 섭식

미소편모류의 입자 섭취율(particles uptake rates, U), 여과율(clearance rate), 반포화 상수 등은 여러 박테리아 농도에서 미소편모류를 배양함으로써 구할 수 있다. 그 이론적 배경은 다음과 같다(Fenchel, 1980): 미소편모류의 입자 섭취율(U, cells HNF^{-1} h^{-1})은

$$U = U_m C_p/(K+C_p) = U_m C_p/K(1+C_p/K) \quad \text{(식 4−6)},$$

여기서 U_m은 최대 섭취율, C_p는 입자의 농도, K는 반포화 상수를 나타낸다. 최대 여과율을 F (ml HNF^{-1} h^{-1})라고 할 때(즉, 낮은 입자 농도에서 단위 시간당 입자를 여과할 수 있는 물의 부피), 낮은 입자 농도에서 섭취율은 FC_p와 같다. 그리고 각 섭취된 입자들이 식작용(食作用, phagocytize)되는데 걸리는 시간이 T라고 하면, 실제 U는 $FC_p(1-TU)$가 된다. 이 식은 아래와 같이 전개된다:

$$U + FC_pTU = FC_p \quad \text{(식 4−7)},$$
$$U(1 + FC_pT) = FC_p \quad \text{(식 4−8)},$$
$$U = FC_p/(1 + FC_pT) \quad \text{(식 4−9)}.$$

이는 앞의 식 (4−6)과 같은 형태이며

즉, $U = FC_p/(1 + FC_pT) = U_mC_p/K(1+C_p/K)$, ······································· (식 4-10)

여기서 $1/FT = K$, 그리고 $1/T = U_m$이다. 이러한 연구 결과 미소편모류의 부피당(volume specific) 박테리아 여과율은 시간당 5×10^4~약 10^6인 것으로 나타났다(Fenchel, 1982b). 이러한 배양 연구는 미소편모류가 해양에서 박테리아 농도를 조절할 수 있을 것으로 예측하였다.

그 후, 해양 박테리아에 대한 원생동물의 섭식 연구에 대해 다양한 방법들이 개발되었다. 형광 입자(fluorescent microsphere, FM; McManus & Fuhrman, 1986), 형광 표지된 박테리아(fluorescently labeled bacteria, FLB; Sherr et al., 1987), 식포 내의 효소인 라이소자임(lysozyme)의 활동도를 측정하여 섭식을 측정하는 기법(González et al., 1993a)이 개발되었다.

흔히 사용되는 FLB 기법과 라이소자임의 활동도를 측정하여 섭식을 측정하는 기법에 대해 간단히 소개한다. FLB 기법은 먼저 FLB를 제작한 후, 추적자(trace; 현장 시료의 박테리아 수도의 10% 미만으로 FLB를 첨가)로 해수 시료에 첨가하고, 0분, 그리고 5~10분 간격으로 30~60분간 시료를 채취하여, 즉시 고정액(아래 참조)으로 고정한다. 그리고 에피형광현미경으로 HNF 세포의 식포에 있는 FLB의 수를 관찰 · 측정하고, 평균치를 구한다. HNF 세포는 DAPI로 염색하여 DAPI 관찰용 현미경 필터 세트(UV filter set)로 관찰하고, 식포에 있는 FLB는 푸른빛 여기(blue excitation) 필터 세트로 바꾸어 관찰한다.

그 다음 각 측정 시점에서의 FLB/HNF 값을 그래프 위에 배치하면, 그래프의 기울기로부터 HNF 개체당 FLB 섭취율(FLB $HNF^{-1}h^{-1}$)을 구할 수 있다(그림 4-5). 형광 입자(FM)를 사용하여 박테리아 섭식을 실험하는 과정도 이와 유사하다.

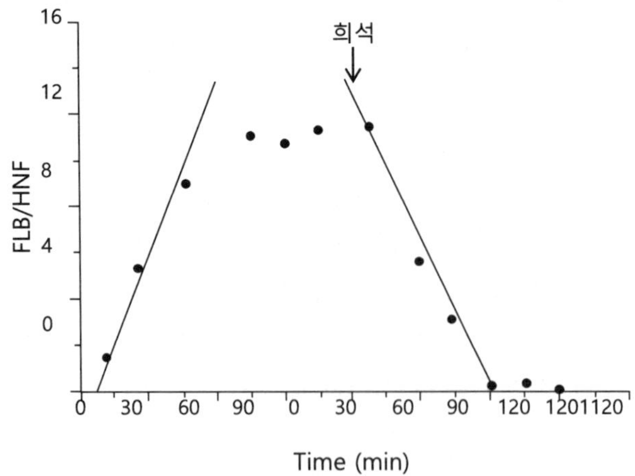

그림 4-5 시간 경과에 따른 미소편모류의 박테리아 섭취(ingestion)와 소화(digestion). 해수에 FLB를 추적자로 첨가하고 0분, 그리고 5~10분 간격으로 30~60분간 시료를 채취하여 관찰한 HNF 세포내 FLB의 수(그림의 왼쪽 부분). HNF에 의한 박테리아 소화 속도의 측정 실험은 1~3 μm 여과 해수로 FLB의 농도를 10배 정도 희석한 후, 시간에 따라 감소하는 HNF 세포내 FLB의 수를 관찰하여 측정된다(그림의 오른쪽 부분).

시료에 첨가한 FLB의 개체수를 알고 있으므로, 여과율(clearance rate, CR), 섭취율(ingestion rate, IR), 섭식률(grazing rate, GR)은 아래와 같이 계산된다:

여과율(CR, ml $HNF^{-1}h^{-1}$) = (FLB $HNF^{-1}h^{-1}$)/(FLB 농도; FLB ml^{-1})················ (식 4-11),
섭취율(IR, BA $HNF^{-1}h^{-1}$) = CR × 박테리아 수도
= (ml $HNF^{-1}h^{-1}$) × (BA ml^{-1}) ································ (식 4-12),
섭식률(GR, BA $ml^{-1}h^{-1}$) = IR × HNF 수도 = (BA $HNF^{-1}h^{-1}$) × (HNF ml^{-1}) ······ (식 4-13).

해양에서 미소편모류의 여과율이 시간당 nl 수준임은 매 시간 적어도 자신의 체적의 10^5배의 해수로부터 입자들을 여과(clear)함을 의미한다.

미소편모류 섭식에 영향을 주는 요인들. 박테리아 섭식 측정시 미소편모류의 활동을 중지시키기 위해서 고정액의 사용이 불가피한데, 고정액으로 인해 미소편모류의 세포가 수축됨으로써 섭식된 박테리아가 배출되거나(Choi & Stoecker, 1989), 고정액의 화학적 스트레스로 인하여 미소편모류가 섭식한 박테리아를 배출하는 것으로 제시되었다(Sieracki et al., 1987). 한편 FLB를 이용한 Sherr et al. (1989)는 살아 있는 박테리아를 이용한 섭식 측정과 ice-glutaraldehyde(최종 농도 2%)로 고정된 시료에서의 FLB-섭식률, 루골과 포르말린(lugol & formalin, 최종 농도 3%)으로 고정된 시료에서의 FLB-섭식률에는 차이가 없는 것으로 보고하였다.

미소편모류의 여과율은 먹이 농도의 감소에 따라 증가하는 것으로 나타났다(Sherr et al., 1983). 미소편모류의 여과율과 박테리아의 크기가 직접 관련이 있음이(즉, 큰 박테리아를 더 선호하여 섭취함이) 여러 연구의 결과 밝혀졌다(Gonzalez et al., 1990; Monger & Landry, 1990). 박테리아의 세포의 타입(cell type)이나 세포 형태(cell shape)에는 무관한 것으로 나타났다(González et al., 1990). Monger & Landry (1992)는 유세포 분석을 이용한 연구에서 chrysomonad는 같은 크기의 폴리스티렌 입자와, 살아 있는 *Synechococcus* 세포, 열처리하여 죽은, 그리고 살아 있는 박테리아를 구분하지 않는다고 보고하였다.

Sherr et al. (1987)은 형광 입자(=latex microsphere)를 사용한 경우 염습지 조류 세곡(tidal creek)의 원생동물에 의한 박테리아 섭식 추정이 FLB를 사용한 경우와 비교하여 4~10배 과소 평가됨을 관찰하였다. 그리고 빈섬모충류(oligotrichs)와 scuticociliates 같은 작은 섬모충류들도 박테리아의 왕성한 소비자임을 제시하였다.

한편 박테리아의 성장 상태가 섭식에 미치는 영향이 큰 것으로 보고되었다(González et al. 1993b): 미소편모류는 성장 세포를 3.4~3.7배 가량 빠르게 섭식하였고, 운동성 세포를 비운동성 세포에 비해 2.2~3.8배 빠르게 섭식하였다. 박테리아의 생리적 차이로 인한 미소편모류의 섭식의 차이는 박테리아 군집 구조가 미소편모류에 의해 영향을 받을 가능성을 시사한다. 박테리아를 섭식하는 미소편모류인 *Cafeteria* 종의 경우, 탄소 총 성장 효율(gross growth efficiency)은 성장하는 박테리아(growing bacteria)를 먹이로 공급하였을 경우 21.5%, 굶주린(starved) 박테리아를 먹이로 공

급하였을 경우 38.5%로 먹이의 성장 상태에 따라 다른 것으로 나타났다(González et al. 1993b). 이는 굶주린 박테리아를 섭식할 경우 성장하는 박테리아를 섭식한 경우보다 소화 시간이 더 오래 걸리며, 생체부피가 작고 단위부피당 탄소량이 더 많은 굶주린 박테리아가 미소편모류에 의해 더 효율적으로 이용되는 것을 시사하였다. 또한 라이소자임 효소 활동도에 의한 박테리아 섭식 실험결과에 의하면, 북동 태평양 외양의 원생동물은 박테리아를 소화하는데 연안보다 상대적으로 더 많은 라이소자임을 요구하는 것으로 나타났다(González et al., 1993a).

박테리아에 대한 섭식과 박테리아의 성장을 조사한 연구 결과들은 많은 경우 두 변수가 거의 균형을 이룸을 보고하였다. 정상상태에서 박테리아의 성장은 그에 해당하는 만큼의 사망에 의해 균형을 갖추게 되어, 해수에서 박테리아의 수도는 변화가 없을 것으로 예상된다. 어떤 연구 결과들은 소형편모류(microflagellates)에 의한 섭식이 매우 중요한 것으로 시사하고 있다. Wikner et al. (1990)은 스웨덴의 연안 해역에서 연간 박테리아 생산과 소형편모류에 의한 박테리아의 사망이 거의 균형을 이루고 있는 것으로 보고하였다. Lim 협만에서 박테리아의 수도와 소형편모류의 수도의 변화는 전형적인 포식자-먹이의 관계를 나타내고 있어서, 일반적으로 박테리아는 소형편모류에 의해 조절당하고 있는 것으로 보였다(Fenchel, 1982b).

물론 이러한 증거들이 바이러스에 의한 박테리아의 조절을 경시하는 것은 아니다. 바이러스에 의해 감염된 박테리아가 또한 소형편모류에 의해 섭식당할 수 있다. Sherr et al. (1989)은 미국 조지아 연안에서 여름에 박테리아에 대한 섭식과 박테리아의 성장에 대해 동시 연구를 실시한 결과, 조류 세곡에서 박테리아 생산의 80%가 원생동물에 의한 박테리아 섭식에 의해 설명될 수 있다고 보고하였다. 이 경우는 박테리아 섭식 섬모충류(bacterivore ciliate)가 주된 역할을 했다. 반면에 바깥 염하구(open estuary)에서는 박테리아 생산의 50%만이 원생동물 섭식에 의해 설명될 수 있었다. 이 경우는 미소편모류에 의한 섭식이 주된 역할을 했다.

FLB를 이용하여 박테리아에 대한 원생동물의 섭식률(grazing rate)을 측정하는 다른 방법을 소개한다(Marrase et al., 1992): 이 방법은 특정 그룹의 원생동물에 의한 박테리아 섭식률을 측정하지 않고, 전체 원생동물에 의한 총 박테리아 섭식률을 측정한다. 여과하지 않은 시료에 FLB를 전체 박테리아의 10% 정도로 첨가한 후, 24~48시간 정도 현장의 수온과 빛 조건에서 배양하면서 전체 박테리아 수도와 FLB의 수도 변화를 추적하여, 박테리아 섭식률을 추정한다. 미국의 Vineyard Sound에서 수행된 연구 결과는 1리터 이상의 시료가 병 효과(bottle effect)를 감소시키며, 반복수(replicates) 간의 변이를 감소시켜 주는 것으로 나타났다(Marrase et al., 1992). 이러한 방법을 이용한 계절별 연구의 결과 박테리아 섭식(bacterivory)은 일간 변이의 폭보다 계절 변이의 폭이 10배 정도 더 높은 것으로 나타났다. 한 가지 흥미로운 사실은 48시간 동안 시행된 실험에서 측정된 박테리아섭식 속도는 빛의 연속성, 또는 빛의 존재에 의해 영향을 받지 않는다는 것이었다. 그리고 겨울에 원생동물 군집이 수온의 증가에(5°C에서 20°C) 따라 매우 큰 차이의(20 배) 박테리아 섭식률을 나타냄을 보고하였다. 이는 원생동물의 박테리아 섭식이 낮은 수온에 의해 억제되고 있음을 시사하였다.

또한 원생동물은 박테리아뿐만이 아니라 바이러스와 콜로이드를 섭취할 수 있음이 알려졌다(González & Suttle, 1993; Tranvik et al., 1993). HNF가 FLB를 섭식하는 속도와 바이러스 크기의 형광 입자를 섭취(ingest)하는 속도는 유사하나(각각 0.028~0.048 대 0.031~0.054 입자 HNF^{-1} min^{-1}), 박테리아의 생물량이 바이러스보다 훨씬 크므로 박테리아가 주요 먹이원임을 알 수 있다. 섭식에 의한 바이러스 제거 효과는 빈영양 해역(0.3%)보다 부영양 해역(22%)에서 더 중요한 것으로 나타났다(Bongiorni et al., 2005).

산성 라이소자임(acid lysozyme) 검정(assay) 방법은 산성 pH에서 세포 용해질(lysates)에 있는 라이소자임 활동도의 정량화에 기반한다. 라이소자임은 박테리아의 펩티도글리칸을 특이하게 분해하는 효소로, 원생동물의 식포(food vacuoles)에 존재한다. 섭식성 원생동물의 식포의 pH는 소화 과정 동안 3~5로 알려져 있다. 반면에 해양 박테리아의 세포외효소(exoenzyme)는 해수의 pH에서 활동도가 최대이고, pH 5 미만에선 비활성(inactive)이다(Nagata & Kirchman, 1992). 따라서 이 방법은 원생동물에 의한 박테리아 섭식에 특이적이라고 하겠다. 단, 이 방법은 FLB 섭식 실험과 같은 방법에 대해 보정되어야, 라이소자임 활동도를 섭식률로 전환할 수 있다.

실험 과정은 해수 시료를 음파 파쇄(sonicate)하고, 음파 파쇄한 시료에 초산 완충용액(pH 4.5)과 라이소자임의 인공 기질인 MUF−$[GlcNAc]_3$를 최종 농도 5 μM로 첨가한 후, 현장 수온에서 효소 활동도에 따라 4~48시간 암배양한다. 반응은 pH 10.3의 완충용액을 첨가하여 정지시킨다. 그리고 발생된 형광을 측정하고, 표준 곡선(0.1~10 nmole l^{-1} MUF 범위)을 이용하여 형광을 MUF의 농도로 전환한다. 대조구(control)로는 반드시 음파 파쇄한 시료를 끓는 물에 8분간 배양하여 준비하고, 또한 0.2 μm로 여과된 해수(음파 파쇄하지 않은 해수임)를 준비하여 검정한다.

4.3.2 원생생물(또는 소형동물플랑크톤) 섭식에 의한 먹이생물의 사망률과 성장률 동시 측정

희석 방법(dilution method)을 사용하여서 원생생물(또는 소형동물플랑크톤)이 먹이생물을 섭식하는 속도와 먹이생물의 성장을 동시에 추정하는 것이 가능하다(Landry & Hassett, 1982). 200 μm 여과 해수(filtrates)를 0.2 μm 여과 해수로 여러 수준으로 희석하여 현장 배양할 경우, 우리는 일련의 희석 배양에서 여러 먹이생물(예, 식물플랑크톤, 시아노박테리아)의 순 성장(=성장과 사망의 합)을 측정할 수 있을 것이다. 예를 들면, 포식자의 농도를 1:1로 희석한 경우와 희석하지 않은 경우에 나타난 먹이생물의 수의 변화에 대한 식을 다음과 같이 얻을 수 있다: 먹이생물의 초기 수를 P_o 그리고 일정시간(t) 후의 수를 P라고 하면, 희석을 하지 않은 시료에서의 먹이생물의 성장은 $P = P_o e^{(k-g)t}$ 로 나타내진다. 여기서 k는 성장 속도를, g는 섭식 사망률을 나타낸다. 순 성장 속도는 k−g이다. 1:1로 희석된 시료에서의 먹이생물의 성장은 $P = P_o e^{(k-0.5g)t}$로 나타내어진다. 앞의 두 식으로부터 2개의 미지수를 계산할 수 있게 된다. 또한 더 많은 희석을 고용할 경우, 예를 들면, 3:1 희석(75%가 200 μm 여과 해수)과 1:3 희석(25%가 200 μm 여과 해수)을 사용한 경우, 각각 $P = P_o e^{(k-0.75g)t}$로, $P = P_o e^{(k-0.25g)t}$로 나타내어진다. 희석 배율을 x축으로, 각 희석 배율에서의 겉보기(apparent) 성장속도($1/t \ln(P/P_o)$)를 y축으로 하여 회귀직선을 구하면, y축 절편으로부터 먹이생물의 성장률을 그리고 회귀직선의 기울기로부터 섭식 사망률을 얻게 된다(Landry & Hassett, 1982).

Landry & Hassett (1982)은 여과하지 않은(unfiltered) 연안 해수를 0.45 μm 여과 해수로 여러 배율로 희석하여 24시간 배양한 한 실험 결과에서 다음과 같은 회귀직선을 얻었다: y = 0.628−0.278x, 여기서 x는 여과하지 않은 해수의 부분(fraction)을 그리고 y는 겉보기 성장 속도이다. 이 식으로부터 소형동물플랑크톤의 섭식에 의한 식물플랑크톤 생물량과 일차 생산의 손실을 다음과 같이 계산할 수 있었다.

섭식 사망률은 0.278 d^{-1}로, 1일 배양 후에 섭식에 의해 예상되는 식물플랑크톤의 생물량은 $P = P_o e^{-0.278 \times 1} = 0.76P_o$이다. 따라서 먹이생물인 식물플랑크톤 생물량의 24%가 감소된 것으로 추정된다. 성장률은 0.628 d^{-1}이므로, 1일 배양 후에 식물플랑크톤 생물량은 $1.87P_o$ ($=P_o e^{0.628 \times 1}$)로 예상되고, 섭식을 고려한 1일 배양 후에 식물플랑크톤 생물량은 $1.42P_o$($=P_o e^{(0.628-0.278) \times 1}$)이므로, 순생산(= $+0.42P_o$)은 섭식에 의한 손실이 없는 경우의 생산(= $+0.87P_o$)에 비해 48%(= $100 \times 0.42P_o / 0.87P_o$)에 해당한다. 따라서 소형동물플랑크톤의 섭식에 의한 일차 생산의 손실은 52%에 해당하는 것으로 계산된다.

희석 방법은 몇 개의 가정에 의거하는데, (1) 먹이생물의 성장 속도(specific growth rate)는 밀도에 의존적이 아니며, (2) 포식자에 의한 섭식(=사망률)은 먹이의 밀도에 비례한다. (3) 먹이생물의 성장은 지수 성장 식으로 나타낼 수 있다. 그리고 (4) 포식자와 먹이생물의 성장은 여러 희석 조건에서 일정하다는 것이다. Landry & Hassett (1982)은 영양염의 제한에 의한 식물플랑크톤의 성장 저해를 막기 위해 배양시에 영양염(예, 질산염)을 첨가하였는데, 현장의 영양염 수준에서 식물플랑크톤의 성장 속도를 더 잘 구하기 위해서는 투석(dialysis) 용기를 사용하는 것이 특히 빈영양 해양에서 최적의 방법이 될 수 있을 것으로 시사하였다.

Landry & Hassett (1982)은 미국 워싱턴주 연안에서 소형동물플랑크톤의 섭식 영향은 하루에 일차 생산력의 17~52%, 그리고 식물플랑크톤 생물량의 6~24%에 해당하는 것으로 보고하였다. 이러한 소형동물플랑크톤의 섭식은 대부분이 요각류 유생(nauplii)과 유종섬모충류(tintinids)의 섭이(攝餌, feeding)에 의한 것으로 시사되었다. 이후의 자료들은, 희석 방법에 고유의 인위적인 문제들이 있음에도, 소형동물플랑크톤(microzooplankton) 초식을 추정한 자료들은 후생동물플랑크톤이 아닌 원생생물이 해양에서 주요 초식자임을 시사하였다(Sherr & Sherr, 2002).

Murrell & Hollibaugh (1998)은 북부 샌프란시스코만에서 희석 방법을 사용하여 소형동물플랑크톤(< 200 μm)의 식물플랑크톤, 시아노박테리아 및 박테리아 섭식과 먹이생물들의 성장률을 측정하였다. 소형동물플랑크톤의 식물플랑크톤, 시아노박테리아, 박테리아 섭식률은 31개의 측정 중에서 5개에서만 유의성 있는 결과가 나타난 것으로 보고되었다. 모든 측정치를 평균한 결

과 소형동물플랑크톤의 식물플랑크톤, 시아노박테리아, 박테리아 섭식률은 각각 평균 0.06 d^{-1} (n = 17), 0.00 d^{-1} (n = 8), 0.22 d^{-1} (n = 6) 이었고, 식물플랑크톤, 시아노박테리아 및 박테리아 성장률은 평균 각각 0.15 d^{-1} (n = 12), 0.62 d^{-1} (n = 4), 0.23 d^{-1} (n = 6)이었다. 소형동물플랑크톤의 식물플랑크톤에 대한 섭식이 낮은(즉, 섭식률 0.0 d^{-1}가 전체 측정치에서 84%를 차지하는) 이유로는 탁한(유광대 수심은 0.8 m) 환경에서 소형동물플랑크톤이 식물플랑크톤의 섭식에 있어서 항상 중요하지 않고, 아시아산 대합(clam)이 플랑크톤의 생물량 조절에 더 중요하기 때문인 듯하며, 연계되지 않은(decoupled) 미생물 고리 현상이 지속적으로 존재하는 것으로 보였다.

북부 샌프란시스코만 지역은 매우 탁한 곳으로 식물플랑크톤 섭식 측정(엽록소 *a* 측정에 기반함)에서는 희석 방법의 가정이 성립하지 않을 수 있는 것으로 보였다. 그 이유는 희석 정도에 따라 탁도가 다르게 감소하여서, 빛 증가의 차이로 인한 식물플랑크톤의 광 적응현상으로 인하여 성장률에 차이를 가져올 수 있기 때문이었다. 이 경우 섭식률을 과소 평가할 가능성이 있다.

***Prochlorococcus*에 대한 섭식.** 지금까지 박테리아 섭식은 주로 종속영양 박테리아를 주된 대상으로 하여 논의하였다. 적도 용승 해역과 빈영양성 환류를 분리하는 천이 지역의 표층수에서 배양된 부등편모조류에 속하는 섭식영양 미소편모류인 *Picophagus flagellatus* (Chrysophyceae)와 *Symbiomonas scintillans* (Bicosoecida)를 대상으로 실험실에서 먹이생물로서 *Prochlorococcus*와 *Synechococcus*를 제공하여 섭식을 측정한 결과, *S. scintillans*는 시아노박테리아를 섭식하지 않았고, *P. flagellates* (8.1 μm^3)가 *Prochlorococcus*를 섭식하여 최대 1.6 d^{-1}로 성장하고(여과율은 2.3 nl $cell^{-1}$ h^{-1}), *Synechococcus*를 섭식하는 경우 최대 0.6 d^{-1}로 성장(여과율은 2.5 nl $cell^{-1}$ h^{-1}) 하는 것이 관찰되었다(Guillou et al., 2001). 탄소이용 효율은 *Prochlorococcus*를 섭식한 경우 23%, *Synechococcus*를 섭식한 경우 0.9%로 큰 차이가 나타났다. *Prochlorococcus*와 *Synechococcus*가 유사한 농도로 존재할 경우 *Prochlorococcus*나 종속영양 박테리아보다 *Synechococcus*가 선호되어 섭식되는 것으로 나타났다. 이와 같은 먹이와 섭식자 사이의 관계에 대한 결과들은 해양 군집들의 구조와 기능의 이해 및 보다 정확한 미생물 먹이망 모델의 개발에 필요하다. 그리고 원생생물이 *Prochlorococcus* 또는 *Synechococcus*를 섭식할 경우 박테리아 섭식(bacterivory)이기도 하지만, 초식(herbivory)으로 간주할 수도 있기 때문에 해양 생태계 모델에서 에너지와 탄소의 흐름을 다룰 때에 구분할 필요가 있다.

***Prochlorococcus*, *Synechococcus* 및 진핵생물 극미소식물플랑크톤의 사망률.** 문헌에 보고된 *Prochlorococcus*, *Synechococcus* 및 진핵생물 극미소식물플랑크톤의 섭식률은 해양에서 각각 0.16~0.82 d^{-1}, 0.06~0.76 d^{-1} 및 0.08~1.78 d^{-1}로 분포하였다(Hirose et al., 2008). Hirose et al. (2008)은 일본의 Uwa 海만[1]에서 두 개의 크기 구배(<5 μm 및 <200 μm 여과 해수)에 영양염을

1) 온대 연안 해역인 일본의 Uwa 海만에서 *Synechococcus* 수도는 최소 1.2×10^3 ml^{-1}에서(겨울, 30 m 수심) 최대 4.6×10^5 ml^{-1}(여름, 표층)로 변하였고, *Prochlorococcus*는 1.5×10^2 ml^{-1}에서 1.8×10^4 ml^{-1}으로, 그리고 진핵생물 극미소식물플

첨가하고 0.2 μm 여과 해수로 희석 배양 실험을 하였다. 성층화 기간 동안 <200 μm 여과 해수에서 *Prochlorococcus*와 *Synechococcus*의 성장률(*Prochlorococcus*, 0.67~2.15 d^{-1}; *Synechococcus*, 0.25~1.39 d^{-1})과 섭식 사망률(*Prochlorococcus*, 0.99~2.64d^{-1}; *Synechococcus*, 0.65~1.54 d^{-1}) 사이에는 거의 1:1 관계가 나타나, 시아노박테리아 수도는 섭식(아마도 미소편모류와 섬모충류)에 의한 사망이 성장에 의해 보상되는 상태에 있는 것으로 시사되었다. 그러나 진핵생물 극미소식물플랑크톤의 성장률(0.7~0.9 d^{-1})과 사망률(0.94 d^{-1}) 간의 관계는 명확하지 않았다.

편모류 포식압을 피하는 박테리아의 책략. 박테리아가 편모류의 포식압을 피하기 위해 사용하는 것으로 여겨지는 다양한 책략이 알려져 있다. 1) 세포 크기를 작게 줄이기(size reduction), 2) 사상형(filament)의 박테리아는 대부분의 박테리아 섭식성(bacterivorous) 원생동물이 섭식할 수 있는 크기의 범위를 벗어난다. 해양의 수층에는 사상형의 박테리아는 드물다. 3) 세포외 다중합물질(extracellular polymeric substances, EPS) 형성. EPS 기질(matrix) 안에 있는 소형 집락들(microcolonies)은 그 크기 때문에 포식으로부터 보호를 받는다. 4) 박테리아 세포벽 특성. 그램-양성 박테리아는 그램-음성 박테리아보다 느리게 소화된다. 담수성 액티노박테리아는 HNF에 의해 선택적으로 기피된다. 그리고 5) 운동성. 빠르게 유영하는 박테리아에 대한 HNF의 포획 효율은 느리게 유영하는 것들에 비해 감소한다(Pernthaler, 2005). 각각의 박테리아 종은 몇 HNF 종에 대해서만 효과가 있는 책략을 쫓기 때문에, 다양한 HNF 군집은 하나의 박테리아 종이 우점하는 것을 허용하지 않을 것으로 보인다.

포식성 박테리아에 의한 박테리아 포식 가능성. *Bdellovibrio*와 유사한 포식성 박테리아인 *Halobacteriovorax*(종전에는 *Bacteriovorax*)가 해양 현장에서 박테리아 사망에 기여하는 정도에 대한 정량적 자료는 아직 없지만, 기여할 가능성에 대한 증거들이 있다(Williams et al., 2016): 먹이 박테리아인 *Vibrio parahaemolyticus*를 하구역 물이 담긴 소형격리수계(microcosm)에 첨가한 경우, *Halobacteriovorax*가 빠르게 반응하는 것으로 나타났다. 이와는 대조적으로 바이러스 수도는 변동이 뚜렷하게 나타나지 않았다. ^{13}C-안정 동위원소로 표지된 먹이 박테리아를 첨가하여 배양한 후, ^{13}C으로 표지된 DNA를 순수 분리하고, 증폭하여 DGGE를 한 결과 띠(band)의 강도가 증가하여, *Halobacteriovorax*의 개체수가 시간에 따라 증가하는 것으로 나타났다.

4.4 혼합영양(mixotrophy)

식물플랑크톤의 유기물 이용. 식물플랑크톤의 광종속영양/혼합영양(mixotrophy) 현상이 실험실의 배양 실험과 현장에서의 연구 결과 거듭 확인되고 있다(Antia et al., 1991; Moore, 2013). 현장

랑크톤은 2.1×10^2 ml^{-1}에서 3.6×10^4 ml^{-1}(봄)로 변하였다. 미소편모류는 0.2×10^2 ml^{-1}에서 2.9×10^3 ml^{-1}으로 변하였다(Hirose et al., 2008).

에서 낮은 농도로 존재하는 유기물의 이용에 있어서 박테리아와의 경쟁에도 불구하고, 광종속영양이 식물플랑크톤의 성장에서 중요한 의미를 갖는다는 것이 보고되었다. 요소는 용존 유기물에 포함되나, 여기서 용존 유기물의 의미는 용존 아미노산 등의 유기물을 의미한다. 일찌기 깃돌말(pennate diatom)들은 글루탐산을 흡수하고(K_s: 20 μM~100 μM) 성장하는 것으로 보고되었다(Hellebust & Lewin, 1977). 아미노산의 흡수는 또한 질산염과 요소의 흡수를 억제시킬 수 있다고 알려져 있다(Antia et al., 1991).

남극에서 해빙(海氷, sea-ice) 미생물 군집, 저서 군집, 부유식물플랑크톤 군집으로부터 분리된 규조류는 현장의 용존 아미노산과 포도당(glucose)을 광과 암조건하에서 동화시켰다(Rivkin & Putt, 1987). 이는 아미노산을 광종속영양적으로 동화함으로써 극지역의 식물플랑크톤 성장에 기여를 하는 것으로 제시되었다. 또한 거대분자(macromolecules)의 이용에 대한 연구도 보고되고 있다. *Amphidinium carterae*와 *Prorocentrum micans* 등의 와편모조류 수낭(pusule)이 거대분자를 흡수하는 기능이 있는 것으로 시사되었다(Klut et al., 1987).

최근 *Prochlorococcus*가 포도당을 흡수하는 것이 발견되었다. 시퀀스된 모든 *Prochlorococcus* 균주들의 유전체는 포도당을 수송할 수 있는 수송자(melibiose/sodium symporter [*melB*]로 추정)를 갖고 있는 것으로 나타났다. 대서양에서 분급(sorting) 유세포 분석을 이용하여 *Prochlorococcus*를 분리하고 포도당 흡수를 측정한 결과, 총 박테리아 포도당 흡수의 3%에 해당되었고, 세포당(cell-specific) 포도당 흡수 속도는 이산화탄소 고정 속도의 약 16%에 달하는 것으로 추정되었다(Muñoz-Marín et al., 2013). 포도당 수송자는 다상 흡수 반응과정(multiphasic uptake kinetics; 즉, 낮은 친화력의 K_s와 높은 친화력의 K_s)을 나타내었다. 또한 *Prochlorococcus*는 질소와 황 요구를 보충하기 위해 아미노산과 DMSP (dimethylsulfoniopropionate)를 동화하는 것이 발견되었다. *Synechococcus* 종도 *melB* 유전자를 갖고 있으며, *Prochlorococcus*에서 발견되는 유사한 다상 흡수 반응과정을 나타냈다. 그러나 흡수 속도는 10배 낮았다(Moore, 2013).

자가영양 미소편모류의 박테리아 섭식(혼합영양). FLB 또는 FM 등의 추적자를 이용한 연구 결과 흥미롭게도 일차 생산자 중에서 박테리아를 섭식하는 종들을 발견하게 되었다. 처음으로 보고된 사례는 담수에서 혼합영양을 하는 *Dinobryon*이란 일차 생산자이었다(Bird & Kalff, 1986): Lac Cromwell에서 *Dinobryon*을 대상으로 하여 수층별로 일차 생산과 박테리아 섭식을 통한 성장률을 함께 비교한 결과, 수심 3 m에서 박테리아 섭식을 통한 성장률이 일차 생산을 통한 성장률의 357%에 달하고 있음을 관측하였으며, *Dinobryon*의 박테리아 섭식률이 온도에 의존하고 있는 것으로 나타났다. 그 후, 해수에서 자가영양 미소편모류가 혼합영양을 하고 있는 증거가 계속 나타났다. 한 예로, 2 μm 크기의 prasinophyte인 *Micromonas pusilla*는 시간당 2.4 박테리아를 섭식하는 것으로 나타났다(González et al., 1993).

식물성 미소편모류의 박테리아 섭식에 있어서의 중요성은 수역에 따라 다르게 평가되고 있다. McManus & Fuhrman (1986)은 Long Island Sound에서 동물성 미소편모류에 비해 식물성 미소 편모류의 박테리아 섭식률이 무시할 정도로 매우 낮음을 보고하였고, Sherr et al. (1987)도 염습지 조류 세곡에서 식물성 미소편모류의 박테리아 섭식을 관측할 수 없음을 보고하였다. 반면에, Hall et al. (1993)은 뉴질랜드의 South Island 연안역에서 총 미소편모류에 의한 박테리아 섭식의 40%가 식물성 미소 편모류에 의해 이루어짐을 관찰하였다(동물성 미소편모류와 식물성 미소편모류의 여과율은 각각 미소편모류당 1.8 nl h^{-1}와 1.1 nl h^{-1}). 만경 · 동진강 염하구에서 HNF에 의한 박테리아 섭식은 평균 4.9 박테리아 HNF^{-1} h^{-1}(여과율은 1.7~8.5 nl HNF^{-1} h^{-1}), 식물성 미소편모류의 박테리아 섭식은 평균 3.7 박테리아 미소편모류$^{-1}$ h^{-1}(여과율은 0.8~4.4 nl 미소편모류$^{-1}$ h^{-1})로 보고되었고, HNF의 여과율이 식물성 미소편모류의 여과율보다 평균적으로 1.5배 높았다(심 등, 1995).

식물성 미소편모류에게 박테리아 섭식이 갖는 중요성에 대한 세 가지 이론이 제시되었다. 식물성 편모류의 박테리아 섭식에 대한 첫 번째 이론은 빛이 광합성의 제한 요인으로 작용할 때 식물성 편모류가 탄소원으로서 박테리아를 섭식한다는 것이며(Bird & Kalff, 1986), 두 번째 이론은 영양염류가 제한 요인일 경우 주요 무기 영양염원으로서 박테리아를 섭식한다는 것이다(Salonen & Jokinen, 1988). 철이 제한된 계(system)에서, 철이 풍부한 박테리아를 섭취하는 것은 섭식영양 조류(algae)에게 하나의 적응 전략이 된다. 광합성 기구 외에 포식 기관을 형성/유지하는 대사 비용은 총 대사 비용의 10% 미만으로 낮아서(Pernthaler, 2005), 혼합영양은 빈영양 해역에서 제한된 영양분을 획득하는 효율적 수단이 되고, 또한 빛이 성장 제한인 조건에서 유기 탄소원을 제공하는 것으로 보인다. 세 번째 이론은 식물성 편모류가 비타민, 필수 아미노산과 같은 유기 영양염류를 섭취하기 위해 박테리아를 섭식한다는 것이다(Caron et al., 1990).

4.5 해양 미생물 먹이망(marine microbial food-web)

전형적으로 표층 해수 1 mm^3 (=μl)에는 박테리아가 1,000개체, 바이러스가 10,000개체, *Prochlorococcus*가 100개체, *Synechococcus*가 10개체, 미소조류가 10개체, 원생동물이 10개체가 있다. 각 개체간의 근접성(즉, < 100 μm 규모)은 많은 미생물간의 상호 작용의 가능성을 시사한다.

1970년대에 해양에서 에너지의 흐름은 식물플랑크톤 → 동물플랑크톤 → 어류로 이동하는 '초식 먹이사슬(grazing food chain)'로 인식되었다. 1983년에 '미생물 고리(microbial loop)' (Azam et al., 1983)가 제안되었다. '미생물 고리'는 해양 먹이망에서 용존 유기물의 생성과 박테리아에 의한 유기물의 이용, 그리고 박테리아 섭식자인 미소편모류와 낮은 정도이지만 작은 섬모충류가 박테리아와 동물플랑크톤(예, 갑각류 동물플랑크톤[crustacean zooplankton], 큰 섬모충류) 사이의 연결(=먹이) 역할을 일컫는다. 원생생물은 일차 생산자인 시아노박테리아(*Synechococcus*와 *Prochlorococcus*)

와 작은 진핵생물 미소조류를 직접 섭식하고, 큰 와편모조류와 사슬을 형성하는(chain-forming) 규조류를 섭취한다. 원생생물은 식물플랑크톤과 유사하게 또는 식물플랑크톤보다 빠르게 성장할 수 있다. 원생생물은 많은 생태계에서 일차 생산의 절반 이상을 소비한다(Landry & Calbet, 2004; Hagström et al., 1988). 이러한 원생생물의 일차 생산자 섭식은 전 세계의 해양 규모에서 보면 원생생물의 박테리아 섭식보다 더 중요할 수 있다(Sherr & Sherr, 2002). 원생생물이 일차 생산자를 섭식하는 과정에서 DOM이 생성되고, 원생생물이 바이러스에 의해 공격을 받아 죽게 되면, 죽은 원생생물은 박테리아에 의해 점령(colonize)되어 결국 박테리아와 일차 생산 사이의 연계를 증가시키게 된다(Azam & Malfatti, 2007). 종속영양 와편모조류와 섬모충류는 식물플랑크톤뿐만 아니라 종속영양 편모류를 섭식한다.

일차 생산의 30%까지에 해당하는 높은 해양 박테리아 생산은 '미생물 고리가 싱크(sink)인가 또는 연결(link)인가?' 라는 질문을 제기하게 된다. 이는 용존 유기물을 이용한 박테리아의 생산이 먹이망의 상위 수준으로 과연 많은 양이 전달되는가 하는 문제로서, 먹이망의 구조와 각 단계에서의 탄소 이용 효율과 밀접한 관계가 있는 것으로 보여진다. 따라서 해역의 생태적 특성에 따라 다른 결론을 줄 것으로 보인다. 연안의 격리수계(15m의 수층으로 부피는 300 m^3)에 ^{14}C-포도당을 첨가하여 ^{14}C-표지된 박테리아의 운명(fate)을 55일 동안 추적한 실험에서, 13일 후에 단지 2%의 표지(=^{14}C)가 100 μm보다 큰 생물체들에 있는 것으로 나타나, 연안의 부유생물 먹이망에서 박테리아는 탄소와 관련하여 싱크인 것으로 여겨졌다(Ducklow et al., 1986). 빈영양 해역의 조건을 고려해 보면, 빈영양 해역에서 박테리아는 연결보다는 싱크에 가까운 역할을 할 것으로 추정된다. 왜냐하면 빈영양 해역의 박테리아의 수도는 대략 3×10^5 ml^{-1}이며, 이는 미소편모류의 섭식압의 문턱값 수도(threshold conc.)에 해당하는 것으로 보이기 때문이다(Zohary & Robarts, 1992). 동부 지중해에서 이러한 현상이 나타났으며, 특히 박테리아의 성장이 느린 경우에(약 50일의 배가 시간) 원녹조식물들(prochlorophytes)이 종속영양 미소플랑크톤(nanoplankton)의 먹이원이 되는 것으로 나타났다(Zohary & Robarts, 1992). 앞에서 언급된 원생생물(*Picophagus flagellates*)의 시아노박테리아 섭식시 다소 낮은 탄소 이용 효율과 미생물 먹이망이 몇 단계 더 있을 것으로 예상되어, 상위 영양 단계로의 물질과 에너지 이전 효율은 낮을 것으로 예상된다.

제 5 장

해양 바이러스의 생태

1980년대 말에 수생 환경에서 배양에 의존하지 않는 방법으로 측정된 바이러스 수도는 배양에 기반한 방법보다 100배 이상 높은 것이 알려지면서(Bergh et al., 1989), 해양에서 바이러스 생태에 대한 연구가 급속히 전개되었다.

지구상에는 바이러스가 10^{31}개가 있는 것으로 추정되며, 해양에는 그 중 반 정도가 존재하는 것으로 추정된다. 해양에서 바이러스는 매일 약 10^{29}의 감염 사건을 일으키고 10^{8}~10^{9} 톤의 탄소를 방출하며, 박테리아 수도를 조절하는 데 있어서 중요한 역할을 하는 것으로 알려졌다(Suttle, 2007). 박테리아를 감염하는 바이러스(박테리오파아지 또는 파아지)는 박테리아 군집의 다양성과 동태(dynamics), 박테리아 유전체(genome) 진화 및 생태계 생지화학에 영향을 줄 수 있다.

먼저 파아지의 구조적 특징, 분류와 생활사에 대해 간략하게 소개한다. 박테리아를 감염하는 파아지는 대부분 꼬리(미부, tail)를 갖고 있고(그림 5-1), 20~600 kb의 dsDNA 유전체를 갖는다. 전형적인 바이러스 유전체는 두 개의 핵심 모듈(module)을 갖는다(Krupovic et al., 2019): 유전체 복제에 필요한 단백질들을 인코딩하는 유전자들로 구성된 복제(replication) 모듈과 바이러스 입자 형성에 관여하는 단백질들을 인코딩하는 유전자들로 구성된 형태생성(morphogenetic) 모듈. 작은 바이러스의 경우 이들 핵심 모듈들이 모든 또는 대부분의 바이러스 유전자들을 차지한다. 큰 바이러스에서 핵심 유전자들은 일부분에 불과하다.

많은 박테리아와 아키아 바이러스들은 바이러스 자신의 복제 효소들을 인코드하지 않는다. 대신 이들 바이러스는 숙주의 복제 기구(machinery)에 의존한다. 그리고 많은 경우, 수평 획득된 세포(cellular) 유전자들은 replisome의 주요 인자들(예, 복제의 기점에서 replisome의 조립에 관여하는 헬리카아제[helicase]와 프라이마아제[primase])을 인코드한다. 파아지 유전체에 대한 광범위하고 집중적인 연구에도 불구하고, 대부분의 파아지는 미정의(as yet unknown) 기능을 갖는 많은 유전자들을 갖고 있다.

파아지들은 단백 껍질 구조물인 캡시드(capsid)로 핵산을 둘러싼다. 바이러스 입자를 형성하는 능력은 MGE (mobile genetic element, 기동성 유전 인자)와 바이러스를 구별하는 바이러스 상태의

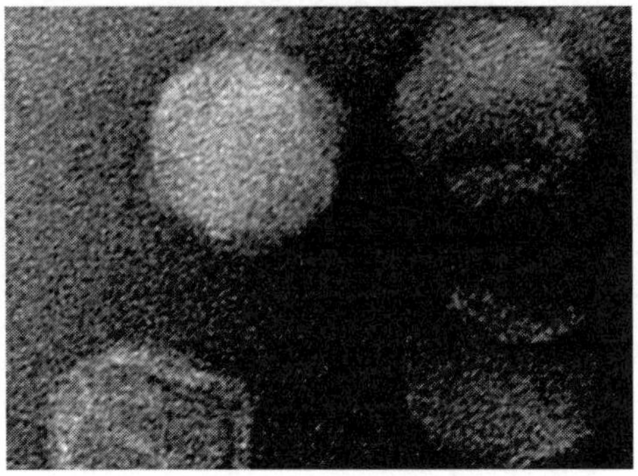

그림 5-1 숙주 박테리아 *Pseudoalteromonas marina* CL-E25를 용균시키는 파아지 RIO-1의 전자현미경 사진. 파아지 RIO-1은 T7과 유사한 포도바이러스(podovirus)로, 직경 51 nm의 이십면체(icosahedral) 두부를 갖고, 길이 15 nm와 폭 12 nm의 짧은 미부를 갖고, 43.9 bp의 dsDNA 유전체를 갖는다(Hardies et al., 2013).

특징으로 종종 간주된다. 바이러스 입자는 불리한 물리 · 화학적 조건에서 바이러스 유전체를 안정화시키고, 바이러스 유전체를 보호할 수 있다. 알려진 바이러스 분류군의 약 60%는 이십면체 캡시드(icosahedral capsid)를 갖고 있다.

파아지의 구조는 두부(head)와 미부(tail)로 크게 나뉘고, 미부는 칼라(collar), 심주(core), 외피(sheath), 기저판(baseplate) 및 미부 섬유(tail fiber) 등으로 되어 있다.

미부는 숙주 세포를 인식하고, 흡착(adsorption)하는 미소기관으로서, 세포벽에 구멍을 내어 세포막을 침투하는 기능을 한다. 미부는 숙주 세포와 파아지 캡시드를 연결하는 채널(channel)을 형성하고, 박테리아 세포막을 통해 파아지의 핵산과 단백질을 투입시키는 견고한 기구(apparatus)이다(Davidson et al., 2012): 수축성의 미부(contractile tail)는 기저판, 중심관(central tube, 또는 core) 및 외부의 수축성 외피(external contractile sheath)로 구성되어 있다. 기저판은 숙주 세포 결합 단백질(receptor-binding proteins [RBPs]으로도 불려짐)을 갖고 있고, 외피-수축을 수반하는 부착을 조정한다. 숙주 세포 외부에 널리 있는 다당류는 이들 당에 특이적인 효소 활성을 가진 RBPs에 의해 인식되어 분해된다.

미부의 형태 다양성을 보면 전 지구적 해양 바이러스체(virome)에서 발견된 바이러스 입자들의 50~90%는 직경이 평균 50 nm이고, 이십면체의 미부가 없는 형태형(morphotype)에 속한다(Brum et al., 2013). 나머지 10~50%의 대부분은 박테리아와 아키아 바이러스들로서 이십면체 캡시드를 갖고 미부를 갖는다(=*Caudovirales*). 식물과 아키아를 감염하는 많은 바이러스는 길쭉한 막대 모양 또는 사상의 캡시드를 갖는다. 과호열성(hyperthermophilic) 아키아의 많은 바이러스들에서 발견되는 유별난 모양의 바이러스 입자들은 긴 미부가 있다(Krupovic et al., 2019).

원핵생물 바이러스의 분류는 2016년 당시 *Caudovirales* 목(order) 아래에 3개의 과(*Myoviridae*,

Podoviridae 및 *Siphoviridae*), 6개의 아과(subfamily), 80속, 441종을 포함하고 있었다(Krupovic et al., 2016). 3개의 과는 미부의 형태에 의해 구분된다: *Myoviridae*(긴 수축성 미부, long contractile tail), *Podoviridae*(짧은 비수축성 미부, short noncontractile tail), *Siphoviridae*(길고 유연한 비수축성 미부, long flexible noncontractile tail). *Caudovirales* 목은 미부를 갖는 파아지들로 파아지의 > 95%을 차지한다.

Siphophages는 지구상에서 파아지의 약 60%를 차지한다(Davidson et al., 2012). 대부분의 시포바이러스(siphoviruses)의 유전체 크기는 전형적으로 30~60 kbp(평균 약 50 kbp; siphoviruses의 10% 미만이 > 60 kbp) 이다.

바이러스의 생활사는 용균(lytic)과 용원(lysogeny)이 있다(그림 5-2). 바이러스는 숙주 특이성을 갖는다. 용균 생활사에서 바이러스는 숙주에 감염하여, 숙주 세포 안에서 증식한 후, 숙주 세포를 나와서 다른 숙주 세포를 감염하여 증식한다. 바이러스 잠복기의 73~86%(=eclipse period, 암흑기)가 경과되어야 숙주 내에서 관찰할 수 있는 바이러스 입자가 형성된다. 용원 생활사에서는 숙주에 감염 후, 숙주 염색체에 통합(integrated)되어 숙주의 DNA 복제시 함께 복제된다. UV와 같은 스트레스 환경 여건에서 숙주 세포를 용균시킨다(5.4절 참조).

해양에서 많은 바이러스의 존재(대략 10^7 바이러스 ml^{-1}수준)가 알려진 후(Bergh et al., 1989), 다양한 해양 환경에서 바이러스에 대한 연구가 활발하게 진행되었다(Proctor & Fuhrman, 1990;

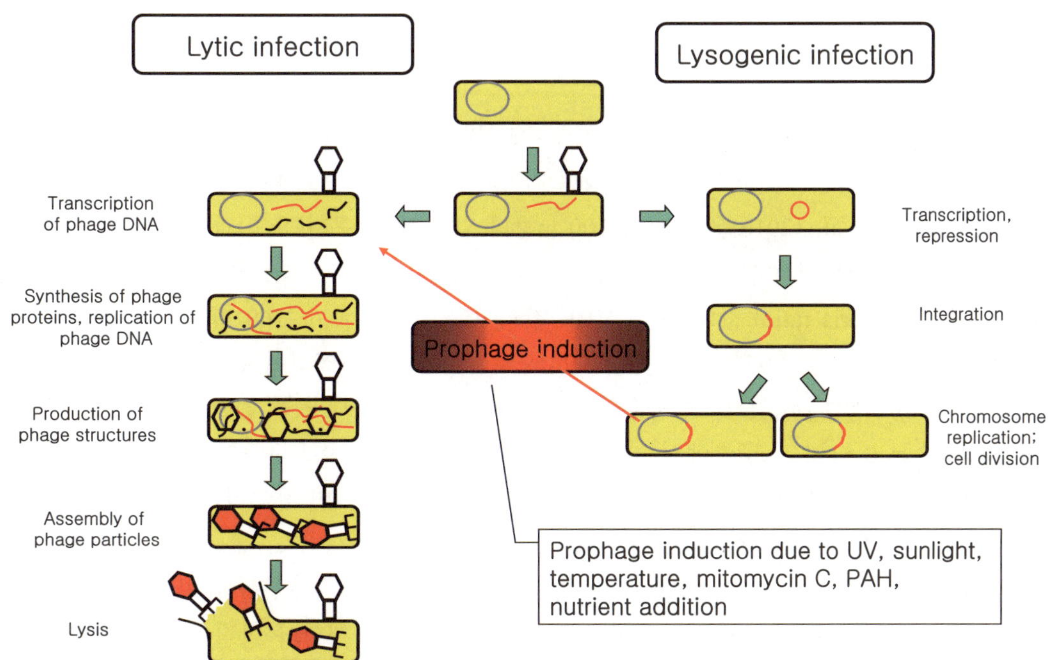

그림 5-2 파아지의 주요 생활사: 용균(lysis)과 용원(lysogeny).

Wommack et al., 1992; Cochlan et al., 1993; Steward et al., 1996). 연안, 외양, 열대, 극지방, 표층 및 심해, 심지어는 빙하에 이르기까지 다양한 환경에서 바이러스 수도 분포에 대한 연구가 수행되었고, 그 결과 바이러스는 각각의 환경에서 가장 많은 개체수를 갖는 구성원이라는 사실이 밝혀졌다(Fuhrman, 1999). 여러 해양 환경에서 *Synechococcus* 종들의 1~3%는 TEM으로 관찰 가능한 파아지 입자를 갖고 있는 것이 발견되었다(Proctor & Fuhrman, 1990). 특정한 *Synechococcus* 종들의 균주들을 감염하는 시아노파아지(cyanophages)는 연안과 외양에서 전형적으로 10^3~10^5 ml^{-1}로 분포함이 밝혀졌다.

곧이어 바이러스 생산, 즉 바이러스에 의한 박테리아의 사망이 갖는 생태적 의미와 바이러스 생태에 대한 연구가 지속되었고, 분자생물학적 방법의 적용을 통해 해양 바이러스의 다양성도 밝혀졌다. 본 장에서는 해양 바이러스의 수도 분포와 생산, 바이러스의 다양성, 숙주-바이러스 상호작용과 바이러스의 기원에 대해 소개한다.

5.1 해양에서 바이러스 수도의 분포

해양에서 바이러스의 수도는 박테리아의 수도에 비해 10~100배 정도 많은 경우가 흔하다(Bergh et al., 1989; Maranger & Bird, 1995). 해수 표면에 분포하는 바이러스의 수도는 약 10^9~10^{10} l^{-1}이며, 대체적으로 수심이 깊어짐에 따라 감소하는 경향을 나타낸다(Fuhrman, 1999). 바이러스의 수도는 박테리아의 수도와 양의 상관 관계가 있는 것은 물론(Cochlan et al., 1993; Wommack et al., 1992), 바이러스 수도와 다른 생물학적 변수들(예를 들면, 엽록소 *a* 농도, 박테리아 생산) 사이에 유의한 관계가 있음이 보고되었다(Cochlan et al., 1993; Maranger & Bird, 1995).

최근, 기존의 해양 박테리아 수도와 바이러스 수도 자료들을 재분석한 결과, 기존의 선형적인 관계(즉, 10:1 관계)보다는 비선형의 함수에 의해 더 잘 기술되는 것으로 나타났다(Wigington et al., 2016). Wigington et al. (2016)은 자료를 100 m보다 얕은 수심 구간(표층)과 100 m보다 깊은 수심(중층) 구간으로 나누어서 분석한 결과, 중층에서 더 좋은 결과가 나타났다. 그리고 표층에서 평균 VBR (virus:bacteria ratio) 값이 11.1 (VBR 값의 95% 변이는 2.6~160)이고, 중층에서는 평균 VBR 값이 16.0 (VBR 값의 95% 변이는 3.9~74)으로 나타났다. 박테리아 수도와 바이러스 수도 간의 관계는 멱(power) 함수이었고, 멱 함수의 지수(exponent)는 1보다 작은 값으로 나타났다. 표층에서 최적의 지수는 0.51이고, 중층에서 지수는 0.53으로 나타났다. 이는 박테리아 수도가 증가하면 VBR 값이 감소함을 의미한다. 즉, 박테리아의 수도가 10배 증가하면 바이러스의 수도는 표층에서 3.2 (= $10^{0.51}$)배 증가함을 의미한다.

이와 같은 관계식은 외적 요인들과 내적 요인들을 포함한 복잡한 과정들에 기인한 것으로 추측된다: 외적 요인들로는 수온, 입사광의 변이와 연관된 바이러스 생활사 형질의 변경 그리고 섭식(grazing) 정도, 내적 요인들로는 숙주의 성장 속도, 방어, 다양성의 변이, 용원의 유도 등을 들 수

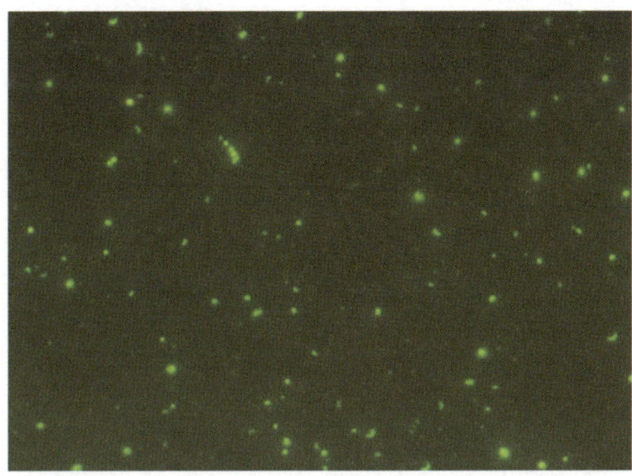

그림 5-3 동해 외양의 해수(수심 50 m)를 SYBR Gold로 염색한 후 관찰한 박테리아와 바이러스의 에피형광현미경 사진(황청연 교수[서울대학교] 제공). 형광의 세기가 강하고 크기가 큰 입자들이 박테리아이고, 형광의 세기가 약하고 크기가 작은 입자들이 바이러스임.

있다.

1980년대 말에 시작된 해양 바이러스 수도의 분포에 대한 연구는 주로 투과전자현미경(TEM)을 이용하여 수행되었다(Bergh et al., 1989; Wommack et al., 1992). 그러나 이 방법은 고가의 장비(예, 초고속 원심분리기, TEM)를 필요로 하며 시료 처리에 많은 시간이 소요되는 단점이 있다. 다른 방법으로는 바이러스를 형광 염료(dye)로 염색한 후 에피형광현미경(epifluorescence microscope, EM)으로 관찰하는 방법이 시도되었다(그림 5-3). 바이러스 연구 초기에는 형광 염료로 DAPI를 이용하였는데, 형광이 약한 관계로 바이러스 관찰 및 사진 촬영에 시간이 많이 걸렸다. Yo-Pro라는 형광 염료(Hennes & Suttle, 1995)에 이어, SYBR Green Ⅰ을 형광 염료로 사용하여 바이러스를 염색한 후 EM으로 관찰하는 방법이 개발되었다(Noble & Fuhrman, 1998).

동일한 시료를 대상으로 TEM과 EM을 이용하여 바이러스 수도를 측정하고 비교한 결과, EM을 이용한 방법이 1.5~2.3배(Yo-Pro I), 그리고 1.3배(SYBR Green I) 높게 나타났다. 이는 TEM에 의한 바이러스 수도의 측정이 과소 평가될 가능성이 있음을 보여주는 것으로, TEM 관찰용 시료를 처리하는 과정(염색시약 제거단계)에서 바이러스가 손실된 경우, 그리드(grid) 상의 입자에 의해 바이러스가 가려진 경우 등의 원인에 의한 것으로 추측된다(Noble & Fuhrman, 1998).

5.2 바이러스 생산: 바이러스에 의한 박테리아의 사망

바이러스는 해양 플랑크톤의 활동적인 구성원으로서, 종속영양 미소편모류(HNF)와 더불어 박테리아 사망에 중요한 역할을 담당한다(Wommack & Colwell, 2000). 해양 미생물 고리에서 바이러스는 박테리아를 용균시킴으로써, HNF의 섭식에 의해 상위 영양 단계로 전달되는 물질의 양을 줄이고, 용존 유기 물질(dissolved organic matter, DOM)을 증가시키는 역할을 한다(Bratbak et al., 1990). 이렇게 생성된 DOM은 다른 박테리아의 성장에 이용되기도 한다. 또한 바이러스에 의한 박테리아 용균은 박테리아 내부에 비교적 높은 농도로 축적된 영양염을 재순환(recycling)시켜, 영양염에 의해 제한되어 있는 식물 플랑크톤의 성장을 촉진시키기도 한다(Fuhrman, 1999). 그러므로 바이러스는 해양의 생지화학적 순환에 기여한다. 이와는 대조적으로, 박테리아를 공격하는 *Bdellovibrio*와 '*Bdellovibrio*와 유사한 생물체'(*Bdellovibrio* and like organisms, BALO)들은 먹이의 세포내 영양분을 성장에 이용하기 때문에, 먹이가 용해될 때에 환경으로 배출되는 영양분은 바이러스의 경우와 달리 거의 없을 것으로 가정된다. BALO들은 섭식에 의해, 또는 바이러스 감염이나 자가분해(autolysis)를 통해 재순환될 것으로 보인다.

한편 바이러스 감염은 끈적한(sticky) 다당류 생산을 유도하여 입자들의 응집(aggregation)을 촉진하고, 따라서 침강 유동량을 증가시킬 수 있다(Laber et al., 2018): 최근 북대서양에서 대발생 상태인 *Emiliania huxleyi*에 활발한 coccolithoviruses 감염은 TEP (transparent exopolymer particles)의 생성을 촉진하였으며, TEP(끈적하며, 입자를 응집시키는 다당류 기질)의 증가는 초기 감염된 *E. huxleyi* 개체군에서 나타났다. 또한 입자의 응집을 촉진하고, 동물플랑크톤에 의한 높은 섭식을 촉진하여, 심해로 탄소 수출(export)을 증가시키고 수직 유동량(flux)을 증가시키는 것으로 보고되었다(Laber et al., 2018). 수출 유동량은 감염의 초기 단계 동안에 가장 높았다. 감염된 세포들이 많은 침강 입자들은 중층대에서 무기질화 되는 것으로 시사되었다.

생지화학적 순환을 구체적으로 이해하는 데 있어서 박테리아의 사망이 바이러스와 HNF 중 어느 요인에 의해 조절되는지에 대한 규명이 필요하였다. 바이러스 연구 초기에 해양에서 시아노박테리아의 평균 1.5%, 그리고 박테리아의 평균 3.2%가 성숙한 파아지를 포함하고 있는 것이 TEM-thin section에 의해 관찰되었다(Proctor & Fuhrman, 1990). 이러한 자료로부터 파아지에 의한 박테리아 사망률 추정은 다음와 같이 이루어졌다: 조립된 파아지가 관찰되는 마지막 단계는 잠복기의 10%에 해당된다. 따라서 32%의 박테리아와 15%의 시아노박테리아가 감염되어 있다는 것을 의미한다. 감염되지 않은 해양 비브리오에 대하여 잠복기와 배가시간(doubling time)은 거의 같은 것으로 알려져 있어서, 성장과 비교하여서 사망률은 박테리아의 경우 약 60%로 그리고 시아노박테리아의 경우 30% 수준으로 추정되었다(그림 5-4 참조). 일부 연구들은 박테리아 사망의 상당 부분이 바이러스에 의한 결과라고 보고하였으며(Proctor & Fuhrman, 1990; Weinbauer & Peduzzi, 1994), 일부 다른 연구들은 바이러스와 종속영양 미소편모류가 유사하게 박테리아 사망에 영향을 주는 것으로 추정하였다(Fuhrman & Noble, 1995; Steward et al., 1996).

바이러스에 의한 박테리아 사망을 추정하기 위해서는 바이러스 생산 측정이 필수적이다. 바이러스 생산은 또한 바이러스 군집의 회전 속도(turnover rate)를 추정함에 있어 필요하다. 일반적으로 바이러스 생산은 주로 다음의 3가지 방법으로 측정된다. 첫째, 방사성 동위원소로 표지된 물질(예, ^{32}P-orthophosphate, ^{3}H-thymidine)이 바이러스의 핵산에 고정되는 속도(incorporation rate)를 측

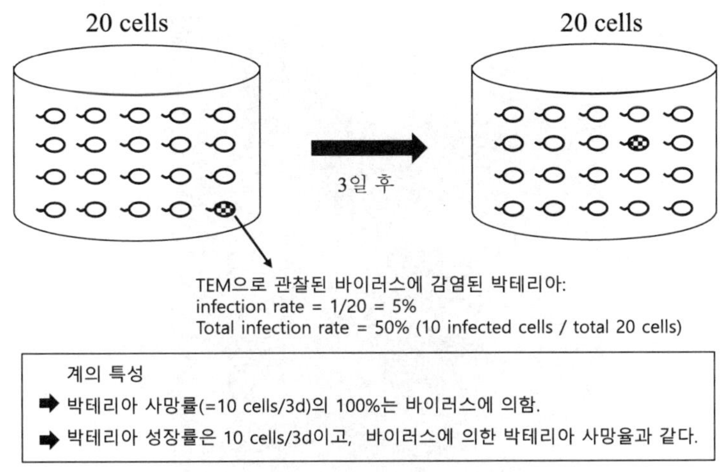

그림 5-4 단순한 박테리아-바이러스 계(system)에 대해서 TEM으로 관찰한 결과의 해석 개념도.

정하는 방법이다(Steward et al., 1992a, b; Fuhrman & Noble, 1995). 둘째, 형광 물질로 염색시킨 바이러스(fluorescently labelled viruses)를 추적자(tracer)로 사용하여 바이러스 생산 속도를 측정하는 방법이다(Noble & Fuhrman, 2000). 셋째, 투과전자현미경(transmission electron microscope; TEM)을 사용하여 관찰 가능한, 바이러스에 감염된 박테리아의 비율(frequency of visibly infected bacteria, FVIB)을 측정하고, 박테리아 생산과 방출 數(burst size, 바이러스에 감염된 하나의 숙주 세포가 용균될 때 방출되는 바이러스의 수)를 이용하여 바이러스 생산을 계산하는 방법이다(Guixa-Boixareu et al., 1996; Steward et al., 1996).

5.2.1 바이러스 생산(virus production, VP) 측정: 방법론

TEM을 이용한 방법. 이해를 돕기 위해서 먼저 단순한 계를 가정하고, TEM으로 관찰한 결과를 어떻게 해석하는지 알아보자(그림 5-4): 박테리아의 성장이 3일의 배가 시간을 갖고, 박테리아는 오직 바이러스에 의해 사망하는 계가 있다고 가정하자. 그리고 박테리아의 성장은 사망과 같다고 가정하자(=사망률은 성장률의 100%). 시료를 관찰한 결과 박테리아의 5%가 TEM으로 관찰 가능한 바이러스에 감염된 상태이었다면, 관찰 가능한 감염률은 5%(= TEM 관찰에 의해 20마리 중 1마리가 감염으로 확인)가 된다. 그리고 바이러스가 관찰되는 시기가 잠복기의 10%임을 고려하면 총 감염률은 50%가 된다. 결과적으로 박테리아 10마리(= 20마리 × 50%)가 바이러스에 감염되어 사망하게 된다. 이는 배가 시간 동안 사망하는 박테리아 수와 동일하며, 따라서 박테리아 사망의 100%를 바이러스 감염에 의해 설명할 수 있게 된다. 즉, 총 감염률에 ×2하면 성장률을 기준으로 한 사망률을 구하게 된다.

TEM을 이용한 방법은 고정된 해수 시료를 초고속 원심분리기로 그리드 위에 모은 후, 0.5%

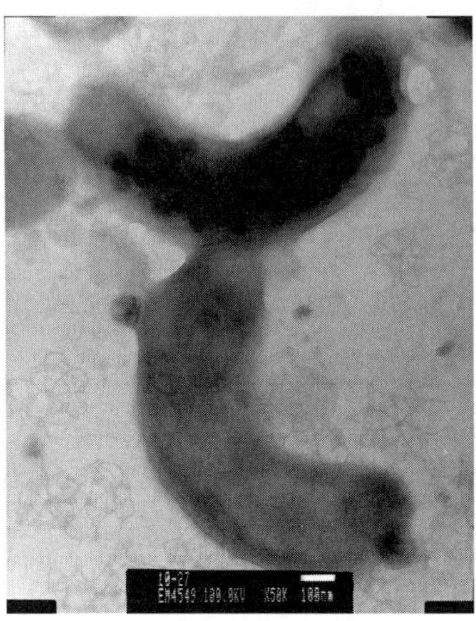

그림 5-5 바이러스에 감염된 박테리아의 TEM 사진.

uranyl acetate로 염색하여, 100 keV가속 전압에서 30,000~50,000배 배율 하에 TEM으로 관찰하여 바이러스에 감염된 박테리아(visibly infected bacterial cells, 그림 5-5)의 빈도를 구하고, 바이러스 생산(VP)을 아래와 같이 계산한다.

HNF가 바이러스에 감염된 박테리아와 감염되지 않은 박테리아를 동일하게 섭식한다는 가정 하에서 바이러스 용균에 의한 사망은 아래에 제시된 식 (5-1)과 (5-2)에 의해 계산된다(Binder, 1999). HNF 섭식이 있는 조건에서의 바이러스 생산은 방출 수(burst size, Z), 바이러스 용균에 의한 박테리아 사망률(fraction of mortality due to viral lysis, FMVL)과 박테리아 생산(BP)을 곱하여 계산한다(식 5-3; Noble & Steward, 2001):

$$FIC = 7.1FVIC - 22.5FVIC^2 \quad \text{(식 5-1)}^{1)}$$

$$FMVL = (FIC + 0.6FIC^2)/(1 - 1.2FIC) \quad \text{(식 5-2)}$$

$$VP = Z \times FMVL \times BP \quad \text{(식 5-3)}$$

여기서 FIC (frequency of infected bacterial cells)는 바이러스에 감염된 박테리아의 빈도이고, FVIC (frequency of visibly infected cells)는 관찰가능한 바이러스에 감염된 박테리아 빈도이다. 박테리아 생산은 ^{14}C-leucine 고정 방법(Simon & Azam, 1989)으로 측정한다.

1) FVIC는 % 값으로서, 식 (5-1)을 이용하여 FIC를 계산할 때, 예를 들어, 2%인 경우 0.02를 식에 대입한다.

또한 FIC는 FVIC에 전환 상수를 곱하여 구해지기도 한다. 분리된 숙주-파아지 계에 대하여 조사한 연구는 전환 상수로서 5.42를 제시하였다(Proctor et al., 1993). 그 후, 증가된 값이 제시되었다: 이론적 예측에 기반한 연구는 VP가 1.2~2.8배 과소평가되었음을 시사하였다(Hwang & Cho, 2002). 바이러스 희석 방법[2]과 TEM 관찰 방법을 이용하여 현장 시료에서 경험적으로 전환 상수를 구한 결과, 기존에 이용하던 전환 상수(5.42)보다 1.3배 증가된 값(7.11)이 얻어졌다(Weinbauer et al., 2002).

형광 표지된 바이러스(fluorescently labelled viruses, FLV) 방법. FLV 방법은 형광 염료로 염색시킨 바이러스를 추적자로 이용하여 바이러스의 제거(removal) 속도와 생산 속도를 추정하는 방법이다(Noble & Fuhrman, 2000). 이 방법은 수학적으로 동위원소 희석(isotope dilution) 기법과 유사하다. 빈영양 외해에서 제거 속도와 생산 속도는 각각 1.8~6.2% h^{-1}와 1.8~6.1% h^{-1}의 범위로, 그리고 바이러스의 회전율은 1~2일로 나타났다(Noble & Fuhrman, 2000).

$^{32}P_i$로 바이러스 핵산을 표지하는 방법. 방사성 동위원소로 표지된 인산염($^{32}P_i$)으로 바이러스의 DNA 핵산을 표지함으로써 바이러스 생산을 직접 측정하는 방법이 Stewart et al. (1992a)에 의해 개발되었다. 그 결과는 연근해와 외양에서 각각 몇 개의 정점에서 얻어진 자료에 국한되어 있으나, 바이러스 생산 값은 $< 1 \times 10^8$ 바이러스 $l^{-1}d^{-1}$에서 2.3×10^{11} 바이러스 $l^{-1}d^{-1}$로 나타났다. 해양 박테리아에 대해 관찰된 방출 수의 최대값인 300을 가정하면, 바이러스에 의한 박테리아의 최소 사망률은 부영양 해역(12~25%)에서 빈영양 해역(약 1%)보다 더 높은 것으로 나타났다(Stewart et al., 1992b). 빈영양 해역 및 중층대 아래에서는 검출 한도(sensitivity limit) 때문에 이 방법은 사용하기 어렵다.

5.3 해양에서 바이러스에 의한 박테리아 사망률

파아지에 의한 박테리아 사망률의 중요성이 파아지 흡착률(0.25×10^{-8} cm^3 min^{-1})을 고려한 결과 시사되었다: 박테리아와 파아지의 ml 당 수도를 각각 10^6 및 10^7으로 가정하고, 각 파아지-숙주 시스템은 군집의 1%를 차지한다(즉, 100개의 파아지-숙주 시스템으로 구성되어 있다)고 가정하면, 각 시스템에 대한 파아지 흡착률은 2.5 min^{-1} ml^{-1}($=0.25 \times 10^{-8} \times 10^4 \times 10^5$) 이고, 총 파아지의 흡착률은 3.6×10^5 d^{-1} ml^{-1}로 추정된다. 만약 각각의 파아지 공격이 성공적인 감염과 파아지 생산에 이른다면, 이는 박테리아의 약 1/3이 매일 파아지의 공격을 당한다는 의미이고, 방출 수를 50으로 가

2) 희석 방법은 먼저 박테리아를 농축시킨 후, 바이러스를 제거한(virus-free) 해수로 원래의 박테리아 농도로 조정하여, 박테리아와 바이러스가 접촉할 확률을 줄임으로써 추가적인 바이러스 감염이 없게 하여 배양한 후, 생산된 바이러스를 방출 수로 나누어 감염된 박테리아 세포를 계산하는 방법이다. 배양을 시작할 때의 박테리아 개체수로 나누면 FIC를 직접 얻을 수 있다. 배양 실험 후에 증가한 바이러스 개체수는 이미 감염된 박테리아에 의해 생산된 것으로 간주한다.

정하면 1.8×10^7 파아지가 매일 ml 당 생산됨을 뜻한다(Bergh et al., 1989). 이러한 결과는 탄소와 질소의 순환에서 파아지에 의한 원핵생물의 세포 용해에 기반한 새로운 경로(즉, futile cycle)가 있음을 시사하였다.

해양에서 바이러스 감염은 대개 약 10~40%의 박테리아 사망률을 야기시키는 것으로 나타났다. 수생 환경에 따라 박테리아 사망률의 1~100%까지가 바이러스 생산에 기인한다(Steward et al., 1992b; Bratbak et al., 1990). 빈영양해역과 중영양 해양 환경에서는 1~25%의 박테리아 사망이, 부영양 해역에서는 > 50%의 박테리아 사망이 파아지에 의해 일어나는 것으로 보여진다. 남가주 연안에서 바이러스에 의한 박테리아의 사망은 약 50% 정도로 보고되었다(Fuhrman & Noble, 1995). 한편, 염전과 같은 고염 환경에서는 바이러스에 의한 박테리아 사망은 그다지 중요하지 않은 것으로 보인다. 스페인의 염전에서는 레몬 형태의 바이러스가 용균하지 않고 숙주 원핵세포로부터 발아(budding)하는 현상이 보고되었다(Guixa-Boixareu et al., 1996).

노르웨이 피요르드에서 봄에 일차 생산자의 대발생 동안 박테리아 수도의 최대치는 바이러스 수도의 최대치에 의해 수반되는 단기간의 동적 변동이 있음이 보고되었다(Bratbak et al., 1990). 반면에 표영 환경에서 *Synechococcus*는 시아노파아지(cyanophages)와 성장기 동안 계속 높은 수도를 유지하여, 파아지에 대한 숙주 세포의 저항성이 존재함이 주목되었다(Waterbury & Valois, 1993). 따라서 수생환경에서 시아노박테리아에 대한 파아지의 감염이 활발해지는 원인에 대한 규명이 흥미롭다. Kokjojn et al. (1991)은 박테리아의 기질 이용과 성장조건의 변화를 한 요인으로 보았다.

박테리아 군집 조절에 있어서 바이러스와 미소편모류의 역할의 차이점은 무엇일까? 대체적으로 바이러스는 박테리아 종에 특이하게 작용하여 종 조성에 영향을 주고, 아마도 총 개체수에는 영향이 없을 것으로 여겨진다. 원생생물에 의한 섭식은 박테리아의 개체에 특이하게 작용하며, 박테리아 총 개체수에 영향을 주는 것으로 여겨진다.

군집 내에서 어느 한 박테리아 균주(또는 종)의 개체수와 대사 활동도의 증가는 숙주와 파아지의 조우율을 높이며 또한 파아지의 증식 능력(자원 증가로 인한)을 증가시켜, 박테리아가 더 효율적인 바이러스 포식(predation)을 받게 됨으로써, 그 종이 우점하는 것을 억제하는 역할을 하는 것(="Kill-the-Winners" 가설; Thingstad, 2000)으로 보인다.

바이러스의 운명(fate). 해수에서 바이러스의 운명은 잘 알려져 있지 않으나, 입자에 흡착(0.41 d^{-1})함에 의한 바이러스의 소거(decay)는 바이러스의 생산 속도와 같았고(Suttle & Chen, 1992), 빛에 의한 바이러스 감염성(infectivity)의 파괴 속도(0.38 d^{-1}, Suttle & Chen, 1992; 4.1~7.2% h^{-1}, Noble & Fuhrman, 1997)는 높은 것으로 추정되었다. 효소(enzyme)의 기여는 최대 소거율의 약 1/5에 해당하였다(Noble & Fuhrman, 1997). KCN(최종 농도 2 mM)을 첨가하여 바이러스 생산을 억제함으로써 수행한 바이러스의 소거 실험은 대개 두 종류의 바이러스 그룹이 있음을 시사하였다(Heldal & Bratbak, 1991). 빨리 소멸하는(최대 1.1 h^{-1}) 그룹과 느리게 소멸하는(0.05 h^{-1}) 그룹으

BOX 2 빈영양 해역에서의 바이러스 생산

빈영양 해역에서 바이러스가 박테리아 사망을 어느 정도 조절하는지, HNF와 비교하여 어떠한 중요성을 갖는지에 대한 연구는 적었다. 빈영양 상태의 지중해에서 바이러스에 감염된 박테리아가 미검출 수준(0.3%)이었다는 연구(Guixa–Boixareu et al., 1999)와 해수의 영양 상태(trophic status)가 낮아질수록 박테리아에 대한 바이러스의 영향이 작아질 것이라는 추론(Weinbauer et al., 1993)은 빈영양 해역에서 바이러스의 생태적 역할이 일반적으로 상당히 적을 것을 시사하였다. 그러나 빈영양 해역에서 보고된 박테리아의 수도 및 군집 회전 시간(turnover time), 바이러스의 수도 및 군집 회전 시간 자료를 식 5–1, 5–2와 5–3에 적용하여 추정한 결과(방출 수를 50으로 가정), FVIC는 0.2~1.6%의 범위로 계산되었다(Hwang & Cho, 2002). 따라서 박테리아에 대한 바이러스의 영향이 빈영양 해역에서도 유의하게 나타날 것으로 예측되었고, 동해에서의 조사를 통해 확증되었다.

2001년 8월 동해는 빈영양성 해황이었음이 여러 자료에 의해 나타났다: 투명도(Secchi) 수심이 25–30 m이었고, 엽록소 *a*의 농도는 0.09~0.35 ㎍ chl *a* l^{-1}로(표 5–1), 각각 빈영양 상태로 규정되는 수심 16 m (Morita, 1997)와 빈영양 상태의 지중해에서 측정된 농도(0.01~1.5 ㎍ chl *a* l^{-1}; Guixa–Boixareu et al., 1999) 이내의 범위를 보였다. 동해 표층의 바이러스 수도는 0.6~9.2×10^{9} l^{-1}로 빈영양 해역에서 관찰된 바이러스 수도와 유사하거나 다소 적었다.

동해 표층에서 바이러스 생산은 0.4~13.7×10^{8} 바이러스 l^{-1} d^{-1}이고, 박테리아 생산은 0.3~5.8×10^{8} cells l^{-1} d^{-1}이었다. 바이러스와 박테리아의 군집 회전 시간은 각각 0.9~23.9일과 1.5~28.8일로 나타났고, 다른 빈영양 해역에서 관찰된 값과 유사한 범위를 보였으며, 바이러스 군집 회전 시간과 박테리아 군집 회전 시간은 유의한 양의 상관관계를 나타냈다(Hwang & Cho, 2002). 바이러스의 감염이 숙주의 대사 활동도에 따라 영향을 받는다는 점을 감안하면(Weinbauer & Peduzzi, 1994), 이와 같은 상관 관계는 빈영양 해역에서 박테리아의 성장(=대사 활동) 속도와 박테리아에 대한 바이러스의 영향이 밀접하게 연관되어 있음을 나타내었다.

중요한 점은 모든 정점의 시료에서 바이러스에 감염된 박테리아가 유의한 수준(1.2~2.2%; 표 5–1)으로 관찰되었다는 것이다. 이는 바이러스가 빈영양 해역에서 박테리아의 사망 원으로서 중요하지 않을 것이라는 기존의 생각(Weinbauer et al., 1993; Guixa–Boixareu et al., 1999)과 상반되는 결과이었다. 기아(starved) 상태의 박테리아도 바이러스에 감염되며 또한 용균될 수 있기 때문에(Schrader et al., 1997; Kadavy et al., 2000), 빈영양 해역에서 바이러스에 의한 박테리아 감염은 충분히 가능한 것으로 보인다.

빈영양 상태의 동해와 지중해에서 박테리아에 대한 바이러스의 영향(=FVIC)이 다르게 나타난 이유는 숙주의 성장 속도 차이에서 기인했을 가능성이 있다. 또한 UV에 손상된 바이러스는 숙주(박테리아)를 통해 재활성화될 수 있는데(Weinbauer et al., 1997), 이와 같은 능력은 바이러스와 숙주의 종류에 따라 차이가 있는 것으로 알려져(Schrader et al., 1997; Kadavy et al., 2000) 있어서, 두 해역에서의 박테리아와 바이러스 군집 조성의 차이도 FVIC의 차이를 설명할 가능성이 있다.

해양 박테리아에서 측정된 방출 수는 6에서 300으로 그 범위가 넓다(Wommack & Colwell, 2000). 동해 빈영양 해황의 박테리아의 방출 수는 12~15로(표 5–1), 빈영양 상태의 멕시코만에서 측정된 값과 유사하였으나(10–23; Wilhelm et al., 1998a), 방출 수가 숙주의 성장 상태와 양의 관련성을 나타낸다는 연구들(Webb et al., 1982; Schrader et al., 1997; Middelboe 2000)을 감안하면, 빈영양 해역에서 나타난 낮은 방출 수는 당연한 결과일 수 있다.

빈영양성 동해 해황에서 바이러스에 의한 박테리아 사망률은 평균 13.1%에 해당하였다. HNF에 의한 박테리아 사망이 평균 9.5%로 추정된 점을 고려하면, 연구 해역에서 바이러스는 HNF와 대체적으로 유사하게 박테리아 사망에 영향을 주고 있음을 알 수 있고, 바이러스는 빈영양성 해황의 동해 미생물 고리에서 활동적인 역할을 담당하는 것으로 보였다.

표 5-1 2001년 8월 동해의 3개 정점*에서 측정된 투명도(Secchi depth), 엽록소 *a* 농도(Chl *a*), 바이러스 수도(VA), 박테리아 수도(BA), VA:BA의 비율(VBR), 바이러스 생산(VP), 박테리아 생산(BP), 바이러스 군집 회전시간(VTT), 박테리아 군집 회전시간(BTT), 바이러스에 감염된 관찰 가능한 박테리아의 비율(FVIB)과 방출 수 값의 범위(Hwang & Cho [2002]에서 발췌).

Secchi depth (m)	Chl *a* ($\mu g\ l^{-1}$)	VA ($\times 10^9\ l^{-1}$)	BA ($\times 10^9\ l^{-1}$)	VBR	VP ($\times 10^8\ l^{-1}\ d^{-1}$)	BP ($\times 10^8\ l^{-1}\ d^{-1}$)	VTT (d)	BTT (d)	FVIB (%)	방출 수 (viruses)
25~30	0.09~0.35	0.6~9.2	0.3~2.4	0.6~7.2	0.4~13.7	0.3~5.8	0.9~23.5	1.5~28.8	1.2~2.2	12~25

*정점 1; 38°21'N, 128°43'E, 정점 2; 37°52'N, 129°58'E, 정점 3; 37°52'N, 130°20'E.

로 나뉘며, 대개 느리게 소멸하는 그룹(바이러스 개체군의 40% 이하로 추정)은 크기가 큰 그룹(두부의 크기가 > 60 μm)으로 알려졌다. 참고로 KCN은 부유 파아지(free phage)를 불활성화(inactivate)시키지 않으며, 바이러스 생산을 억제하는 동안에도 세포의 용균(cell lysis)과 성숙한 파아지의 방출은 계속되는 것으로 알려져 있다.

5.4 해양에서 용원 유도(lysogeny induction)

용원에 대한 많은 지식은 파아지 λ와 Mu 같은 *E.coli* 파아지들로부터 얻어졌다. 파아지 λ는 부위-특이적 재조합(site-specific recombination)을 통해 박테리아 염색체로 통합(integrated)되고, 파아지 Mu는 임의 전이(random transposition)에 의해 박테리아 염색체로 통합된다. 다른 용원성 파아지들은 원형(예, 파아지 P1) 또는 선형(예, 파아지 N15) 유전체로 염색체 밖에서 유지된다(Howard-Varona et al., 2017). 특이한 예로, *Vibrio cholerae*의 파아지 CTXphi는 용균(생산성) 사이클 동안 숙주를 만성적으로 감염하고, 용원성 사이클 동안 박테리아 염색체로 통합된다. 자연계에서는 용원(lysogeny)과 지연된 또는 비효율적인 용균성 감염을 구분해야 한다[3].

용원은 일반적으로 3단계를 거쳐 진행된다: 설정, 유지 및 용균(생산성) 사이클의 유도. 숙주 박테리아의 방어 시스템(예, CRISPR-Cas, 제한-수식계[restriction-modification system])을 회피한 완화 파아지(temperate phage)는 감염 직후 용균 사이클 또는 용원 사이클을 결정하게 된다. 숙주의 생리 상태(예, 느린 성장, 종의 평균 보다 작은 세포 부피), 파아지 밀도 등에 의해 결정된다. 파아지 감염의 용균-용원 스위치(lytic-to-lysogenic switch)를 조절하는 요인들은 완전하게 규명되지 않았다. 광도, 수온, 영양분 가용성과 같은 요인들과 숙주의 수도와 대사 활동도 같은 변수들이 관여되는 것으로 보인다.

3) 참고로 숙주 염색체 DNA와는 독립적으로 복제하는 DNA 분자는 에피좀(episome)이라 한다. 이 정의에 의하면, 플라스미드는 통상 에피좀이다. 플라스미스-매개(born) 유전자들은 개체에 대한 환경의 선택압을 반영할 수 있다(Tseng & Tang, 2014).

감염 직후 용균 또는 용원 생활사를 결정하는 기작을 규명한 최근 연구에 의해, 박테리아의 정족수 감지(quorum sensing)와 유사한 파아지의 세포간 교신(intercellular communication)이 *Bacillus subtilis* 종의 파아지에 존재하는 것이 발견되었다(Erez et al., 2017). 세포간 교신은 바이러스 펩타이드(peptide)를 통해 일어나며, 파아지가 용균 또는 용원으로 들어갈 것인지를 결정한다.

*B. subtilis*를 감염한 파아지 phi3T는 43개의 아미노산 잔기(residue)를 갖는 단백질(AimP)을 만들고(N-터미널에 시그널[signal] 시퀀스와 C-터미널에 consensus cleavage 시퀀스를 갖고 있음), 효소에 의해 6개 아미노산을 갖는 펩타이드('arbitrium'으로 명명됨)로 분해되어 세포 밖으로 분비(secreted)된다. 박테리아의 oligopeptide permease (OPP) 수송자 단백질을 통해 흡수된 arbitrium 펩타이드는 박테리아가 파아지 phi3T로 감염된 경우 용원이 될 확률을 높인다. Arbitrium 펩타이드의 농도가 높은 경우, 파아지 감염에 의한 세포의 용균이 강하게 억제된다(즉, 용원성 박테리아[lysogen]가 된다).

AimP 유전자 상류에는 arbitrium 펩타이드에 대한 세포내 수용체(AimR)가 있는데, AimR은 파아지 DNA에 이합체(dimer)로써 결합하여, 용원의 억제자(inhibitor)인 AimX의 발현을 활성화한다(즉, 용균이 결정됨). 그러나 arbitrium 펩타이드가 있으면 AimR은 arbitrium 펩타이드와 결합하여, DNA에의 결합은 저해되고, AimX의 발현은 활성화되지 못한다(즉, 용원이 결정됨).

파아지 입자의 농도가 낮고 박테리아 숙주의 농도가 높은 파아지 감염의 초기에는 용균 사이클을 통한 파아지 생산은 성공적인 박테리아 감염 책략일 것이다. 그러나 파아지 감염이 몇 사이클 지난 후에는 arbitrium 펩타이드가 환경에 축적되고, OPP 수송자에 의하여 흡수될 것이다. 박테리아 내부에서 펩타이드는 AimR과 결합하여, 용원으로 이끈다. 즉, 파아지 농도가 증가하면 숙주의 농도가 감소되어(또한 VBR 비율이 증가), 숙주 세포와 파아지 유전체를 보존하는 방식(즉, 용원 생활사)이 더 선호된다.

Arbitrium이 관련하는 유사한 교신 시스템(communication system)들이 100개 이상의 파아지에서 존재하는 것으로 추정되며, arbitrium과 유사한 시스템을 갖는 파아지에서 펩타이드 시퀀스의 넓은 다양성이 관찰되었다. 이는 파아지 특이성이 진화되었음을 의미한다. 해양 박테리오파아지에서도 이러한 기작이 존재할 것으로 예상할 수 있다. Erez et al. (2017)의 연구는 특징이 규명되지(uncharacterized) 않은 일부 파아지 유전자가 파아지의 진화적 적합(fitness)을 증가시키는 기구(機構)들에 관여되었을 것이라는 힌트를 주었다.

일단 용원이 설정되면, 박테리아 염색체에 통합된 프로파아지(prophage)는 염색체의 일부로서 복제된다. 용원은 숙주 박테리아의 성장 속도와 표현형에 영향을 줄 수 있다. 용원의 파라다임은 숙주 세포의 개체수와 활동도를 감소시키는 조건(예, 낮은 박테리아 밀도, 낮은 영양분 농도, 저온)하에서 용원은 파아지와 숙주의 생존을 강화한다는 것이다. 용원 감염 동안에 바이러스 유전자의 발현은 자원이 제한적인 때에 숙주 박테리아의 대사(예, 기질 이용과 성장 속도)를 감소시켜서 생존을

BOX 3 CRISPR-Cas 시스템들

원핵생물에는 침입한 플라스미드와 파아지에 대하여 시퀀스-특이적인 보호를 제공하는 다양한 CRISPR-Cas 시스템들이 있다. 원핵생물에 있는 CRISPR (clustered, regularly interspaced, short palindromic repeat) 유전자좌(loci)는 30~40 bp의 반복배열들(repeats)로 구성되어 있고, 각 반복배열들의 사이에는 플라스미드와 파아지 기원의 비슷한 크기의 독특한 시퀀스들(스페이서[spacer]로 알려짐)이 위치한다. 이 유전자좌는 전사되어 짧은 CRISPR RNA (crRNA)들로 가공(processing)된다. crRNA들은 CRISPR에 연합한(CRISPR-associated, Cas) 핵산분해효소(nuclease)에 의해 가이드로서 사용되어, 외래 핵산에 있는 상보적인 시퀀스(protospacer[原스페이서]로 알려짐)들을 인식하고 파괴한다. 대부분의 Cas 핵산분해효소는 침입자 DNA를 파괴한다.

최근, 타입 VI의 핵산분해효소 Cas13 (=RNase)은 crRNA에 가이드되어 파아지 RNA를 인식하고, 불특정하게 RNA를 분해함으로써 세포 내에서 숙주와 침입자 RNA의 대량 분해를 초래하며, 전사체들의 불특정 분해는 숙주 박테리아의 성장을 정지시켜서(즉, 휴면[dormancy] 상태를 촉진) 감염 사이클을 유산시키기에 충분함이 보고되었다(Meeske et al., 2019): 이는 불발(不發) 감염(abortive infection)으로 알려진 파아지 방어 책략과 유사하다고 하겠다. 또한 이러한 현상은 감염된 세포에 휴면을 유도하여 dsDNA 파아지들에 대한 면역을 제공하고, 파아지의 증식을 막으며, 개체군에 있는 감염되지 않은 박테리아에도 집단 면역(herd immunity)을 제공하는 것으로 관찰되었다.

증가시킬 수 있음이 배양된 균주들을 통해 실험적으로 알려졌다.

용원 세포의 % (fraction of lysogenic cells, FLC)는 미토마이신(mitomycin) C를 해수에 첨가하여 용원을 유도함으로써 측정된다(Weinbauer & Suttle, 1996; 그림 5-6). 자발적인 유도는 낮은 빈도(파아지 λ의 경우 박테리아당 10^{-8}~10^{-5})로 일어난다. 유도는 세포의 DNA 손상 반응을 유발하는 (CI repressor의 불활성화를 가져옴) 것 같은 외부의 스트레스 요인들에 의해서 일어나기도 한다. 스트레스 요인으로는 영양분의 변화, 산성도 또는 수온의 변화, 항생제, 과산화수소, 또는 DNA 손상 작용제에 노출 등이 있다. 프로파아지는 유도된 후에 파아지 입자를 만든다.

연안과 염하구에선, FLC가 0%에서 80%까지 넓게 변하였다(Weinbauer, 2004). 지중해에서 FLC의 %는 수심 증가에 따라 증가하는 경향이 있었다: 표층에선 10.9~13.1%, 중층대에선 15.5~38.8%, 그리고 심해에선 58.3~84.3%로 나타났다. 고위도 환경에선 겨울과 봄에 가장 용원 세포 % (FLC)가 높은 강한 계절성이 나타났다. 반면에 저위도에서 용원은 산발적으로 검출되었다(Brum et al., 2016).

남빙양(Southern Ocean)에서 용원 박테리아의 % (FLC)를 측정한 결과 봄에 상대적으로 높은 값(최대 약 20%)을 나타냈고 여름에는 거의 미검출 수준으로 낮았으며, 봄에서 여름으로 바뀔 때와 여름에 증가한 양상을 보이는 박테리아 생산과는 음의 상관관계를 나타냈다(Brum et al., 2016). 정량적 메타유전체(dsDNA 바이러스) 분석 결과, 남빙양에서 여름에 독립생활형 바이러스의 바이러스체(virome)는 유도된(induced) 바이러스의 바이러스체와 시퀀스들의 82%를 공유하여 유도된 바

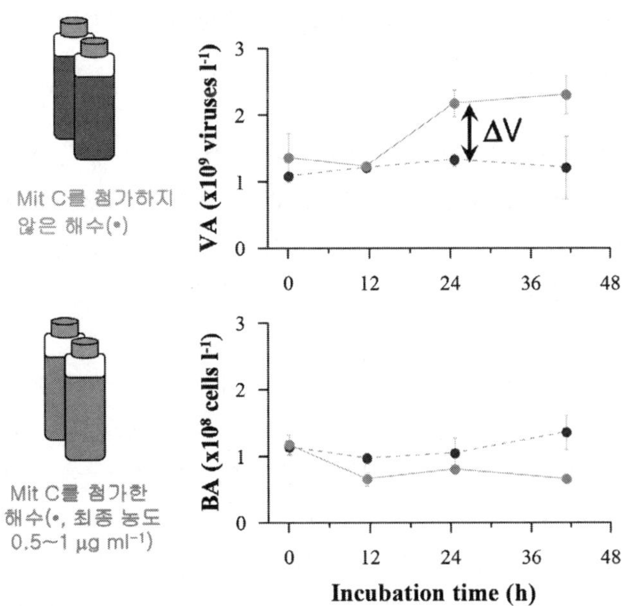

그림 5-6 용원 세포의 % (fraction of lysogenic cells, FLC)를 측정하는 실험.
FLC (%) = (ΔV/Z)*100/BA_{T0}, Z: 방출 수(數), BA_{T0}: 실험 시작 시에 박테리아 수도. Mit C: mitomycin C.

이러스체와 매우 유사하였다. 봄에 독립생활형 바이러스의 바이러스체는 시퀀스들의 59%가 유도된 바이러스의 바이러스체에는 출현하지 않아 사뭇 달랐다. 즉, 남빙양에서 우점적인 완화 파아지(temperate phages)는 박테리아 생산이 증가함에 따라 용원에서 용균으로 전환하는 것으로 나타났다. 남빙양의 바이러스 군집(assemblage)들은 용원이 산발적으로 검출되는 저위도의 군집들과 유전적으로 다른 것으로 밝혀졌으며, 아마도 완화 파아지의 우점에 기인한 것으로 보인다.

시퀀스된 박테리아 유전체를 조사한 결과 프로파아지(> 30 kb)가 거의 절반(46%) 정도의 유전체에서 분포하는 것으로 나타났다(Touchon et al., 2016). 박테리아 유전체 당 프로파아지의 수는 6 Mb 이하의 범위에서 박테리아 유전체 크기와 양의 상관관계를 나타내었다(Touchon et al., 2016): 6 Mb보다 큰 유전체의 범위에선 유의한 상관 관계가 나타나지 않았다. 대부분의 용원성 박테리아(lysogen)는 몇 개 이내의 프로파아지를 가지나, 일부 용원성 박테리아에선 15개의 프로파아지가 발견되었다. 용원성 박테리아의 유전체 중앙값은 4.1 Mb로 비용원성 박테리아(non−lysogen) 유전체의 중앙값(2.4 Mb)보다 약 2배 컸다. 프로파아지(그리고 lysogens)는 작은 박테리아 유전체에선 드물었다. 흥미롭게도, 비용원성 박테리아보다 용원성 박테리아에서 병원체(pathogen)의 분포가 더 높았다.

프로파아지의 출현은 몇 문에서 우세하게 나타났다: *Firmicutes* 문에서 74%, *Actinobacteria* 문에서 41%, *Cyanobacteria* 문에서 22%, 그러나 *Chlamydiae* 문에서는 0%로 나타났다. 시퀀스된 박테리아 유전체에서 발견된 프로파아지 중에서 Mu와 유사한 파아지와 P1과 유사한 파아지는 적게 보고되었다(Howard–Varona et al., 2017).

CRISPR–Cas 시스템을 인코딩하고 있는 박테리아 유전체들 중에서, 용원성 박테리아는 비용원성 박테리아보다 30% 적은 CRISPR–스페이서를 갖고 있었다(Touchon et al., 2016). CRISPR–Cas 시스템을 인코딩하고 있는 박테리아 유전체의 CRISPR 배열(array)에 있는 스페이서의 수와 용원성 박테리아에 있는 프로파아지의 수는 음의 관계를 나타냈다.

그러면 용원의 이점과 그 귀결은 무엇일까? 프로파아지는 새로운 기능을 도입함으로써 또는 기존의 기능을 변화시킴으로써 세포의 생리를 변화시킬 수 있다. 예를 들면, 병인 생성, 파아지에 대한 면역이 있다. 유도되어 방출된 완화 파아지는 경쟁 박테리아 균주들을 용균시켜, 주변 세포들에게 영양분으로 사용할 세포내용물을 방출함으로써, 그리고 다른 세포를 용원화함으로써 박테리아 군집을 변화시킬 수 있다. 프로파아지는 시간이 지나면서 유전자들을 잃게 되고, 숙주 적응(host–adaptive) 유전자들은 숙주의 유전체에 받아들여진다. 한 예로, R–타입 박테리오신(bacteriocin)은 파아지의 미부 같은(tail–like) 입자를 닮았는데, 이웃의 경쟁 박테리아를 죽일 수 있다. 프로파아지의 자연적인 붕괴는 염색체 삽입을 용이하게 하는 반복 배열(repetitive sequence)을 낳을 수 있다.

바이러스:박테리아 수도의 비율(VBR)은 해수에서 0.6에서 300으로 널리 변한다. 일반적으로 이 비율이 낮은 곳에서 용원이 흔하고, 높은 곳에서 용원이 덜 우세할 것으로 본다. 그리고 용원은 숙주 박테리아의 수도가 낮을 때 우세하다고 알려져 있고, 용균은 숙주 박테리아의 수도가 높을 때 우세하다고 알려져 있다. 이를 '승자 살해(Kill–the–Winner)' 가설이라 한다. 그런데 산호초 시료에서는 박테리아의 밀도가 증가할수록 바이러스 입자의 수는 감소하여 용원으로 변화하였음이 시사되었다. 그리고 integrase, excisionase와 프로파아지 시퀀스들은 박테리아의 밀도와 상관관계를 나타내었다. 완화 파아지의 우세는 박테리아의 성장을 쉽게 해주었고, 그 결과 산호초의 쇠퇴에 기여한 것으로 보였다. 이러한 발견(Hofer, 2016)은 미생물들의 상호작용이 산호초의 기능과 건강에 중요함을 나타냈다.

최근 제안된 숙주–바이러스 상호작용의 '승자 업어타기(Piggyback–the–Winner)' 가설(Knowles et al., 2016)에 의해 '승자 살해' 가설에 이의가 제기되었다. 증가된 원핵생물의 수도를 가진 시료들의 메타유전체들은 용원성(lysogenic) 감염의 마아커(marker)들이 풍부하였고(즉, 용균 파아지가 풍부한 것이 아니라), 파아지 감염에 대한 내성 마아커들이 결여되어 있었다. 이로 인해, 용원성 감염의 비율은 숙주의 수도에 따라 증가한다는 결론에 이르게 되었다. 이로써, 바이러스가 숙주를 죽이지 않고 자신의 유전체를 복제하여 숙주에 편승을 할 수 있게 해준다(Knowles et al., 2016; Thingstad & Bratbak 2016). 이러한 결론과 어긋나지 않는 arbitrium의 존재가 발견되었다(위 참조). Arbitrium은 군집에서 숙주들의 충분한 부분이 감염되었을 때 용원으로 스위치하도록 파아지들이 자손 파아지들에게 신호하는 분자적 기구이다.

5.5 바이러스의 다양성: 분자생물학적 방법, (메타)유전체학

바이러스 다양성의 초기 연구는 하나의 유전자를 대상으로 하였으며(예, 바이러스의 DNA 중합효소[polymerase] 유전자, 캡시드 유전자 또는 미부 유전자) 그 일반적 연구 방식은 다음과 같았다: 1) 표적(target) 유전자에 특이적인 올리고뉴클레오티드 프라이머(oligonucleotide primer)를 고안·제작한 후, 2) 해수에서 농축한 바이러스에 대해 PCR, 클로닝(cloning) 및 시퀀스 분석을 수행하였다. 바이러스 농축은 한외여과(ultrafiltration)에 의하여 현장에서 수행되었다. 그리고 3) 진화계통적 분석(phylogenetic analysis)을 수행하였다.

해양 *Synechococcus*를 감염하는 시아노파아지 분리체들(isolates)과 해양 바이러스 군집에 대하여 바이러스 캡시드 조립 단백질(assembly protein) 유전자 g20의 시퀀스들을 표적으로 하여서 해양 시아노파아지의 진화계통적 다양성이 밝혀졌다(Zhong et al., 2002). 진화계통적으로 연관된 해양 시아노파아지 분리체들은 유의한 지리적 분리없이 널리 분포하는 것으로 나타났다. 반면에 염하구와 외양의 해양 시아노파아지 군집은 조성과 구조가 서로 달랐고, 염하구와 외양의 엽록소 최대 수심(deep chlorophyll maximum, DCM)에서 독특한 군(cluster)들이 발견되었다.

또한 DNA 중합효소 유전자를 표적 유전자로 사용하여 해양 바이러스 군집이 *M. pusilla*(극미소플랑크톤)를 감염하는 바이러스들과 유사한 바이러스들의 군을 포함하며 *Phycodnaviridae*에 속하는 미지의 바이러스를 포함하는 것을 알게 되었다(Chen et al., 1996).

SAR11 개체군의 크기를 결정하는 하향식(top-down) 기작(예, SAR11 박테리아를 감염하는 파아지)이 있을 것으로 예상되었다. 2013년에 *Pelagibacter ubique* 균주 HTCC1062를 감염하는 4개의 파아지(숙주의 이름을 따서 pelagiphage)가 분리되었다(Zhao et al., 2013). 3개의 파아지는 포도바이러스(머리 크기, 50~55 nm; 유전체 크기 34.9~42.1 kb)이었고, 1개는 미오바이러스(머리 크기, 84 nm; 유전체 크기 147.3 kb)이었다. 정량적인 해양 바이러스 메타유전체들에서 pelagiphage 중 하나(즉, HTVC010P)의 상대적 수도를 조사한 결과, 해양에서 그리고 아마도 전체 생물권(biosphere)에서 가장 많을 것으로 추정되었다. 해양에 많은 박테리아 그룹인 *Roseobacter*, *Prochlorococcus*와 *Synechococcus*를 공격하는 것으로 알려진 파아지들보다 더 많았다. 그리고 pelagiphage들은 무광대보다 유광대에 더 많았고, 태평양과 대서양 등에 널리 분포하는 것으로 보였다.

다음은 갈조류를 감염하는 바이러스인 갈조바이러스(phaeoviruse)를 소개한다. 대형 갈조류 다시마목(*Laminariales*)을 감염하는 바이러스인 갈조바이러스(즉, *Laminaria digitate* 바이러스,

LdigV)가 최근 발견되었다(McKeown et al., 2017). 갈조바이러스는 *Phycodnaviridae* 과에 속하는 dsDNA 바이러스이다. LdigV 갈조바이러스의 직경은 80~150 nm이고, 숙주의 핵을 표적으로 하며, 엽록체를 점진적으로 분해하고, 영양(vegetative) 세포 및 생식 세포의 세포질에서 바이러스를 조립한다. 즉, 미미바이러스(mimivirus)가 속한 *Mimiviridae*와 같이 핵세포질 대형 DNA (Nucleo−Cytoplasmic large DNA) 바이러스에 속한다. 조사 현장에서 숙주 개체군의 2/3가 이들 갈조바이러스에 의해 감염된 것으로 나타났다. 대형 갈조류의 바이러스에 대한 지식은 갈조류의 양식(aquaculture)에 필요할 것으로 본다.

시퀀싱과 시퀀스 분석 방법은 상당히 개선되었고, 전대미문의 바이러스 다양성의 기술을 가능하게 하였다. 메타유전체 분석 결과 dsDNA 바이러스의 시퀀스 다양성이 상당한 것으로 나타났고, 바이러스 군집은 해양에서 유전적 다양성의 가장 큰 저장소(reservoir)를 이루는 것으로 나타났다(Edwards & Rohwer, 2005). 대부분의 해양 환경 바이러스 시퀀스들은 공공의 데이터베이스(database)에서 상동 시퀀스들(homologues)을 갖지 않았다. 따라서 기존에 알려진 바이러스들은 해양 바이러스의 실제적 다양성을 대표하는 것이 아닐 수 있음이 시사되었다(Breitbart & Rohwer, 2005; Angly et al., 2006).

최근 메타유전체 자료의 분석 결과 전 지구적으로 12만 개 이상의 DNA 바이러스 유전체가 확인되었으며, 이들 바이러스를 그룹으로 클러스터(cluster)한 결과 만 8천여 개의 바이러스 그룹이 확인되었고, 95% 이상의 그룹들은 기존의 배양된 또는 분류된 바이러스를 갖지 않았다(Paez−Espino et al., 2016). 이러한 방대한 양의 바이러스 다양성은 현재의 바이러스 분류학에서 포착되지 않고 있다. 최근, 메타유전체 시퀀스 자료에 의해서만 특징 규명된(characterized) 바이러스를 어떻게 바이러스 분류학에 취합할 것인지가 제안되었다. "Consensus Statement"는 Peter Simmonds와 25인 동료 바이러스학자들에 의해 2017년에 발표되었고, ICTV (International Committee for Virus Taxonomy)의 집행위원회(Executive Committee)에 의해 지지를 받았다. 지금까지 바이러스의 신종을 정의하려면 숙주 범위(host range) 또는 병인성(pathogenicity) 같은 직접적인 표현형(phenotypic) 자료가 또한 요구되었다. 몇몇의 표현형 특징들(예, 유전체 구조, 복제 [replication] 전략, 잠재적인 숙주 범위)은 시퀀스 자료로부터 추정이 가능할 것으로 보인다.

dsDNA 바이러스의 동정(identification)과 정량은 보존적인 유전체적 표지(genomic signature)가 없었고, 기술적 제한으로 인하여 어려웠다. 전 지구적 대양의 해양 바이러스체 자료 세트를 분석한 결과, dsDNA 바이러스 군집의 유전적 다양성의 전 지구적 구조가 밝혀졌다. 최근 미생물에 특이적인 바이러스의 다양성을 정량적으로 연구할 수 있는 메타유전체학 방법이 개발/적용된 사례인 Global Oceans Viromes (GOV)의 주요 결과를 보면, 여러 대양과 해역의 표층 및 중층대에서 여러 수심으로부터 채수한 시료로부터 완전한 유전체들과 큰 콘티그들이 조립되었고(91개의 바이러스체[925 Gb; 1,380,834개 콘티그]), 최종 15,222개의 표층과 중층대 바이러스 개체군이 확인되었다

(Roux et al., 2016). 이는 기존의 알려진 개체군 수를 3배로 늘린 결과이었다. 이들 바이러스 개체군들은 유전자량(gene-content) 정보와 네트워크(network) 분석에 기반하여 867개의 바이러스 클러스터(=대략 속 수준의 그룹)로 분류되었다. 이 중 658개는 GOV에만 유일하였다. 그 중 38개의 우점적인 바이러스 클러스터들은 지역적으로 또는 전 지구적으로 많았고(각 시료에서 거의 절반의 개체군을 차지), 표층대 해양 시료에서는 바이러스 개체군의 50%, 중층대에선 35%를 차지하였다. 그 중 4개의 바이러스 클러스터들(VC_2, VC_5, VC_6와 VC_8)은 상대적으로 어디에나 분포하며, 91개의 시료 중 62개는 4개 중의 하나의 바이러스 클러스터에 의해 우점되었다. 4개의 바이러스 클러스터들은 전 해양에 많이 출현하는 박테리아 분류군들(액티노박테리아, α-, δ- 및 γ-프로티오박테리아, Bacteroidetes, 시아노박테리아 및 Deferribacteres)을 감염하는 것으로 추정되었다. 8번째로 많은 원핵생물 그룹인 Euryarchaeota는 나머지 34개 바이러스 클러스터 중에서 3개의 바이러스 클러스터들(VC_3, VC_27와 VC_63)에 의해 감염되는 것으로 추정되었다.

해양 바이러스의 유전체 시퀀스 자료들이 다양성(macrodiversity; 개체군 간의 다양성. 즉, 통상적인 다양성) 연구에 활용되기 시작하고 있으나, 미소다양성(microdiversity; 개체군 내의 유전적 변이)에 대해서는 지구적 규모에서 알려진 바가 없었다.

다양성(macrodiversity)으로써 샤논의 다양성 지수(Shannon's H')를 사용하여 각 시료의 다양성이 계산된 바, 다양성은 온대 및 열대의 표층대에서 제일 높았고 다음으로는 북극에서도 비슷하게 높았으며, 온대 및 열대의 표층대와 함께 바이러스 다양성의 열점(hotspot)으로 시사되었다(Gregory et al., 2019): 또한 두 생태적 대에서는 대에 특이적인(zone-specific) 바이러스 개체군들이 높은 수준이어서 높은 고유성(endemism)이 시사되었다. 다양성은 남극과 온대 및 열대의 중층대에서 가장 낮았다. 위도에 따른 다양성 구배(latitudinal diversity gradient) 패러다임은 종의 다양성(즉, 다양성과 미소다양성 모두)이 중위도에서 가장 높고 극쪽으로 감소함을 시사한다. 예외적인 북극을 제외하면 바이러스의 다양성과 미소다양성은 위도에 따른 다양성 구배를 따르는 것으로 나타났다.

표층대에서 영양염들은 다양성과 강하게 음의 상관관계를 나타내고, 샤논의 다양성 지수는 특히 단위 면적당 엽록소 농도(mg/m^2)와 음의 상관관계를 나타냈다. 미소다양성은 온대 및 열대의 중층대에서 가장 높았고, 북극에서 낮았다. 반면에, PAR (photosynthetically active radiation)는 미소다양성과 양의 관계를 나타냈다.

수직상으로 바이러스의 다양성은 표층에서 높고 수심에 따라 감소하는 양상을 나타났으나, 미소다양성은 200 m 수심까지 감소하다가 중층대에서 증가하였다. 이는 박테리아의 다양성 증가와 일치하는 것으로 보였다. 미소다양성은 적응과 종분화를 구동(drive)하여 생태계에서 안정성을 증진 및 유지하는 것으로 보였다(Gregory et al., 2019).

5.5.1 해양 RNA 바이러스

해양에서 RNA 바이러스는 중요하다: 랩도바이러스(rhabdoviruses)와 파라믹소바이러스(paramyxoviruses)는 '(–) 사슬 ssRNA' 바이러스로서 각각 어류와 해양 포유류에 중요한 병원체이다. 그리고 몇몇 해양 picorna–유사 바이러스들(picorna–like viruses)[4)]은 생태적으로 그리고 경제적으로 중요한 개체들을 감염한다: HaRNAV는 적조를 형성하고 어류를 죽이는 독성 대발생 형성(toxic–bloom–forming) 조류인 *Heterosigma akashiwo* (raphidophyte)를 감염한다. 보리 새우(penaeid)의 바이러스인 Taura syndrome virus (TSV), 그리고 캘리포니아 바다사자를 감염하는 생미구엘(San Miguel) 바다사자 바이러스(SMSVs)가 있다.

2003년에 최초로 높은 다양성을 가진 피코르나 유사–바이러스들이 British Columbia 연안에서 보고되었다(Culley et al., 2003): 기존에 알려진 피코르나–유사 바이러스들에서 매우 보존적인 RdRp (RNA-dependent RNA polymerase; RNA 바이러스의 복제에 요구되는 중합효소) 시퀀스를 표적으로 하는 변질(degenerate) 프라이머를 제작하고, RT–PCR과 프라이머를 사용하여 피코르나–유사 바이러스들의 존재를 분석하였다. 역전사효소(reverse transcriptase, RT)를 인코딩하는 레트로바이러스(retroviruses)를 제외하고, 모든 RNA 바이러스들은 RdRp를 인코딩한다. RdRp 단백질 시퀀스내에는 다양한 RNA 바이러스 종들 사이에서 상동(homologous)인 몇 개의 모티브(motif)가 확인된다. 증폭된 시퀀스들은 모두 기존의 피코르나–유사 바이러스 과에 포함되지 않았고, 적어도 새로운 2개의 과에 속하는 4개의 그룹을 형성했다. 그 중 하나는 HaRNAV 바이러스이었다. 다양한 피코르나 유사–바이러스들이 해양에서 지속적으로 출현하는(즉, 바이러스 생산과 감염) 것으로 밝혀졌다.

RNA 바이러스의 상대적으로 작은 유전체 크기는 RNA 바이러스 군집의 다양성을 조사하는 데 있어서 전–유전체 샷건 라이브러리(whole–genome shotgun libraries)의 구축을 현실성 있는 방식이 되게 해준다. RNA 바이러스에 대한 메타유전체 연구는 '(+) ssRNA' 유전체가 우점적이며, 이들 바이러스는 진화계통적으로 원생생물을 감염하는 *Picornavirales* 목의 바이러스와 연관이 있는 것을 시사하였다(Culley et al., 2006): 그리고 해양 환경에서 이전에 보고되지 않았던 관다발식물을 감염하는 tombusviruses, umbraviruses 및 nanoviruses의 시퀀스와 유사한 다양한 바이러스 시퀀스들도 발견되었다. RNA 파아지는 검출되지 않아, 대부분의 해양 파아지는 DNA 유전체를 갖고 해양 RNA 바이러스의 숙주들은 진핵생물이라는 견해를 지지하였다. 유전체 라이브러리로부터 조립된 완전한 유전체들은 잘 알려진 RNA 바이러스 과에 속하지 않아, 적어도 2개의 과 수준에 속하는 것으로 보였다. 이러한 경향은 열대, 온대 해역과 극지 해역에서 보고되었다(Culley et al., 2006; Miranda et al., 2016).

---

4) 피코르나–유사 바이러스들은 '(+) 사슬(=positive–sense; mRNA 역할) ssRNA' 바이러스로 동물, 식물과 곤충의 주요 병원체이다. RNA 바이러스의 이름에 RNA가 포함되어 있어서(예, pico**rna**–like virus, Ha**RNA**V) 이들이 RNA 바이러스임을 쉽게 알 수 있다.

그리고 종전에는 균(fungi), 식물과 원생생물만을 감염하는 것으로 생각되었던 RNA 바이러스가 무척추동물들도 감염한다는 사실이 대규모의 전사체학(transcriptomics) 연구를 통해 발견되어, 무척추동물들에 있는 RNA 바이러스의 다양성과 진화에 대한 통찰력이 제공되었다(Shi et al., 2016):

절족동물, 선충류(nematode)와 연체동물을 포함한 9개 동물 문에 걸쳐 220 무척추동물들로부터 얻은 전사체(transcriptome)를 시퀀싱하고, RdRp의 존재에 기반하여 1,445개의 진화계통적으로 구분되는 RNA 바이러스가 확인되었다. 새롭게 동정된 바이러스의 다수가 기존의 분류군들로 분류될 수 없어서, 5개의 새로운 바이러스 과(科)들이 제안되었다. 대부분의 무척추동물 숙주들은 몇 개의 다른 RNA 바이러스를 갖고 있었고, 어떤 숙주들에선 rRNA를 제거한 후에 남은 전사물들(transcripts)의 대부분이 바이러스 기원이었다. 무척추동물의 RNA 바이러스체는 RNA 바이러스와 숙주 간의 유전자 교환과 유전자 획득 및 상실, 복잡한 구조적 재배치(rearrangement)를 나타내어 상당한 유전체 유연성의 특징이 있었다.

이와 같이 바이러스권(virosphere)은 더욱 확장되었고, 바이러스는 진화계통적으로 그리고 유전체적으로 다양함이 나타났다. 해양 RNA 바이러스들이 (+) ssRNA의 큰 다양성으로 조성되어 있고, dsRNA 바이러스들은 기존의 분류군들과 분류학적으로 다름(diverge)을 시사하였다. 아직 지구적 규모에서 RNA 바이러스 다양성에 대한 체계적 평가는 없다.

5.5.2 아키아 바이러스(archaeal virus)의 다양성과 특징

알려진 아키아 바이러스들은 80°C가 넘는 열(thermal) 환경과 고염(hypersaline) 환경에서 분리되었다. 열 환경으로부터 분리된 아키아 바이러스들은 *Crenarchaeota* 문의 *Sulfolobales*, *Desulfurococcales*와 *Thermoproteales* 목들의 고호열성(hyperthermophilic) 구성원들을 감염하고, *Euryarchaeota* 문의 *Thermococcales* 목을 감염한다(Prangishvili et al., 2017). 고염 환경으로부터 분리된 아키아 바이러스들은 *Halobacteria* 강과 *Euryarchaeota*의 고호염성(hyperhalophilic) 구성원들을 감염한다. 지금까지 배양된 아키아 바이러스들은 dsDNA 또는 ssDNA 유전체를 갖는다. 일반적으로 유전체의 크기는 작고, 5.2 kb에서 144 kb의 범위에 있다. 알려진 아키아 바이러스 중에 RNA 바이러스가 없지만, 아직 발견되지 않았을 가능성이 있다.

고호열성 아키아를 감염하는 바이러스는 대부분 피막성(enveloped)이다. 지질 막(lipid membranes)은 아키아 바이러스에게 열 안정성을 주고, 숙주 세포로 들어가고 나오는 기구를 제공할 것으로 보인다.

메타유전체학 접근 방식을 통해 배양되지 않은(uncultured) 아키아 바이러스들이 발견되었다. 예를 들면, 해양의 표층에서 해양 그룹 II Euryarchaeota와 관련된 Magroviruses(약 100 kb의 큰 유전체를 가짐)라고 불리는 바이러스의 유전체가 50개 넘게 조립되었다. 또한 Thaumarchaeota를 감염하는 바이러스(*Caudovirales* 목)의 유전체가 얻어졌다. 배양되지 않은 아키아 바이러스들은 아직 분류가 되지 않은 상태이나, ICTV의 최근 제안에 따라서 인지된 종(recognized species)의 수가 앞으로 상당히 증가할 것으로 예견된다.

아키아 바이러스는 크게 두 개의 범주로 나뉜다: 1) **아키아에 특이적인**(archaea-specific) **바이러스**로 박테리오파아지 또는 진핵생물 바이러스에 구조적 또는 유전적 짝이 없다. 2) **범세계적**(凡世界的, cosmopolitan) **바이러스**로 박테리오파아지 또는 진핵생물 바이러스의 구조적 또는 유전적 특징과 유사한 특징들을 갖는다. 아키아에 특이적인 바이러스는 공 또는 필라멘트(예, *Rudiviridae*와 *Lipothrixviridae*)와 같은 흔한 형태 외에도 병 모양(*Ampullaviridae*), 방추형(*Fuselloviridae*와 *Bicaudaviridae*), 물방울 모양(*Sulfolobus neozealandicus*)과 같은 독특한 형태를 갖는다(Prangishvili et al., 2017): 이러한 아키아 바이러스의 형태적 다양성은 적은 수의 종에 대해 관찰된 것으로서, 박테리아 바이러스(> 6,000종)와 비교해 보면 주목할만한 현상이다. 아키아에 특이적인 바이러스 그룹의 대부분은 진화적으로 구분되며 서로 독립적으로 진화한 것으로 보인다. 이는 박테리오파아지들 간에 광범위한 유전자들의 교환이 있었다는 사실과 뚜렷이 대조된다.

범세계적 바이러스는 *Caudovirales* 목의 미부가 있는 바이러스와 *Sphaerolipoviridae*와 *Turriviridae* 과의 미부가 없는 바이러스를 포함한다. 이들 바이러스는 *Turriviridae*를 제외하면 모두 Euryarchaeota를 감염한다. *Caudovirales* 목의 아키아 바이러스는 같은 목의 박테리오파아지와 형태적으로 구분이 안 된다.

5.6 해양의 대형/거대 바이러스(large/giant virus)

해양 바이러스의 대부분은 박테리아를 숙주로 하는 파아지들로 크기는 평균 50 nm 정도로 작다. 일찌기 담수성 녹조류(*Uronema gigas*) 배양체(culture)에서 거대 바이러스 유사-입자(giant virus-like particles, 두부의 크기는 직경 390 nm)의 존재가 보고되었다(Dodds & Cole, 1980). 공생성의 *Chlorella* 종에서도 대형 바이러스가 존재함이 알려졌었다(van Etten et al., 1981). 해양 환경에서도 박테리아 크기만한 바이러스가 존재한다는 연구 보고가 발표되었으나, 큰 관심을 끌지 못하였다. Bratbak et al. (1992)는 두부의 직경 크기가 340~400 nm이고, 길이가 2.2~2.8 μm인 거대 바이러스가 연안 표층에서 출현하며, 플랑크톤만이 존재하는 격리수계를 배양한 5일째에 거대 바이러스의 수도가 최대 10^4 ml^{-1}로 출현하여, 숙주는 플랑크톤일 것으로 추정하였다. 또한 두부의 직경 크기가 약 300~750 nm인 거대 바이러스-유사 입자들이 해양 방산충(radiolarians; 육질충류[sarcodines]에 속함)의 식포(food vacuole)에서 관찰되었다(Gowing, 1993). 방산충의 세포질이나 핵에서는 바이러스가 발견되지 않아 방산충이 바이러스에 감염된 것으로 판단되지는 않았다. 방산충은 허족(pseudopodia)으로 식작용을 하는데, 식포 내의 거대 바이러스의 존재는 攝餌(feeding)에 의한 것으로 추정되었다(Gowing, 1993): 연안과 외양, 사가소 해와 Weddell 해에서 그리고 표층부터 수심 2,000 m에서 시료가 채집되었던 바, 거대 바이러스-유사 입자들이 해양에 널리 분포할 가능성이 제시되었다(Gowing, 1993).

21세기 초에 아메바에 기생하는 약 650 nm 크기의 거대 바이러스(Mimivirus; La Scola et al., 2003)가 큰 유전체 크기(1.2 Mb)와 유전체 복잡성을 갖는다는 발견(Raoult et al., 2004)이 있었고, 곧 거대 바이러스의 진화와 기원에 대한 지대한 관심과 논의를 불러일으켰다(Claverie et al., 2006). 이어서, *Emiliania huxleyi* 대발생이 끝나가는 해수 시료로부터 소멸에 이르는 연속 희석(serial dilution to extinction; 1 ml에 한 마리 이하로 있게끔 연속적으로 희석함)을 수행하여 바이러스 클론을 얻었고, 최종적으로 플라크 측정법(plaque assay)으로 용균성 바이러스가 순수 분리되었다(Wilson et al., 2002). 160~180 nm 지름의 이십면체 구조를 가진 바이러스이었다. 전 지구적으로 중요한 식물플랑크톤인 *E. huxleyi*로부터 분리된 용균성, 거대 바이러스인 coccolithovirus (407.3 kb) 유전체의 시퀀스를 분석한 결과, 총 472개의 예상되는 코딩(coding) 시퀀스 중 14%만이 기능 예측이 가능하였다(Wilson et al., 2005). 특이한 것은 세포 사멸(programmed cell death = apoptosis)을 유도하는 것으로 알려진 세라미드(ceramide) 생합성에 관련된 유전자가 발견되었고, 자체적으로 전사 기구(machinery)를 갖는 것으로 분석되었다.

미미바이러스와 작은 크기의 절대적 세포내 박테리아(obligate intracellular bacteria) 간에 남은 유일한 차이는 미미바이러스에서 리보솜(ribosomal) 단백질의 부재, 에너지 대사에 관여하는 단백질들의 부재 등으로 보이나(Susan−Monti et al., 2006), 미미바이러스는 단백질 번역(translation)과 에너지를 숙주에 의존하고 전형적인 캡시드를 갖고 있다는 점에서 진정한(*bona fide*) 바이러스로 여겨졌다(Koonin, 2005).

이와 같은 미미바이러스의 발견은 해양에서 그간 간과되었던 대형 바이러스[5)](large viruses)의 존재에 대한 관심을 고조시켰다. 해양 시료에서 박테리아와 바이러스를 구분하는 상용 기준은 0.1~0.2 μm 이므로, 기존에 바이러스를 모으기 위한 여과 과정에서 거대 바이러스가 제거되었을 것으로 판단된다. 그러나 박테리아를 주로 모은 시료를 대상으로 분석한 데이터베이스에는 미지의 대형/거대 바이러스가 존재할 수 있다. 메타유전체 데이터베이스를 분석한 결과들은 대형/거대 바이러스가 해양에 흔히 분포함을 시사하였다. 모든 미미바이러스의 예측되는 단백질을 모든 가용한 데이터베이스에 대하여 유사도(similarity) 탐색을 해보면, 그들의 가장 가까운 상동 시퀀스의 다수는 사가소 해 환경 시퀀스들의 박테리아 자료세트에서 확인되었다(Ghedin & Claverie, 2005). 예를 들면, 미미바이러스의 ORF (open reading frame) L906 (=acetylcholinesterase와 유사한 유전자)의 상동 유전자는 대부분이 박테리아 기원성인 사가소 해 환경 자료 세트에서 많이 발견되었다. 미미바이러스 그룹에 속하는 대형 바이러스는 해양에서 파아지 다음으로 큰 그룹이며, 다양한 해양 환경에(즉, 연안, 염하구, 고염, 외양 등) 미미바이러스 그룹에 속하는 많은 시퀀스들이 존재함을 시사하였다(Monier et al., 2008). 해양에 아직까지 알려지지 않은 대형/거대 dsDNA 바이러스들이 많이

5) Baudoux & Brussaard (2005)는 바이러스 유전체의 크기가 > 175 kb인 경우 대형(large) 유전체로 표시하고, 두부의 크기가 100 nm보다 큰 바이러스를 대형 바이러스로 기술하였다. 미미바이러스가 포함된 거대 바이러스는 280 kb 이상의 유전체 크기를 가지며(Claverie et al., 2006), 직경이 200 nm에 달한다.

있을 것으로 보인다.

미미바이러스에 대한 연구 보고는 바이러스가 진핵생물의 진화·출현에 기여했을 것인가에 대한, 그리고 대형 DNA 바이러스의 기원과 다양성에 대한 논의를 불러 일으켰다. 미미바이러스 유전자들의 진화계통적 분석 결과, 미미바이러스 계열은 3개의 역(域, domains; 박테리아, 아키아, 진핵생물)의 세포 생물체들로 각각 나뉘지기(individualization) 전에 출현했을 가능성이 제시되었다(Raoult et al., 2004). 반면에, Koonin (2005)은 미미바이러스의 조상들(ancestors)은 진핵생물 숙주, 내부공생 박테리아, 그리고 아마도 다른 바이러스로부터 유전자들을 얻은 것 같다고 주장하였다. 약 30개의 보존된 NCLDV (nucleocytoplasmic large DNA virus, 핵세포질 대형 DNA 바이러스) 유전자들은 진핵생물 바이러스 외에선 발견되지 않으므로, Koonin은 NCLDV가 진핵생물보다 더 오래되지 않다고 제안하였다. NCLDV 조상이 진핵생물 진화의 매우 초기 단계에(즉, 진핵생물의 주요 계열이 발산[radiation] 하기 전에) 존재했을 가능성도 있다(Koonin, 2005). 이러한 논의는 대형/거대 바이러스에 대한 더 많은 자료가 있어야 해결될 것으로 판단된다.

5.7 숙주-바이러스 상호작용(host-virus interaction)

바이러스는 독력(virulence) 유전자를 이전(transfer)함으로써 박테리아의 병인생성(bacterial pathogenesis)에 중요한 역할을 한다. *Vibrio cholerae*가 좋은 예인데, 원래는 독성이 없는 *V. cholerae*가 VPI-파아지에 의해 감염되면 VPI-파아지가 인코딩하는 선모(pilus)를 만들고, 이는 CTX-파아지가 부착하는 장소를 제공하게 된다. VPI-프로파아지에 CTX-파아지가 삽입되어 독성을 갖는 *V. cholerae* 균주가 만들어지게 된다. 이러한 현상을 파아지 전환(phage conversion)이라고 한다. 또한 바이러스는 광합성, 황 대사(metabolism), 탄소 대사를 포함하는 대사 유전자들을 형질도입(transduction)에 의해 가질 수 있다. 형질도입이 해양에서도 10^8 바이러스당 1번 꼴로 발생한다고 가정하면, 초 당 약 2×10^{16}의 개체간 유전자 이전이 발생할 것으로 계산된다. 물론 자연에서는 이보다 낮은 효율로 일어난다고 해도, 바이러스는 여전히 유전자 전달의 중요한 벡터(vector) 이다. 그러므로 숙주를 감염하는 동안 이들 유전자의 발현을 통해 생지화학적 순환과 생태계 생산에 직접 영향을 주게 된다. 완화 파아지가 풍부한(enriched) 바이러스체들(viromes)보다 용균 파아지가 풍부한 바이러스체에서 대사 및 막 수송(membrane transport) 기능이 약 5~9배 더 많은 것으로 나타났다(Brum et al., 2016). 이들 유전자는 자원이 제한될 때에 바이러스 복제를 높이려는 목적으로 숙주의 대사 과정을 변경(modify)하는 기능을 한다.

*Synechococcus*와 *Prochlorococcus*를 감염하는 파아지들에서 시아노박테리아 기원의 광합성 유전자들이 발견되었다(Mann et al., 2003; Lindell et al., 2005). 감염된 *Prochlorococcus*에서 파아지의 광합성 유전자가 발현되고, 파아지의 캡시드 유전자와 함께 전사됨이 보고되었다(Lindell et al., 2005). 빛을 차단하거나 DCMU[6]를 첨가하여 광합성을 억제하면, 파아지의 복제가 각각 4배와 2배 감소하였다. 이러한 사실은 연속적인 광합성이 최대의 파아지 복제에 필요함을 시사하였다.

감염된 동안 숙주 유전자들(*psbA*와 *hli*[7])의 전사는 감염 4시간 후에 거의 멈추었으나, 감염된 세포에 있는 거의 모든 *psbA* 전사물들(transcripts)은 파아지에서 전사되었다. 감염 사이클 동안 파아지 광합성 유전자들의 발현은 숙주의 대사를 보충하여(Lindell et al., 2007), 후손(progeny) 파아지들이 방출될 때까지 숙주에게 충분한 에너지를 공급하려는 것으로 보였다. 이후의 연구들은 광합성 유전자들이 시아노파아지 유전체에 흔히 존재하고, 유전자 교환이 숙주에서 파아지로 파아지에서 숙주로, 그리고 파아지 유전자 풀(pool)에서 일어남을 보고하였다.

식물플랑크톤의 경우에도 바이러스에 감염된 동안, 바이러스는 숙주의 영양염 획득을 조정하여 바이러스에게 유리하도록 하고, 그 결과 숙주의 생리와 생태에 변화를 가져오게 할 것으로 예견되었다. 숙주에서 유래된 암모늄 수송자(Amt)가 *Phycodnaviridae* 과의 대형 바이러스 OtV6의 유전체에서 확인되었다(Monier et al., 2017): 대형 바이러스에서 발견되어 vAmt라고 명명되었다. vAmt는 *Ostreococcus* 종들의 Amt에 가깝게 연관되어 있어서, 숙주로부터 유래된 것으로 추정되었다. 그리고 암모늄 수송자가 없는 효모(*Saccharomyces cerevisiae*)에 형질전환(transform)시켜서, vAmt가 기능적인 암모늄 수송자임이 확인되었다.

바이러스 OtV6는 식물플랑크톤 군집에 흔한 구성원인 단세포성 녹조류 *Ostreococcus tauri*를 감염한다. vAmt를 인코딩하는 유전자는 오직 OtV6 바이러스에 감염된 세포에서만 발현됨이 확인되었다. 효모에서 vAmt에 의한 다른 질소 기질들의 이용 범위를 조사한 결과, OtV6 바이러스 감염은 숙주로 하여금 다양한 질소원들을 이용하게 한다는 것이 밝혀졌다.

메타유전체학은 해양 생태계에서 바이러스의 생태적 역할에 대한 이해, 바이러스 유전자와 유전체의 다양성에 대한 이해의 확대는 물론, 바이러스와 숙주 간 상호작용 기구(機構)에 대한 이해의 확대를 가져왔다. Roux et al. (2016)은 우점적 바이러스 클러스터의 숙주를 예측하기 위해서 1) 바이러스 유전체 시퀀스와 숙주의 CRISPR 스페이서들 간의 유사도, 2) 통합된(integrated) 프로파아지나 유전자 이전(transfers)에 기인한 원핵생물 유전체와 바이러스 유전체 사이의 유사도, 그리고 3) 바이러스와 숙주 유전체의 뉴클레오티드 표지(signature) 사이의 유사도를 조사하였다(5.5절 참조). 바이러스에 의해 코딩되는 보조적 대사 유전자들(AMGs, auxiliary metabolic genes)이 243개가 확인되었고, 그 중 148개는 알려지지 않은 유전자(unknown)들이었다. 황과 질소 순환에 관련된 몇 개의 바이러스 AMGs의 특징을 규명한 결과, 어떻게 이들 바이러스가 직접 숙주의 대사를 조종하는가에 대한 새로운 생물학적 통찰이 얻어졌다: 감염하는 동안 파아지는 숙주 대사의 경로를 새

---

6) 3-(3,4-dichlorophenyl)-1,1-dimethylurea; PSII에서 PSI으로의 전자 흐름 억제제.

7) *psbA* 유전자는 'photosystem II core reaction centre protein D1'을 인코딩한다. D1 단백질은 빛에 유도되는 손상에 의해 빠르게 회전(turnover)된다. 지속적인 광합성을 위해선 D1 단백질의 생합성이 필요하다. 고광도-유도성(high-light-inducible, *hli*) 단백질은 과도한 빛 에너지를 소산시켜 광-손상으로부터 광합성 기구를 보호한다.

로운 바이러스 입자를 최대한 생산하도록 변경하는 AMGs를 발현할 수 있다. 또한 SUP05 (γ-프로티오박테리아)를 감염하는 파아지는 Dsr 유전자를 코딩하며, 산소-최소 대역과 열수 분출공에서 숙주의 황 대사에 영향을 줄 수 있는 것으로 시사되었다(Roux et al., 2014).

5.8 바이러스의 기원(origin) 및 진화

바이러스는 자신의 유전체를 바이러스 입자(virion) 안으로 패키징(packaging)하는, 절대적인 세포내 유전적 기생체(parasite)이므로, 생명(life) 진화의 전체 과정은 실제로 바이러스-숙주 공동진화의 역사라 할 수 있다. 따라서 바이러스의 기원을 이해하는 것은 중요하다(Krupovic et al., 2019): 바이러스 입자에 취합되는(incorporated) 유전체에는 여러 핵산 형(예, ssRNA, dsRNA, ssDNA, dsDNA)들이 있고, 바이러스는 복제와 발현(expression)의 모든 가능한 책략을 효율적으로 사용한다. 이러한 바이러스 유전체의 다양성은 바이러스 세계(world)가 진화의 세포 이전(precellular) 단계로부터 직접 유래되었을 가능성을 시사한다.

바이러스의 기원에 대해서 기존에 세 개의 시나리오가 고려되어 왔었다: 원시(primordial) 세포 이전의 유전 인자들(elements)로부터의 후예(또는 바이러스 선행['virus early'] 가설), 세포성(cellular) 조상들로부터 환원적(reductive) 진화, 그리고 세포성 숙주들로부터 유전자들의 탈출(escape, Krupovic et al., 2019): 바이러스 선행 가설에 따르면 바이러스는 생명 진화의 세포이전 단계에서 존재하던 첫 복제단위(replicon)들의 직접적인 후예들이다. 환원적 바이러스 기원 가설은 바이러스가 조상 세포들의 퇴화(degeneration)를 통해 나타났고, 절대적 세포내 기생을 취하였다. 원생생물을 감염하는 거대 바이러스는 환원적 바이러스 기원 가설의 부활을 고무하였다. 탈출한 유전자들 시나리오에서 바이러스는 여러 세포성 생물체들에서 다중의 독립된 경우에서 자율적이며 이기적인 복제와 감염 능력을 획득한 숙주의 유전자들로부터 진화한 것으로 본다. 이 가설의 최근 버전(version)은 최초의 바이러스들은 현대 세포들에서가 아니고 마지막 보편적인(universal) 세포 조상을 앞서는 원시 세포들에서 탈출했다고 가정한다. 그러나 이 시나리오들은 바이러스 유전체 복제와 형태생성(morphogenesis)에 관여하는 두 개의 핵심적인 기능 모듈(module)들의 기원을 설명하지 못하였다.

Krupovic et al. (2019)은 최근의 종설에서 가장 흔하고 다양한 그룹의 바이러스들의 복제 및 형태생성 모듈들의 기원들에 대한 증거를 살피고, 바이러스 복제 기구(machinery)는 유전 인자들의 원시적 풀(pool)로부터 나타났고, 구조 단백질들은 진화의 여러 단계에서 숙주들로부터 획득되었다고 제안하여 바이러스의 키메라 기원을 제안하였다: 즉, 바이러스들의 기원은 두 단계 과정이며, 여러 형(type)의 원시의 이기적 복제단위들(selfish replicators)이 최초의 세포성 생명 형태들 이전에 출현한다. 그리고 세포성 생물체들로부터 캡시드 단백질 유전자들을 가입(recruit)하여, 이기적 복제단위가 바이러스 입자들을 형성할 수 있게 된다. 지속된 진화와 세포성 유전자들의 채택은 바이러스권(virosphere)의 다양화에 더욱 기여한다.

바이러스의 기원을 탐구하기 위해서는 바이러스에 특이적인 핵심 기능에 관여하는 핵심 바이러스 유전자들(즉, 복제 모듈과 형태형성 모듈의 유전자들)의 기원을 조사할 필요가 있다. 바이러스와 세포성의 복제 모듈들은 조상의 RNA-인식 모티브(RNA-recognition motif, RRM)로부터 진화된 것으로 생각된다. Krupovic et al. (2019)은 세포성 생명의 모든 형태에 출현하는 RRM은 진화한 가장 초기 단백질 도메인(domain)들 중의 하나이고, RNA와 DNA 복제의 초기 진화와 기원의 중심이었다고 가정한다.

주요 바이러스 입자 단백질들이 세포성 조상들로부터 기원한 것으로 보여지나, 대부분의 바이러스 캡시드 단백질들은 숙주 세포 단백질들 사이에서 즉각 검출될 수 있는 상동체들(homologues)을 갖지 않는다. 최초의 캡시드 단백질들은 탄수화물 결합 또는 핵산 결합 단백질들을 세포들로부터 가입한 결과로서 진화했을 것으로 생각된다(Krupovic et al., 2019).

지금까지 연구된 바에 의하면, 모든 미부를 가진 파아지는 주요 캡시드(major capsid) 단백질에 HK97 폴드(fold, 하나의 조립 단위임)를 사용한다(Davidson et al., 2012): 또한 미부가 있는 아키아 바이러스의 MCP (major capsid proteins)는 모든 미부가 있는 파아지와 진핵생물 herpesvirus에서 발견되는 HK97과 유사한 폴드(=형태, topology)를 갖는 것이 발견되어, 모든 3개 역(도메인)의 바이러스에 만연함이 시사되었다. 이러한 사실은 이들 미부를 가진 파아지들의 두부 구조(head structure)가 모두 공통된 원시의 파아지 두부(head)로부터 진화하였음을 시사한다.

전자현미경으로 관찰된 5,500개 파아지의 조사 결과 약 95%가 미부를 갖고 있는 것으로 나타났다. 미부를 만드는 대사 비용과 복잡성에도 불구하고 미부를 가진 파아지의 우세는 미부가 파아지에게 상당한 진화적 이점을 제공함을 의미한다(Davidson et al., 2012): 파아지의 미부와 유전체 크기를 함께 고려하면 흥미로운 결과가 나온다. 미부가 있는 파아지의 유전체 평균 크기는 62,000 bp인데, 미부가 없는 파아지의 유전체 평균 크기는 7,300 bp이다. 미부가 없는 파아지의 어떤 것도 유전체의 크기가 15,000 bp를 넘지 않았다. 이러한 사실은 파아지의 큰 유전체를 갖기 위해서는 미부가 필요하다는 것을 시사한다. 파아지가 큰 유전체를 갖는다는 것은 자연 환경에서 파아지의 생존에 중요한 이점(advantages)이 되거나 또는 용원(lysogen)을 형성 시에 숙주에게 적응도를 증가시킬 것으로 보여 파아지에게 진화적 이점을 제공할 것으로 보인다.

미오파아지는 시포파아지로부터 진화했을 것으로 추정된다. 외피(sheath)와 수축성 기구(contractile mechanism)가 후에 원시의 보다 단순한 시포파아지 비수축성 미부에 첨가되어 미오파아지가 만들어진 것으로 추측된다(Davidson et al., 2012). 미오파아지는 수축성 미부를 갖고 있고, 외피도 갖고 있다. 아마도 미오파아지들은 그램-음성 박테리아에서 출현하여 퍼졌고, 그 후에 수평 유전자 이전(horizontal gene transfer, HGT)을 통해 그램-양성 박테리아로 퍼진 것으로 생각된다. 미오파아지들이 시포파아지를 추월하고 있는 과정 중인 단계에 있고, 언젠가는 지구상에서 우점적인 파아지 그룹이 될 것으로 추정된다(Davidson et al., 2012). 그리고 DNA 주입(injection) 성능을 향상시킨 것으로 추측된다. 미오파아지 유전체는 평균 110 kbp이다. 미오파아지 유전체의 60% 이상이 60 kbp보다 크다. 미오파아지가 일반적으로 상당히 큰 유전체를 지니는 능력은 박테리아로 큰 유전체를 전달하는 데 있어서 수축성 미부 설계의 우월함에 기인하는 것 같다.

제 6 장

생지화학적 순환

지구는 한정된 양의 물질을 갖고 있는 닫힌 계(system)이며, 물질은 수권(hydrosphere), 암석권, 대기권과 생물권(biosphere) 사이에서 순환한다. 미생물의 대사는 이들 권 사이에서 생지화학적 순환을 추진한다. 미생물에 의한 원소들의 산화–환원 변환은 생지화학적 순환과 지구적 규모에서 생태계 기능에 지대한 영향을 준다. 생지화학적 순환에서 미생물의 역할을 이해하는 것은 현재와 미래의 환경 조건에서 생태계의 기능을 예측하는 데 있어 극히 중요하다. 해양 생지화학적 순환에서의 미생물의 역할에 대한 이해는 지난 40년 동안 많은 발전이 이루어졌다(그림 6–1 참조). 아래에서 각 단계에 대해 상세하게 소개한다.

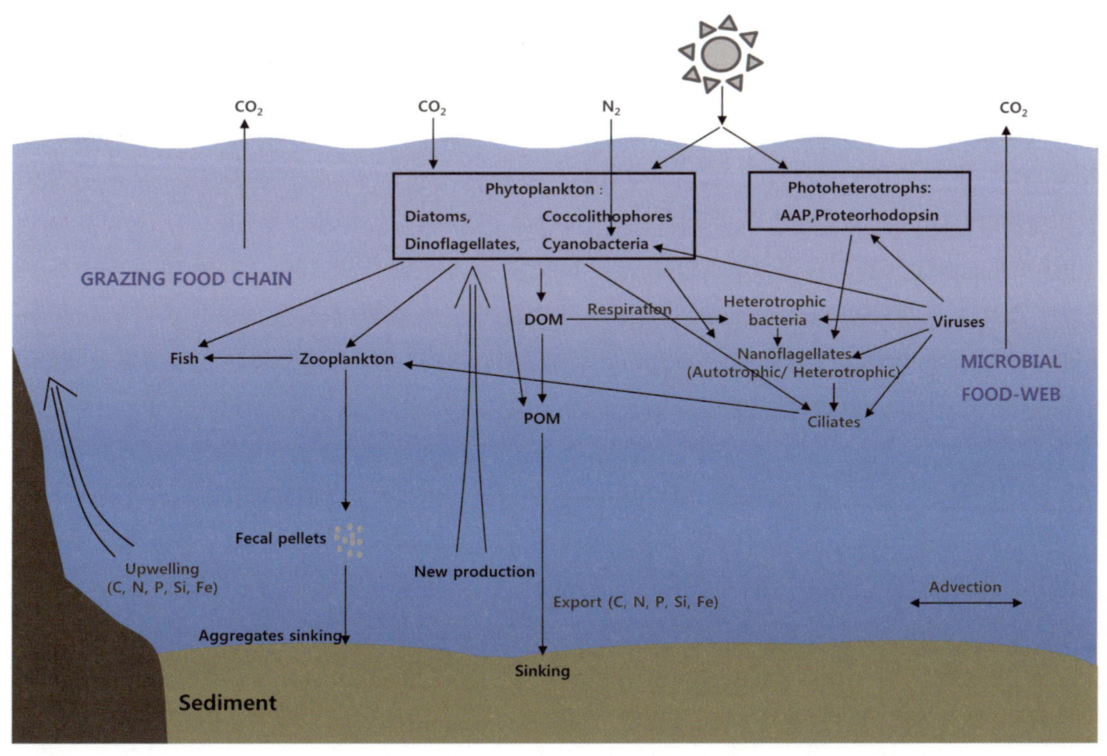

그림 6–1 해양의 주요 생지화학적 순환 모식도. AAP; aerobic anoxygenic phototrophs.

지구의 일차 생산의 절반은 해양에서 발생한다(Field et al., 1998). 그리고 전 지구적으로 볼 때, 해양에서 박테리아 생산은 일차 생산의 50%에 해당한다고 추정된다(Ducklow, 2002). 이는 일차 생산의 상당 부분이 여러 기구(機構)에 의해 용존 유기물(dissolved organic matter, DOM)로 바뀜을 의미한다. DOM은 거의 전적으로 종속영양 박테리아와 아키아에 의해 이용된다. 먼저 DOM의 구성 성분들, 생성 기구(機構)들 및 특징들에 대하여 이해한다.

6.1 용존 유기물

전통적으로 DOM과 POM (particulate organic matter)은 기공(pore)의 크기가 0.45 μm인 필터로 해수를 여과할 때 여과된 유기물은 DOM, 필터에 모아진 유기물은 POM으로 구분된다. 해양에 존재하는 용존 유기탄소(DOC)는 총 6,620억 톤(=662 Pg C)으로 추정되며, 해양 생물 탄소량의 200배 이상을 보유한다(Hansell et al., 2009): 외양에서 DOC의 농도는 약 34~80 μmol kg^{-1}이며, 70~80 μmol kg^{-1}의 높은 값은 열대와 아열대 해역에서 발견된다. 해양의 DOM은 지구상의 유기탄소 저장소로서 활성이 큰 저장소 중의 하나이다. 따라서 DOM의 순환(생성 및 소비) 과정과, 그 속도를 아는 것은 해양의 생지화학적 순환과 대기의 이산화탄소 농도 변화를 이해함에 있어서 중요하다.

해양에서 DOM은 미소조류에 의한 배출(exudation), 세포 용해(cell lysis; 바이러스에 의한 사망 포함), 입자에 부착한 박테리아의 효소활동도에 의한 유기물 분해, 원생동물의 섭식(DOM과 재생된 무기물을 포함한 식포의 배출[egestion])과 같은 기구(機構)에 의해 생성되며, 이러한 DOM 열점(hotspot)은 짧은 시간에 발생한다. 식물플랑크톤은 응축된 다당류(condensed polysaccharide) 입자들을 세포외방출(exocytosis)에 의해 배출하며, 다당류 입자들은 해수에서 겔들을 형성한다고 알려져 있다(Chin et al., 2004). 바이러스의 감염은 해양 표층에서 매일 약 100~173억 톤의 탄소를 배출하는 것으로 추정되며(viral shunt로 알려짐), 전 지구적 탄소 순환에 직접 영향을 준다(Danovaro et al., 2008). 바이러스의 분해(decomposition)는 심해 환경에서 하나의 중요한 영양분의 원(源)임이 제시되었다(Dell'anno et al., 2015).

용존 유기물은 고분자와 저분자로 나뉘며, 저분자 용존 유기물은 단위체(monomer)를 포함하고 분자량이 1,000달턴(dalton, Da) 이하로 용존상태에 있다. 고분자 용존 유기물은 중합체와 소섬유들(fibrils)을 포함한다. 유리 중합체들(free polymers)은 소수성 표면에서 배열(alignment)하여 콜로이드성의 유리(free) 소섬유를 형성하는 것으로 생각된다. 유리 소섬유는 겔화(gelation)와 어닐링(annealing)에 의해 나노겔(nanogel; nm 수준의 크기, 10~20 kDa)과 마이크로겔(μm 수준의 크기)을 형성하게 된다. 나노겔과 마이크로겔이 응집(aggregation)하여 기공성의 네트워크(porous networks)를 갖는 마크로겔(macrogel; μm 수준에서 mm 크기까지)과 TEP (transparent exopolymer particles, 투명 세포외중합체 입자)를 만든다고 본다. 일부의 마이크로겔 그리고 대부분의 마크로겔과 TEP(마크로겔의 일종)은 POC에 포함된다:

유리 중합체(free polymers)들의 배열 → 유리 소섬유들의 겔화 및 어닐링 → 나노겔, 마이크로겔의 응집(aggregation) → 마크로겔과 TEP 형성.

해수에는 크기가 약 10 nm인 콜로이드는 ml당 10^8개(Koike et al., 1990; Wells & Goldberg, 1992), 섬유들(fibers)은 ml당 10^4개, 길이가 100 μm까지 긴 점액성 판(sheet)과 다발(bundle)은 ml당 10^3개가 있다는 것으로 보인다(Verdugo et al., 2004; Chin et al., 1998). 해양에서 모든 DOM의 약 10%(70×10^{15} 그램 탄소)가 겔의 형태로 존재한다고 추산된다(Azam & Malfatti, 2007).

해수의 유기물은 콜로이드와 점액성 판(sheet) 및 다발(bundle)들이 복잡하게 얽혀 있는 거대분자(macromolecular) 네트워크인 투명한 겔들(transparent gels)이 풍부하다. 투명한 겔의 고분자 성분(component)들은 아마도 미생물에서 기원한 듯하다. 겔들은 계면 지역(interfacial area)을 많이 갖고 있고, 전하를 갖는 곳들이 있어 매우 표면 활성적(surface active)이다(Azam & Malfatti, 2007): 겔들은 영양분(nutrients)의 열점으로 보인다. 다양한 DOM의 구성 성분으로 형성된 복잡한 3차원의 유기물 구조는 미생물들이 그 안에서 서로 상호작용을 하는, 그리고 미생물들이 환경과 상호작용을 하는 공간적 상황 조건(context)을 제공한다.

TEP은 alcian blue로 염색을 하여 현미경으로 관찰한 결과 다양한 크기를 갖는(직경이 수~수백 μm) 입자로 밝혀졌다. 해수에는 최대 10^6 l^{-1}로 출현한다. TEP은 전단 응력(shear)에 의해서 세포외 다당류(미생물 기원으로 추정)로부터 생성되며, 한번 형성되면 빠르게 mm 크기의 덩어리(flocs)로 된다(Passow et al., 1994). TEP와 유사한 입자들은 입자성 생중합체(biopolymers)들로 주로 산성 다당류이며 fucose와 rahmnose 같은 데옥시당(deoxy-sugar)들이 풍부하고, 또한 단백질, 지질을 포함한다(Passow, 2002). 보통 원핵생물이 부착된 TEP이 관찰되며, 소비자들에 의한 이러한 입자들의 섭식은 해양계에서 유기물의 흐름에 중요한 경로가 될 것으로 보인다.

해수에 거품을 주입(bubbling)하면 입자가 생성된다는 현상이 발견되었다. 1.0 μm 여과 해수에 거품(foam)을 주입한 결과 구의 직경이 3~51 μm와 동등한 입자들이 생성되며, 거품에 농축되는 것이 발견되었다(Mopper et al., 1995). 흥미로운 사실로는 표면활성 탄수화물(surface-active carbohydrate)들과 입자들이 거품 주입 초기에 (0~0.5 시간) 높은 속도로 추출되었고, 데옥시당과 갈락토스(galactose)가 풍부하였다는 것이다. 그리고 표면활성 탄수화물의 농도는 TEP의 농도와 높은 상관 관계(r^2 = 0.91)를 나타냈다. 이러한 사실은 표면활성 탄수화물이 입자의 끈적함(stickiness)과 TEP의 형성에 중요함을 제시하고, 해양 환경에서 입자의 응집(aggregation)에서 중요함을 시사하였다.

참고로 언급할 것은 마이크로 미만(submicron) 입자들이다. 이는 기존의 에피형광현미경으로는 관찰되지 않았던 입자들로서 박테리아보다도 더 많은 입자의 수가 해수에 존재함이 밝혀졌다. 이들의 화학적 조성에 대해서는 아직 알려져 있지 않으나, 일부 마이크로 미만 입자들의 기원은 아마도 박테리아에 대한 미소편모류의 섭식과 관련이 있는 듯하였다(Koike et al., 1990). 또한 Sieracki & Viles (1992)는 정량적 형광현미경 영상시스템을 이용하여 북대서양의 시료로부터 0.2~1.0 μm 크기 범위에서 두 가지의 뚜렷한 입자군을 측정하였다. 하나는 전형적인 박테리아이며, 다른 하나는 형광이 약하고, 크기가 작으며 수가 많은 입자군이었다. 후자는 생물학적 생산과 관련된 것으로 보였으며, 체사피크만에서 3×10^7 ml^{-1}, 사가소 해에서 4×10^6 ml^{-1}에 분포하였다. 이러한 입자들은 해수 1 ml당 입자의 부피가 박테리아와 같거나 두 배 정도에 이르러서 중요한 탄소의 집소(pool)로 생각된다.

DOM 중 박테리아가 쉽게 이용할 수 있는 화합물은 전체 DOM의 약 5% 이내에 해당되는 것으로 추정되며(Hagström et al., 1984), 주요 화합물은 DFAA (dissolved free amino acids), DCAA (dissolved combined amino acids)와 DNA로 생각된다. 연안 및 염하구에서 수행된 연구 결과는 이들 주요 화합물과 암모늄 이온이 박테리아의 성장에 따른 질소의 요구량을 충분히 충족시키고도 남음을 제시하였다(Jørgensen et al., 1993; Kroer et al., 1994). 이중에서도 DCAA는 가장 중요한 화합물로 나타났으며, 박테리아의 질소 요구량의 42~112%를 충족시켰다. 반면에 DCAA는 박테리아의 탄소 요구량의 10~45%를 충족시켰다. 이러한 결과는 박테리아가 과량의 질소를 이용하며, 세포 밖으로 질소를 방출함을 시사한다. 세포 밖으로 배출되는 질소는 암모니아와 요소가 유력한 화합물로 추정된다(Cho et al., 1996). 또한 퇴적물 내의 요소는 박테리아의 질소 배출에 의해 주로 생성됨이 보고되었다(Pedersen et al., 1993).

Amon & Benner (1994)는 북부 멕시코만에서 규조류의 대발생 동안에 박테리아에 의한 고분자량-DOM (HMW-DOM; 1,000 달턴 ~ < 0.1 μm 크기)과 저분자량-DOM (LMW-DOM; < 1,000 달턴)의 이용[즉, 산소 소비, DOC 감소, 박테리아 생산 측정]을 직접 측정한 결과, 해양 DOM의 대부분은 느리게 순환하며 그리고 미생물에게 비교적 가용하지 않은 작은 분자들로 구성되어 있다고 보고하였다. HMW-DOM에서 LMW-DOM보다 더 높은 박테리아 생산(0.40 대 0.14 μM C h^{-1})이 나타났다. DOC의 소비율은 고분자의 경우 1.46 μM C h^{-1}, 저분자의 경우 0.18 μM C h^{-1}이었다. HMW-DOM에선 순 N의 흡수(uptake)가 있었고, LMW-DOM에선 순 재무기물화(remineralization)가 나타나서, 생물반응성을 나타내는 구성성분들의 조성 차이가 있음을 시사하였다. 즉, HMW-DOM은 높은 C/N 비를 갖고 있으며 다당류가 주성분일 것으로, 그리고 LMW-DOM은 낮은 C/N 비를 갖고 있으며 아미노산이 주성분일 것으로 보였다. 따라서 HMW-DOM의 박테리아 이용은 질소의 가용도에 의해 조절될 수 있음을 시사하였다. 여전히 흥미로운 점은 LMW-DOM(약 1.4 mg C l^{-1})의 화학적 특성은 무엇이며, 왜 LMW-DOM이 전반적으로 난분해성(refractory)인가이다.

BOX 4 탄화수소 순환

탄화수소(hydrocarbon)는 해양에 어디에나 있다. 최근 시아노박테리아가 알칸(alkane)을 생성하며, 죽게 되면 해양에 알칸을 방출하는 것으로 보고되었다. *Prochlorococcus*와 *Synechococcus*는 C15 및 C17 알칸을 생산하여 세포 건량의 0.022~0.368%로 축적시킨다(Lea-Smith et al., 2015): 이들 종들은 2~540 pg 알칸 ml^{-1} d^{-1}의 생산 능력을 갖고 있어서, 전 지구적으로 해양에서 약 308~771×10^6 톤의 탄화수소를 연간 생산하는 것으로 추정된다. 이러한 양은 자연적 누출(seepage)과 인간 활동에 기인한 것보다 훨씬 크다. 자연적 누출과 인간 활동은 서로 비슷한 양으로 원유[1]를 해양에 방출하는 것으로 추정되며, 연간 0.4~4.0×10^6 톤의 원유를 해양 생태계로 방출하는 것으로 추정된다. Deepwater Horizon 원유 유출의 경우 ~0.44×10^6 톤의 원유가 유출되었다.

시아노박테리아는 두 개의 경로를 통해 C15~C19 탄화수소를 합성할 수 있다.[2] 탄화수소 생합성의 경로는 시아노박테리아에 독특하게 보존적인 것으로 나타났고, 다른 박테리아, 식물 또는 조류(algae)에서는 발견되지 않았다(Lea-Smith et al., 2015).

펜타 데칸(pentadecane) 또는 헵타 데칸(heptadecane)과 같은 알칸은 최소한의 원유로 오염된 해역에서 발견된다. 펜타 데칸과 헵타 데칸의 해양에서의 농도는 각각의 용존도인 ~10 pg mL^{-1}와 1 pg mL^{-1}보다 높다. 펜타 데칸과 헵타 데칸의 해양의 표면 온도에서 반감기(half-life)는 0.8~5일이고, 대부분은 생물학적 분해에 의한다. 탄화수소-분해 박테리아는 시아노박테리아가 생산한 알칸을 분해하여 해양 환경에 누적되지 않게 한다(Lea-Smith et al., 2015). 시아노박테리아의 알칸 생산은 탄화수소-분해 박테리아의 개체군을 유지시키는 데 충분한 것으로 보인다.

탄화수소-분해 박테리아는 오염되지 않은 해역을 포함하여 해양계를 통해 발견된다.

절대적 탄화수소-분해(obligate hydrocarbonoclastic) 박테리아는 다른 탄소원들을 이용할 수 없는 종들(*Alcanivorax, Cycloclasticus, Oleiphilus, Oleispira* 및 *Thalassolituus*)을 포함한다. 이들 박테리아는 모든 바다에서 분리되었으며, 퇴적물, 표층 및 심해수에서도 분리되었다. *Alcanivorax* 종은 전형적으로 대형 원유 유출 사건 동안 원유를 분해하는 우점적 박테리아 중의 하나이다. *Alcanivorax* 종은 10^1 – 5×10^3 cells mL^{-1}로 원유에 오염된 해수에 분포하는 것으로 추정된다(Hara et al., 2003).

Acinetobacter, Marinobacter 및 *Pseudomonas* 종들은 조건적(facultative) 탄화수소-분해 박테리아로 탄화수소 외에도 다른 탄소원들을 이용할 수 있고, 유류 오염된 해양 시료에서 검출된다.

흔히 저분자의 DOM이 빠르게 순환하며 전체의 65~80%를 차지하고, 고분자의 DOM은 난분해성인 것으로 생각된다. 고분자 DOM의 화학적 규명 결과, 표층에서는 다당류(polysaccharide)가 주종이며, 심해에서는 치환되지 않은 알킬 및 방향족 구조(unsubstituted alkyl and aromatic structure)가 상당 부분을 차지하는 것으로 나타났다(Amon & Benner, 1994). 심해의 DOM의 평균 연령은

1) 원유(crude oil)는 대략 4개의 범주에 속하는 약 2만 개 화합물들의 복잡한 혼합물이다: 포화 탄화수소(주로 C5~C40 알칸 40~60%), 방향족 탄화수소(20~40%), 레진(resins, 5~20%) 및 아스팔틴(asphaltenes, 1~10%). 환경으로 원유가 배출되면, 포화 탄화수소들이 먼저 박테리아에 의해 분해된다.

2) 하나는 acyl-ACP reductase (FAR)와 aldehyde deformylating oxygenase (FAD) 효소를 통해서 주로 펜타 데칸, 헵타 데칸 및 메틸-헵타 데칸을 생성하는 경로이다. 다른 하나는 polyketide synthase 효소를 통해서 주로 nonadecene 및 1,14-nonadecadiene과 같은 알켄(alkenes)을 생성한다.

4,000~6,000년 정도로 본다.

최근 심해의 DOC를 농축(10배까지)할 경우 박테리아가 생산성이 높은 표층에서 관찰되는 값인 0.4 d^{-1}까지 성장하는 것이 관찰되었다(Arrieta et al., 2015). 농축하지 않은 심해의 DOC 농도에선 박테리아의 성장이 대부분 관찰되지 않았다. 성장 효율은 농축하지 않은 경우 항상 3% 미만이었고, DOC를 농축할수록 증가하는 경향을 나타냈다. 이러한 관찰은 심해 DOC 조성의 대부분이 난분해성이 아님을 시사한다. 즉, 심해의 DOC 농도는 박테리아가 성장하는 데 필요한 문턱(threshold) 농도 부근으로, 불안정(labile) 분자들의 낮은 농도가 심해 DOC의 이용을 제한하는 하나의 주요 요인으로 제시되었다.

사가소 해에서 유광대와 무광대층의 DOC의 계절별 분포 변화를 통해, 겨울에 수층 혼합의 결과 무광대층으로 유광대에 존재하던 DOC의 상당부분이 공급됨이 제시되었다(Carlson et al., 1994). 이러한 DOC의 유동량은 침강하는 입자상의 탄소의 유동량과 비슷하거나 또는 그보다 큰 양으로 추정되었다. 이는 침강하는 입자상의 탄소 유동량과 신생산의 추정치가 일치하지 않는다는 것을 시사한다.

6.2 박테리아 중심으로 본 탄소 순환

탄소 순환에 대한 관심은 최근에 기후 변화, 연안의 부영양화, 남획(over-fishing)과 같은 전 지구적 문제들로 인하여 높아졌다. 해양에서의 물질 순환은 다양한 미생물들의 모든 활동들과 연결되어 있다. 해양의 생지화학적 순환에서 박테리아가 중요한 역할을 담당하는 이유는 1) 다양한 생리적 특성 및 적응 능력을 갖고 있고, 2) 해수에서 생물체로서 그 표면적(bio-surface)이 가장 커서 표면-반응 과정(surface-reactive process)에 중요한 영향력을 갖기 때문이다.

먼저 유광대에서 미생물에 의한 탄소 순환에 대해 알아보자. 유광대 내의 해양 생태계는 복잡하다: 광범위한 생물학적 및 무생물학적(abiotic) 상호작용들이 있고, 탄소 생산과 상위 영양 단계로의 이전 및 재무기물화와 심층으로의 수출(export)이 균형을 이루고 있다. 유광대에서 박테리아와 일차 생산자는 일반적으로 밀접한 연계(coupling)를 갖는 것으로 이해되고 있다. 담수와 해양 생태계(대부분이 연안)에서 수행된 70개의 연구 자료를 종합 분석한 결과는 해양과 수생 환경에서 단위 부피당 박테리아 생산(BP, mg C m^{-3} d^{-1})은 일차 생산(PP)의 20%에 달하며, 아래의 관계식이 나타남이 보고되었다(Cole et al., 1988):

$$\text{Log BP} = 0.8 \text{ Log PP} - 0.46. \quad \text{(식 6-1)}$$

박테리아 생산을 조절하는 것은 일차 생산자 또는 일차 생산자가 생성하는 유기물이므로, 박테리아 생산은 해양 생태계의 예측 가능한 속성(property)이라 할 수 있다. 해양에서 박테리아 생산은 일차 생산(PP)으로부터 추정할 수 있다: 하나는 PP와 BP의 관계식(식 6-1)이고, 다른 하나는 BP/PP 대 해양 표층 수온(SST)의 관계식(4장 참조)이다.

그러나 박테리아와 일차 생산의 관계에서 연계해제(uncoupling)가 나타나는 경우도 보고된다. Newfundland 해역에서 박테리아 생산과 일차 생산이 연결되지 않는 것이 보고되었는데(Pomeroy & Deible, 1986), 이는 해수의 낮은 수온에(섭씨 0도에서 영하 1도 정도) 기인한 것으로, 식물플랑크톤보다 박테리아가 더 예민하게 저온에 의해 성장이 저해되기 때문이었다. 칠레의 용승 해역에서도 연계해제의 예가 보고되었는데, 이는 시간적으로 박테리아의 성장과 일차 생산자의 성장이 일치하지 않았기 때문이었다. 또한 조석 혼합이 강한 목포 근해에서도 봄에 연계해제의 경우가 보고되었으며, 이는 강한 물리적 혼합에 의한 것으로 추정되었다(Cho et al., 1994). 남빙양에서는 식물플랑크톤 대발생 시작과 박테리아 생산 증가 사이의 시간차가 저위도에서 관찰되는 것보다 더 길게 지연됨이 관찰되어, 박테리아 생산과 일차 생산의 연계해제가 나타났다. 남빙양에서 박테리아 생산과 일차 생산이 일시적으로 연계되어도, BP/PP의 비는 저위도에 비해 낮았다. 남빙양에서의 이러한 현상은 낮은 수온에 기인한 것으로 여겨졌었으나, 이후에 기각되었다(Kirchman et al., 2009). 남빙양에서 식물플랑크톤의 대발생 전에 BP/PP의 비가 낮은 것은(BP와 PP가 연계된다 하여도) 용원 사이클을 선택한 파아지가 숙주 박테리아의 대사를 감소시킴에 기인한 것으로 생각되었다(Brum et al., 2016). 그리고 대발생이 시작되는 기간에는 BP와 PP 간에 저위도에 비해 더 긴 지연이 관찰되어 연계되지 않음이 나타났다. 또한 식물플랑크톤 대발생 동안에도 BP/PP의 비는 낮았는데, 이는 용원 유도된 파아지들이 대발생 동안에 성장이 빨라진 박테리아를 공격함에 기인한 것으로 여겨졌다.

이와 대조적으로 동부 지중해에서 박테리아는 일차 생산의 대부분을 이용하였다(Turley et al., 2000). 그리고 대서양의 북위 8도에서 남위 20도의 해역은 박테리아 성장과 호흡의 합이 일차 생산보다 큰 순 종속영양(net heterotrophy) 상태인 것으로 나타났다(Hoppe et al., 2002b). 황해와 동해의 외해역에서도 성층이 형성되는 기간에 순 종속영양 상태이고, CO_2 가스의 순 배출이 있을 것으로 추정된다(Cho et al., 2001; Choi et al., 2005). 이러한 예들은 시간적 또는 공간적으로 유기물의 유입(import)이 있어야 함을 시사한다.

일차 생산자와 박테리아의 성장은 해양 미생물의 먹이망에서 먹이가 되는 입자를 생성한다. 태평양의 빈영양 해역(< 0.1 μg chl *a* l^{-1})에서 박테리아 탄소 생물량이 식물플랑크톤의 탄소 생물량보다 대부분의 경우 1~4배 더 많은 것으로 보고되었다(Cho & Azam, 1990). 박테리아의 C/N 비는 < 4이고 식물플랑크톤의 C/N 비는 6~7이므로, 식물플랑크톤과 박테리아 질소의 합의 75~86%가 박테리아에 있는 것으로 추정되었다. 빈영양 해역에서는 침강하지 않는 박테리아 질소가 생물량

을 우점하므로, 질소의 침강 유동량이 적을 것으로 예상할 수 있다. 반대로 부영양 해역에서는 식물플랑크톤 질소가 우점하므로 더 많은 질소의 침강 유동량이 예상된다. 이러한 시나리오는 빈영양 해역에서 관측된 낮은 신생산(new production), 부영양 해역에서 관측된 높은 신생산과 일치한다(Eppley & Peterson, 1979). 이와 같이 먹이 개체의 크기와 먹이 그물 구조는 광합성에 의해 고정된 유기물(탄소)의 어느 정도가 상부 혼합층 아래로 침강할 것인가를 결정하는 중요한 요소이다. 그러므로 섭식자들의 먹이에 일차 생산자가 혹은 박테리아가 우점하는가는 먹이그물 구조, 영양염 순환 및 침강 유동량에 영향을 줄 것이다.

6.2.1 침강 유기물 입자와 박테리아

해양 생물이 어떻게 일차 생산을 이용하는가에 따라 해양에서 탄소 유동량(flux)의 시공간적 패턴이 형성된다. 즉, 일차 생산 중 얼마가 상위 영양 단계로 전달되고, 얼마가 호흡(respiration, R)으로 전환되며, 얼마가 심해로 수출(export, E)되는지가 중요하며, 다음과 같은 식이 얻어진다:

$$E = PP - R \quad \text{(식 6-2)}$$

해양에서 CO_2가 광합성에 의해 유기 탄소로 바뀌고, 침강 입자들에 의한 수출과 표층 DOC의 수직 혼합을 포함하여 유광대에서 해양의 내부로 탄소를 수출하여 마침내 심해에 격리되는(sequestered) 과정들의 합을 생물학적 펌프(biological pump)라고 한다. 수심 증가에 따라 수출된 DOC의 기여는 POC 수출에 비해 감소한다(Hansell et al., 2009). 펌프의 세기는 플랑크톤 군집 조성과 연관성이 있고, 위에서 본 바와 같이 일차 생산과 재무기물화에 의해 조절된다. 생물학적 탄소 펌프에 관여하는 주요 분류군들은 일차 생산자 중에서는 규조류가 흔히 중요한 것으로 알려져 있고, 작은 극미소플랑크톤은 표층의 섭입(subduction)을 통해 직접적으로 또는 침강하는 더 큰 입자들에 응집(aggregating)하여 간접적으로 기여하는 것으로 생각된다. 종속영양생물들 중에서는 요각류(crustaceans)와 같은 동물플랑크톤이 빠르게 침강하는 분립(fecal pellets)을 생성함으로써 탄소 유동량에 영향을 주는 것으로 알려져 왔다.

표층대(epipelagial)로부터 수출되는 탄소량은 전 지구적으로 매년 27.5 Pg[3] C으로 추산된다(Del Giorgio & Duarte, 2002).

플랑크톤 호흡의 대부분은 박테리아의 호흡이 차지하기 때문에, 박테리아 호흡을 산정하게 되면 심해로 침강하는 탄소 유동량을 추정할 수 있게 된다. 또한 침강 유동량(sinking flux)은 현장에서 퇴적물 트랩(sediment trap)을 설치하여 측정할 수 있다. 일차 생산(PP)과 침강 유기탄소 유동량 간에 관계식들이 얻어졌다. 그 중 몇 개의 예를 들면, Suess (1980) 관계식은 아래와 같다:

$$F_C = PP/(0.0238Z + 0.212) \quad \text{(식 6-3)}$$

---

3) Pg (= Peta gram)은 10^{15} 그램, Tg (= Tera gram)은 10^{12} 그램, Gg (= Giga gram)은 10^{9} 그램.

여기서 Z는 퇴적물 트랩이 설치된(moored) 곳의 수심(> 50m)이다. F_C는 수심 Z에서의 침강 유기탄소 유동량이고, 단위는 g m^{-2} y^{-1}이다. 수심의 단위는 미터(m)이다.

Betzer et al. (1984)의 침강 유기탄소 유동량 모델은

$$\log F_C = \log A + a \log Z + b \log PP \quad \text{(식 6-4)}$$

여기서 logA = −0.388, a = −0.628, b = 1.41 이다. 단위는 g m^{-2} y^{-1}이다. 수심의 단위는 미터이다.

Pace et al. (1987)의 모델은 침강 유기질소 유동량(F_N)과 일차 생산과의 관계식도 포함한다:

$$F_C = 3.523\ Z^{-0.734} PP^{1.000} \quad \text{(식 6-5)}$$

$$F_N = 0.432\ Z^{-0.843} PP^{1.123} \quad \text{(식 6-6)}$$

여기서 Z는 유광대 아래에서 수심 2,000m 사이에 국한된다. 단위는 mg m^{-2} d^{-1}이다. 수심의 단위는 미터이다.

해양의 내부(또는 중층대)의 탄소 순환에서 박테리아의 생지화학적 역할의 중요성이 알려졌다. 태평양 환류와 남가주 연안 해역에서 중층대로 공급되는 탄소의 이용에 있어서 중층대의 박테리아가 매우 중요한 역할을 하는 것으로 보고되었다(Cho & Azam, 1988a). 유광대 아래로부터 중층대에 달하는 구간 내에서 적분된 박테리아 생산은 일차 생산의 17~40%에 해당하였다. 또한 이와 같이 적분한 박테리아 생산을 중층대로 유입되는 침강 유기 탄소량과 비교함으로써, 중층대 수층에 존재하는 독립생활형의 박테리아가 중층대로 유입되는 대부분의 탄소량을 이용하는 것으로 나타났다. 이는 침강하는 입자들에 부착한 박테리아가 매우 높은 세포외효소 활동도(exoenzyme activities)를 갖고 있어 입자들을 가수분해하여 DOM을 생성하고, 생성된 DOM이 주변 수층으로 배출된다는 것을 시사하였다. 이러한 가설은 중층대 현장에서 채집한 해설(marine snow)에 대하여 효소 활동도를 측정함으로써 입증되었으며(Smith et al., 1992), 해설에서 glucosidase를 제외한 가수분해효소들(예, 키틴 분해효소, 단백질 분해효소, 지질 분해효소, 포스파타제)의 발현은 주변 해수에 비해 높았다. 침강하는 해설의 C:N 비와 C:P 비가 증가할 것이 예측되었다(Azam & Malfatti, 2007).

중층대 내 탄소 순환에서의 박테리아의 중요한 역할은 남극 해역에서 직접 침강 유동량과 중층대 내의 박테리아 생산을 측정하고, 중층대 구간에서 적분한 박테리아 생산 값과 비교하여 확증되었다(Simon et al., 1992).

BOX 5 해설(marine snow)

지름이 0.5 mm 또는 그보다 큰 해양성 무정형의 응집체(aggregate)를 해설이라고 부른다. 해설의 형성은 해양에서 두 가지 주요 경로를 통해 일어난다. 먼저 동물플랑크톤 특히 유형류(larvaceans), 익족류(pteropods), doliolids는 버려진 점액성 섭이망(discarded mucus feeding webs)으로써 또는 응집 분립(flocculent fecal pellets)으로써 응집체를 생성한다. 두번째 경로에서는 0.5 mm보다 큰 해설은 주로 수층에 있는 입자들의 충돌과 곧 이어서 작은 입자들의 부착에 의해 형성된다. 남가주 해역에서 해설의 수도는 0.2~1.7 l^{-1}로 분포하였다(Alldredge & Gotschalk, 1990). 해설은 4종류가 있으며, 유형류의 집(larvacean houses), 규조류 엉김물(flocs), 분변(fecal) 응집체, 잡다한 데브리스(debris)와 유기쇄설물(detritus)의 응집체가 있다. 한 정점에서 발견되는 응집체들의 95% 이상은 같은 형태의 것으로 관찰되었다.

해설은 식물플랑크톤, 박테리아, 미소편모류, 원생동물 등 풍부한 미생물 군집들을 갖고 있으며, 주변 해수에 있는 미생물 군집의 농도보다 10^2~10^5배 높다. 해설에 있는 박테리아는 그 개체 밀도가 10^8~10^9 ml^{-1}에 달한다. 대형응집체(macroaggregates)에 부착한 원핵생물은 전체 원핵생물 수의 3%에, 소형응집체(microaggregates)에 부착한 원핵생물은 전체 원핵생물 수의 4%에 해당한다(Bar-On et al., 2018). 해설에 부착한 원핵생물의 조성은 부유성 원핵생물과는 분류학적으로 다르다.

해설은 일차 생산에 보통 2% 이하로 기여한다. 직접적으로 식물플랑크톤성 기원인 새로 형성된 해설의 경우 일차 생산에 기여하는 것으로 보인다(Alldredge & Gotschalk, 1990). 박테리아는 해설에서 3배 이상 더 빠르게 자라나 (주변 해수에 비해), 총 박테리아 수와 생산에 있어서 1% 미만의 기여를 한다. HNF는 해설의 주변에서 높은 농도로 발견되며, 주변 해수에서와는 다른 군집을 형성한다.

또한 중층대에서 박테리아 조절자로서의 HNF 역할이 추정되었고, 그 후 동해 중층대에서 HNF의 박테리아 섭식 연구 결과, 대체로 박테리아 생산과 HNF에 의한 박테리아 섭식이 연계되는 것으로 나타났다(Cho et al., 2000). 또한 무광대로 침강하는 입자들에 부착된 박테리아들의 많은 부분이 바이러스에 의해 감염된 사실이 보고되었다(Fuhrman, 1999).

중층대 이하의 심해에 해당하는 구간은 산소의 소비가 거의 검출이 되지 않는 곳으로, 매우 미약한 미생물의 활동이 예상된다. 그러나 심해의 퇴적물에 가까운 경계층(boundary layer)과 퇴적물 표면에서는 다시 증가된 미생물의 활동도가 검출된다(Smith et al., 1987). 심해 퇴적물의 표면에서 매우 신선한 해설이 발견되었고, 이들의 빠른 분해가 관찰되었다(Lotke & Turley, 1988).

심해 해양저(deep sea floor)에서 유기물의 이용에 대한 이해는 주로 저서 산소 요구량(benthic oxygen demand) 측정과 침강 입자의 탄소 유동량 연구에 의해서 많이 이루어졌다. 이에 대한 연구 결과, 태평양에서 대부분의 심해저는 시간에 따른 변화가 상당히 있는 환경으로 밝혀졌다. 즉, 표층의 일차 생산의 변화가 심해저의 산소 요구량의 변화에 반영되어 나타난다. 이러한 두 환경이 밀접한 관련성을 갖는다는 것은 수층을 통해 심해저로 빠른 수직적 물질 이동의 결과이다. 한편 빈영양 해역인 대서양의 버뮤다(Bermuda) 해역에서 Sayles et al. (1994)는 심해저로 입자상 유기물 유동량이 계절적인 큰 변화를 보였음에도, 심해저의 산소 요구량은 별로 변하지 않음을 발견하였다. 이는 심해저로 유입되는 유기물의 질과 관련이 있는 것으로 추정되었다. 즉, 비교적 낮은 분해속도(K < 1 yr^{-1})를 갖는 유기물이 유입되면 산소 요구량의 변화가 별로 나타나지 않는다.

지금까지 언급된 내용들은 해양 생태계의 몇 개의 구성 요소들에 대한 관찰들에 기반한 것으로, 전체 플랑크톤 생태계에 대한 분석이 요구되었다. Tara 대양 탐사 동안, 전 지구적 대양 규모에서 해양 환경 자료, 수중 영상 탐사기(underwater vision profiler)에 의해 입자 크기 분포 및 농도 분석(이로부터 탄소 유동량이 계산됨), 그리고 플랑크톤 군집들 전체에 대한 시퀀싱 분석[4]을 수행하여 이에 대한 답을 최근에 얻게 되었다(Guidi et al., 2016): 빈영양성 대양에서 유광대의 특정 플랑크톤 군집들이 150 m 수심에서의 탄소 유동량과 연관성[5]이 있음이 규명되었다. 진핵생물 중에선 요각류, 비광합성의 와편모조류(Dinophyceae), 규조류와 방산충류(Radiolaria)가, 원핵생물 중에선 *Synechococcus*, *Pseudoalteromonas*, *Idiomarina*, *Vibrio*와 *Arcobacter*가, 바이러스에서는 *Synechococcus* 파아지가 연관성이 높은 것으로 나타났다. 예상하지 않았던 분류군들인 방산충류와 피하낭류 기생물들(parasites), *Synechococcus*와 *Synechococcus* 파아지가 중요한 것으로 나타났다.

또한 몇 개의 박테리아와 바이러스 유전자들의 상대적 수도가 탄소 유동량에서의 변이의 상당한 부분을 예측하는 것으로 나타났고, 빈영양성 대양에서 탄소 유동량에 원핵생물과 바이러스가 중요함이 확인되었다(Guidi et al., 2016): *Pseudoalteromonas*, *Idiomarina*, *Vibrio*와 *Arcobacter*의 몇 종들은 진핵생물과 연합하여 있는 것으로 알려져 있는데, 퇴적물 트랩에서 발견되었음이 보고되었다.

통상적으로 바이러스는 유광대에서 세포들을 용균하여 고정된 유기 탄소를 표층 수에 유지시키는 것으로 생각되나(즉, 펌프의 세기를 감소시킴), 콜로이드 입자들의 생산과 응집체 형성을 통해 탄소 유동량을 증가시키는 것으로 시사되었다(Guidi et al., 2016).

6.3 질소 순환

해양의 표층에서 질소 순환은 표층으로 유입 또는 표층에서 유출되는 경로에 따라 크게 용승, 질소고정, 침강의 3 범주가 있다. 그 외의 질소 순환에 관련된 과정들은 일차 생산자에 의한 질소태 영양염의 이용, 유기 질소로부터 암모니아와 요소의 생성, 요소의 분해, 암모니아의 질산화, 그리고 탈질화 반응을 들 수 있다. 질소 순환에서는 유광대와 무광대층으로 구분하고, 두 층 간의 밀접한 연계성을 고려한다(그림 6-1).

---

4) 분석에 사용된 시퀀스 자료로는 총 7.2 Tb (terabases)의 메타유전체 자료와(이는 약 4천만 개의 중복되지 않은 유전자들과 3.5만 개의 원핵생물 및 바이러스와 극미소진핵생물의 OTU에 해당됨), 이외에도 약 13만 개의 OTU에 해당하는 230만 개의 진핵생물 18S rRNA 시퀀스가 사용되었다.

5) 탄소 유동량과 유전체 자료들 사이의 유의한 연관성을 검출하는데에는 '가중 유전자 상관 네트워크 분석'(weighted gene correlation network analysis, WGCNA)으로 알려진 시스템 생물학적 접근 방법이 적용되었다.

6.3.1 일차 생산자에 의한 질소태 영양염의 이용

질산염, 암모니아 그리고 요소는 식물플랑크톤이 이용하는 질소태 영양염이다. 일반적으로 빈영양 해역에서 식물플랑크톤에 의해 이용되는 주요 질소원은 암모니아와 요소이며, 부영양 해역으로 갈수록 질소원으로서 질산염의 중요성이 증가한다. 질소태 영양염의 이용은 전형적인 Michaelis-Menten 식을 따르는 것으로 알려져 있다. 대개의 경우 식물플랑크톤은 암모니아를 선호하는 것으로 알려져 있다. 질산염은 동화되면 결국 암모니아의 형태로 바뀌게 되며, 이 과정에서 에너지가 요구되기 때문이다. 질소의 결핍을 오랜 시간 경험한 식물플랑크톤은 질소가 풍부한 환경에 노출되게 되면 처음의 짧은 시간(대개 3~5분 이내) 동안은 영양염의 급등 흡수(surge uptake) 양상을 나타낸다. 이는 질소가 풍부한 상태에서 성장하며 나타내는 V_{max} 값의 15.4배까지 이르는 것으로 보고되었다(Goldman & Gilbert, 1983; Corhlan & Harrison, 1991). 이러한 현상은 빈영양해역에서 영양염의 농도가 일시적으로 높은 미소환경(microenvironment)에서 식물플랑크톤의 적응에 유리할 것이다. 이러한 현상은 *Thalassiosira pseudonana* 같은 규조류와 *Micromonas pusilla* 같은 극미소편모류(picoflagellate), 그리고 *Synechococcus* 같은 시아노박테리아에서 발견되었다.

최근 해양에서 박테리아에 의한 종속영양 질산염 동화(heterotrophic nitrate assimilation)가 알려지면서, 박테리아에 의한 질산염 동화는 신생산 추정에 영향을 주게 되었다. 종속영양 질산염 동화를 하는 박테리아는 1 ml에 수십 개체 정도가 존재하는 것으로 보고되었고, 표층부터 심해에 널리 분포하며, 질산염의 농도가 높은 수심에서 높은 종속영양 질산염 동화 활동도를 보이는 것으로 나타났다. 바렌츠 해에서 종속영양 질산염 동화과정에 의한 신생산의 기여도는 약 16~40%인 것으로 보고되었다(Allen et al., 2002). 염하구에서 이 값은 90%까지 증가하는 것으로 나타났다(XueXia & NianZhi, 2016).

6.3.2 박테리아에 의한 유기 질소의 이용

전형적으로 이용되는 용존 상태의 유기질소로는 용존 아미노산(DFAA, dissolved free amino acids), DCAA (dissolved combined amino acids), 용존 DNA 핵산 (D-DNA), 용존 RNA 핵산 (D-RNA), 메틸아민(methylamines)등이 있다. 이 중에서 박테리아에 의한 DFAA, DCAA 그리고 D-DNA의 이용에 관한 연구가 많이 시행되었다. DFAA는 해양에서 박테리아 탄소 생산의 5~24%를, 그리고 박테리아 질소 생산의 8~37%를 공급하는 것으로 보고되었다(Simon, 1991). 반면에 연안역에서 DFAA의 세포내 고정률은 1~4 μmol l^{-1} d^{-1}의 범위에 분포하여(Jorgensen et al., 1993), 박테리아 탄소 생산의 39~76%를 충족하였다. 그리고 DCAA가 박테리아 탄소 생산의 10~45%를, 질소 생산의 42~112%를 공급하는 주요 질소원임을 보고하였다. 나아가서 박테리아에 의한 DFAA, DCAA 그리고 D-DNA의 이용은 박테리아 질소 생산보다 더 많은 것이 입증되었다. 즉, 이러한 박테리아에 의한 과량의 질소 이용은 박테리아에 의해 질소가 배출됨을 시사하며(Kroer et al., 1994), 박테리아에 의한 요소의 생성은 한 예라 하겠다(Cho et al., 1996).

D-DNA는 연안역의 표층에서 3~<30 ㎍ l^{-1}의 범위를 나타낸다(DeFlaun *et al.*, 1987; Jørgensen et al., 1993). Turk et al. (1992)은 D-DNA가 인이 제한되는 곳에서 인이 제한되지 않는 곳보다 더 빨리 분해되는 것을 보고했다. 박테리아에 의해 흡수된 D-DNA는 분해되어 인산염 등으로 이용되는 것보다는 핵산으로 유입됨이 시사되었다(Paul et al., 1988). D-RNA는 D-DNA보다 약 10배 정도 더 높은 농도로 해수에서 발견된다(Bailiff & Karl, 1991).

메틸아민은 연안역에서 270 nM의 농도로 존재한다(Jørgensen et al., 1993). 메틸아민은 질소 제한 환경에서 질산화 박테리아와 질소고정 박테리아에 의해 이용되며, 이 경우 암모니아의 첨가는 메틸아민의 이용을 제한하는 것으로 알려져 있다(Glover, 1982). 일반적으로 미생물 성장에 대한 메틸아민의 효과는 복잡한 듯하다. 해수에는 다양한 종류의 용존 유기질소가 존재하며, 박테리아가 어느 기질을 주로 이용할 것인가는 기질들의 상대적 집소(pool)의 크기에 달린 듯하다(Kroer et al., 1994).

6.3.3 박테리아에 의한 요소의 생성

요소는 해양의 재생 생산에 크게 기여하는 주요 질소 화합물이다(Harrison et al., 1985). 남가주에서는 일차 생산의 질소 요구량의 28%가 요소에 의해 충족된다는 보고(McCarthy, 1972)가 있었다. 해양에서는 주로 동물플랑크톤과 어류와 상어 등이 요소를 생산하는 것으로 알려졌었다(Eppley et al., 1973). 그러나 ^{15}N 동위원소 또는 직접 요소 농도의 변화 측정으로부터 미생물 그룹이 요소를 생산함이 밝혀졌다(Slawyk et al., 1990). 이러한 연구들은 박테리아가 해양에서 요소를 생산할 것임을 시사하며, 실제로 요소 생성에 이용되는 화합물들인 알기닌(arginine), 하이포 잔틴(hypoxanthine), 퓨린(purine), 피리미딘(pyrimidine) 등이 해수에 존재한다(Turley, 1985). 만경·동진강 염하구 및 미국의 남가주 해역에서 < 1 μm 여과해수(filtrate)에서 박테리아의 성장에 따른 요소의 생성을 관찰한 결과, 염하구에서는 264~1176 nM d^{-1}의 속도(평균 738 nM d^{-1}, n=4)로, 남가주 해역에서는 평균 58 nM d^{-1}로 나타났다(Cho et al., 1996). 남가주 해역의 요소 생산 평균치인 58 nM d^{-1}는 연구 당시의 일차 생산과 비교시 35~91%까지를 충족할 수 있는 것으로 나타나, 박테리아에 의한 요소 생산이 유광대에서의 질소 순환에 중요할 수 있음을 시사하였다. 특히, 박테리아에 의한 요소의 생산 속도는 박테리아의 성장에 필요한 질소 요구량과 비교시 대개 유사하거나 큰 것이어서, 박테리아가 성장하는 동안에 이용한 DON의 상당부분이 요소로 방출된다는 견해와(Kroer et al., 1994) 일치한다.

중층대에서 질소 순환의 초점은 무광대로 침강하는 입자상의 질소가 어떻게 용존상의 질산염으로 전환되어 다시 유광대로 공급되는가 하는 것이다. 최근까지 침강된 질소는 암모니아를 거쳐 질산화 박테리아에 의해 질산염으로 전환되는 것으로 이해되고 있었다. 실제로 질산화의 최대속도가 수심 100~200m에서 일어나고 있다(Ward, 1987). 중층대에서 박테리아에 의한 요소 분해에 대한 연구 결과(Cho & Azam, 1995)에 따르면, 무광대로 침강하는 입자상의 질소는 박테리아에 의해 상당부분이(침강 유동량의 평균적으로 약 78%수준) 요소로 전환되고, 곧이어 암모니아, 아질산염, 질산염으로의 산화 과정을 거치는 것으로 추정되었다. 따라서 요소의 분해는 질산화 과정에 영향을 미칠 수 있는 것으로 보이며, 신생산의 조절과도 밀접한 관련이 있을 것으로 예견된다.

6.3.4 원생동물에 의한 암모니아와 DOM의 재생

원생동물에 의한 박테리아 섭식은 영양염 특히 질소와 인의 재생(regeneration)에 있어서 중요한 기구(機構)이다. 박테리아는 세포 질량에 비해 핵산과 단백질의 비율이 높아서 생물량의 부피당 높은 질소와 인의 농도를 갖는다. 박테리아를 섭식한 원생동물은 성장에 요구되지 않는 잉여(excess) 영양분을, 예를 들면 암모니아와 아미노산을 해수로 배출한다(Sherr et al., 1983; Nagata & Kirchman, 1991). 이는 먹이인 박테리아의 C/N 비는 4이고, 원생동물의 C/N비는 ~6이기 때문이다(Eccleston-Parry & Leadbeater, 1995). Nagata & Kirchman (1992)는 배양된 박테리아를 microflagellate가 섭식할 때 거대 유기분자가 방출됨을 보고하였다(박테리아 생물량의 약 57%까지). 재생된 영양분은 일차 생산자와 다른 박테리아의 성장을 촉진할 수 있다.

6.3.5 질산화(nitrification)

원핵생물에 의하여 암모니아가 아질산염(nitrite)을 거쳐 질산염(nitrate)으로 산화되는 과정을 질산화라 한다. 질산화는 가장 빈영양인 환경을 포함하여 해양 환경의 거의 모든 곳에서 일어난다. 식물플랑크톤에 의해 동화되는 아질산염과 질산염의 50%까지가 해양의 표층에서 질산화에 의해 생성되는 것으로 보인다.

해양에서 질산화는 두 단계를 거쳐 이루어지며, 각 단계는 별개의 미생물에 의해 이루어지는 것으로 생각된다. 암모니아 산화 미생물(ammonia-oxidizing microorganisms)은 암모니아를 아질산염으로 산화시키며, 아질산염-산화 박테리아(nitrite-oxidizing bacteria)는 아질산염을 질산염으로 산화시킨다. 암모니아를 산화하는 박테리아에서 암모니아 산화효소(ammonia monooxygenase, AMO)는 암모니아를 히드록실아민으로 산화시키고, 히드록실아민은 히드록실아민 산화환원 효소(hydroxylamine oxidoreductase)에 의해 아질산염으로 더 산화된다. 전체 반응식은 아래와 같다:

$$NH_3 + 1.5O_2 \longrightarrow NO_2^- + H_2O + H^+ \quad \text{(식 6-7)}$$

빈영양인 외양에서 암모니아의 농도는 10 nM에 근접한다. 이 농도는 암모니아-산화 박테리아(ammonia-oxidizing bacteria, AOB)의 성장에 요구되는 최소 농도보다 100배 이상 낮은 농도이다. 따라서 이러한 빈영양 해역에서의 질산화는 암모니아-산화 아키아(ammonia-oxidizing archaea, AOA)에 의해 진행된다. AOA에 의한 암모니아와 산소의 소비는 AOB와 유사한 1:1.52의 화학양론(stoichiometry)을 나타냈다(Martens-Habbena et al., 2009). 반면에 연안에서는 AOB의 활동도가 우세하다(Ward, 1987).

암모니아를 아질산염으로 산화시키는 해양 그룹 I (MG I) Thaumarchaeota는 무광대에서 알려진 화학자가영양자(chemoautotroph) 중에서 가장 수도가 높다(원핵생물의 19~26%; Herndl et al., 2005). 산화된 10몰의 암모니아 당 1몰의 CO_2가 고정된다(Wuchter et al., 2006)고 본다.

무광대에서 탄소 고정(carbon fixation)은 암모니아 산화와 아질산염 산화에 의해 수반되며, 매년 0.4~1.1 Pg (=10^{15} g) C으로 추정된다. 최근 *Nitrospinae* 문에 속하는 화학자가영양 해양 아질산염 산화 박테리아에 의한 탄소 고정(대략 1 Pg C으로 추정됨)이 전 지구적 탄소 순환에 중요한 역할을 함이 제시되었다(Pachiadaki et al., 2017): Pachiadaki et al.. (2017)은 박테리아와 아키아의 3,463개 단세포 증폭된 유전체(single-cell amplified genomes, SAGs)를 스크린해서 98개의 SAGs는 *Nitrospinae*로, 4개는 *Nitrospirae*로 분류했다. 그러나 해양성 아질산염 산화 박테리아인 *Nitrococcus* (γ-프로티오박테리아)와 *Nitrobacter* (α-프로티오박테리아)는 검출되지 않았다.

중층대 시료에서 아질산염 산화 박테리아는 SAGs의 4.6%에 달하고, 반심해성 시료에선 2.6%, 심해수층(abyssopelagic) 시료에선 1.6%로 감소하였다. 그러나 표층과 초심해층(hadopelagial)에선 검출되지 않았다. 단세포 유전체학(single-cell genomics)과 군집 메타유전체학(community metagenomics) 분석 결과, *Nitrospinae*가 해양에서 가장 풍부하고 전 지구적으로 분포하는 아질산염 산화 박테리아임이 나타났다. 해양의 무광대에서 아질산염 산화 박테리아의 분포는 위도에 따른 패턴을 나타내지 않았다. 메타단백질체학(metaproteomics)과 메타전사체학(metatranscriptomics) 분석 결과는 아질산염 산화환원효소(nitrite oxidoreductaser)에 의한 아질산염 산화가 *Nitrospinae*에서 에너지 생성의 주 경로임을 제시하였다. 탄소 고정은 역 구연산 회로(reverse tricarboxylic acid cycle)를 통하는 것으로 보이며, ATP-구연산 리아제(ATP-citrate lyase) 유전자가 있다. 유전체에 종속영양을 시사하는 유전자들은 없었다. *Nitrospinae*는 서부 북대서양의 중층대에서 탄소 고정(0.03~10.37 mmol C m^{-3} d^{-1})의 15~45%를 기여하는 것으로 나타났다. *Nitrospinae*는 Thaumarchaeota보다 생체부피가 약 50배 커서, 일부 해양에서는 총 합쳐진 *Nitrospinae*의 생체부피와 Thaumarchaeota의 생체부피는 비슷할 것으로 보였다. *Nitrospinae*는 상부 중층대 시료에서 $DI^{14}C$ uptake의 25~43%, 하부 중층대 시료에서 15~23%, 반심해성 시료에서 $< 10\%$를 차지하였다. *Nitrospinae* 세포당 DIC 고정 속도는 0.002~0.734 fmol C $cell^{-1}$ d^{-1}의 범위에 있었다. 이 속도는 MG I Thaumarchaeota보다 10배까지 높은 속도이다.

해양성 아질산염 산화 박테리아는 cyanate hydratase/lyase[6]와 요소분해효소(urease)를 갖고 있다. 아질산염 산화 박테리아는 분해 산물인 암모니아를 암모니아 산화 아키아에게 공급해 주고, 아키아에 의해 산화된 아질산염은 아질산염 산화 박테리아가 이용하는 상호간에 대사적 공생이 있을 가능성이 예상된다.

---

6) cyanate hydratase/lyase가 수행하는 화학 반응의 식:
$$\text{Cyanate } ([NCO]^-) + HCO_3^- + 2\,H^+ = NH_3 + 2\,CO_2$$

최근 *Nitrospira* 종이 암모니아를 질산염으로 산화시키는 것이 발견되었다. 완전하게 암모니아를 산화시키는 미생물(complete ammonia oxidizers)이라 하여 'comammox(커맘목스)'로 명명되었다. 생물막 시료를 암모니아의 농도가 낮은 조건에서 성장시켜서 'comammox' 배양체를 풍부하게(enrich) 한 후, DNA를 추출하여 유전체의 염기서열을 조사한 결과, *Nitrospira* 종의 유전체는 아질산염의 산화에 관련된 유전자뿐만 아니라, 암모니아 산화효소(AMO)와 히드록실아민 탈수소효소를 포함하여 암모니아 산화에 필요한 모든 유전자들을 갖고 있었다. 이들 종은 *Candidatus* Nitrospira nitrosa, *Candidatus* Nitrospira nitrificans와 *Candidatus* Nitrospira inopinata로 명명되었다(Daims et al., 2015; Van Kessel et al., 2015). 그리고 메타단백질체(metaproteom)의 분석을 통해 암모니아와 아질산염 산화에 관련된 효소들이 암모니아로 배양되는 동안 발현됨이 입증되었다(Daims et al., 2015).

amoA (AMO의 A 소단위체[subunit]를 인코딩)의 존재에 근거하여 조사한 결과 농토, 담수 환경, 폐수처리 시스템, 음용수 시스템 등에서 분포하는 것으로 나타났다. 완벽한 질산화를 할 수 있는 *Nitrospira* 종에서 발견된 *amoA*는 암모니아를 산화시키는 박테리아(AOB)에 있는 *amoA*와 뚜렷하게 다르다. 생물막이 형성되는 해양 환경에 'comammox'가 존재할지를 규명하는 것은 흥미롭다 하겠다. 암모니아를 흡수하는데 있어서, *Nitrospira* 종들은 낮은 친화도를 갖는 수송자를 인코딩하는 반면에, 대부분의 암모니아 산화 박테리아와 아질산염 산화 박테리아는 높은 친화도의 수송자들을 갖는다.

6.3.6 질소고정

해양에서 질소고정은 연간 100 Tg (Tera gram=10^{12} g) N인 것으로 추정되며, 주로 군체를 이루는(colonial) 시아노박테리아인 *Trichodesmium*과 이질세포를 갖는(heterocystous) 내부공생자인 *Richelia*에[7] 의하여 이루어지는 것으로 알려져 왔다. 그런데 단세포성 질소고정생물(diazotrophs)인 시아노박테리아와 박테리아가 북태평양의 중앙부 환류에서 발견되면서 이들이 해양의 질소 수지(budget)에서 중요한 기여를 할 것으로 제시되었다(Zehr et al., 2001).

높은 민감성을 갖는 $^{15}N_2$ 추적자 기법이 사용되어 태평양의 여러 곳에서 이들 단세포성 질소고정생물(< 10 μm)이 해양 질소고정에 주요 기여자임이 확인되었다(Montoya et al., 2004): 북태평양의 알로하 정점에서 질소 고정률은 면적당 11~103 μmol N m^{-2} d^{-1} (평균 66 μmol N m^{-2} d^{-1})의 범위를 보였고, 밤에 그리고 낮 동안에 관찰되었다. 반면에 상부 유광대의 얕은 부분에 서식하는 *Trichodesmium*은 질소고정 활동도가 일주 양상(diel pattern)을 나타내었다. 하와이에서 샌디에이고에 이르는 횡단선(transect)에서 관찰된 질소 고정률은 평균 520 ± 160 μmol N m^{-2} d^{-1} (n = 10)이었다. 이러한 단세포성 질소 고정생물에 의한 질소 고정률은 *Trichodesmium*에 의한 질소 고정률과 비슷하거나 더 컸다. 이 결과는 빈영양성인 북태평양 중앙부 환류의 혼합층으로 심해 질산염의 평균 주입 속도(injection rate)가 약 150~1100 μmol N m^{-2} d^{-1}임과 적도 용승 지역에서 3,600 μmol

7) 공생 파트너는 규조류인 *Rhizosolenia* spp와 *Hemiaulus* spp이다.

N m^{-2} d^{-1}임을 감안하면, 작은 플랑크톤에 의한 질소고정이 총 신생산의 상당한 부분을 설명할 수 있음을 시사한다. 이러한 평균 값을 연 평균 표면 수온이 25°C 이상인 빈영양 해역(29×10^{12} m^2)으로 외삽하면, 대략 0.4 Pg C yr^{-1}의 신생산을 단세포성 질소고정생물이 기여하는 것으로 추정되며, 이는 총 해양 신생산의 최근 추정치(4 Pg C yr^{-1})의 약 10%에 해당되는 것으로 보였다.

단세포성 질소고정 시아노박테리아에서 질소고정효소(nitrogenase) 유전자 시퀀스는 2개의 그룹으로 나뉜다. 그룹-A 질소고정 시아노박테리아가 Montoya et al. (2004)의 조사에서 우점하는 것으로 나타났고, 전 수층에 다소 고르게 분포하는 것으로 보였다. 그룹-B는 배양된 해양 질소고정 시아노박테리아 *Synechocystis* (*Crocosphaera*, 2.5~6 μm 직경) 균주들에 가깝게 연관되어 있었다. 알로하 정점에서 *Synechocystis*와 유사한 세포들은(직경 3~7 μm) 수도가 측정한 연도에 따라 5~10 ml^{-1}에서 200 ml^{-1}로 변하여서, 질소고정 활동도의 변이에 기여한 듯하였다. 하와이에서 샌디에이고에 이르는 횡단선에서 얻은 클론 라이브러리는 그룹-A 시아노박테리아가 우점하였고, 박테리아 시퀀스는 약 1%이었다.

그룹-A 단세포성 질소고정 시아노박테리아(UCYN-A, *Candidatus* Atelocyanobacterium thalassa)는 1.44 Mbp의 작은 유전체를 가지며, 이산화탄소를 고정하는 유전자들(RuBisCo[8], photosystem II)이 결여되어 있어 미소조류인 착편모조류(haptophyte)와의 공생을 통해 고정된 탄소를 받고, 고정한 질소의 평균 85%를 공생하는 미소조류에게 이전한다.

최근 나노심스(nanoSIMS[9]) 기법을 사용하여 각각의 단일 세포의 질소 및 이산화탄소 고정률이 측정되었다(Martínez-Pérez et al., 2016). *Trichodesmium*은 거의 모든 세포가 이산화탄소를 고정하나 약 46%의 세포만이 질소를 고정하는 것으로 나타났다. 반면에, 모든 UCYN-A 공생체들은 질소와 이산화탄소를 고정하는 것으로 나타났다. UCYN-A는 두 그룹으로 나뉘어지며, 특정의 미소조류와 공생을 한다: UCYN-A2(약 2~3 μm 크기)의 숙주는 착편모조류인 석회질의 나노플랑크톤인 *Braarudosphaera bigelowii*로 확인되었고, UCYN-A1(약 1 μm)의 숙주는 *B. bigelowii*와 가까운 친척(relative)으로 크기가 보다 작다. UCYN-A2 공생체들은 평균 약 220 fmol N $cell^{-1}$ d^{-1}의 질소 고정률을, UCYN-A1 공생체들은 약 12 fmol N $cell^{-1}$ d^{-1}의 질소 고정률을 나타냈다.

UCYN-A2의 개체수는 UCYN-A1보다 평균 10배 정도 적었다. UCYN-A1은 열대와 아열대에 풍부하지만, UCYN-A2는 열대와 아열대에 비교적 풍부할 뿐만 아니라 온대역과 고위도 해역에 널리 분포하는 것으로 보인다. *Trichodesmium*의 분포는 일반적으로 수온이 20°C를 넘는 열대와 아열대 해역에 제한된다.

---

8) RuBisCo는 탄소 고정의 첫 번째 중요한 단계에 작용을 한다. 지구상에서 가장 많은 효소이다.

9) 나노심스(nanoSIMS, nanoscale secondary ion mass spectrometry)는 간단히 소개하자면 현미경과 질량 분석기(mass spectrometer)를 결합시킨 공간상의 높은 해상력(50 nm)을 가진 기법이다. 동위원소 추적자($^{13}C-HCO_3^-$와 $^{15}N_2$ 및 $^{15}NH_4$) 실험에서 나노심스를 이용하면, 현장의 플랑크톤 시료에서 각 세포의 동정과 활동도의 측정을 동시에 할 수 있다. 따라서 하나의 세포에 대하여 흡수(uptake) 속도 측정이 가능하다.

북대서양 북위 14도의 동-서 횡단선에서 *Trichodesmium* 종들은 주로 대양분지(basin)의 서부에 존재하였고, UCYN-A는 분지의 서부, 동부 및 중앙에 분포하였다(최대 1.5×10^5 세포 l^{-1}).

*Trichodesmium*은 대양분지의 서부에서 최대 4 nmol $cell^{-1}$ d^{-1}의 질소 고정률을 나타냈고, 대양분지의 동부와 중앙부에서 낮거나 검출되지 않았다. UCYN-A는 대양분지의 동부와 중앙부에서 표층수의 총 질소고정의 약 30%를 설명하였다. 열대성 북대서양에서 UCYN-A는 *Trichodesmium*과 유사하게 질소고정에 기여하였고, UCYN-A와 *Trichodesmium*은 총 질소고정의 약 40%를 설명하였다. UCYN-A는 *Trichodesmium* 종(0.13 d^{-1})들보다 더 빨리(5~10배) 자라고 대양의 많은 곳에서 많으므로, UCYN-A와 미소조류의 연합은 지구적으로 중요한 질소고정 미생물일 것으로 보였다(Martínez-Pérez et al., 2016). 열대성 북대서양 대양분지의 서부에서 한 시료의 경우 예외적으로 높은 질소 고정률이 나타났고, α-프로티오박테리아와 관련된 질소고정 유전자(*nifH*)가 많아서, 이들의 질소고정에서의 중요한 역할이 시사되었다.

기수역에서의 질소고정, 암모니아 배출 및 먹이망을 통한 질소의 이전. 시아노박테리아에 의한 질소고정은 열대성 해양에선 *Trichodesmium*의 광범위한 대발생을, 기수역에선 *Nodularia*와 *Aphanizomenon*의 대발생을 발생한다. 이들 질소고정 시아노박테리아는 군체를 형성하며 주변 해수로 새로 고정된 질소를 암모니아 형태로 배출(release)한다. 이들 필라멘트성의 질소고정 시아노박테리아는 식물플랑크톤의 탄소 생물량의 약 20~40%를 차지한다. 발틱해에서 질소고정은 강에서 유입되는 연간 질소 부하량(load)과 비슷한 것으로 추정된다.

$^{13}C-HCO_3^-$와 $^{15}N_2$ 및 $^{15}NH_4^+$ 동위원소 추적자와 나노심스/심스를 이용하여 기수역에서 여름에 *Aphanizomenon*에 의한 질소고정의 역할과 암모니아 배출 및 먹이망을 통한 질소의 이전에 대해 조사한 결과, *Aphanizomenon*은 주변수(< 250 nM NH_4^+)에서 암모니아를 흡수하지 않는 것이 관찰되었고, 5 μm 이하의 자가영양 미생물에선 질소고정이 관찰되지 않았다(Adam et al., 2016): 5 μm 이하의 자가영양 미생물은 암모니아 흡수에 의존하는 것으로 나타났다. *Aphanizomenon*은 고정된 질소의 약 절반을 NH_4^+로 배출하였고, 배출된 NH_4^+는 종속영양 및 자가영양 미생물 그리고 규조류와 요각류(copepod)로 이전되었다. 배출된 NH_4^+의 회전 시간은 약 5시간이었다.

6.3.7 탈질화

산소가 결핍된 해수에서 유기 탄소의 산화는 직접 질산염 환원과 연결될 수 있다. 많은 종속영양 박테리아에 의해 수행되며, 일반적으로 조건적 혐기성(facultative anaerobic) 박테리아에 의해 수행된다. 해양 생태계에서 탈질화는 고정된 질소를 질소 기체로 전환시키는 주요 과정이다(Byrne et al, 2009). 유기물이 산화되는 동안에 질산염 또는 아질산염을 최종 전자 수용체로서 사용(=호흡)하며, N_2, NO (nitric oxide, 일산화질소), N_2O (nitrous oxide, 아산화질소)를 생성한다(Payne, 1973):

$$NO_3^- \longrightarrow NO_2^- \longrightarrow NO \longrightarrow N_2O \longrightarrow N_2.$$

N_2O는 탈질화의 부산물로도 생겨나지만, 질산화에 의해서도 발생된다. 그리고 질산염의 이화적 환원에 의해서도 생긴다. N_2O는 성층권에서 오존의 파괴와 대기의 방사 열 수지에서의 역할 때문에, 이에 대한 생지화학적 순환에 관심이 높다. 일반적으로 N_2O:N_2 생성의 비는 낮아서 6% 이하이며, 부영양화의 경우 증가하는 것으로 보인다(Seitzinger & Nixon, 1985).

탈질화에 의한 질소의 손실은 질소고정에 비해 훨씬 높다. 따라서 염하구 및 연안에서의 탈질화는 질소의 손실을 가져오며, 수층의 N:P 비에도 영향을 주게 된다. 염하구로 유입된 질소의 부하량은 대개 40~50%가 탈질화에 의해 N_2로 제거되는 것으로 추정된다(Seitzinger, 1988).

탈질화를 측정하는 방법은 여러 가지가 있으며 Seitzinger (1988)을 참조하기 바란다. 탈질화의 속도는 많은 염하구와 연안역에서 0~1,067 μmol N m^{-2} h^{-1}에 달하나, 보통 50~250 μmol N m^{-2} h^{-1}의 범위에 분포한다. 탈질화는 산소가 결핍된 수층에서도 발생하며 발틱해의 경우 평균 1.4 μmol N m^{-3} h^{-1}로 추정되었다(Shaffer & Rönner, 1984). 발틱해의 경우 탈질화의 80~90%는 퇴적물에서(평균 74 μmol N m^{-2} h^{-1}), 그리고 나머지는 수층에서 발생하는 것으로 추정되었다. 수층과 퇴적물에서 탈질화에 요구되는 산소의 농도는 약 0.2 mg l^{-1} 또는 그 이하로 보고되고 있다.

남아메리카 태평양 연안의 용승 지역에서 탈질화 속도는 25×10^{12} g N y^{-1} (3.9 mmol NO_3^- $m^{-2}d^{-1}$)로 추정되었으며, 지구상의 해수 탈질화의 25%에 달하는 것으로 추정되었다(Codispoti et al., 1986). 질소의 제거 속도는 수층에서 70 Tg N y^{-1}, 퇴적물에서 198 Tg N y^{-1}로 추정되고 있다(Bianchi et al, 2012).

6.3.8 아남목스(Anammox)

최근 혐기성 암모니아 산화(anaerobic ammonium-oxidation)가 아질산염 환원과 연계되어 퇴적물에서 N_2 생성의 중요한 부분을 차지한다는 발견이 제시하듯이, 아남목스 대사는 대양의 질소 순환에서 중요하다. 해양에서 아남목스는 대기로 방출되는 질소 기체의 50%까지 만드는 것으로 추정된다. 아남목스 반응식은 다음과 같다:

$$NO_2^- + NH_4^+ \longrightarrow N_2 + 2H_2O$$

아남목스 반응은 3개의 일련의 반응들의 합이다:

$$NO_2^- + 2H^+ + e^- \longrightarrow NO + H_2O$$

$$NO + NH_4^+ + 2H^+ + 3e^- \longrightarrow N_2H_4 + H_2O$$

$$N_2H_4 \longrightarrow N_2 + 4H^+ + 4e^-$$

하이드라진(N_2H_2, 로켓 연료)은 아남목스 과정의 중간 산물이다. 아남목스 활동도의 측정은 $^{14}NH_4^+$와 $^{15}NO_2^-$를 시료에 함께 첨가하여 배양한 후, $^{14}N^{15}N-N_2$ 기체의 양을 측정함에 기반한다.

최근 아남목스 과정과 아남목스 박테리아는 대양에 널리 분포하며 대양에서 고정된 질소의 상당한 손실경로(sink)임이 알려졌다. 강하구와 최소 산소 대역(minimum O_2 zone)에서도 아남목스 과정은 중요하다. 지금까지 알려진 거의 모든 아남목스 박테리아는 ladderane phosphocholine-monoalkylether를 갖고 있어, 이를 아남목스 박테리아에 특이한 바이오마커로 사용한다(Byrne et al, 2009).

6.4 인, 황, 철의 순환

6.4.1 인의 순환

인은 에너지 저장, 세포 구조 및 유전 물질에 필요한 원소로서 모든 생명체가 필요로 한다. 세포 내에서 인지질(phospholipid)과 핵산은 인의 주요 저장소이다. 인은 미생물에 의해 빠르게 순환되며, 외양 해역과 일부 하구역 및 강의 영향(즉, 높은 N의 담수 유입)을 많이 받는 연안 해역에서 제한 영양소이다. 농경과 다른 유입원들로부터 전 지구적 N 부하(loading)가 증가함에 따라, 계절적인 인의 제한이 하구역과 강의 영향을 많이 받는 대륙붕 해역에서(예, 체사픽 만, 루이지애나 대륙붕 해역) 더욱 흔해지고 있다.

생물체에 있는 인은 대개 +5가의 산화 상태인 인산염 형태로 있다. 따라서 인 순환의 특징 중 하나는 탄소나 질소의 순환과 달리 순환 과정을 거치는 동안에 +5가의 인으로서 두드러진 산화-환원 상의 변화를 거치지 않는다는 것이다. 그러나 이차 대사산물로서 또는 포스폰지질(phosphonolipid)의 구성성분으로서 몇 가지 포스폰산(phosphonic acids, +3가)과 포스핀산(phosphinic acid, +1가)이 발견되었다. 해양 퇴적물에서 분리된 화학자가영양(lithoautotrophic) 박테리아가 혐기적으로 포스파이트(phosphite, PO_3^{3-}, +3가)를 인산염(+5가)으로 산화시키며, 동시에 황산염을 황화물(H_2S)로 환원시키면서 성장하는 것이 보고되었다(Schink & Friedrich, 2000).

인은 빠르게 순환된다. 인산염은 일반적으로 인의 가장 생물가용한(bioavailable) 형태(form)로 간주된다. 외양에서 인산염 흡수의 K_m 값은 약 < 2~10 nM이고, 회전 시간은 2~< 12 시간이다(Dyhrman et al., 2007). 인이 제한되는 여름에 대륙붕 해역에서도 인의 회전 시간은 빠르다(< 30분). 인 제한에 대한 적응으로서 *Prochlorococcus*와 *Synechococcus*는 인지질보다 황과 당을 포함하는 세포막 지질을 주로 합성한다(Dyhrman et al., 2007). 또한 빈영양 해역에 우점하는 박테리아들은 작은 크기의 유전체를 갖고 있어서, 인 제한에 대한 적응으로 보여진다.

해양에서 용존 유기인(dissolved organic phosphorus, DOP)과 용존 무기인의 총 농도는 보통 0.2~0.4 μM 정도이다(Cho, 1990). 예를 들면, 북태평양 환류에서 용존 무기인은 평균 13 nM, 그리고 총 용존 인은 222 nM이었다. 고분자량의 DOP(대부분이 C-O-P 화학 결합의 인에스터[phosphoester])가 총 DOP의 약 1/4정도를 차지하고, 1/4은 C−P 결합을 갖는 유기인 화합물의 일종인 포스포네이트(phosphonate) 화합물로 보인다. 나머지는 저분자량의 DOP로 추정된다(Dyhrman et al., 2007).

해양에서의 인 순환은 유광대에서 잘 알려져 있으며, 일차 생산자와 박테리아의 역할에 대한 연구가 많이 되어 있다. 빈영양성 북태평양에서 종속영양 박테리아와 *Prochlorococcus*는 인산염에 대해 동등한 경쟁자이지만, 종속영양 박테리아는 DOP 화합물을 획득함(scavenging)에 더 효율적임이 보고되었다(Björkman et al., 2012). 일차 생산자는 용존 무기인의 농도가 낮게 되면, 알칼리 포스파타아제(alkaline phosphatase)에 의해 용존 유기인(C−O−P 화학 결합을 가진)을 가수분해하여 인을 얻는다. Ammerman & Azam (1985)은 박테리아가 핵산 전구물질의 다양한 용존 유기인을(즉, 뉴크레오티드) 분해하는 효소로 5'−nucleotidase의 존재를 보고하였다. 알칼리 포스파타아제와는 달리, 높은 농도의 무기 인산염이 있어도 억제되지 않는 특성을 나타내었으며, 해양에서 일차생산자의 인 요구량 공급에 주요 역할을 하는 것으로 추정되었다. 종속영양 박테리아는 성장에 필요한 인을 얻기 위해 항상 DOP를 가수분해하는 것이 아닐 수도 있다. 탄소 또는 질소를 얻기 위해 DOP를 분해할 수 있으며, 인산염을 재무기질화하게 된다. DOP의 재무기질화는 외양에서 보다 연안에서 더 높은 것으로 보인다. 외양에서 DOP의 가수분해는 인산염 농도에 반비례 관계를 갖는 것으로 나타났다(Suzumura et al., 2012).

인의 또 다른 중요한 원으로는 포스포네이트 화합물들이 있다. 메틸포스포네이트(methylphosphonate, MPn)는 포스포네이트 화합물의 한 예이다. 포스포네이트는 해양의 수층 전반에 존재한다(Repeta et al., 2016). 포스포네이트 합성 유전자들이 *Prochlorococcus*와 *Pelagibacter*에서 발견되어, *Prochlorococcus*와 *Pelagibacter*가 포스포네이트 화합물들의 합성원으로 보인다(Repeta et al., 2016): 북태평양의 알로하 정점 해수에서 정제한 반불안정(semi−labile) DOM이 다당류−MPn 에스터들을 포함함이 입증되었다. 표층 해양에서 호기성 박테리아(예, *Pseudomonas stutzeri*, *Pelagibacterales*, *Trichodesmium*)가 C−P lyase 경로를 통해 메탄을 발생하는 것으로 확인되었다. 인이 부족한 조건에서 이들 박테리아는 MPn의 C−P 결합을 쪼개기 위해 C−P lyase 경로를 사용하여 인을 획득하며 메탄을 방출한다(Carini et al., 2014). 그리고 *Pseudomonas stutzeri* 균주에서 포스포네이트 분해에 요구되는 단백질인 *phnK* 유전자에 돌연변이를 일으키면 메탄과 에틸렌 생성이 완전히 손상되어서, C−P lyase 경로가 해양 DOM으로부터 메탄 생성에 촉매작용을 함이 제시되었다(Repeta et al., 2016).

해수에 포도당과 질산염을 첨가하여 약 2일간 배양한 결과 메탄은 약 3 nM, 에틸렌은 0.6 nM이 생성되었다. 반불안정 DOM이 추가로 첨가되어 배양된 경우, 메탄은 약 15 nM, 에틸렌은 약 26 nM이 생성되었다. 산소의 농도는 배양 기간 동안 >140 μM O_2으로, 탄화수소 기체의 생성이 호기성 조건에서 일어났음이 제시되었다(Repeta et al., 2016).

*Trichodesmium*도 포스포네이트 화합물을 대사할 수 있는 유전적 능력을 갖고 있는 것으로 보인다. 이런 이유로 *Trichodesmium*이 낮은 인산염 환경에서도 매우 성공적인 것이 설명된다. 그러나

다른 시아노박테리아들(*Prochlorococcus*와 *Crocosphaera*)은 인의 유일한 공급원으로서 포스포네이트 화합물을 사용하지 못하는 것으로 보인다(Dyhrman et al., 2007).

참고로, 해양 표층에서 메탄의 농도는 대기와의 평형으로부터 예측되는 것에 비해 과포화되어 있고(Scranton & Brewer, 1977), 메탄은 생물학적 발생으로부터 기인한 것으로 추측되었다. 그러나 표층에서 메탄생성 아키아에 의한 혐기성 메탄생성(methanogenesis)은 직접적으로 관찰되지 않았다. 해양 중앙의 환류에서 대기로의 메탄 유동량은 약 2 μmoles m^{-2} d^{-1}로 알려져 있다(Repeta et al., 2016). 유기물 포스포네이트의 약 0.25%가 매일 순환되어도 해양 중앙의 환류에서 대기로의 메탄 유동량을 뒷받침할 것으로 추정된다.

MPn 생합성에 관여하는 효소인 MPn synthase는 해양에서 가장 많은 원핵생물인 *Pelagibacter ubique*와 *Nitrosopumilus maritimus*에서 확인되어, 해양의 인 순환과 메탄의 순환에서 MPn의 폭넓은 역할을 뒷받침한다(Born et al., 2017).

6.4.2 황(sulfur)의 순환

생물체의 필수 원소인 황의 순환은 이화적 경로(dissimilatory pathway)와 동화적(assmilatory) 경로로 크게 구분할 수 있는데, 유산소 수층 환경에서 이화적 경로(즉, 황산염 환원)는 중요하지 않을 것으로 보인다. 황산염은 산소가 존재하는 환경에서 열역학적으로 안정된 황의 형태이다. 해수에는 약 3×10^{-2} M의 높은 농도로 황산염이 존재한다. 황산염은 미생물에 의해 흡수되어 환원과정을 거쳐 주로 시스테인(cysteine)과 메티오닌(methionine)의 아미노산으로 생합성된 후, 단백질로 합성된다. 이와 같이 수층에서의 황 순환은 탄소 순환과 밀접한 관계를 갖는다. 해양 식물플랑크톤의 평균 몰 비[10]는 $C_{124}N_{16}P_1S_{1.3}$으로 알려져 있다(Ho et al., 2003). 이 비율(C/S 비는 ~95)을 근거로, 전체 해양 식물플랑크톤의 생물량(약 1 Pg C)은 28 Tg의 황을 포함하고, 연간 순 해양 일차 생산(48.5 Pg C)에는 1,360 Tg의 황이 필요한 것으로 계산된다. 해양 생물기원의 황 화합물들의 주요 손실경로(sink)는 황산염으로의 재무기물화, 미생물 생물량으로의 고정, 대기로의 배출(efflux), DOM으로의 변환(transformation)이 있다. 또한 해양에서 황이 풍부한 펩타이드는 금속-유기 착화합물(metal-organic complex)을 형성하여, 미량금속(trace metals)의 종(speciation)과 기동성(mobility)에 영향을 줄 수 있다.

DMSP (dimethylsulphionium propionate)는 유기 황 화합물로 식물플랑크톤 분류군들에 의해 삼투압 조절(osmoregulation)과 항산화 목적의 용질(solute)로서 합성된다. 미소조류에서 DMSP의 세포내 농도는 약 0.2~0.5 M이다(Azam & Malfatti, 2007). 식물플랑크톤에 의해 생성되는 DMSP의 양은 연간 3.8 Pg C 또는 2.0 Pg S로 추산된다.

DMSP 생산은 분류군에 따라 다르다: 작은 크기의 착편모조류와 와편모조류는 일반적으로 높은

---

10) Redfield 비(ratio)로 알려진 해양 플랑크톤의 평균 C:N:P 비는 106:16:1 이다.

생산자이고, 규조류와 시아노박테리아는 낮은 생산자이거나 또는 전혀 생산을 하지 않는다. 세포내 농도는 DMSP를 많이 생산하는 *Emiliania huxleyi* 경우 150~400 mM 이고, DMSP를 극히 적게 생산하는 규조류인 *Thalassiosira pseudonana*와 *T. oceanica*의 경우 1~2 mM이다(Vila−Costa et al., 2006). 순수(axenic) 상태의 규조류(*T. pseudonana*와 *T. oceanica*)를 대상으로 실험한 결과, 직접 DMSP를 흡수하는 것이 확인되었다. 규조류의 경우 빛은 DMSP의 흡수를 단지 약 10% 정도 촉진하였다. 극미소광영양생물들(picophototrophs)의 경우 빛은 DMSP의 흡수를 2배까지 촉진하였다.

박테리아에서 DMSP의 생합성에 핵심 효소로서 확인된 유전자는 DsyB이다. 와편모조류, 규조류, 산호, 착편모조류와 같은 많은 진핵생물에서 상동 유전자가 발견되었다.

전체 해양에서 DMSP의 평균 농도는 3 nM이다. DMSP는 리아제(lyase)에 의해 휘발성의 DMS (dimethyl sulfide)로 쪼개져 세포 밖으로 분비된다. 전체 해양에서 DMS의 평균 농도는 1~7 nM이다. DMS는 해양 표층에서 1~10 nM 농도에서 과포화되며, 해양에서 생성된 DMS는 휘발성으로서 대기로 방출된 뒤, 산화되어 μm 미만 크기의 황산염 에어로졸(non−sea−salt SO_4^{2-} [NSS−SO_4^{2-}])을 형성한다. 이 미세 입자는 CCN (cloud condensation nuclei, 구름 응집 핵)의 주요 공급원이 된다. 한편 구름의 반사도(albedo)는 CCN의 밀도에 예민하기 때문에, 기후의 생물학적 조절이 이뤄지게 된다. 즉, 반사도가 증가하면 지구 내로 입사광이 줄어드는 음의 되먹임(negative feedback)을 하여, 지구의 냉각화를 추진하게 되어 지구의 기후 시스템에 영향을 준다(Charlson et al., 1987).

SAR11과 *Roseobacter* 단계통을 포함한 일부 박테리아는 DMSP를 에너지원으로 사용한다. 해양 박테리아는 nM 수준의 DMSP를 황의 공급원으로써 거의 모두 단백질 합성에 이용하는 것으로 보

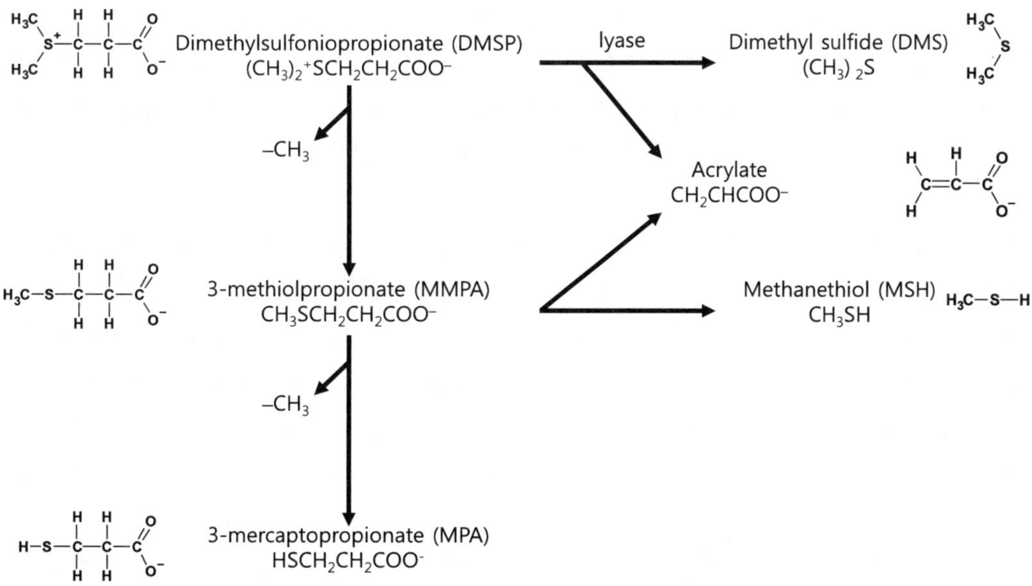

그림 6-2 해양에서 DMSP의 변환 경로.

인다(Kiene et al., 2000). 용존 DMSP의 회전율은 상당히 높아서, 빈영양의 멕시코만에서 0.3~9.9 nM d^{-1}, 멕시코만 연안에서 4~28 nM d^{-1}이었다(Kiene et al., 2000). 이는 박테리아 탄소 생산의 약 3%에 해당되어 단일 기질로서 DMSP가 중요한 기질임을 시사하였다.

해수에서 DMSP의 운명(fate)은 그림 6-2에 제시된 것과 같을 것으로 여겨진다(Visscher et al., 1992): 탈메틸화/탈메티올화(demethylation/demethiolation)는 해수에서 DMSP의 주요 변환 과정으로 보인다(Kiene et al., 2000): DMSP는 박테리아에 의해 DMS와 acrylate로 분해되거나, MMPA (3-methiolpropionate)로 탈메틸화된 다음에 MPA (3-mercaptopropionate)로 또는 메탄치올(methanethiol, MSH)과 acrylate로 분해되는 것으로 보인다. DMSP의 첫 탈메틸화는 MMPA를 생성하고, MMPA는 탈메티올화에 의해 반응성이 높은 MSH를 생성한다. 용존 DMSP의 박테리아 분해는 50% 이상이 탈메틸화/탈메티올화 경로를 통해 MSH의 생성으로 진행된다고 본다. 박테리아의 탄소와 황의 요구에 비해 DMSP의 농도가 낮으면, 박테리아는 lyase 경로(즉, DMS 생성) 보다는 탈메틸화/탈메티올화 경로를 선호하는 것으로 보인다.

MSH는 해양 박테리아에 의해 흡수되어 단백질로 고정된다. MSH의 일부는 아미노산인 메티오닌으로 고정되고, 시스테인 또는 호모시스테인(homocysteine) 합성에 사용될 수 있다. MSH는 3~90 nM MSH d^{-1}로 생산되어, 해수의 DOM과 반응하여 금속과 착물화(complexation)를 형성할 수 있어 nM 이하로 존재하는 미량 금속의 화학에 영향을 줄 것으로 보인다.

해양에서 생산된 DMSP의 30% 정도가 DMSP의 효소 분해에 의해 DMS로 전환되는 것으로 추정되고, 약 10% 정도가 종속영양 박테리아에 의해 동화되며, 비슷한 정도가 시아노박테리아(*Prochlorococcus*, *Synechococcus*)와 규조류에 의해 동화되는 것으로 추정되었다(Vila-Costa et al., 2006). 이는 식물플랑크톤에 종속영양이 광범위함을 보여주는 사례이다. 나머지 20%는 소형동물플랑크톤에 의해 동화되고, 30%는 종속영양 박테리아에 의해 해수에서 비휘발성 황으로 변환되는 것으로 추정되었다. 생산된 DMSP의 3%가 DMS로 대기로 방출되는 것으로 추산된다. 생산된 DMS의 나머지는 미생물에 의해 소비되고 광분해될 것으로 보인다.

해양에서 DMS의 방출은 흥미롭게도 일차 생산자와는 그리 상관관계를 잘 나타내지 않는다. 열대 해양에서 DMS의 유동량은 보다 생산력이 높은 온대 해양의 유동량과 유사한 값을 나타내고 있다(각각 2.2 mmol m^{-2} yr^{-1}, 2.4 mmol m^{-2} yr^{-1}). 심지어는 연안과 용승 해역에서의 DMS의 유동량은 큰 차이를 나타내지 않는다. 그러나 식물플랑크톤의 종의 차이에 따라 DMS 방출률의 차이가 있다. 해양에서 대기로 방출되는 DMS의 양은 연간 < 13~37 Tg S로 추산되며, 연간 동화된 황의 양(1,360 Tg S)의 3% 미만이다(Ksionzek et al., 2016).

해양에서 용존 유기 황(dissolve organic sulfur, DOS)의 농도에 대한 자료는 최근에 알려졌다(Ksionzek et al., 2016): 대서양에서 고체상 추출가능(solid-phase extractable) DOS (=DOS_{SPE}) 농

도는 표층에서 0.14 μmol l^{-1}, 심해에선 0.07 μmol l^{-1}로 감소하였다. 남빙양에서는 표층과 심해에서 별 차이가 없이 0.07~0.08 μmol l^{-1}이었다. DOS_{SPE}의 < 2%가 단백질 기원으로 추정되었다.

해양에서 황산염의 농도는 29 mmol S l^{-1}로 DOS의 농도에 비해 10^5배 수준으로 높다. 전 해양의 DOS 양은 최소 6.7 Pg으로 추산되었다(전 해양의 DOC 추정량은 662 Pg).

DOS_{SPE}와 DON_{SPE}의 몰 비는 대서양 전 수층에서 평균 0.11로 식물플랑크톤의 화학양론(stoichiometry)인 황/질소의 비 0.08과 유사하였다. DOC_{SPE}와 DOS_{SPE}의 몰 비는 대서양 표층에서 213이며 심해에서 268로 증가하여, DOC에 비해 DOS가 상대적으로 더 생물학적 반응성이 높음이 제시되었다.

DOS_{SPE}의 평균 수명(lifetime)은 3,937년, DOC_{SPE}의 평균 수명은 6,536년으로 추산되었다(Ksionzek et al., 2016). 해양의 반불안정 및 난분해성 DOS는 주로 매우 안정적인, 산화된, 비가수분해성 술폰산에스테르(nonhydrolyzable sulfonates)로 구성된 것으로 여겨진다(Dittmar et al., 2017).

6.4.3 철(iron)의 순환

미량영양소(micronutrient)인 철은 해양의 일차 생산의 양과 변화를 조절함에 있어 중요하며, 해양 생지화학 순환의 필수적 원소이다(Tagliabue et al., 2017). 철은 광합성, 질소고정, 호흡에 필요한 보조인자(cofactor)이므로, 미생물의 성장에 철이 제한 요인이 될 수 있다. 철은 수층에서 3가이며, 불용성의 콜로이드로 존재한다. 용존 철(dissolved iron)의 약 1/2에서 3/4은 0.02 μm 보다 작은 콜로이드 상태이다. 철의 용해도는 낮고, 침강하는 입자들에 의해 수층에서 제거(scavenged)되는 경향이 있어서, 해양에서 철의 농도는 pM 수준이다. 남빙양에서 2가의 철이 3가의 철로 산화되는 반감기는 1시간 미만으로 추정된다.

철 저장소(reservoir)의 상당 부분은 생물상(biota)과 생물체들의 생화학적 구성성분들에 포함되어 있다(Tagliabue et al., 2017): 식물플랑크톤과 박테리아는 입자상 철 집소(pool)의 상당 부분을 차지하며, 바이러스에 포함된 철은 콜로이드 철의 무시할 수 없는 구성 요소이다. 세포 내에서 철은 금속함유효소(metalloenzymes), 철-결합 구성성분(예, hemes와 철-황 뭉치[cluster]) 및 철 저장 단백질(예, ferritin과 bacteroferritin)과 연합되어 있다. 이러한 세포내 철은 섭식 또는 바이러스에 의한 용균을 통해 용존 상으로 배출된다. 철의 재생에는 동물플랑크톤과 박테리아가 중요한 것으로 보인다.

해양에서 철의 생지화학을 이해하기 위해선, 현장에서 오염이 되지 않은(contamination-free) 시료 채취가 필요하고, 정밀한 철 농도의 측정이 요구된다. 해수에서 총 용존 철의 농도는 낮다(Tagliabue et al., 2017). 남빙양을 예로 들면, 0.1~0.6 nM이다. 남빙양은 질산염 등 영양염의 농도가 높음에도 엽록소의 농도가 낮은 '높은 영양염, 낮은 엽록소(high-nutrient low chlorophyll, HNLC)' 해역 중 하나이다. 웨델해(Weddell Sea)의 표층수에서 총 용존 철의 농도는 매우 낮은 0.01~0.1 nM로 측정되었다. 이와 같이 낮은 수준의 철은 해양의 일차 생산을 제한한다. 남빙양의 철이 적은 해역에서 식물플랑크톤의 철 화학양론은 철이 많은 열대성 대서양에 비해 Fe/P 비가 5배 이상 낮았다(Tagliabue et al., 2017).

이러한 철을 흡수하기 위해서 미생물들은 철과 결합하는 특이한 시데로포어(siderophore)를 생성 · 분비한다. Emery (1971)은 철이 제한된 성장 조건하에서 히이드록삼산(hydroxamic acid)의 생성은 주요한 세포의 대사 산물이 되며, 이들의 분비는 세포의 건중량을 넘는다고 보고하였다. Gonye & Carpenter (1974)는 사가소 해의 200 m 수층에서 182개의 박테리아 균주를 분리하여 철결합 화합물(iron binding compounds)을 생성하는 균주의 분포를 조사한 결과 8~43%가 그러한 활동도가 있음을 발견하였다. 남빙양에서 철의 시비(iron fertilization)가 끝난 시점에서 2가의 철이 높은 농도이며 우점적인 화학 종인 것은 광환원(photoreduction)에 의한 생산 기구(機構)와 철-결합 리간드(ligand) 같은 철 착물화(complexation)에 의한 유지 기구(機構)가 작용한 것으로 생각되었다(Boyd et al., 2000). 철-결합 리간드의 농도는 철의 시비가 끝난 실험 시작 후 11일까지 주변 해역과 시비가 된 곳에서 약 3.5 nM이었고, 13일에는 시비가 된 곳에서 8.5 nM로 증가하였다.

식물플랑크톤 군집에 철을 첨가한 실험(Martin et al., 1990)은 철의 부족이 남빙양의 주요 특징임을 제시하였고, 철 가설(Martin, 1990)이 제안되었다: 빙하기 동안 남빙양으로 먼지(dust)에 유래된 철이 더 많이 공급됨으로써 주요 영양소들의 증강된 이용을 가져왔고, 침강 유동량을 변화시켜 그에 따른 대기 이산화탄소의 감소를 가져왔다는 제안이다. 적도 태평양과 남빙양에서의 대규모 철 시비 실험들은 이러한 주장을 지지하였다. 아북극의 태평양과 다른 여러 해역에서도 철의 제한이 관찰되었다(Tagliabue et al., 2017).

다음은 해양에서 일차 생산과 철 공급의 관련성에 대해 알아본다. 전체 해양의 약 20% 정도가 빛과 주요 영양염(macronutrients)이 풍부하나, 일차 생산자의 생물량은 낮은 것으로 알려져 있다. 이에 대한 기존의 설명으로는 동물플랑크톤의 섭식이 엽록소 농도를 낮게 유지함에 관여하는 것으로 생각되었고(Frost, 1987), 고위도 해역에서는 해수의 강한 혼합으로 인해 식물플랑크톤이 임계 수심(critical depth) 아래로 혼합되어 광-제한되는 것으로 생각되었다(Mitchell et al., 1991). 그러나 이러한 높은 질산염, 낮은 엽록소(HNLC, high nitrate low chlorophyll) 해역의 제한 요인으로써 철의 낮은 농도(nM~pM 수준)가 주요 원인으로 제시되었다.

먼지는 저위도 해양에 철을 공급하는 주요 기구(機構)이다. 철이 충분히 공급될 때 질소고정 생물(예, *Trichodesmium*과 *Crocosphera*)의 성장이 있게 된다. 먼지에 의해 강하게 영향을 받는 대서양의 저위도 해역에서 질소고정 시아노박테리아인 *Trichodesmium*은 광물 입자성(dust) 철을 직접 접촉하여 용해하는 것으로 관찰되었다(Rubin et al., 2011).

적도 외양의 태평양에서 64 km^2 면적에 대해 철을 첨가(enriching)하여 수행한 실험에서 일차 생산자의 생물량은 두 배로 증가하였고, 일차 생산력은 4배까지 증가하는 것이 관찰되었다. 따라서 해양에서 일차 생산의 생물량과 생산에 제한을 주는 것이 철의 농도임이 입증되었다. 그러나 철의 첨가 효과는 단기간에 사라졌고, 이는 철의 체류시간이 짧기 때문인 것으로 또한 먹이망의 빠른 반응의 결과로 보였다(Martin et al., 1994). 따라서 해양에 철을 시비함으로써 일차 생산의 증가를 야기시키고, 심해로 증가된 유기 탄소를 공급하여 대기의 이산화탄소 농도의 감소를 가져오려는 시도는 현실적으로 고려할 점이 많을 것으로 보였다.

극 전선(polar front) 남빙양은 HNLC 해역으로서(계절적 혼합층의 깊이는 약 65 m), 철의 농도가 낮아 철 시비의 효과가 클 것으로 예상되는 곳이다. 하계 남빙양(61° S, 140°E)에서 철 시비를 하기 전에 환경 여건은 다음과 같았다: 혼합층의 질산염 농도는 약 25 μM, 인산염은 약 1.5 μM로 극지 해역으로선 비교적 높았고, 규산염은 약 10 μM로 중간 정도이고, 용존 철 수준은 약 0.08 nM로 낮았다. 엽록소 *a* 농도는 0.25 mg m^{-3} 이며, 극미소진핵생물들이 엽록소 *a*의 약 50%를 그리고 규조류는 약 20%를 차지하였다. 큰 규조류는 철-스트레스 조건에 존재하는 플라보독신(flavodoxin) 단백질을 함유하여, 철이 제한되는 상황임을 시사하였다(Boyd et al., 2000).

하계 남빙양에서 13일간 중규모(mesoscale, 약 50 km^2)로 철을 주입(4 회 실시, 약 3 nM)한 결과, 용존 철의 농도는 13일 후에는 약 1 nM로 주변에 비해 10 배 정도 높았다. 철 시비에 의해 식물플랑크톤의 대발생이 나타났다: 3일 후에 엽록소 *a* 농도 증가의 시작으로 6배 증가와 3일 후에 일차 생산이 증가하였다(Boyd et al., 2000). 이러한 변화는 시비를 하지 않은 주변 해수에서는 관찰되지 않았다. 또한 식물플랑크톤의 군집 조성 변화가 나타났다. 초기 개체수의 증가는 극미소진핵생물들에 의한 것이나, 2~8일 사이엔 주로 착편모조류에 의해, 그리고 6일 후에는 큰(30~50 μm) 규조류로 변하였다. 동물플랑크톤(요각류가 우점) 섭식(herbivory)은 주로 20 μm보다 작은 세포들에 대한 것으로 규조류 섭식은 낮았다. 박테리아 생산에서의 증가 시기는 초기 철 시비의 시기와 상응하지 않았으나, 7~12일 일차 생산에서의 증가를 따랐다.

증가한 일차 생산에 의해 유광대에서 이산화탄소 분압의 감소와 질산염 및 인산염의 감소가 관찰되었다. 이는 대부분 규조류 증가에 기인하였다. 그러나 철의 시비에 의한 POC의 심층으로의 수출(export)은 증가하지 않은 것으로 나타났다. 그러나 규조류 종에서 플라보독신의 검출은 실험 13일에 철의 수준이 최적 미달의(suboptimal) 수준임을 시사하였다.

첨가된 약 1.7톤의 철에 대해서 실험 13일에 누적된 미소조류의 탄소량은 800톤으로 추정되어 적었지만 대발생은 30일 후에도 인공위성으로 관찰되어, 누적된 탄소량은 그 보다는 클 것으로 보였다. 이와 같은 결과들은 철의 공급이 심층으로 POC의 수출을 증가시킨다는 자료의 제공 측면에서는 철 가설을 확증하지 못하였다.

최근 거대(길이가 18.5 km 보다 큰) 빙산들에 의한 철 시비에 의해 남빙양에서 일차 생산이 증강된다는 연구 결과가(Duprat et al., 2016) 보고되었다. 빙산 부근에서 엽록소의 수준이 높아짐이 알려져 있는데, 이는 철을 포함하는 용융수(meltwater) 플룸에 기인한다. 빙산 퇴적물에 있는 광물들의 나노입자 응집체(aggregates)에 있는 것으로 알려진 생물가용한 철이 용융수 내의 핵심 영양소(nutrient)이다. 이들 입자들이 용해되면서 용융수 플룸에서 용존 철의 농도가 대기 분진에 기인한 것보다 10~1,000배 수준으로 증가된다. 거대 빙산이 통과한 후 적어도 한 달 사이에(거대 빙산으로부터 50~200 km 떨어진 곳에서 최대) 엽록소가 10배 이상 증가한 것이 발견되었다. 가까운 미래에 더 많은 빙산의 배출(discharge)이 예상되므로, 이러한 거대 빙산에 의한 철의 시비를 통해 남빙양에서 탄소 제거의 증가가 예상되며, 기후 변화에 대한 음의 피드백(negative feedback)으로서 작용할 것으로 보인다.

6.5 기후와 해양 미생물

해양 미생물의 성장과 생지화학적 순환은 온도와 빛과 같은 물리적 변화에 민감하게 반응한다. 기후 변화에 의해 야기되는 해양 미생물의 대사(metabolism)에서의 실질적인 변화는 전 지구적 탄소와 질소 순환에서 유동량을 의미있게 변화시킬 가능성이 있다. 정상적인 기후 요인들의 변화에서도 해양 미생물 군집들의 변화가 나타나고, 해양 생태계의 특성이 달라진다. 엘리뇨(El Niño)와 같은 단기적인 기후 변화 현상에 의해서 북태평양 아열대 환류의 해양 생태계가 빠르게 반응함이 보고되었다(Karl et al., 1995). 이 경우 연중 입사광과 표층 평균 수온의 변화는 없었으나, 수층의 안정도가 변화함이 나타났다. 즉, 상부 수층의 성층화가 증가되고 수층의 혼합 깊이가 얕아졌다. 일차 생산력은 380 mg C m^{-2} d^{-1}에서 534 mg C m^{-2} d^{-1}로 뚜렷이 증가하였다. 그리고 부유성 입자들이 ENSO (El Niño – Southern Oscillation, 엘리뇨–남방진동) 전에는 N:P 비가 14.2에서 ENSO 후에는 19.3으로 증가하여 N–제한에서 P–제한 환경으로 변함이 제시되었다. 이러한 변화는 질소고정 생물인 *Trichodesmium*의 개체수 증가에서(2배 이상)도 뒷받침되었다. 그리고 일차 생산이 증가되었음에도 수심 150 m로 침강하는 탄소–유동량이 상당히 감소됨이 나타나서, 유광대 내에서 물질 순환이 변화되었음이 제시되었다. ENSO의 영향은 동부 열대성 태평양에서는 반대로 혼합층이 깊어지고, 수온약층이 깊어짐을 나타내며, 생물학적으로는 낮은 일차 생산과, 낮은 침강 유동량을 나타냈다.

기후 변화가 일차 생산에 어떻게 영향을 주는가를 이해하려는 관심이 크다. 수온 증가, 해양 산성화, 그리고 변화된 영양염 공급은 식물플랑크톤 동태(대발생의 시점과 크기 포함)에 영향을 줄 수 있다. 진행되고 있는 기후 변화에 식물플랑크톤(또는 해양 미생물 군집들)이 어떻게 반응하는가를 통계적으로 엄격하게 정확히 찾아내려면, 같은 장소에서 시료를 채취하거나 같은 수괴에서 시료를 반복적으로 채취하는 장기간의 연구가 필요하다. 장기간의 연구는 비용이 많이 들고, 일관된 방법론의 사용과 시료 채취가 필요하다. Hunter–Cevera et al. (2016)은 New England 대륙붕에서 2003년에서 2016년 동안 매 시간 *Synechococcus*에 대한 자료(농도와 크기에 대한 자료)를 현장에서 수중(submersible) 유세포 분석기를 사용하여 연속적으로 얻었다. 연속적인 해수의 흐름, 센서의 생물훼손(biofouling), 거친 겨울 기상, 방대한 자료의 분석 등의 어려움이 있었음을 독자들은 기억해야 한다. *Synechococcus*의 세포 크기의 일(diel) 변화 자료로부터 개체군의 분열 속도(division rates)가 정확하게 추정되었다(Hunter-Cevera et al., 2016): *Synechococcus*의 손실 속도(loss rate)는 순 성장률(개체 농도의 변화로부터 구함)로부터 분열 속도(division rate)를 빼줌으로써 계산하였다. 연구 결과 봄에 *Synechococcus*의 대발생 시점이 대양의 온난화(ocean warming)와 관련되어 변함(즉, 수온이 1°C 증가할 경우 대발생의 개시가 4~5일 빨라짐)을 발견하였다. 빨라진 춘계 온난화(springtime warming)가 매년 세포 분열을 보다 일찍 촉진하기 때문이었다. *Synechococcus*의 세포 분열 속도는 춘계 전반에 걸쳐 증가하였고, 봄의 대발생 동안 *Synechococcus*의 손실 속도는 분열 속도보다 평균 ~0.15 일$^{-1}$ 낮았다. 몇 달 동안 지속된 약간의 불균형이 *Synechococcus*의 꾸준한 대발생을 가져왔다.

또한 동부 열대 태평양에서 ENSO에 반응하여 탈질화에서 큰 연간 변이가 보고되었다(Yang et al., 2017): 라니냐(La Niña) 동안에는 심층으로부터 표층으로 영양염의 높은 공급으로 일차 생산이 증가하게 되고, 저산소 수괴는 표층으로 더 가까이 상승하였다. 엘리뇨 동안에는 심층으로부터 표층으로 영양염의 공급이 감소하여 일차 생산이 감소되고, 저산소 수괴는 상대적으로 깊은 곳에 위치하였다. 탈질화는 라니냐 동안에 평균 속도보다 70% 높은 값에서 정점을 보였고, 엘리뇨 동안에는 평균값보다 70% 낮게 감소하였다. 결국, 저산소 조건과 증가된 유기물 공급이 맞물리는가의 여부가 수층의 탈질화 속도를 결정하는 것으로 보였다.

해양 미생물 생태학 연구를 통해 환경 요인들이 생태적 프로세스를, 생지화학적 순환을, 그리고 생물체들 간의 상호작용을 어떻게 조절하는가를 이해함으로써, 해양 생태계 변화에 대한 미생물 군집들의 반응을 전 지구적 기후 변화의 관점에서 예측하도록 하는 기계론적 통찰(mechanistic insights)이 가능하게 된다.

기계 학습(machine-learning) 방법과 같은 수학적 모델들은 상관 관계와 시각적 자료분석(exploratory data analysis)과 같은 단순한 방법으로는 쉽게 파악되지 않는 미생물들과 환경 변수들 사이의 관계를 나타내 줄 수 있다. 모든 주요 해양에서 조사된 *Prochlorococcus*와 *Synechococcus*의 수도에 대한 35년 자료(> 35,000개 관측)를 사용하여 인공 신경망(artificial neural network, ANN), 비모수(nonparametric) 및 매개 변수(parametric) 분석을 한 결과, 수온과 광합성 유효광(photosynthetically active radiation, PAR)의 환경 조건들에 기반하여 이들 시아노박테리아의 전 지구적 개체수를 정확하게 추정할 수 있는 견고한 정량적 생태지위(niche) 모델들이 얻어졌다(Flombaum et al., 2013). 전 지구의 대양에서 이들 시아노박테리아 개체수에 대한 지구 온난화의 미래 효과를 추정하는데 이들 모델들이 사용되었고, 기후 변화에 대한 해양 생태계의 반응에 대한 통찰이 가능하였다. 21세기 말에 온실 기체의 농도가 증가된 결과(대표농도경로[RCP] 4.5 시나리오 사용)로써 예상된 표면 해수 수온을 사용하여, *Prochlorococcus*의 수도는 29%가 그리고 *Synechococcus*의 수도는 14%가 증가할 것으로 예측되었다. 따라서 미래의 해양 수온의 변화는 큰 규모에서 일차 생산자 군집 구조의 변화들을 야기할 것으로 시사되었다. 이러한 변화는 지리적으로 고르지 않아서, *Prochlorococcus*는 북위 12도와 남위 26도 사이에서 26% 증가하였고, 40도까지 38% 증가하였다. *Synechococcus*는 북위 20도와 남위 20도 사이에서 20% 증가하였고, 고위도에서 좀 더 증가하였다. 특이하게도 북위 또는 남위 35도 부근에서 감소 현상이 예측되었다.

기계 학습 방법은 시아노박테리아 대발생의 동태를 예측하는 데에도 성공적이었다. 환경 변수들에 기반한 모델들을 사용하여(Gandola et al., 2016), 또는 8년 동안 채취된 시료로부터 얻은 시계열(time-series) omics 자료(Tromas et al., 2017)로부터 시아노박테리아 대발생의 출현을 예측할 수 있었다. 또한 수인성 병원체인 비브리오 수도를 조절하는 중요한 요인들을 찾기 위하여, 해양 비브리오의 거의 반 세기 자료에 기반하여 수도를 모델링한 연구는 기후 변화가 비브리오 감염의 증가된 빈도를 가져왔다는 증거를 제시하였다(Vezzulli et al., 2016).

해양의 생지화학적 순환에 대한 기후 변화의 잠재적 영향을 모델링한 연구에서 Bianchi et al. (2018)은 침강하는 유기물 응집체(organic aggregates)에서의 혐기성 대사를 예측하기 위해서 무산소 미소환경(microenvironments)의 생성을 시뮬레이션하는 그리고 다른 대사들의 속도를 예측하는 'size-resolved particle 모델'을 개발하였다. 입자들은 저산소 해수에서 탈질화와 황산염 환원을 지속(sustain)할 수 있는 것이 예측되어, 저산소 수층에서 예상치 못한 미생물 탈질화의 기여를 시사하였다. 그리고 예상되는 '고 배출(high-emission)' 기후 변화 시나리오를 사용하여 모델을 테스트한 결과, 태평양에서 기후변화에 따른 해양 산소 농도의 변화가 저위도에 비해 고위도에서 탈질화 속도의 증가를 더 야기함으로써 이 해역에서 일차 생산의 질소 제한이 증가될 수 있음이 시사되었다. 앞에서 본 바와 같이 많은 원소들의 유동량들은 몇 개의 유전자들에 의해 인코딩되는 핵심적인 대사 경로들의 세트에 의해 주도된다. 해역의 생지화학을 이해하는 하나의 수단으로서 유전자-중심의 수학적 모델이 유용할 것으로 보인다(Louca et al., 2016).

현재, 전 세계의 해양을 통틀어서 환경 조건들에 의해 대사 그룹(metabolic group)의 분포를 강하게 예측할 수 있으나, 어떤 미생물 종들이 각 해역에서 각 대사 그룹에 관련되는지를 예측하는 것은 어렵다. 각 대사 그룹 내에서 종 조성의 변이는 — 군집 수준에서 대사 경로들의 전체적인 활동도가 일정하다 하여도 — 개체들 간의 복잡한 상호작용들(예, 파아지에 의한 박테리아 공격)에 의해 주도되는 것으로 보인다.

끝으로, 최근 대서양에서 2011년 이후 반복적으로 관찰되는 거대한 모자반류(*Sargassum*) 띠의 출현도 해양학적 상황에서의 중요한 체제 변환(regime shift)을 나타내는 것일 수 있어 소개한다. 지난 19년 동안의 인공위성 관측 자료에 따르면, 중부 대서양에서 2000년부터 2010년까지 모자반류의 생물량은 매우 낮았다. 모자반류의 대번성은 2011년에 처음으로 시작되었고, 그 후에는 서아프리카로부터 카리브해로 그리고 멕시코만으로 팽창하는 거대한 모자반류 띠로 발달하였다(Wang et al., 2019). 이는 2009년 동부 대서양에서 더 강한 용승과 서부 대서양에서 아마존강의 과도한 배출로 인한 영양염의 축적이 초기 조건을 조성하였지만, 2010년의 높은 수온과 저염이 2011년까지 대번성을 지연시킨 때문으로 여겨졌다. 2018년 6월에는 최대 약 6,000 km^2의 범위(8,850 km)에 달하였고, 습식(wet) 생물량은 2천만 톤에 달하였다. 대번성이 발생한 해에 더 높은 동계 NAO (North Atlantic Oscillation) 값은 더 낮은 SST와 더 강한 용승과 연관성이 있어서, 최근의 대번성은 기후변화와의 연관성을 나타냈다. 새로운 거대한 모자반류 띠 환경의 생태적 및 생지화학적 영향에 대한 이해가 필요해 보인다(Wang et al., 2019).

제 7 장

해양 미생물의 다양성과 군집 생태

7.1 해양 원핵생물의 다양성

다양성(diversity)은 생태계 기능들과 서비스들을 유지하기 위해서 필수적이다. 생태학자들은 다양성의 양상(pattern)이 생태계의 기능 또는 생태계의 안정성(stability)과 연결되는지, 또는 시공간 상에서 어떻게 그리고 왜 다양성이 변하는지를 이해하기 위해서, 다양성에 대해 조사하고 다양성 추정치를 계산한다(Shade, 2017). 다양성은 군집 생태에 근본이 되는 생태적 원인들을 추정하는데 있어서 적절한 출발점이 될 수 있다.

미생물 다양성은 생태적 과정들의 결과이다. 미생물 다양성을 변화시키거나 유지하는 기구(機構)들은 많고, 복잡하다: 무생물학적 요인들, 생물학적 요인들(경쟁, 섭식 등), 환경의 교란(disturbance). 어떻게 이들 기구(機構)가 총체적으로 작용하여 관찰된 최종의 군집 다양성을 가져오는가를 이해하는 것은 미생물 군집을 예측하고 관리함에 있어서 중요하다(Shade, 2017). 특히 기후변화가 많이 진행되기 전에 현재 해양 미생물의 다양성 수준, 분포 양상, 그리고 이에 관련된 생태적 동인(drivers)을 이해하는 것이 필요하다.

주어진 군집에 대하여 보편적으로 인정되는 다양성의 절대적인 값은 없다; 상대적이며, 항상 측정 방법에 의해 제약을 받는다(Shade, 2017): 즉, 절대적인 다양성의 값은 결정될 수 없으며, 각 방법은 군집에 대한 다변량(multivariate) 정보의 약간씩 다른 축소(reduction)/변형이다. 따라서 각 방법은 장점과 편향(biases)을 갖고 있다. 선택된 다양성 지수는 생태학적 또는 생물학적으로 정당화되어야 하고, 그 장점과 한계를 고려하여 해석되어야 한다. 다양성을 연구하는 방법론들의 차이(예, probe, fingerprinting, 시퀀싱)로 인해서, 같은 다양성 지수가 사용되어도 다양성은 종종 연구들 간에 직접 비교되기가 어렵다. 그리고 시퀀싱 자료로부터 분석 관로(pipeline)를 통해 다양성이 계산되는 경우, 운영 분류 단위(operational taxonomic unit, OTU)에 대한 정의를 어느 유사도 수준에서 결정하느냐가 다양성 평가에 영향을 준다.

다양성은 휴지(dormant) 세포 또는 불활성인 세포들의 DNA에 의해 부풀려져 있을 수 있다. 그리고 DNA 추출 방법이 어떤 분류군에 편향적일 수 있으며, 프라이머(primer)는 증폭된 시퀀스들에 편향을 가져올 수 있어서 어떤 그룹들은 과소평가되거나, 아예 증폭되지 않아 다양성을 과소평가할 수 있다. 어떤 분류군들은 16S rDNA의 사본(copy) 수가 많아 군집의 상대적 기여에 대한 이해를 복잡하게 할 수 있다. 따라서 미생물 다양성은 대략적인 근사치로 간주해야 한다. 그리고 흔히 범하기 쉬운 오류의 하나는, 높은 다양성이 반드시 더 좋은 또는 건강한 생태계를 반영하는 것은 아니란 점이다(Shade, 2017).

다양성에는 3개의 종류가 있다. 알파 다양성은 각 장소(site)의 다양성을 말하는 것으로 특정 장소의 종들의 풀(local species pool)을 말한다. 베타 다양성은 장소들 간의 종 조성(species composition)에서의 차이를 나타낸다. 감마 다양성은 지역 전체의 종의 풀(regional species pool)을 말한다.

최근 전 지구적 미생물 다양성을 예측한 비례 법칙(scaling laws)이 보고되었고, 이로부터 지구상에는 1조(10^{12})에 해당하는 미생물 종이 있는 것으로 추정되었다(Locey & Lennon, 2016). 그리고 전 해양에는 10^{10} 수준의 해양 미생물 종이 있을 것으로 추정되었다. 현재 우리는 해양 미생물 다양성의 만분의 일도 이해하지 못하는 상태에 있음을 알 수 있다.

또 다른 비례 법칙의 예로서 미생물에게도 적용되며 종종 인용되는 분류군-면적(taxa-area)의 관계식을 소개한다. 일반적으로 비례 법칙은 $S = cA^Z$ 의 식으로 기술된다. 여기서 S는 종의 수, c는 상수, A는 면적의 크기, Z는 관계식의 기울기이다. Bell et al. (2005)는 물이 차 있는 나무 구멍(treehole)에서 물 시료(V, ml)를 채취하여 박테리아 종 수(=DGGE 띠[band]의 수, S)를 조사한 결과 다음과 같은 관계식을 얻었다:

$$S = 2.11V^{0.26}\ (r^2 = 0.91,\ P < 0.0001) \qquad \text{(식 7-1)}$$

이 기울기 값은 동식물에 대하여 얻어진 분류군-면적 관계식의 기울기 값과 차이가 없었다. 위의 조사된 나무 구멍들은 미생물 군집이 평형에 도달할 수 있는 상대적으로 안정한 곳으로 해석되었다. 전지구적 규모의 해양 환경에서 해양 박테리아의 거시생태적 패턴에 대한 내용은 '7.2 해양원핵생물 군집'을 참조하기 바란다.

1990년까지 동정된 해양 박테리아의 종은 많지 않았다. "해양 박테리아 중에서 대부분을 차지하는 '살아 있지만 배양되지 않는(viable but nonculturable, VBNC)' 박테리아는 배양 가능한 박테리아의 다양성과는 다른, 예상치 못한 다양성을 나타내지 않을까?"라는 질문이 제기되었다.

해양 원핵생물의 다양성에 대한 이해는 배양에 의존하지 않는 분자생물학적 기법들을 사용하여 급진적으로 발전하였다. 박테리아 다양성에 대한 대부분의 초기 발견은 16S rRNA 유전자[1]를 포함하는 클론(clone)들을 회수하여 정성적으로 기술하는 연구(Fuhrman et al., 1992)를 통해 얻어졌다.

---

1) 16S 리보조말 RNA (= 16S rRNA)는 원핵생물 리보솜(ribosome)의 30S subunit의 구성 요소이다. 16S rRNA를 코딩하는 유전자(=16S rDNA)는 진화계통의 재구축(phylogeny reconstruction)에 사용된다.

16S rRNA 유전자 시퀀싱에 기반한(배양과 무관한) 방법들의 발전으로 박테리아를 동정 · 분류하는 능력이 크게 향상되었다. 해양에서 SAR11 박테리아의 발견은 그 한 예이다(Giovannoni et al., 1990).

SAR11 단계통(α-프로티오박테리아)은 16S rRNA 유전자 클로닝에 의해서 해수에 가장 많이 분포하는 단계통으로 알려졌다('7.1.2 SAR11 단계통' 참조). 원핵생물로부터 추출된 RNA에 그룹-특이적으로 결합하는 올리고뉴클레오티드 프로브(oligonucleotide probes)의 결합을 측정하는 연구(DeLong et al., 1994), 그리고 rRNA를 표적으로 하는 올리고뉴클레오티드 프로브를 사용하여 단세포에 대한 FISH (fluorescent *in situ* hybridization, 형광 현장 혼성화) 기법을 사용하여 에피형광 현미경으로 정량적으로 조사하는 연구로 발전하였다. 초기에 FISH 기법은 해양 박테리아의 작은 크기와 낮은 rRNA의 함량으로 적용에 어려움이 있었다. FITC (fluorescein isothiocyanate)로 다중 표지된 100 bp 이상의 길이를 갖는 폴리뉴클레오티드 프로브(polynucleotide probe)를 사용하는 방법이 개발되었다(Karner et al., 2001; 그림 7-1). Morris et al. (2002)은 SAR11 단계통의 16S rRNA를 표적으로 하는 Cy3로 표지된 한 벌의 올리고뉴클레오티드 프로브(16S rRNA의 다른 지역들을 표적으로 하여 형광의 세기를 증가시킴)와 박테리아의 16S rRNA를 표적으로 하는 Cy3로 표지된 한 벌의 올리고뉴클레오티드 프로브를 사용하여 사가소해와 오리건 연안 해역에서 SAR11 단계통과 박테리아의 수도를 정량 측정하였다. 올리고뉴클레오티드 프로브를 사용한 방법은 폴리뉴클레오티드 프로브로 얻어진 결과와 동등한 것으로 판명되었다(Pernthaler et al., 2002).

나중에는 프로브의 형광 세기를 더욱 강화시킨 CARD-FISH 기법이 개발되었다(Pernthaler et al., 2002). 2005년에는 파이로시퀀싱 기법이 개발 · 도입되었다. 해양 미생물의 생물다양성(microbial biodiversity)에 대한 이해는 지난 25년에 걸쳐 빠르게 확대되었고, 아래에서 이에 대해 살펴본다.

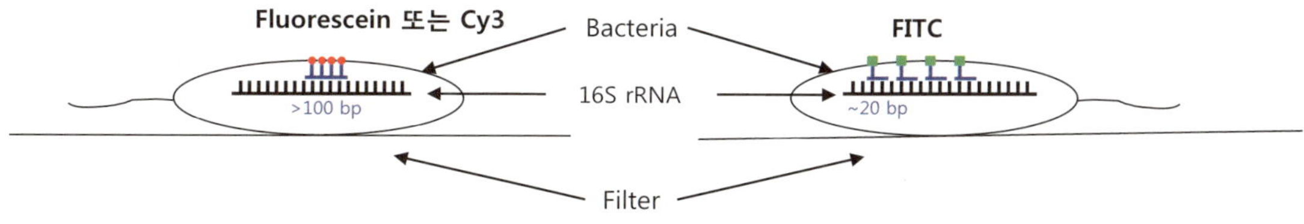

그림 7-1 Cy3로 형광 표지된 폴리뉴클레오티드 프로브(左)와 FITC로 형광 표지된 한 벌의 올리고뉴클레오티드 프로브(右)를 사용한 FISH (fluorescent *in situ* hybridization, 형광 현장 혼성화) 기법의 개념도.

7.1.1 해양 아키아(Archaea)

프로브의 개발로 해양에서 아키아가 극지 연안 표층과 중층대 및 심해 환경에서 우점적이며, 많이 분포하는 것을 발견하게 되었다. 한 예로, Karner et al. (2001)은 폴리뉴클레오티드 프로브를 사용하여 하와이의 해양 시계열 정점에서 일년간 월별로 전 수층에서 크렌아키아(Crenarchaeota, 해양 그룹 1 아키아)와 박테리아를 계수한 결과, 유광대 아래(> 150 m)에서 크렌아키아는 상대적 수도가 증가하여 1,000 m보다 깊은 수심에선 박테리아와 비슷하였다. 유리아키아(Euryarchaeota, 해양 그룹 2 아키아)는 가끔 표층에서 출현하나, 일반적으로 수층에서 낮은 %로 출현하였다. 계절적 경향은 나타나지 않았다. 모든 수심에서, rRNA를 표적으로 하는 폴리뉴클레오티드 프로브에 의해 탐지된 아키아와 박테리아의 합은 총 박테리아(= DAPI로 염색된)의 60~80%이었다. FISH-프로브에 반응하는 세포들을 대사적으로 활성인 세포를 반영하는 것으로 보면, 대부분의 심해 원핵생물은 심해 생태계에서 활동적인 것으로 보인다.

아키아는 남극 연안 표층에서 원핵생물 rRNA의 21~34%를 차지하였다(DeLong et al., 1994). 남극 연안 표층에서 발견된 크렌아키아와 유리아키아의 시퀀스는 각각 북아메리카 해역에서 발견된 시퀀스들과 시퀀스 유사도 값이 높았다. 이러한 발견들을 통해 아키아가 기존에 알려진 바와 같이 극한 환경에 적응한 그룹들(halophiles, thermophiles, methanogens)뿐만 아니라, 해양의 차갑고 호기성(aerobic)인 환경에서 활성을 갖고 널리 풍부하게 분포하는 그룹들을 포함하는 것을 알게 되었다.

7.1.2 SAR11 단계통(clade)

SAR11 단계통은 1 μm보다 작은 곡선 간상(曲線 桿狀, curved rod)의 형태를 갖고, 생체부피는 약 0.01 μm^3이며, 사가소해의 유광대에서 박테리아 수도의 평균 35%를 차지하였고, 중층대에선 거의 18%에 달하였다(Morris et al., 2002). BATS (Bermuda Atlantic Time-series study) 해역의 수심 40미터에선 51%에 달하기도 하였다. BATS 해역에서 SAR11 단계통은 표층에서 계절적 변화를 나타냈고, 여름에 가장 상대적 수도(평균 29%)가 높았다. SAR11 단계통에 속하는 박테리아는 종종 군집의 25% 이상을 차지한다. 그리고 표층에서 박테리아에 의한 아미노산 동화(assimilation)의 약 50%와 DMSP 동화의 30%가 SAR11 단계통 박테리아에 의해 수행된다(Malmstrom et al., 2004).

전 지구적으로 SAR11 단계통은 2.4×10^{28} 세포가 있을 것으로 추정되어, 이 단계통은 가장 성공적인 생물 중의 하나로 보인다. SAR11 단계통 내의 다른 진화계통적 그룹들(phylogenetic groups)은 수심에 특이적인 분포를 나타냈다(Field et al., 1997). 해양에서 SAR11은 느리게 자라는데도 승자(winner)인 이유는 방어 전문가(defence specialist)이기 때문인 것으로 생각된다(Zhao et al., 2013).

7.1.3 광종속영양 박테리아(photoheterotrophic bacteria)

광종속영양을 하는 그룹은 로돕신을 갖는 박테리아와 호기성 비산소발생 광영양자들(aerobic

anoxygenic phototroph, AAP)이 있다. 광종속영양자들은 유기 탄소를 이용하며, 무기 탄소를 고정하지는 않는다. 로돕신을 갖는 박테리아가 AAP보다 더 널리 분포하는 것으로 여겨진다(Kirchman & Hanson, 2013).

프로티오로돕신(proteorhodopsin). 로돕신[2]은 광화학적으로 활성인 막 단백질로서 레티날 색소포(chromophore)를 갖고 있으며, 7개의 막관통 나사선들(transmembrane helices)을 갖는, 레티날에 기반한 하나의 폴리펩타이드로된 광시스템(photosystem)이다. 로돕신은 빛 에너지를 이용하여 세포막에 걸쳐 전기화학적 경사를 만들어 운동(motility), 용질의 수송, 또는 ATP 생성을 한다.

2000년에 새로운 형(形, type)의 로돕신이 배양되지 않은 해양 γ-프로티오박테리아에서 발견되었고, 프로티오로돕신으로 명명되었다(Béjà et al., 2000). 프로티오로돕신은 레티날에 결합하는 세포막 색소(membrane pigment)로서 광-주도 프로톤(light-driven proton) 펌프이다. 프로티오로돕신은 ATP 생성을 통해 종속영양 원핵생물의 대사에 부차적인 에너지원으로 기능할 수 있다.

프로티오로돕신에 의한 광영양(phototrophy)은 빛이 있는 여러 해양 환경(해빙, 고염, 기수해역을 포함)에 서식하는 다양한 원핵생물에서 발견되었다: 해양 γ-프로티오박테리아인 SAR86, α-프로티오박테리아인 SAR11, 로제오박터(Roseobacter), 해양 박테로이데테스(Bacteroidetes), 해양 액티노박테리아, 그리고 아키아. 어떤 해양 환경에서는 70% 가까이가 로돕신을 갖고 있었다(Kirchman & Hanson, 2013). 수평 유전자 이동이 해양의 원핵생물에서 프로티오로돕신의 넓은 분포에 가장 중요한 역할을 하는 것으로 보인다(Frigaard et al., 2006). 최근에는 수생 환경의 단세포성 진핵생물을 감염하는 거대 바이러스에서도 보고되었다.

프로티오로돕신을 갖고 있는 SAR92와 SAR11에서는 빛이 성장을 증강(enhanced)시키지 않았으나, 프로티오로돕신을 갖고 있는 해양 플라보박테리아(Flavobacteria)는 빛이 성장 속도에 증강 효과를 보이는 것으로 나타났다(Gómez-Consarnau et al., 2007). 프로티오로돕신을 갖고 있는 비브리오 균주는 기아(starvation) 동안 프로티오로돕신이 제거된 균주보다 더 긴 생존을 나타내었다(Gómez-Consarnau et al., 2010).

프로티오로돕신은 빛의 흡수 파장에 따라 녹색광 흡수 프로티오로돕신, 청색광 흡수 프로티오로

---

2) 로돕신은 미생물 기원을 갖는 1형(type 1) 로돕신과 동물의 감광(photosensitive) 수용체(receptor)인 2형 로돕신으로 나뉜다. 1형 로돕신과 2형 로돕신은 구조와 기능이 유사하나, 시퀀스 동일성(identity)은 매우 낮다. 1형 로돕신은 2016년 1월 기준 5개의 슈퍼클러스터(superclusters)와 53개의 클러스터로 구성되어 있었다(Boeuf et al., 2015). 1형 로돕신은 광-주도 프로톤 펌프(프로티오로돕신, 박테리오로돕신, 또는 *Salinibacter ruber*의 xanthorhodopsin과 actinorhodopsins), 이온 펌프, 광센서를 포함한다. 처음 알려진 미생물의 로돕신은 박테리오로돕신으로 할로로돕신(halorhodopsin)으로도 불리며, 호염성 아키아인 *Halobacterium salinarum*의 세포막에서 약 반세기 전에 발견되었다(Oesterhelt & Stoeckenius, 1971). 그 기능은 광-주도의 내부를 향한(inward) 염화물(chloride) 펌프이다.

돕신으로 나뉜다. 청색광을 흡수하는 프로티오로돕신은 특히 외양에 널리 분포하고, 녹색광을 흡수하는 프로티오로돕신은 연안역이나 담수 환경에서 많이 출현한다. 연안역이나 담수 환경에서 수중의 광 스펙트럼은 녹색 조건이 우세하기 때문이다.

프로티오로돕신의 기능은 광영양에 관련된 프로톤 펌프로서의 기능이 예상되나, 감지기능의 로돕신(sensory rhodopsin)이거나 미지의 기능을 갖고 있을 수도 있다. 앞으로 프로티오로돕신의 생리적 기능, 적응도(fitness) 이익, 해양 미생물 생태에서 실질적인 중요성 등에 대한 연구가 필요하다.

호기성 비산소발생 광영양자(aerobic anoxygenic phototroph, AAP). 호기성 상태에서 산소를 발생시키지 않으면서 광합성을 하는 AAP는 외양에서 종속영양 박테리아의 에너지 생성에 어느 정도 기여를 하는 것으로 추측되며, 빈영양 해양 환경에서 AAP에게 효과적인 책략일 것으로 보인다. 광합성 기구(photosynthetic apparatus) 관련 유전자(pufL과 pufM)는 광합성 반응 센터의 단백질을 인코딩한다(Allgaier et al., 2003). 호기성의 박테리오클로로필 *a* (bchl *a*)를 생산하는 박테리아의 생태적 지위의 범위는 빈영양 박테리아로부터 미소조류 공생에 이른다(Allgaier et al., 2003). Bchl *a*에 의해 중재되는 AAP에 기반한 광영양은 표층 해양 광합성 전자 수송의 5%까지 달하는 것으로 추정되었고, 총 미생물 군집의 11%에 달하는 것으로 추정되었다(Béjà et al., 2002).

그러나 Sargasso 해역에서 bchl *a*의 농도는 검출되지 않아서(Mullins et al., 1995), AAP가 외양에서 흔치 않음이 제시되었다. 에피형광현미경과 q-PCR에 의해 남가주 해역에서 AAP 박테리아를 정량한 바, 유광대 내에서 총 박테리아의 평균 1~2%로 보고되었다(Schwalbach & Fuhrman, 2005). 열대 해역에서 극해역에 이르기까지 AAP는 총 박테리아의 2.5% 미만으로 나타났고, 용존 유기물 농도가 높은 염하구에서 AAP가 > 10%로 추정되었다. 따라서 빈영양 해역에서 더 많이 있을 것이란 생각과 다르게, 오히려 반대일 수 있다. AAP의 공간 분포와 수도를 평가하기 위해 GOS (Global Ocean Sampling) 자료 세트를 분석한 결과, GOS 시료의 채집 장소들에서 총 박테리아의 1~5%를 차지하는 것으로 나타났고, Nova Scotia 남쪽 연안의 한 시료에서 군집의 > 10%를 기여하였다(Yutin et al., 2007).

7.1.4 *Roseobacter* 단계통

Roseobacter 단계통은 2000년에 *Roseobacter* 속(genus) 명을 따라 작명되었다. 처음 기술된 종들은 핑크색 색소를 갖는 bchl *a*를 생성하는 균주들(*Roseobacter litoralis*와 *R. denitrificans*)로 녹조류의 표면에서 분리되었다(Shiba, 1991). *Roseobacter* 단계통에서 다양한 생리가 발견되었다(예, AAP, 호기성 sulfite 산화, 유기 황 화합물 분해, 리그닌 분해, methylotrophy: Buchan et al., 2005; Martens et al., 2006).

Roseobacter 단계통(α-프로티오박테리아)의 구성원들은 연안에서 20%까지 출현하고, 대양 혼합층(ocean mixed-layer) 박테리아 군집에서 15%까지 출현하는 것으로 나타났다(Selje et al. 2004,

Buchan et al., 2005). *Roseobacter* 단계통에 소속된 박테리아는 연안과 외양의 미생물 군집의 공통된 구성 요소이며, 계절적으로 10~25%를 차지한다.

7.1.5 해양 액티노박테리아(*Actinobacteria*)

액티노박테리아는 담수 환경에서 박테리아 수도의 10~60%를 차지하는 주요 그룹이나, 해양에서는 주요 그룹이 아니다. 해양 액티노박테리아는 지금까지 두 그룹이 알려져 있다: 분리균주(isolates)가 몇 개 있는 *Acidimicrobiales* 목과 "*Candidatus* Actinomarinales 또는 Actinomarinidae"(Stackebrandt et al., 1997). "*Ca*. Actinomarinales"는 이전에는 해양 액티노박테리아 단계통("marine actinobacterial clade", MAC)으로 알려졌었다. "*Ca*. Actinomarinales"에는 기존에 MAC으로 알려진 SAR432, BDA1-5, OM1과 D92-32이 포함된다. "*Ca*. Actinomarinales"는 온대와 열대에 국한하여 분포하는 것으로 보인다. *Acidimicrobiales* 목(제8장 참조)에는 "*Ca*. Microthrix parvicella"와 그에 가까운 시퀀스들이 포함된다(Mizuno et al., 2015). 해양 *Acidimicrobiales*는 지중해, 하와이 버뮤다 해역의 엽록소 최대 수심에서 주로 발견되고, 남극과 북극해에서도 발견된다. 이들 두 그룹은 종속영양을 하나, 때로 로돕신으로 광영양을 하는 광종속영양을 한다(Mizuno et al., 2015).

멀리 연관된 미생물들이(예, 해양 및 담수성 액티노박테리아, "*Ca*. Pelagibacterales"와 담수성 LD12 그룹) 진화계통적으로 관련된 로돕신을 공유한다는 사실은 광종속영양의 획득이 해양에서 담수로의 전이(transition)보다 앞서는 것을 시사한다(Mizuno et al., 2015).

7.2 해양 원핵생물 군집(community)

해양 원핵생물 군집 연구는 DGGE 기법(Muyzer et al., 1993)의 적용에 의해 시작되었고, 이 기법에 의해 해양 원핵생물 군집에서 주로 우점적인 종 조성에 대한 파악이 가능하였다. 2005년 파이로시퀀싱 기법이 개발 · 적용되면서 해양 원핵생물 군집 조성과 동태(dynamics)에 대한 심도 깊은 이해가 가능하게 되었다. 여기서 군집이란 용어는 특정한 해양 환경에 존재하는 미생물 개체군들의 군(group)을 일컬으며, 미생물 개체군들의 상대적 비율을 포함한다. 동태란 용어는 군집 내의 여러 개체군들 또는 종들의 수도에서의 변화를 뜻한다.

해수 시료의 군집 조성을 분석해 보면, 일반적으로 10~20개 정도의 종들이 우점(> 1%)하고, 대부분의 종들은 드문(rare)것으로 나타나서, 전형적으로 긴 꼬리 모양의 순위 수도(rank abundance) 분포를 나타낸다(Sogin et al., 2006; 그림 7-2). 드문 OTU들은 시료에서 하나 또는 몇 개의 시퀀스를 갖는다.

개체군들(또는 종들) 그리고 환경 요인들 간의 상관 관계들로부터 직 · 간접적인 상호작용을 이해할 수 있다. 이러한 상호관계들이 여러 지역과 시간 규모에서 강하게 관찰된다면, 추정된 관계들에 대하여 신뢰할 수 있게 된다. 시계열(time-series) 조사에 의해 군집 조성의 역동성을 평가함으로써 개체군들 간의 상호작용과 군집 구조의 변화를 가져오는 주요 환경 요인들을 파악하고, 군집의 계절성과 탄력성(resilience)을 이해하게 된다(Fuhrman et al, 2015): 10년여에 걸쳐 매월 조사한 시계열 자료는 여름 대 겨울과 같이 상반되는 계절을 비교할 때 군집 조성이 가장 다른 반면에, 같은 계절에는 수년간 떨어져 있는 시료들 간에도 서로 유사한 것으로 나타났다. 시간이 지남에도 군집 조성에서의 높은 유사도는 시간상의 안정성(temporal stability)을 나타냈다. 이는 10년의 기간 동안 군집 조성의 변이에 제한이 있었다는 것을 시사한다. 군집 조성을 변화시키는 외부적인 힘들(예, 수온, 혼합[mixing], 영양염 공급)이 있음에도 불구하고, 계절적으로 변화하는 환경에서도 매년 꾸준하게 평균적인 군집이 유지되도록 해주는 내부적인 피드백(feed-back) 기구(機構)들(경쟁, 포식자-피식자 상호작용, 파아지 감염)이 있다는 것이 시사된다. 그리고 군집 구조의 분석을 통해 생태적인 특성들이 다른 생태학적 종(ecological species, ecotypes)을 파악할 수 있었다(Fuhrman, 2015).

또한 개체들 또는 종들 사이의 상호작용은 시간 규모(time scale)에 따라 다르다는 것이 관찰되었다. SAR11의 구성원들은 일간 규모(daily scale)에서는 5주 동안 높게 상호 관련되어 있었으나, 월간에서 10년간 규모에 걸쳐서는 그렇지 않았다. 이는 다른 시간 규모에서는 다른 과정들이 작용되고 있음을 의미하였다.

일간-주간의 시간 규모는 식물플랑크톤 대발생과 연합된 역동성을 연구하는 데 적절하다.

식물플랑크톤 대발생은 교차 섭이(cross-feeding) 상호작용, 독소 또는 다른 타감작용(allelopathic) 물질의 영향으로 원핵생물 군집 조성에 직접 영향을 준다. 식물플랑크톤-박테리아 연합(association)은 종 특이적일 수도 있다(Grossart et al., 2005; Sapp et al., 2007).

북해에서의 경우, 대발생 전에 박테리아는 α-프로티오박테리아에 의해 우점(41~67%)되었다(Teeling et al., 2012): SAR11 단계통은 2/3 그리고 Roseobacter 단계통은 1/3. 규조류 대발생에 반응한 박테리아 군집의 우점적 조성은 Flavobacteriia가 대부분인 Bacteroidetes에서, 다음에는 γ-프로티오박테리아와 다른 Flavobacteriia 종들 및 α-프로티오박테리아(Roseobacter 단계통 그룹)가

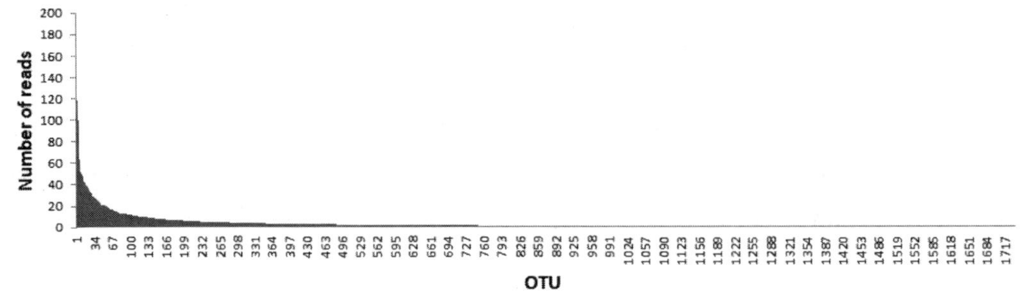

그림 7-2 2012년 8월 동해의 정점 TEB3에서 표층 시료 박테리아 군집의 순위 수도(rank abundance) 분석 결과. 상위 11개 OTU(각 OTU는 총 리드[reads]의 1% 이상을 차지)가 총 리드의 20.7%를 차지함(장 & 조, 미발표 자료).

우점하는 천이가 나타났다. 천이의 끝으로 가면서 총 박테리아 수도가 감소할 때에 SAR11 단계통의 상대적 수도가 증가하였다.

계절적 양상(seasonal pattern)을 언급한다는 것은 단순히 한 기간에 걸친 계절적 변화를 말하는 것이 아니라, 매년 반복되는 계절적 양상이 있다는 것을 의미한다. 그러므로 계절적 양상을 이해하려면 수년간에 걸쳐 연속적으로 조사된 자료가 있어야 한다.

장기간의 시계열 연구들이 여러 해역에서 수행되었다. 대표적으로 버뮤다 대서양 시계열 연구(Bermuda Atlantic Time–series study, BATS), 하와이 대양 시계열(Hawaii Ocean Time–series, HOT), 산 페드로 해양 시계열(San Pedro Ocean Time–series, SPOT) 연구는 각각 사가소해 북부(~북위 33도), 오하우섬 북부 100 km와 산페드로 해협에서 수행되고 있다.

BATS를 포함한 대부분의 온대 표층수에서는 겨울철 수층 혼합에 뒤따른 수층의 성층화가 식물플랑크톤 군집의 조성 변화를 가져오고, 박테리아 군집 구조의 변화를 야기한다. 겨울철 표층의 혼합에 뒤따른 수층의 성층화는 수온, 영양염 및 엽록소 농도의 계절적 변이를 동반하나, 더 깊은 수심에선 계절적 변화가 적다. BATS 현장에서 원핵생물 군집의 계절적 변이는 유광대에서 가장 강하였다. 표층에서 우점적 박테리아는 SAR11, SAR86, SAR116 단계통들과 시아노박테리아인 *Prochlorococcus*와 *Synechococcus*이었다. 성층화가 강화된 여름에는 대부분의 SAR11과 SAR86 같은 빈영양성 분류군들과 *Prochlorococcus*가 우점하였다(Morris et al., 2005). 드물게 출현하는 부영양성(copiotrophic) 분류군은 수도가 높은 종들보다 더욱 불규칙적인 출현 양상을 가졌고, *Vibrionaceae* 과와 *Alteromonadaceae* 과에 속하는 드물게 출현하는 박테리아들은 가끔 짧은 기간 동안에 대발생하고는 쇠퇴하였다.

해양 박테리아의 계절적 종 조성에 대한 한 예로서 동해 울릉분지 주변 해역의 표층에서 봄–여름의 박테리아 군집 구조를 보면(그림 7–3), 두드러진 계절적 변화로는 봄에 *Flavobacteriia* 그룹이 우점적으로 출현하고 여름에는 감소하며, 여름에 γ–프로티오박테리아가 증가한 것을 알 수 있다.

공간에서 종의 풍도(richness)와 군집 조성의 변이는 종의 유지(maintenance) 또는 상실에 관여하는 다수의 기구(機構)들을 반영하며, 그로 인해 다양성의 공간적 패턴들이 반복적으로 관찰된다. 즉, 점점 더 지역이 넓어지면, 증가하는 분류군의 풍도가 관찰되는 분류군–면적 관계(taxa–area relationship, TAR)로 알려진 패턴이 나타난다. 다음은 거리–감쇠 관계(distance–decay relationship, DDR)로 알려진 패턴으로, 지리적 거리가 증가할수록 군집들 간의 유사도가 낮아지는 현상이 관찰된다.

TAR과 DDR은 일반적으로 각각 다음과 같은 식으로 기술된다:

$$\log(S_{obs}) = \log(c) + z \times \log(A)$$

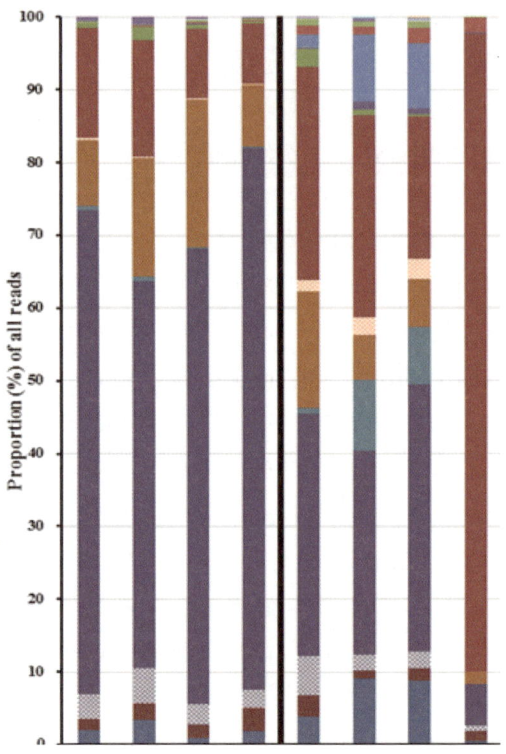

그림 7-3 16S rRNA 유전자에 대한 파이로시퀀싱 기법을 사용하여 동해 울릉분지 주변 해역 표층 여러 정점에서 조사한 봄-여름의 박테리아의 군집 구조. 보라색은 *Flavobacteriia*, 황토색은 α-*Proteobacteria*, 벽돌색은 γ-*Proteobacteria*임. 흑색 중앙 분리선의 좌측은 봄, 우측은 여름 자료임(장 & 조, 미발표 자료).

여기에서 S_{obs}은 관찰된 종의 평균 수, c는 상수, A는 면적, z는 TAR의 기울기(=분류군이 누적되는 율[rate])를 의미한다.

$$\log(S_{com}) = \log(a) + \beta \times \log(D)$$

여기에서 S_{com}은 종 조성에 기반한 군집 유사도, a는 상수, D는 지리적 거리, β는 DDR의 기울기(=가장 높은 풍도를 갖는 분류군들의 공간적 응집[aggregation] 정도를 반영)를 의미한다.

분류군-면적 관계(TAR)는 면적이 증가하면, 서식지들의 누적 즉 종들의 누적으로부터, 그리고 더 높은 점유(colonization) 및 종분화(speciation)와 더 낮은 사멸(extinction)이 더 넓은 면적에서 발생하는 개체군 역동성으로부터 결과한 것으로 생각된다. 유사하게, 거리-감쇠 관계(DDR)는 지리적 거리에 걸쳐 있는 환경 변화들과 개체군 역동성에 의해 주도되는 것으로 여겨진다. 끝으로 제한된 산포(dispersal)에 의해 야기되는 이소성 종분화(allopatric speciation)도 TAR와 DDR에 기여할 것으로 여겨진다. TAR와 DDR의 기울기는 이질적인(heterogeneous) 서식지들에서 또는 낮은 산포 속도를 갖는 개체들에 대해서 통상 더 가파르다.

해양의 수층(심해 해수, 표층 해수, 연안 해수 생태계) 환경과 퇴적물(심해와 연안 퇴적물 생태계) 환경에서 축적된 박테리아 군집 조성 정보(=16S rRNA 유전자 시퀀스)의 데이터베이스를 사용하여, 지구적 규모에서 해양 박테리아의 거시생태(macroecological) 패턴들(=TAR와 DDR)에 대한 정보가 처음으로 알려졌다(Zinger et al., 2014). z값은 0.3~0.6의 범위에 있었고, 대형생물들에서 보고된 약 0.2~0.7과 유사하였다. 반면에 β의 절대값은 약 0.02~0.15로 대형생물들에서 보고된 약 0.2~0.7보다 훨씬 작은 것으로 나타났다.

퇴적물 생태계는 표영(pelagic) 생태계보다, 또는 연안 생태계가 표층 해수 및 심층 해수 생태계에서보다 β가 더 급하게 감소하였고, z는 일반적으로 증가하였다. 외양의 수층 환경은 해류에 의한 물리적인 혼합이 상대적으로 활발하고 이로 인한 박테리아의 확산 가능성이 높은 데 반해, 퇴적물 또는 연안 환경은 작은 지역 규모에서의 환경 변이가 크고 공간적인 격리가 나타날 수 있어서, 이러한 환경 특성의 차이가 반영된 것으로 보인다(Zinger et al., 2014).

아래에서 다양한 해양 환경에서 보고된 주요 원핵생물의 군집 구조와 종 조성의 특징에 대해 소개한다.

7.2.1 해양 대기(atmosphere)

대기는 지구상에서 생물학적 탐사의 마지막 남은 프론티어 중 하나이다. 해양은 지구 표면의 70% 이상을 차지하므로, 해양 대기에 대한 연구는 대기의 전 지구적 이해에 있어 매우 중요하다. 대기는 박테리아, 바이러스, 균(fungus)의 포자, 단세포성 원생생물 등의 생물 입자를 포함한다. 박테리아와 균의 포자는 대기의 화학과 물리에서 중요한 역할을 할 것으로 예상된다.

해양의 대기에 있는 미생물에 대한 초기(1930년대) 연구는 전통적인 배양 기법을 사용하여 바다 위에서 채집된 대기 박테리아의 분포와 기원(즉, 해양 또는 육상)을 규명하고자 하였고, 박테리아의 조성과 개체수에 대해 연구하였다(ZoBell & Mathews, 1936; Rittenberg, 1939). 해양 대기 시료에 대한 분자생물학적 생태 연구는 전 세계적으로 동해 상에서 처음으로 수행되었다(Cho & Hwang, 2011). 동해에서 대기 원핵생물의 수도는 $0.7 \sim 1.2 \times 10^5$ cells m^{-3}로 나타났다. 북서 태평양의 쿠로시오 확장(Kuroshio Extension) 해역에서 대기 원핵생물 수도는 $1.0 \times 10^4 \sim 2.5 \times 10^5$ cells m^{-3}로 보고되었다(Hu et al., 2017). 이와 같이 대기 원핵생물의 수도는 표층 해수의 원핵생물 수도에 비해 적어서 대기 원핵생물은 해양 원핵생물의 작은 저장소에 불과하나, 해양에 침적되는 대기 원핵생물은(10^7 cells m^{-2} d^{-1} 수준) 씨앗(seed) 개체군으로 작용할 수 있다. 동해에서 우점적인 대기 원핵생물 그룹은 DGGE 분석에 의해 γ-프로테오박테리아와 Bacteroidetes로 나타났다. 대기 시료에서 검출된 계통형(phylotype)의 수는 표층 해수 시료에서 검출된 계통형의 수와 유사하여, 대기 원핵생물의 높은 다양성이 시사되었다. 대기 시료에서 검출된 OTU들의 60%는 해양 기원인 것으로 보였다. 표층 해수 시료에서 발견된 OTU들의 약 40%가 대기 시료에서 관찰되어, 해양이 해양 대기 원핵생물의 주요 원으로 보였다. 그리고 지리적으로 먼 지역들에서 보고된 MSP8 단계통에 속하는

Euryarchaeota 시퀀스들이 동해 해양 대기 시료에서 발견되어 장거리 수송(transport)에 의한 것으로 보였다. 또한 잠재적인 인간 및 동물 병원체의 출현이 연안과 해양 대기에서 검출되어, 보건 위험(health risk)을 평가할 때 해양 에어로졸을 고려해야 할 필요성이 제시되었다.

이 분야도 빠르게 발전하여 2017년에는 태평양, 대서양 및 인도양의 북위 40도에서 남위 40도에 걸쳐 해양 대기의 원핵생물과 진핵생물의 분포를 조사한 연구 결과(Mayol et al., 2017)가 발표 되었다. 태평양, 대서양, 인도양의 북위 40도부터 남위 40도에서 해양 대기의 원핵생물 개체수는 대기의 m^3당 5×10^2~8×10^4 cells(중앙값 6.7×10^3 cells), 진핵생물 개체수는 대기의 m^3당 1×10^2~1.8×10^5 cells(중앙값 3.2×10^3 cells)을 나타냈다. 육지로부터의 거리 증가에 따라, 해양 대기에 있는 미생물의 개체수는 지수적으로 감소하는 것으로 나타났다. 아열대와 열대 해양에서 대기 원핵생물과 진핵생물의 총 부하량(load)은 각각 2.2×10^{21}과 2.1×10^{21} cells로 추정되었다. 해양 대기 원핵생물의 33~68%는 해양 기원으로 추정되었고, 나머지는 대부분 육상 기원으로 추정되었다. 산포(dispersion) 모델을 사용하여 Mayol et al. (2017)은 대기 원핵생물의 50%는 대기 경계층(atmospheric boundary layer)에서 22,000 km, 진핵생물의 50%는 6,000 km 이송되는 것으로 추정하였다. 대기는 먼 해역을 가로 지르는 해양 미생물의 산포(散布, dispersal)에서 중요한 역할을 하며, 대양의 섬들은 육상 기원 미생물들의 대륙간 이송을 용이하게 하는 디딤돌 역할을 하는 것으로 나타났다. 대부분의 대기 미생물들은 고도 11 km 아래의 대류권(troposphere)에서 발견된다. 대류권의 부피를 5×10^{18} m^3, 평균 대기 미생물의 농도를 7×10^3 m^{-3}이라 하면, 총 대기플랑크톤(aeroplankton)의 수는 대략 3.5×10^{22}으로 추정된다.

최근 해양에서 대기 VLP(virus-like particles)의 수도에 대한 연구가 발표되었다. Yahya et al. (2019)은 홍해(Red Sea)의 연안과 외해에서 각각 평균 5.6×10^5 VLPs m^{-3} 및 3.6×10^5 VLPs m^{-3}을 보고하였다. 대기 원핵생물의 수도는 연안과 외해에서 각각 평균 2.9×10^5 cells m^{-3} 및 1.5×10^5 cells m^{-3}이었다. 연안에서 원핵생물의 55%가 그리고 VLPs의 93%가 먼지(dust) 입자에 부착된 것으로 나타났고, 외해에서는 원핵생물의 99.9%가 그리고 VLPs의 75%가 먼지 입자에 부착한 것으로 나타났다. VLP:원핵생물의 비는 연안에서 약 2:1, 외해에서는 4:1로 나타났다. 홍해는 전 지구적 먼지 벨트(Global Dust Belt)에 위치하고 있어서(평균 110 μg m^{-3}, Yahya et al. 2019), 위와 같이 높은 대기 원핵생물과 VLP의 수도가 관찰된 것으로 보인다. 대기 미생물의 부하는 원 현장(source site)의 미생물 수도에 의해 결정되고, 그 후 대기 수송 동안에 미생물의 사망과 침적(deposition)에 의한 손실에 의해 변하는 것으로 보인다.

해양 대기 원핵생물은 생존가능한(viable) 상태에 있어서(예, 북서 태평양 상에서 대기 원핵생물은 평균 93%가 생존 가능[Hu et al., 2017]), 침적되는 해양 환경(예, 표층 해수, SML)의 원핵생물 다양성과 기능에 영향을 줄 수 있다. 한 예로, 원핵생물과 VLPs의 침적 유동량(flux)이 4.3×10^7 cells m^{-2} d^{-1}와 8.4×10^7 VLPs m^{-2} d^{-1}로 추정되는 홍해의 연안에서(Yahya et al. 2019), 자외선 살

균한 먼지(UV-killed dust)를 첨가한 격리수계와 생(生)먼지(live-dust)를 첨가(~0.8 mg/L: 강한 먼지 폭풍 동안 조사 해역에 침적되는 양의 범위 안의 값)한 격리수계에서 질소고정을 측정 · 비교하는 실험이 북부 홍해에서 수행되었다. 먼지에 연합된 질소고정생물(diazotrophs)은 북부 홍해에서 측정된 질소 고정의 약 1/3 가량 기여하는 것으로 보고되었다(Rahav et al., 2018). 해양 대기 원핵생물은 TEP와 연합되어 있는 것으로 보이며, TEP는 자외선을 흡수하고 완전 탈수를 막아 장거리 수송 동안 대기에서 미생물의 생존에 기여하는 것으로 여겨졌다(Yahya et al., 2019).

7.2.2 해양표면 미소층(surface microlayer, SML)

대기와 바다의 경계면(interface)에는 독특한 '해양표면 미소층(SML)'이 존재한다. SML은 대기권과 수권(hydrosphere) 사이의 열, 모멘텀(momentum), 질량 교환에 관여되어 있다. SML은 그 아래의 표층(subsurface)과 비교하면 물리 · 화학적으로 차이가 있고, 지질, 단백질, 다당류들이 풍부(enriched)하다. SML은 젤라틴질의(gelatinous) 생물막으로 여겨지고 있다(Wurl & Holmes, 2008). SML에 존재하는 박테리아 군집은 박테리오뉴스톤(bacterioneuston)으로 알려져 있다. SML 시료를 현미경으로 관찰하면 박테리아들이 응집(aggregation)되어 있는 것을 흔히 볼 수 있는데, TEP에 기반한 겔(gel) 입자에 박테리아가 부착한 것으로 여겨진다. SML에서 TEP는 그 아래의 표층에 비해 풍부하다.

SML에서는 그 아래 표층과는 다른 중요한 생물학적 과정들이 진행되고 있는 것으로 보인다: 연안과 외양 환경에서 채집된 SML 시료들에서 호흡율은 항시 증강(enhanced)된 것으로 나타났고(Obernosterer et al., 2005; Reinthaler et al., 2008), 생물 활동에 의해 생성된 기체인 DMSO와 DMSP는 바람이 잔잔한 동안 SML에서 뚜렷이 증가되는 것이 관찰되었다(Zemmelink et al., 2005). SML에는 부착하여 생물막으로 자라는 세포들이 상향 수송(upward transport)하는 물리적 과정(예, 떠오르는 기포, 부양성이 있는 입자들)에 의해 풍부하게 되어, 뚜렷한 박테리오뉴스톤 군집을 이룰 것으로 예측된다(Joux et al., 2006). 바람과 파도에 의한 혼합(mixing)은 박테리오뉴스톤 군집의 장기적 안정성을 막을 수도 있다.

분자 생태학적 연구들은 SML에 분포하는 박테리아 조성과 그 아래의 표층 해수에 분포하는 박테리아 조성이 뚜렷이 다름을 보고하고 있다. 한 예를 들면, 북해(North Sea)의 한 곳에서 얻어진 결과는 박테리오뉴스톤이 비브리오와 수도알테로모나스에 의해 우점됨을 보고하였다. 이들 그룹은 생물막에서의 생존에 적응한 특징들을 갖는다. 한편 차이가 없다는 연구 결과도 있다(Agogue et al., 2005). 이는 SML의 채집 방법의 차이에 기인된 것으로 보인다. 또한 SML의 발달(형성)에 있어서의 시공간적 변이에 기인할 수도 있다.

한편, 남태평양에서 채집된 SML 시료들은 SML의 아래 표층과 비교시, 지문법(finger printing)으로 분석된 박테리아 군집은 전반적으로 가까운 유사도(> 76%)를 갖는 것으로 나타났다

(Obernosterer et al., 2008). 특이하게도 박테리아 생산(류신 고정법으로 측정)은 SML에서 그 아래 표층의 5~80%의 값을 나타내었고(즉, 저하됨), 풍속이 낮을 때 특히 낮은 값을 나타내었다. SML에서 이러한 낮은 박테리아 생산은 microautoradiography에 의하면 SML 시료에서 박테리아의 4~13%만이 류신을 고정한 자료와 일치한다: 그 아래 표층에선 박테리아의 19~33%가 류신을 고정하였다. SML 박테리아 군집이 그 환경에 적응하지 못한 것으로 보였다.

7.2.3 수층

수층에서 원핵생물의 군집 구조에 대한 연구는 초기에 FISH 기법과 DGGE를 사용하여 높은 분류군 수준에서의 이해를 시도하였고, 나중에는 파이로시퀀싱 기법이 등장하여 보다 세밀하게 군집 조성과 구조를 이해하게 되었다.

여러 방법들(DGGE, FISH, 또는 16S rRNA 유전자 시퀀싱)을 이용하여 수행된 연구 결과들로부터, 해양 박테리아 분포의 주요 특징에 대해 다음과 같은 결론에 도달하였다(Giovannoni & Rappé, 2000): 1) 유전자 염기서열 분석에 의해 얻어진 박테리아의 80%는 9개의 계통분류학적 그룹에 포함되며, 이들 중 2개의 그룹(oxygenic phototroph와 *Roseobacter*)만이 배양이 가능한 박테리아 종들을 포함하며 나머지 그룹은 모두 배양되지 않는 종들만을 포함한다. 2) 해양에 고박테리아(archebacteria)는 많이 발견되며, 기존에 배양된 고박테리아 그룹과는 다른 두 개의 계통학적 그룹에 포함된다. 3) 연안과 외양은 영양 상태와 생산의 차이가 큼에도 불구하고 박테리아 군집은 대체로 유사하다. 4) 해양의 표층부에서 박테리아 개체군들은 수심에 따라 다르게 분포하며, 이러한 구분은 특히 유광대와 무광대의 경계에서 뚜렷하다. 유광대에는 주로 α-프로테오박테리아(특히 *Roseobacter*), SAR116, SAR11 단계통이 우점하며, 무광대에는 SAR202, SAR324, δ-프로테오박테리아, marine group A 등의 그룹이 많은 수도를 나타냈다. 이러한 수직 분포는 용존 유기물의 조성, 수온, 무기 영양염 등의 자원에 대한 이용성의 차이에 기인한 것으로 보였다. 5) 부착형 박테리아 군집과 독립생활형 박테리아의 군집은 서로 달랐다.

SAR11 단계통은 대양 표층의 박테리아 군집에서 우점적이다. SAR11 단계통의 16S rRNA 유전자 클론들은 SAR11 단계통이 배양된 α-프로티오박테리아의 주요 그룹들과 연관되지 않은 새로운 박테리아 군들임을 처음으로 제시하였다(Giovannoni & Rappé 2000). FISH 방법은 SAR11이 유광대내에서 총 DAPI 세포 계수의 31~41%에 달하고, 250~3,000 m 수심에서는 16~19%에 달하는 것을 나타냈다(Morris et al. 2002). SAR11 단계통의 첫 배양된 종은 *Pelagibacter ubique* HTCC1062 이었다(Rappé et al., 2002)

그 이후에 계속된 연구들은 해양 박테리아의 분포 특징에 대해 새로운 사실들을 밝혀냈다. CARD-FISH 기법과 DGGE 기법이 사용된 연구 사례를 보면, 북서 지중해에서 CARD-FISH로 원핵생물 군집의 계절적 변화를 2005~2006년 동안 9회에 걸쳐 집중적으로 조사한 결과(Winter et al., 2009), 표층대(수심 5 m), 중층대(수심 200 & 600 m) 및 점심해수층((漸深海水層,

bathypelagial; 수심 1,000 & 2,000 m)에서 DAPI로 염색된 세포들 중 박테리아-프로브, 크렌아키아-프로브와 유리아키아(*Euryarchaea*)-프로브에 반응한 세포들의 총 %는 거의 유사하였다(각각 27.9%, 26.2%와 21.5%). 표층대, 중층대 및 점심해수층에서 DAPI로 염색된 세포들 중 박테리아-프로브에 반응한 백분율은 각각 25.2%, 13.0%, 13.4%로 표층에서 높았고, 크렌아키아-프로브에 반응한 백분율은 각각 1.8%, 11.4%, 7.4%로 중층대에서 높았으며, 유리아키아-프로브에 반응한 백분율은 각각 0.9%, 1.8%, 0.6%로 대체로 낮았다. 즉, 표층대에서 박테리아-프로브에 반응한 백분율은 25.2%, 크렌아키아-프로브에 반응한 백분율은 1.8%, 유리아키아-프로브에 반응한 백분율은 0.9%로 총 27.9%이다. 그리고 DGGE에 의해서 추정된 박테리아와 아키아 풍도(richness)의 평균치도 표층대, 중층대 및 점심해수층에서 유사하였다(박테리아 풍도는 각각 26.7, 27.2 및 28.2; 아키아 풍도는 각각 10.3, 10.3 및 9.7).

북서 지중해 원핵생물 군집의 계절적 변화 연구(Winter et al., 2009) 결과 중 흥미로운 것은, 중층대와 점심해수층에서도 원핵생물의 군집이 표층에서와 같이 역동적으로 계절에 따라 변화하였다는 것이다. 겨울 동안의 깊은 수직 혼합은 원핵생물 군집의 연간 천이(annual succession)의 시작이고, 이러한 천이는 수층 전체에서 감지되며, 성층화된 기간 동안 표층대, 중층대 및 점심해수층에서 명백하게 다른 원핵생물 군집이 나타났다. CARD-FISH로 원핵생물 군집을 분석할 시에는 어떤 프로브(probe)를 사용하는가가 중요하다. Eub 338 프로브로는 어떤 종류의 박테리아 그룹들은 검출이 되지 않는다. 즉, Planctomycetales와 Verrucomicrobia는 Eub338, Eub338-II와 Eub338-III 프로브의 혼합(mix)을 사용할 때 더 잘 검출되는 것으로 알려져 있다(Daims et al., 1999). 그램-양성 세포벽을 갖는 액티노박테리아 그룹은 CARD-FISH 과정에서 라이소자임 처리에 의해 적절한 투과성 세포벽을 갖지 않았을 수도 있다.

하와이 해양 시계열 정점인 ALOHA에서 수심 10~4,000 m 구간에서 시료를 얻어 대규모 시퀀싱을 한 결과 64 Mbp의 DNA 시퀀스(> 4500 fosmid 클론)가 얻어졌고, 수심-연계된 기능들이 분석되었다. 표층 부근의 수심에서는 광합성, 프로티오로돕신, DNA 광-수복(photorepair) 유전자들이 더 높은 백분율로 발견되어 빛 에너지가 중요한 환경임이 유전체 수준에서 확인되었다(DeLong et al., 2006). 또한 철 수송, 비타민 합성, 편모 형성, 화학주성 유전자들의 출현은 표층의 종속영양 박테리아가 영양분 획득을 위해 영양분이 풍부한 입자 또는 조류(algae)를 향해 활발히 유영할 수 있는 적응 전략을 갖고 있음을 시사하였다. 심해에서는 단백질 분해, 작은 유기 분자들의 분해, 요소대사, 다당류와 항생제 생산, 전치효소(transposase), 선모(pilus) 합성 유전자들이 발견되었는데, 이는 입자 표면에 부착하여 서식하는 생활사에 유리한 특징들로 보였다(DeLong et al., 2006). 예상되었던 것처럼 광합성 시아노박테리아인 *Prochlorococcus*의 유사 서열들이 유광대에서 높은 비율(전체의 5%)로 관찰되었으며, 심해에서는 *Deltaproteobacteria*, *Actinobacteria*, *Planctomycete*의 유사 서열들이 발견되었다(DeLong et al., 2006). 미생물 농축 과정에서 0.22 μm 공치수의 여과지를 사용하였음에도 불구하고, 바이러스 서열이 유광대에서 약 21%로 가장 빈번하게 관찰된 것은 뜻밖의 결과이었다. 이들의 대부분(60~80%)은 시아노박테리아의 바이러스 서열들이었다.

높은 수압이 미생물 생리에 미치는 영향은 지대하여 거대분자의 구조에서부터 세포분열과 운동성 같은 여러 세포 활동에 영향을 준다. 고압은 막의 유동성(fluidity)을 감소시키며 막 단백질의 기능을 감소시키는 것으로 알려져 있다(Abe, 2007; Meersman et al., 2013).

심해 미생물을 연구하는데 가장 큰 어려움은 심해에서 채수한 해수 시료를 현장의 압력과 수온 상태로 유지하여 시료 채취를 하고, 실험을 할 수 있는 특별히 고안된 고압 장비가 필요하다는 점이다. 물론 심해에서 시료를 얻는 그 자체도 표층에 비해 어려움과 비용의 증가가 따른다. 심해에서 처음으로 호압성(piezophilic) 박테리아가 분리된 것은 1979년 Yayanos에 의해서였다. 그 이후로 심해에서 분리된 저온호압성(psychropiezophilic) 분리균주들은 γ-프로티오박테리아에 속하는 그룹들로 *Alteromonadaceae, Colwelliaceae, Moritellaceae, Psychromonadaceae, Shewanellaceae, Vibrionaceae* 과(family)에 속하거나, 또는 그램-양성인 *Carnobacteriaceae* (*Firmicutes* 문) 과의 균주들이었다. 그 외의 배양된 내압성(piezotolerant) 및 호압성 분리균주들은 중호열성(meso-thermophilic)과 과호열성(hyperthermophilic) 분리균주들로 Actinobacteria, Thermotogae, Euryarchaeota 문에 속하였다(Lauro et al, 2007).

심해수를 이용하여 dilution-to-extinction 방법으로 고압에서 분리한 *Roseobacter*에 속하는 PRT1균주(Eloe et al., 2011)는 80 MPa(채수된 수심은 8,350 m)과 섭씨 10도에서 최적 성장을 나타냈다. 이로써 저영양(low-nutrient)에 적응된 호압성 분리균주도 해수를 이용해서 고압에서 분리될 수 있음이 입증되었다. 저온호압성 균주 PRT1은 *Roseobacter* 단계통 내에 위치하는 균주로 1.0 μM NH_4Cl과 0.1 μM 인산염(KH_2PO_4)이 첨가된 자연 해수에서 분리되었다. 이 조건에서 성장 속도는 0.3~0.4 d^{-1}이었다. 이 속도는 빈영양 해역의 표층에서 분리된 *Pelagibacter ubique* HTCC1062와 다른 빈영양성 분리균주들의 성장 속도(0.40~0.73 d^{-1})와 비교될 만하였다.

저온호압미생물(psychropiezophile)은 저온과 고압에 적응된 미생물로 2,000 m 아래의 수심에서 분리된다. 절대적(obligate) 저온호압미생물은 성장 시에 고압을 필요로 하며, 저온에 적응된 미생물로 대기압에서는 성장하지 않는다. 5,000 m 아래의 수심에서 분리된다. 그 성장 속도는 수온-압력 의존성을 나타내며, 채수된 수심 부근의 압력에서 수온의 증가에 따라 성장 속도가 증가한다(Eloe et al., 2011). 한 예로, 압력의 효과는 절대적 저온호압미생물인 *Profundimonas piezophila*에서 잘 나타난다(Cao et al., 2014): 6,000 m의 수심에서 분리된 절대적 저온호압미생물인 *Profundimonas piezophila*는 50 MPa의 압력과 8℃에서 최적의 성장(최대 성장 속도는 0.017 h^{-1})을 나타냈고, 10 MPa 아래와 80 MPa 이상에서는 성장하지 않았다. 성장에 요구되는 최소 압력인 20 MPa에서 성장할 때에는 구균의 형태인데 60 MPa에서 성장시에는 간상(桿狀)의 형태를 나타냈다(Cao et al., 2014).

7.2.4 열수 분출공(hydrothermal vent)

열수 분출공은 1977년 갈라파고스 해역에서 처음 발견되었다. 심해의 열수 분출공은 작고, 패치(patch) 분포를 하며, 불안정한 서식지이다. 차갑고 유산소인 심해 해수가 무산소의 과열 열수 유체(fluid)와 혼합하여 가파른 물리 · 화학적 경사가 생기는 환경이다. 수온의 감소가 무산소에서 유산소(oxic) 조건으로의 천이(transition)와 다소 일치하는 이러한 경사들을 따라 생물 군집들이 분포한다. 그 경사를 따라 가용한 환원된 상태의 화합물들은, 원핵생물에 의해 에너지원으로 사용될 수 있다. 열수 분출공의 활성 침니(chimneys)는 전형적으로 고온의 혐기성 서식지이어서, 적당량의 아질산염(nitrites)과 암모니아가 존재한다(Byrne et al., 2009).

열수 환경에서 대량의 16S rRNA 유전자 시퀀스 자료에 기반한 원핵생물 다양성에 대한 연구(즉, NGS [next generation sequencing] 기법)가 Huber et al. (2007)에 의해 처음 수행되었다. 그들은 북동 태평양의 수심 1,520 m에 있는 해저 화산(Axial Seamount)으로부터 저온의 확산 흐름 열수(diffuse flow vents) 시료(Bag City와 Marker 52 장소)에서 90만 개에 이르는 원핵생물의 16S rRNA 유전자 서열을 획득하였다. 이는 전통적인 연구들에서 획득되는 서열 수보다 100~1,000배 높은 수준으로, 열수 환경의 원핵생물 군집 구조와 다양성을 보다 정밀하게 이해할 수 있었다. 16S rRNA 유전자 서열의 유사도가 97% 이상인 경우를 동일한 미생물 종으로 간주할 때, 두 열수 시료의 군집 구성원은 매우 큰 차이를 보였다(박테리아와 아키아의 Bray-Curtis 유사도가 각각 8%와 1%의 수준으로 낮음). 예를 들면, ε-프로티오박테리아는 10~80℃의 열수 서식지에서 종종 우점하며 탄소, 질소, 황의 순환을 조절하는 것으로 알려져 있지만, 두 열수 시료에서 ε-프로티오박테리아의 과(科)와 속(屬)의 풍도(richness)와 균등도(evenness)는 다르게 나타났다. 미호기성(microaerophilic)으로 황 또는 황화 수소를 산화하는 아코박터(*Arcobacter*, ε-프로티오박테리아) 종에 해당되는 그룹은 Bag City 열수 시료에서 우점하였으나, Marker 52 열수 시료에서는 황 종류를 전자 공여체로 하며 질산염이나 산소를 전자 수용체로 이용하는 중온성(mesophilic)이며 미량산소성(microaerobic) 그룹인 *Sulfurovum* 종이 우점하였다. 기존 연구들에 비해 획기적으로 많은 16S rRNA 유전자 서열이 분석되었음에도 불구하고, 열수 환경의 박테리아 다양성을 이해하기에는 충분하지 않은 것으로 보였다. 69만여 개의 박테리아 서열로부터 18,500여 개의 계통형을 발견할 수 있었지만, 박테리아에 대한 종수누적 곡선(rarefaction curve)은 포화되지 않은 것으로 나타나, 여전히 발견되지 않은 새로운 종들이 많을 것을 시사하였다. 반면에 아키아에 대한 다양성 평가는 박테리아에 비해 충분하게 이루어진 것으로 보여졌다: 21.5만여 개의 아키아 서열들로부터 1,900여 개의 계통형이 관찰되었고, 종수누적 곡선은 거의 포화된 것으로 나타나 약 2,700여 종의 풍도로 추정되었다.

다음은 가장 깊은 열수 분출공에 대한 연구 결과를 살펴본다. 서부 카리브해에 위치한 Mid-Cayman Rise(해저융기부, MCR)는 길이가 ~110 km이고 심해(4,500~6,500 m)에 위치해 있으며, 매우 느리게(< 2 cm/yr) 확장하는 해령(ridge)이다. German et al. (2010)은 MCR의 유로파(Europa)와 피카드(Piccard) 장소에서 열수 플룸 시료들을 채수하였으며, 파이로시퀀싱을 이용하여 박테리

아의 16S rRNA 유전자 서열을 획득하였다. 분석 결과, 얻어진 대부분의 박테리아 서열들은 심해에서 기원된 것으로 여겨지나, 미량산소성 환원 환경에 서식하는 것으로 알려진 ε-프로티오박테리아(*Sulfurimonas*)와 γ-프로티오박테리아(SUP05)가 검출되기도 하였다.

유로파 장소에서 SUP05[3] 서열은 전체의 3%에 해당할 정도로 검출되었다. *Sulfurimonas* 속의 서열은 피카드와 유로파에서 각각 2%와 4%로 검출되었다. *Sulfurimonas* 속은 무산소와 유산소 환경의 경계 부근에 서식하는 것으로 알려져 있다. 이러한 산화환원 약층에서 *Sulfurimonas* 박테리아는 화학무기자가영양 성장을 위해 환원된 황 화합물(황화물, 원소 황[elemental sulfur], 티오황산염[thiosulfate])을 전자 공여체로, 산소를 전자 수용체로 이용할 수 있다. 대서양과 북극의 심해에서 *Sulfurimonas* 서열이 미검출 또는 매우 낮은 수준(0.1% 미만)으로 검출된다는 점을 고려할 때, 위의 연구 해역에서 *Sulfurimonas*의 비교적 높은 수도(2~4%)는 열수 플룸에서 국부적으로 풍부해진 것을 시사한다.

7.2.5 염전(saltern)

해양 염전은 해수를 저장하는 저수지, 점차 염분 농도가 증가하는 증발지들과 소금이 침전되는 결정지(crystallizer)가 연결된 계이며, 염분 경사에 따른 미생물 생태를 연구하기에 좋은 시스템이다. 염전은 원핵생물의 수도가 높고(예, 염분 > 30%에서 원핵생물의 수도는 > 0.5×10^{11} cells l^{-1}), 먹이 사슬이 짧다(Park et al., 2006). 염전에서 미생물 조성 연구는 대부분 결정지에 집중되었다. 분자생물학적 연구들은 결정지에서 매우 우점하는 주요 원핵생물은 아키아인 *Haloquadratum walsbyi*와 *Bacteroidetes*에 속하는 *Salinibacter ruber*임을 나타냈다. 결정지에서 나타난 감소된 미생물 다양성과는 대조적으로, 중간(19%) 염분의 증발지에서 원핵생물 군집은 γ-프로티오박테리아, *Bacteroidetes* 및 *Halobacteriaceae* (Euryarchaeota)의 다양한 종들로 구성되었다. 스페인의 Alicante 부근의 염전에서 수행한 연구 결과는 19%의 염분 증발지에서 *Euryarchaeota*가 주요 그룹임을 보고하였고, 주요 속은 *Euryarchaeota*에 속하는 *Haloquadratum* (16.5%)와 *Halorubrum* (16.6%), *Alkalilimnicola* (γ-프로티오박테리아, 15.7%) 및 *Salinibacter* (*Bacteroidetes*, 7.0%)이었다(Ghai et al., 2011).

메타유전체학 연구도 결정지에서 매우 우점한 두개의 주요 원핵생물은 *Haloquadratum walsbyi* (79%)와 *Bacteroidetes* (9%)에 속하는 *Salinibacter ruber*임을 확증하였다(Ghai et al., 2011). 시아노박테리아는 6%의 염분 증발지에서 관찰되나, 19%의 염분 증발지에는 검출되지 않았다. γ-프로티오박테리아는 모든 증발지에서 관찰되나(6.4% 증발지에서 9%, 19% 증발지에서 14%), 결정지에

---

3) 참고로 SUP05는 용존 산소가 고갈된(< 20 μM) 수심 구간인 산소 최소 대역(oxygen minimum zones, OMZ)에서 발견되고 있다. Saanich Inlet의 수층의 산화환원 약층(redox clines)에서 얻어진 미배양체 SUP05에 대한 메타유전체 분석 결과 SUP05는 환원된 황 화합물을 산화하여 화학무기자가영양 성장이 가능한 박테리아로 추정되었다. OMZ에서 SUP05를 조사한 결과 자가영양 탄소 동화, 황 화합물의 산화 및 질산염 호흡을 하는 유전자들이 발견되었다(Walsh et al., 2009).

서는 극히 적었다. α-프로티오박테리아는 모든 증발지에서 관찰되나(6.4% 증발지에서 20%, 19% 증발지에서 12%), 결정지에서는 검출되지 않았다. *Bacteroidetes*는 6.4%의 증발지에서 8%, 19%의 증발지에서 10%, 결정지에서는 9%로 염전 환경에서 주요 그룹이었다(Ghai et al., 2011).

흥미롭게도 21% 염분의 증발지에서 파이로시퀀싱 분석 결과 *Euryarchaeota* (~84%)가 가장 많은 문으로 나타났고 다음이 *Bacteroidetes* (~8%)와 γ-프로티오박테리아 (~7%)로 나타나, 20% 미만의 염분 농도 증발지보다 결정지의 미생물 다양성에 유사하여서, 염분 농도가 20%보다 높아지면 미생물 다양성이 감소하는 것으로 시사되었다(Fernández et al., 2014). 이는 20% 이상의 염분 조건에서 호염성(halophilic) 박테리아는 제한을 받으나, 호염성 아키아(haloarchaea)의 성장은 강화되는 것을 시사한다.

끝으로, 고염 환경에 당면한 미생물들이 사용하는 적응 책략에 대하여 살펴본다. Salt-in(염용, 鹽溶) 책략을 사용하는 미생물들의 단백질들은 단백질 표면에 산성 아미노산 잔기들의 존재로 인하여, 세포질내 높은 염의 농도에서 용해된 상태로 있다. 그 결과 호염성(halophilic) 단백질들의 pI 값은 비호염성인 것들에 비해 더 산성이다(즉, 더 낮은 pI 값). 한편, salt-out(염석, 鹽析) 책략을 사용하는 미생물들은 화합성 용질(compatible solute)을 합성하여 삼투압 문제를 다룬다. 대개 고염 환경에 적응해서 사는 원핵생물들은 염용 책략을 사용하고, 해수에 적응해서 사는 원핵생물들은 염석 책략을 사용한다(Ghai et al., 2011).

7.2.6 다른 생물과의 상호작용

산호는 무척추동물로 와편모조류와 공생하여 살며, 이들 광합성 내부 공생자를 상실하면 하얗게 표백(bleaching)되고 사망할 수도 있다. 산호초(coral reef) 생태계에는 박테리아, 미소편모류, 바이러스를 포함한 다양한 미생물 군집들이 서식한다. 이들 미생물 간의 상호작용 및 미생물들과 산호 콜로니들(colonies)과의 상호작용은 산호초의 기능과 건강에 중요하다. 산호의 표면을 둘러싼 점액은 보호막을 형성하며, 점액층에는 미생물총(microbiota)이 있다. 일부 산호는 오래된 점액을 새로운 깨끗한 점액으로 대치하기 위하여 정기적으로 점액층을 벗는다. 새로운 점액을 갖는 건강한 산호는 *Oxalobacteraceae* 과와 *Endozoicimonaceae* 과의 종들을 우세한 미생물상으로 갖고 있었고, 오래된 점액은 박테리아의 개체수가 2배 가량 많았으며 *Verrucomicrobiaceae* 과와 *Vibrionaceae* 과 같은 기회성 및 잠재적 병원성 박테리아가 우세하였다(Glasl et al., 2016). 산호를 항생제로 처리하여 산호초에 도로 놓았을 때 *Verrucomicrobiaceae*와 *Vibrionaceae*에 의해 점령되었고 표백의 징조를 보였다. 단지 두 개의 산호만이 생존하였는데, 새로운 점액층에 출현하는 *Endozoicimonaceae*가 우점하는 조성으로 바뀌었다. 이는 유익한 박테리아가 해로운 박테리아로부터 산호를 보호하는 것으로 보인다.

해양 원생생물과 원핵생물 군집 사이의 새로운 상호작용이 알려졌다. 독소를 생성하는 원생생물들은 유해 조류 대발생(harmful algal blooms)으로 번성할 때 공생 박테리아와 절대적 연합

(associations)을 종종 형성하는 것으로 나타났다(Shin et al., 2018). 독립생활형 원핵생물 군집과 숙주에 연합한 원핵생물 군집은 종 조성에서 차이가 있다(Thompson et al., 2017).

북해 연안에서 HNF는 '잔치 또는 기근'('feast or famine') 성장 책략을 가지며, 크기가 큰 세포로 자라는 *Alteromonas*, *Vibrio*와 *Pseudoalteromonas* 같은 박테리아 종들의 대발생을 억제할 수 있는 것으로 보고되었다(Beardsley et al., 2003). HNF 군집 조성은 박테리아 군집 다양성에 영향을 줄 수 있을 것으로 여겨진다.

7.3 원핵생물들의 분리·배양 연구

앞에서 본 바와 같이, 배양에 의존적이지 않은 방법들을 사용함으로써 새로운 중요한 원핵생물 군(group)들이 해양에 존재하는 것을 알게 되었다. 따라서 이러한 원핵생물들을 분리 · 배양하려는 연구들이 시도되었다. 몇 가지 예를 들면, SAR11 단계통에 속하는 박테리아가 2002년 분리되었다. 매우 낮은 영양 배지(해수 또는 해수 + 0.1 μM 인산염, 1.0 μM 암모니아 또는 비타민)로 해양 박테리아를 희석하여 배양체를 분리하기 위해 '대량 생산(high throughput)' 방법이 사용되었다(Rappé et al., 2002). 마이크로타이터(microtitre) dish well에 평균 22개의 박테리아 세포가 들어있게끔 해수로 희석하여 접종한 다음, 섭씨 15도에서 23일간 암배양 또는 14h/10h의 광/암 주기로 배양하였다. 분리된 종은 초생달 모양(vibrioid)으로 약 0.01 μm^3의 생체부피를 가졌다. 섭씨 15도에서 성장속도는 0.40~0.58 d^{-1} 이었고, 성장은 빛에 영향을 받지 않는 듯 하였다. 특이한 점은 0.001%의 proteose peptone을 첨가하면 성장이 억제되었다. '*Candidatus* Pelagibacter ubique' 신속 신종(novel genus, novel species)으로 명명되었다(*Candidatus* Pelagibacter ubique의 상세한 유전체적 특징은 8장을 참조).

2005년도까지는 배양된 Crenarchaeota는 모두 황을 대사하는 호열성 미생물(thermophiles)이었다. 2005년에 암모니아를 호기적으로 아질산염으로 산화시키는 질산화(6.3.5 참조)가 해양 수족관의 자갈로부터 분리된 해양 crenarchaeote에서 처음으로 보고되었다(Könneke et al., 2005). 암모니아를 산화하는 박테리아(AOB)는 β-프로티오박테리아와 γ-프로티오박테리아에 속한다. 배양된 Crenarchaeota 균주 SCM1은 유일한 탄소와 에너지원으로서 각각 중탄산염(bicarbonate)과 암모니아를 포함하는 배지에서 분리되어 자가영양임을 시사하였다. 최대 성장 속도는 0.78 d^{-1} 이었고, 유기 화합물을 매우 낮은 농도로 첨가해도 성장이 억제되는 것으로 나타났다. 균주 SCM1의 최대 성장 속도와 활동도(51.9 μmol 암모니아 h^{-1} [mg 단백질]$^{-1}$)는 AOB와 비슷하였다. 균주 SCM1의 암모니아 산화효소(ammonia monooxygenase, AMO) 유전자의 아미노산 시퀀스는 사가소해에서 보고된 시퀀스들과 매우 유사(93~98% 유사도)하였으나, 박테리아의 암모니아 산화효소와는 낮은(38~51% 유사도) 유사도를 나타내었다. *Nitrosopumilus maritimus* 신속 신종으로 보고되었다.

Crenarchaeota 단계통에 속하는 암모니아-산화 아키아(ammonia-oxidizing archaea, AOA)는 중층대와 점심해수층에서 원핵생물의 39%까지 차지하였다.

균주 SCM1의 암모니움 흡수에 대한 반포화 상수는(K_m) 133 nM 총 암모니움이었고, 기질의 문턱(threshold) 값은 10~20 nM로서 빈영양성의 암모니아 산화자(oxidizer)가 있음을 확증하였다(Martens-Habbena et al., 2009). *Nitrosopumilus*와 같은 AOA는 암모니움 농도가 제한된 경우 AOB와의 경쟁에서 AOB를 능가하고, 종속영양 박테리아와 식물플랑크톤과도 효율적으로 경쟁할 것으로 추정되었다.

전통적인 배양 방법으로 박테리아를 분리 · 배양하는 방식도 꾸준히 사용되고 있다. 박테리아의 동정(identification)과 분류, 분류학 이론에 대해서는 최근에 출판된 '전환기의 박테리아 분류학: 이론과 실제'(2019)를 참고하기 바란다.

7.4 미생물의 생지리학(microbial biogeography)

미생물 다양성에 대한 연구가 축적되면서, 미생물의 지리적 분포의 특징에 대해 알게 되었다. 미생물의 생지리학은 지역적, 대륙적 규모에서 원핵생물 분류군들의 공간적 분포를 분석하는 학문 분야로 정의된다(Ramette & Tiedje, 2007).

태평양과 대서양의 열대에서 극지에 걸쳐 103개의 표층에 가까운 해수 시료에 대해 ARISA[4] (amplified ribosomal intergenic spacer analysis) 방법을 적용하여 미생물 풍도의 생지리적 분석을 하여, 위도가 미생물 군집의 조성에 영향을 주는 주요 인자임이(=풍도는 열대에서 가장 높고 고위도에서 낮았음) 보고되었다(Fuhrman et al., 2008). 이는 아마도 수온과 영양염 가용성에 의해 구동된 것으로 보였다.

단세포 증폭된 유전체(single-cell amplified genome, SAG)에 대한 메타유전체 리드 가입(metagenomic fragment recruitment)을 수행하여, Swan et al. (2013)은 표층 해양에서 주요 박테리아의 전 지구적(생지리적) 분포가 위도와 수온에 상관관계를 나타내는 것을 발견하였고, 그 분포는 산포(dispersal) 제한에 의해 주도되는 것이 아니라, 환경적 선택에 의해 주도될 것으로 시사되었다.

생지리적 양상(pattern)은 산포[5], 종분화(speciation)와 멸종(extinction)과 같은 과정들이 작용하여 형성된다. 생지리학 연구에서 특히 중요한 것은 산포이다. 미생물들은 대사 활동도가 지지되지

4) ARISA는 16S와 23S rRNA 유전자들 사이의 높은 변이성 지역을 PCR 증폭하여, 다른 길이를 갖는 산물들을 분리 · 탐지하는 기법이다.

5) 산포(dispersal)의 정의: 기후적 요인들(바람, 폭풍), 전파 매개자(해류, 먼지, 씨앗, 새, 곤충), 운송 동안에 생존을 강화하고 좋은 환경 조건에서 새 서식지를 점유하게 하는 기작이 함께 작용하며, 장거리에 걸친 독립-생활형 세포들의 수송(transport)을 말한다.

않는 환경에서 반복적으로 발견되어 왔다. 이러한 '잘못 놓아진'(misplaced) 미생물들을 동정하고 정량하면 자연의 미생물 다양성을 형성하는 산포 기구(機構)들을 밝힐 수 있게 된다. 산포의 첫 사례는 호열성(thermophilic) 박테리아가 항구적으로 저온인 북극 해양 퇴적물로 매년 10^8 포자(spore) m^{-2}을 초과하는 속도로 공급되는 현상을 발견한 연구이다(Hubert et al., 2009): 호열성 박테리아는 다양한 *Firmicutes*들로 현장의 저온에서 검출될 수준의 활성을 나타내지 않았다. 이들 호열성 박테리아는 따뜻한 표층 아래(subsurface)의 석유 저장소와 대양 지각 생태계로부터 온 것으로 보였다. 이들 환경으로부터 해저의 유체 흐름(seabed fluid flow)이 저온의 대양으로 운반한 것으로 시사되었다.

다음 사례는 잘 알려진 아프리카 먼지(African dust) 폭풍이다. 아프리카 먼지는 지중해를 가로질러 유럽과 대서양을 경유하여 카리브해와 같은 먼 지역에서 산호초, 농업 및 인간의 건강에 영향을 준다. 동 지중해 지역에서 북 아프리카 먼지 폭풍 동안 채집한 에어로졸에서 해양 박테리아와 토양 박테리아를 포함하여 다양한 16S rDNA 클론들이 발견되었다. *Firmicutes*와 같이 포자를 형성하는 박테리아는 큰(> 3.3 μm) 입자에서 우점적으로 발견되었고, < 3.3 μm보다 작은 크기의 입자에선 질병과 관련된 인간 병원체들(예, *Haemophilus parainfluenzae*, 98.5% 시퀀스 유사도; *Streptococcus gordonii*, 100% 시퀀스 유사도)이 클론들 중 상당 부분을 차지하였다(Polymenakou et al., 2008).

메타유전체에서 유래된 수도(abundance) 추정치들을 사용하여 전 지구적 해양에서 바이러스 개체군 다양성의 양상과 동인이 규명되었다. 전지구적 규모의 해양에서 바이러스 다양성을 조사하기 위해서, 145개의 해양 바이러스체들을 메타유전체 조립 후, 바이러스에서 유래되었을 콘티그들을 확인하고, 이들 추정된(putative) 바이러스 콘티그들을 개체군으로 배정한 결과(Global Ocean Viromes 2.0 [GOV 2.0] 데이터세트), 195,728개의 바이러스 개체군이 확인되어 종전의 GOV 데이터세트에서 확인된 15,280개보다 약 12배 가량 많았다(Gregory et al., 2019). 더 짧은 길이(5~10 kb)의 바이러스 콘티그들을 확인한 결과 292,402개의 콘티그가 바이러스로 확인되어 총 488,130개의 바이러스 개체군들이 확인되었다. 이중 10%가 알려진 dsDNA 바이러스 과(대부분이 *Myoviridae*와 *Podoviridae*)로 분류되었다.

메타유전체-조립된 GOV 2.0 데이터세트의 dsDNA 바이러스 개체군들은 실질적으로 뚜렷한 유전형(genotype) 클러스터들을 형성하고, 95% 이상의 유전체-전체 ANI 구분(cut-off) 값에 의해 적절히 정의될 수 있는 것으로 보였다.

이러한 바이러스 군집들은 5개의 뚜렷한 생태적 대(帶, zone)로 구분되었다: 북극, 남극, 점심해수층(> 2,000 m), 온대 및 열대의 중층대(mesopegalic, 150~1,000 m), 그리고 온대 및 열대의 표층대(epipelagic, 0-150 m). 이 결과는 해양 박테리아 군집에 대해서 관찰된 결과와 유사하였다: 중위도 표층, 고위도 해역 및 심해 해수. 이러한 생태적 대(帶)를 구조화(structuring)하는 주요 동인은 수온으로 나타났다(Gregory et al., 2019).

BOX 6 바이러스와 파아지에서의 생물학적 종의 정의

바이러스는 분자적 관계를 재구축(reconstruct)하는 데 사용되는 리보소말(ribosomal) 유전자나 복제에 관련된 단백질같이 보편적으로 분포하는 유전자를 갖지 않는다. 또한 비교적 작은 유전체 크기와 빠른 진화 속도 및 다양한 진화 방식(mode) 때문에, 하나의 통합된 체제에 의해 바이러스를 분류하는 것이 어려웠다. 그리고 새로운 유전 물질의 획득으로 유전체 모자이크(mosaicism)를 가져올 수 있고, 매우 분기한(divergent) 바이러스들이 매우 유사한 유전자 목록들(gene contents)과 유사한 시퀀스를 갖는 모듈(module)을 공유할 수 있다. 그러한 유전체 모자이크는 람도이드(lambdoid) 파아지에서 분류학적 충돌을 가져왔다(Bobay & Ochman, 2018).

바이러스를 종으로 분류하는 지침들(guidelines)이 있는데, 국제 바이러스 분류 위원회(International Committee on Taxonomy of Viruses, ICTV)에 의하면 여러 기준에 의해서 다른 종들의 속성들과 구분되는 속성들을 가진 바이러스들의 단원적 군(monophyletic group)으로 정의된다. 보다 실용주의적 접근 방식은 숙주 향성(host tropism)에 따라 바이러스 종을 분류하는 것이었다. 그렇지만 메타유전체 데이터세트(dataset)로부터 얻은 바이러스 시퀀스들은 숙주에 대한 정보 또는 바이러스 입자의 특징에 대한 정보가 종종 결여되어 있어서, 이러한 특징들에 기반한 분류는 실행 불가능하였다. 메타유전체 시대에 유전체에 기반한 분류 책략(scheme)이 바이러스 분류에 유용할 수 있다. 바이러스는 전체적으로 돌연변이율(rate)의 범위가 넓기 때문에, 박테리아에 대해 제시된 것처럼 종에 해당되는 특정 시퀀스 동일성(예, ANI, average nucleotide identity) 문턱값(threshold)을 명시하는 것이 가능하지 않다. 즉, 시퀀스 유사도에 기반한 바이러스 종의 분류는 단계통에 특이적인 문턱값에 의존하여 통합된 바이러스 종의 정의가 정립되는 것을 막고 있다.

유전 재조합(genetic recombination)은 유전체 진화의 원동력이다. 바이러스에서 재조합은 높은 돌연변이에 당면해서도 전체 유전체를 유지하기도 하고, 돌연변이에 의해 도달하기 어려운 전체 유전체의 변이를 가져오기도 하는 두 가지 역할을 한다. 바이러스 재조합은 대개 유사한 유전자 목록을 갖는 개체(entity)들에 국한된다. 만약에 바이러스들이 상동 유전자 교환을 한다면 유성생식 생물의 경우처럼 생물학적 종을 형성하는 것이 가능할 것이라는 추정이 가능하다. 최근, 바이러스 종의 경계를 결정하고자 개체군 안에서 유전자 흐름(gene flow, 즉 상동성 재조합 [homologous recombination])의 검출에 기반한 방식을 사용하여, 생물학적 종 개념(Biological Species Concept)에 따라 바이러스 종을 정의하는 것이 가능함이 제안되었다(Bobay & Ochman, 2018): *Mycobacterium smegmatis*를 감염하는 파아지들에 대한 분석 결과, 17개 파아지 클러스터(cluster; 종)들 중 하나를 제외하면 생물학적 종의 정의에 부합하였다. 그 하나는 클러스트의 다른 구성원들과 재조합을 하지 않는 것으로 나타났다. 3개의 파아지 종을 제외한 나머지는 모두 종 내에서 최대로 분기한 구성원들간에 5% 미만의 시퀀스 차이를 나타냈다. 파아지에 인코딩된 재결합효소(recombinase) 유전자들은 활수한 상동성 재조합을 통해 높은 율의 유전체 다양화를 촉진하는 것으로 보인다.

종종 단일 생물 종으로 정의된 바이러스와 파아지 종에서 시퀀스-동일성의 문턱값에 따라 많은 수의 ANI 종(= ANI 유사도에 따라 결정된 종)들이 관찰되었다: 예를 들면, 파아지 클러스터 A2는 90% ANI 값에서 15 ANI 종, 95% 값에서 30 ANI 종. 특이 사항으로는, 넓은 범위의 포유류와 조류(bird) 종을 감염함에도 *Mastadenoviruses*, *Aviadenoviruses*와 *Orthopoxviruses*는 각각 단일 생물 종으로 밝혀졌다.

해양 시아노파아지(ds DNA)의 경우에도 별개의(discrete) 유전적 개체군들이 출현하며, 유성생식의 진핵생물 및 원핵생물에서 관찰된 것과 비슷한 재조합 양상에 의해 유지되는 것으로 제시되었다(Gregory et al., 2016). 아마도 개체군들을 분리한 경계는 동소성(sympatric) 생태지위 분화(niche differentiation)에 의해 초기화되고, 재조합이 분화된 개체군들을 유지시킨 것으로 여겨졌다.

7.5 HNF의 다양성과 군집 조성

현장에서 큰 개체군을 형성하는 박테리아 섭식자인 HNF들의 동정(identification)은 뚜렷한 형태적 특징이 드물고, 고정(fixation) 과정에서 섬세한 형(form)들의 파괴와 배양 방법이 갖고 있는 선택성(selectivity)에 의해 어려웠다.

HNF의 군집은 매우 다른 종들이 군집을 형성할 것으로 생각되고 있다. 특정한 서식 환경에서 배제(exclusion)되는 것을 피하기 위해서는 서로 다른 생태지위(niche)를 차지하고 있어야 될 것이고, 이를 위해서는 여러 형태의 생존 전략의 개발이 요구될 것이다. 따라서 2~20 μm 크기 범위에 속하는 HNF의 여러 종들이 어떻게 함께 공존하는가를 규명하는 것은 흥미로운 연구 주제이다(Eccleston-Parry & Leadbeater, 1994).

21세기 초에 18S rRNA 유전자의 시퀀스 분석에 의해 새로운 단세포성 진핵생물의 진화계통적 계열(lineage)들이 기술되었다. 해양에서 극미소진핵생물의 다양성은 2001년 처음 알려지기 시작했다. 서경 150°, 남위 11.5°에 위치한 빈영양 해역 정점의 수심 75 m에서 채수한 시료를 3 μm로 여과한 해수에서 35개의 극미소진핵생물 18S rDNA 시퀀스들이 회수되었다(Moon-van der Staay et al., 2001). 주목할만한 발견은 와편모조류 계열과 퍼킨스충류(Perkinsozoa)에 가까운 6개 클론이 검출된 것으로, 기생성일 것으로 추정되었다. 그리고 와편모조류 계열과 퍼킨스충류 사이에서 기생성 아메보프리아속(amoebophrya)을 포함하는 새로운 계열(8개 클론)이 발견되었고, 전형적으로 HNF가 발견되는 깃편모충류(Choanoflagellates)에서 시퀀스(2개 클론)가 발견되었다. 대부분의 시퀀스는 알려지지 않은 것들이었다. 자가영양 극미소플랑크톤 중에서 중요한 계열들의 하나인 착편모조류에 여러(4개 클론) 시퀀스들이 속하였다. 다른 중요한 자가영양 극미소플랑크톤인 원시성 녹조류 프라시노조류에도 여러(3개 클론) 시퀀스들이 속하였다. 이 연구는 모든 원생생물들을 표적으로하는 프라이머를 사용하지 않았고, 빈영양 해역의 한 개 수심에서 얻은 결과이어서(즉, 중영양 해역에는 다른 원생생물들이 존재할 가능성이 있으므로), 해양에는 높은 원생생물의 다양성이 있을 것으로 추정되었다.

같은 해, 저온 및 빈영양의 남극 극 전선(Antarctic Polar Front) 심해 해수 및 중층대 해수에서(250~3,000 m 수심 구간) 얻어진 101개의 진핵생물 18S rRNA 시퀀스들이 분석된 결과, 작은(0.2~5 μm) 원생생물들의 예상치 못한 높은 다양성이 발견되었다(Lopez-Garcia et al., 2001). 아케조아(Archezoa)에서 파생된 새로운 분류군(기생성으로 추정됨)이 발견되었고, 크라운 진핵생물(Crown eukaryotes)[6]에 속하는 가장 많고 다양한 두 피하낭류[7] 시퀀스 그룹은 모든 수심에서 발견되었고 계통수 상에서 와편모조류(피하낭류에 속함)와 가까웠다. 그 피하낭류 시퀀스 그룹들은 무

6) '크라운(Crown)'은 진핵생물 계통수의 조밀하게 분기된 첨단(densely branched apical) 부분을 말한다.
7) 피하낭류(Alveolates)는 섬모충류, 아피콤플렉사(Apicomplexa), Group I & II, 와편모조류와 퍼킨스충류(Perkinsozoa)를 포함한다.

광대에서 미생물 군집의 주요 구성 성분일 것으로 보였다.

정량적 연구결과에 따르면 길이가 다른 편모를 갖고 있는, 주로 황색편모조류와 비코소에카류(bicosoecids) 같은 부등편모류(Heterokont) 분류군은 해양의 플랑크톤 HNF 군집 생물량의 20~50%를 차지하고, 깃편모충류가 5~40%, 그리고 카타블레파리스류(kathablepharids)가 10~25%를 차지하는 것으로 나타났다(Boenigk & Arndt, 2002).

2007년에는 문(phylum) 수준의 피코빌리조류(picobiliphytes)가 발견되었다(Not et al., 2007): 피코빌리조류는 여러 주요 진핵생물 분류군 가운데서 독립적인 그룹(3개의 단계통으로 구성됨)을 형성하였다. 두 개의 표지 시퀀스들이 확인되었고, 피코빌리조류에 특이적인 프로브(probe)로 사용되었다. 약 2×6 μm 크기의 단세포이며, 널리 분포하는 것으로 나타났다. 극지와 추운 온대의 연안 해양 생태계에 출현하였다. 영국 해협의 연안 정점에서 총 극미소진핵생물의 약 1.6%를, 은편모조류(cryptophytes, 오렌지색 형광을 띠는 극미소진핵생물)의 33~81%를 차지하였다. 피코빌리조류는 색소를 갖고 있고, 일차 생산에 기여한다. 피코빌린(phycobilins)을 포함하고 있는 플라스티드(plastid)는 뚜렷한 적색의 자가형광(autofluorescence)을 나타내었다.

이외에도 여러 중요한 극미소진핵생물(3 μm 필터로 여과됨)이 2006년 기준으로 지난 15년 동안 4개의 강에 속하는 조류가 발견되었다: 약 1.5×3 μm 크기의 *Pelagomonas calceolata* (Andersen et al., 1993), 1.2×3 μm 크기의 *Bolidomonas* (Guillou et al., 1999), *Pinguiophyceae* (Kawachi et al., 2002)와 *Pedinophyceae* (Moestrup, 1991).

대발생을 일으키는 가장 작은(0.8~1.1×0.5~0.7 μm) 진핵생물인 녹조류 *Ostreococcus tauri* (Prasinophyceae)는 1개의 핵, 1개의 엽록체, 1개의 미토콘드리아를 갖고 있다. 극미소플랑크톤인 *Ostreococcus* 속은 여러 해양과 연안 환경에서 널리 분포하는 것으로 나타났다. 태평양 연안에서 6×10^7 cells L^{-1} 의 수도로(Worden et al., 2004) 그리고 롱아일란드(Long Island)만에서 일시적 대발생 동안 5×10^8 cells L^{-1} 에 달하는 것으로 보고되었다(O'Kelly et al., 2003). 대발생을 일으키는 다른 극미소플랑크톤으로는 독성을 갖는 *Aureococcus*가 있다.

지구를 일주하는 Tara 대양 탐사 동안에 열대와 온대 대양의 47개 정점에서 연동 펌프(peristaltic pump)와 플랑크톤 네트로 유광대(엽록소 최대 수심과 혼합층)에서 플랑크톤 군집을 채집하고, 총 334개의 크기-구배된(size-fractionated) 플랑크톤 시료로부터 DNA를 추출하여, 18S rRNA를 인코딩하는 핵(nuclear) 유전자의 V9 지역을 PCR 증폭하고, 최종적으로 5.8억 개의 rDNA 시퀀스 리드(reads)를 얻어 진핵생물 다양성을 추정한 결과(De Vargas et al., 2015)가 최근 발표되었다: 네 개의 크기 구배는 단세포인 극미소-미소플랑크톤(0.8~5 μm), 미소플랑크톤(5~20 μm), 소형플랑크톤(20~180 μm)과 중형플랑크톤(180~2,000 μm)이었다.

유광대 진핵생물 플랑크톤의 풍도(richness)는 약 11만 OTUs로 계산되었고, 유광대 진핵생물 플랑크톤의 총 풍도는 약 15만 OTUs일 것으로 시사되었다. 즉, 이러한 조사는 진핵생물 다양성의 약

75%를 드러낸 것으로 추정되었다. 15만 OTUs의 총 풍도는 기존에 기술된 해양 진핵생물 플랑크톤의 종 수인 약 11,200(= 약 4,350종은 식물플랑크톤, 약 1,350종은 원생동물플랑크톤, 약 5,500종은 후생동물플랑크톤)을 훨씬 상회하는 값으로, 형태분류학적 및 생리적으로 특징규명이 되지 않은 종들이 특히 극미소–미소플랑크톤에 많음을 시사하였다. 형태적으로 기술된 분류군들과 연관된 OTUs는 총 진핵생물 플랑크톤 rDNA 다양성의 적은 부분을 차지하였다. 원생생물은 총 진핵생물 rDNA 다양성의 > 85%을 차지하였다. 해양에는 16.5백만 종의 진핵생물 종이 있을 것으로 추정되었다.

11개의 초다양(hyperdiverse) 계열들은 1,000개 이상의 OTUs를 포함하였고, 모든 OTUs의 약 88%(모든 리드의 약 90%)를 차지하였다. 가장 초다양인 플랑크톤은 피하낭문(Alveolata), 근족사상류(Rhizaria)와 굴식류(Excavata)에 속하였다. 대부분 기생성과 섭식영양성[8)](phagotrophic) 분류군들로 구성된 피하낭문은 약 42%의 OTUs를 포괄하였다. 근족사상류는 활성의 위족(pseudopods)을 갖는 아메바성 종속영양 원생생물로 섭식영양(phagotrophy)으로부터 기생과 상호공생을 갖는다. 굴식류에서 대부분을 차지한 것은 쌍형편모충류(diplonemids)에 연관된 계열이었다. 그리고 잘 알려지지 않은 식영양(카타블레파리드조류[Katablepharidophyta], 413 OTUs), 삼투영양(자낭균문[Ascomycota], 410 OTUs)과 기생성(족충(簇蟲) 아피콤플렉사[gregarine apicomplexans], 384 OTUs) 원생생물 그룹들이 돋보였다(De Vargas et al., 2015).

85개의 주요 계열들 중에서 약 60개 계열들은 새로 발견된 것들이었다. 대부분의 진핵생물 플랑크톤 다양성(63%)은 종속영양 원생생물 그룹들에 속하였고(광영양생물은 < 20%), 특히 기생생물 또는 공생 숙주로 알려진 것들에 속하였다. 내부공생 미소조류 없이는 생존할 수 없는 종속영양 원생생물들의 그룹들인 '광공생적 숙주(photosymbiotic hosts)'는 대부분 초다양성 방산충류인 방사극충강(Acantharia, 1,043 OTUs)과 콜로다리아(Collodaria, 5,636 OTUs)에서 발견되었다. 알려진 군체의 콜로다리아 종들은 세포내 공생 미소조류를 갖고 있어 광공생 산호의 원생생물 동류(analog)라 하겠다. 한편, 외양의 광공생(photosymbiosis)에서 알려진 절대적인 세포내 파트너인 공생 미소조류는 매우 다양하지 않으며 개체의 수도가 매우 많지 않았고, 유기체 크기 구배들에서 균등하게 출현하였다.

극미소–미소플랑크톤에 많은, 기생생물로 보이는 시퀀스들은 유광대에 다양한 많은 독립–생활형 기생생물들이 존재함을 시사하는 것으로 보이며, 마치 파아지 생태를 닮은 것으로 보인다. 독립–생활형 기생생물의 포자는 파아지처럼 많이 생산되고 산포되는 것으로 여겨진다(De Vargas et al., 2015).

---

8) 섭식영양은 원생생물 계통수의 주요 분류군들에 널리 분포한다. 규조류는 입자를 섭취하는 종이 알려지지 않고 있다. 아메바상의(amoeboid) 원생생물, 보도충류(bodonids, kinetoplastids), 깃편모충류와 섬모충류는 절대적 또는 주로 섭식영양성이다. 나머지 원생생물 군들은 광영양 또는 섭식영양 또는 혼합영양인 종들을 포함한다. 녹조식물(chlorophytes)은 박테리아를 섭식하는 종(*Micromonas pusilla*)을 제외하고는 광영양이다.

흥미로운 점은 큰 크기의 진핵생물 플랑크톤 군집은 작은 크기의 진핵생물 플랑크톤 군집보다 조성 면에서 공간적으로 더 이질적이었는데, 복잡한 생활사와 수직 이동(vertical migration)에 기인한 것으로 보였다. 반대로 극미소-미소플랑크톤의 진핵생물 군집들은 종 조성이 더 풍부하였고 더 균일하여서, 전 세계의 대양에서 안정한 부분(compartment)임을 나타냈다. 각 시료에서 적은 부분(0.2~8%)의 OTUs가 각 군집을 우점하였고, 진핵생물 분류군의 작은 부분이 지역 생태계 기능에 중요함이 제시되었다. 조사된 전 대양 규모에서 0.35%에 해당하는(= 381 OTUs) 범세계적(cosmopolitan) OTU들이 총 리드의 약 68%를 차지하였다. 범세계적 OTU들은 주로 11개의 초다양 진핵생물 플랑크톤 계열에 속하였고, 식영양(40%) 또는 기생성(21%), 그리고 식물플랑크톤(15%)이었다. 이러한 결과는 생물적 상호작용들(biotic interactions)이 공간과 자원에 대한 경쟁보다 해양 플랑크톤 계에서 다양화를 주도하는 주요 동력임을 시사하였다(De Vargas et al., 2015).

원생생물의 화석들이 16억 년 이상된 암석에서 발견된다. 그와 같이 긴 진화 시간과 내부공생 사건들의 가능성으로 인하여, 원생생물은 진핵생물의 진화계통 다양성의 대부분을 차지하며, 형태와 생리의 놀랄만한 한 무리를 구성한다(Gilbert & Dupont, 2011). 광합성 원생생물은 해양 일차 생산의 대략 75%를 차지하며, 종속영양 또는 혼합영양 원생생물은 원핵생물과 진핵생물의 사망률에 주요 기여자로 여겨진다(Sherr & Sherr, 2002).

그러나 원생생물의 특정 분류군들의 기능적 특징(trait)들과 생태적 역할은 잘 알려지지 않고 있다. 대부분의 원생생물 생태의 분자생물학적 연구는 18S rRNA 다양성 조사에 국한되어 있다. 진핵생물의 rRNA 시퀀스는 유전체에서 반복배열로 자주 발견되며, 이 반복배열 안에서의 다형형상(polymorphism)은 다양성의 과대평가를 가져올 수 있다. 일부 진핵생물 그룹들은 긴 rDNA를 갖거나 또는 GC가 풍부한 rDNA(예, 착편모조류들의 rDNA의 GC는 평균 약 57%)를 갖는데, 전통적인 일반 진핵생물 18S rRNA 프라이머에 의해 편향되어서(Liu et al., 2009), PCR 증폭시 사실상 검출되지 않게 된다.

새로운 접근방식을 아래에 소개한다. 해양 환경에 많으나 배양되지 않은 극미소-착편모조류(2~3 μm의 착편모조류)의 생태 및 유전체 특징을 연구하기 위해, 유세포 분석법을 이용하여 아열대 북대서양 해수에서 진핵생물 극미소플랑크톤을 선별(sort)하고, '다중 변위 증폭(multiple displacement amplification)'에 의한 전체 유전체 증폭과 시퀀싱이 사용되었다(Cuvelier et al., 2010). 이러한 접근 방식은 하나 또는 몇 개의 종들로부터 유래된 시퀀스들을 얻게 하고, 시퀀싱 후에 더 나은 생물정보 분석을 또는 조립(assembly)을 가능하게 한다. 완료된 극미소-착편모조류의 유전체는 유전자-밀도가 높고, 총 평균 12,711개의 유전자를 인코딩하였다. 아열대 북대서양에서 측정된 극미소-착편모조류의 성장율은 수심 15 m에서 1.12 d^{-1}로 높았고 수심 70 m에서 0.29 d^{-1}로, 일차 생산에 *Prochlorococcus*와 유사한 기여를 하였다. 이와 같은 성공에 기여할 수있는 인자들에는 높은 유전자 밀도와 방어 및 영양염 흡수에 관련된 유전자가 포함된 것으로 보였다. Fe을 함유한 초과산화물 디스뮤타아제(superoxide dismutases, SODs) 대신에 Ni을 함유한 SODs의 우세는 철이 적은 해양에서 진핵생물 식물플랑크톤이 철의 몫(quota)을 줄이려는 공통적 적응으로 보였다.

참고로 진핵생물을 대상으로 메타유전체 방법이 적용되지 않은 이유는 원핵생물에 비해 요구되는 많은 비용이다. 광합성을 하는 가장 작은 독립생활형 진핵생물인 *Ostreococcus*도 평균 해양 박테리아 유전체의 5배 큰 유전체를 갖고 있고, 일부 와편모조류는 인간 유전체보다 훨씬 큰 유전체를 갖는 것으로 보인다(Hackett et al., 2005). 그리고 진핵생물 유전체는 원핵생물에 비해 훨씬 유전자가 덜 조밀하다. 이는 동등한 시퀀싱 노력으로 원핵생물에 대해 더 많은 정보를 얻을 수 있음을 뜻한다. 다른 문제점들로는 기준(reference) 유전체들의 결여와 진핵생물 유전체들의 진화계통적 복잡성을 들 수 있다. 해양에서는 Eukarya의 6개 진화계통 초군들(supergroups) 중 5개의 초군들이 존재하는 것으로 보인다(Gilbert & Dupont, 2011). 완성된 기준 유전체들은 후편모생물(Opisthokonta; 진균, 후생동물)과 원시색소체생물(Archaeplastida; 식물, 녹조류 및 홍조류)의 유전체에 상당히 편향되어 있다. 또한 기준 유전체들의 결여는 내부공생(endosymbiotic) 사건들에 의해 도입된 내재적인 유전체 복잡성의 복잡한 문제를 갖는다. 와편모조류인 *Karenia brevis*의 플라스티드는 착편모조류를 포함하는 3차 내부공생적 사건으로부터 유래하였다(Van Dolah et al., 2009). 대발생 시료의 메타유전체 시퀀싱은 착편모조류로 보이는 시퀀스들을 생산할 것이다.

제 8 장

해양 미생물의 오믹스(omics)

배양되지 않은(uncultured) 원핵생물이 우점하는 해양 원핵생물 군집의 종 다양성과 유전자 다양성을 조사하고, 해양 생태계 구조와 기능과의 관련성을 이해하고자 오믹스(omics)에 기반한 방법들이 적용되어 왔다. 해양 미생물을 대상으로 하여 자주 사용하는 오믹스 연구 방식에는 미생물 유전체의 유전정보를 분석하여 미생물의 기능과 특징을 규명하는 유전체학(genomics), 특정 해양 시료의 모든 DNA를 추출 및 시퀀싱하여 군집의 구조와 대사 다양성 특징을 분석하는 메타유전체학(metagenomics)[1], 특정 미생물이 특정 조건에서 전사하는 유전자(=RNAs)들을 분석하는 전사체학(transcriptomics), 특정 해양 시료의 모든 RNA를 추출 및 시퀀싱하여 군집의 전사(transcription) 특징을 분석하는 메타전사체학(metatranscriptomics), 발현된 단백질들을 분석하는 단백질체학(proteomics), 그리고 대사산물들의 특징을 규명하는 대사산물체학(metabolomics)이 있다. 오믹스에 기반한 방법들(예, 유전체학, 메타유전체학, 전사체학과 메타전사체학)은 해양 원핵생물 및 바이러스의 다양성과 유전자 목록(gene content) 및 생태적 프로세스에 대한 이해를 확대 · 변화시켰고, 생태지위(niche)와 유전체 진화 사이의 밀접한 연계를 제시하였다. 또한 해양 생태계에서 새로운 분류군들의 발견, 생화학적 순환에서 미생물들의 새로운 역할, 견고한 분류학적 체제인 유전체 계통분류학의 발달, 확장된 생명수 그리고 생명의 진화에 대한 깊은 이해에 기여하였다. 아래에서 최근 해양 미생물의 오믹스 연구들에 의해 발견된 주목할 만한 연구 결과들을 소개한다.

8.1 유전체학

다양한 해양 박테리아 그룹들에 대한 유전체 분석결과 박테리아의 환경 적응 책략들에 대한 통찰이 가능해졌다. 특히, 유전체의 간소화(genome streamlining), 유전체 섬(genomic islands, GIs)과 심해 박테리아의 특징에 대한 이해는 주목할 만하다. 그리고 과변이(hypervariable) 지역은 물론이고 하나의 종내에서 유전체들이 상당한 변이를 나타낼 수 있다는 것을 알게 되었다. 그리고 박테리아의 진화와 적응에 있어서 수평 유전자 전달의 중요성을 알게 되었다.

1) 메타(meta)는 'beyond'라는 의미를 갖고 있어서, 메타유전체학(metagenomics)은 글자 그대로 유전체를 넘어서란 의미를 갖는다(Gilbert & Dupont, 2011).

유전체의 간소화. 4.6 Mbp의 유전체 크기를 갖는 *E. coli*는 4,288개의 유전자를 갖고 있으며[2), 단백질-코딩(protein-coding) 시퀀스는 88%를 차지하고, 인트론(intron) 시퀀스는 없다. 독립생활형 박테리아 중에서 매우 작은 유전체를 갖는 것으로 알려진 것은 *Prochlorococcus* (1.7~2.4 Mb; Rocap et al., 2003), *Pelagibacterales* (SAR11; 1.3~1.5 Mb; Giovannoni et al., 2005b)와 절대적 메틸영양(obligate methylotroph) OM43 단계통(1.30 Mb; Giovannoni et al., 2008)이 있다. 해양에 매우 많은, 배양되지 않은 γ-프로티오박테리아인 SAR86는 유전체 크기가 1.25~1.7 Mb로 추정되었다. 후에 메타유전체 자료에 의하면 빈영양 해역인 사가소해의 해양박테리아는 사실상의 유전체 크기가 1.6 Mb로 보고되었다.

유전체의 간소화는 SAR11 단계통(α-프로티오박테리아)에 속하는 *Pelagibacter ubique*에서 처음 보고되었다(Giovannoni et al., 2005b): 독립생활형 박테리아로서는 가장 작은 유전체(1.31 Mbp, 29.7% G+C)를 가지며, 시그마 인자(factor)는 2개(열 충격[heat shock] 인자 σ^{32}와 σ^{70} [rpoD]), 4개의 2-성분 조절계(two-component regulatory system), 하나의 rRNA 오페론을 갖고, 느린 성장 속도(0.4~0.6 d^{-1})를 갖는다. 작은 유전체를 갖는 기생성 박테리아와 아키아와는 대조적으로 20개 아미노산의 생합성 경로를 갖고 있다. *P. ubique*는 호흡 또는 광으로 구동되는 proteorhodopsin H^+ 펌프에 의해 에너지를 생산할 수 있다(즉, 카로틴 생합성과 레티날[retinal] 합성 유전자가 있다).

*P. ubique*의 작은 크기의 유전체는 기능이 없는 DNA 또는 여분의 DNA가 거의 없는 것에도 기인한 것으로 보인다. 직렬상동유전자(paralog)의 수는 적었고, 유전자간 스페이서(intergenic spacers)의 길이도 매우 짧았다(중앙값: 3 bp). 또한 유사유전자(pseudogene)[3), 인트론[4), 트랜스포존, 인타인(intein)[5)은 발견되지 않았다. 이는 적응 가치가 없는 DNA를 복제하는 대사 부담 때문에, 세포 복제에서 재료 비용을 최소화(=유전체 크기 감축)하는 강한 선택을 받은 것을 시사한다. 그리하여 영양분이 제한된 상태에서 가능한 한 효율적으로 성장하여 해양에서 우세한 단계통이 된 것으로 보인다.

반면에 기생성 박테리아에선 생합성에 필요한 화합물들을 숙주로부터 얻기 때문에, 화합물들의 생합성에서 사용되는 유전자들에 대한 선택이 누그러지고, 삽입(insertion)보다는 삭제(deletion)가 선호되기 때문에 유전체의 크기가 감소한 것으로 보인다.

---

2) 인간의 유전체는 20,000~25,000개의 유전자를 갖고 있는 것으로 여겨진다.

3) 원핵생물의 유전체에서 종종 유사유전자가 발견된다. 유사유전자는 진화하는 동안 기능 유전자(functional gene)로부터 생성되며, 기능 유전자의 결함이 있는 복사본인 분자적 화석(molecular fossils)으로 생각되었다. 그러나 유사유전자가 어떤 기능을 가질 수 있을 가능성을 완전히 배제할 수는 없다.

4) 인트론은 단백질-인코딩 유전자와 RNA 유전자 내의 불연속적인 서열을 야기하는 개입 시퀀스(intervening sequence)로서 거의 모든 유전체에서 발견된다. 인트론은 전사 후에 RNA 편집(splicing) 반응에 의해 제거되어서, 원래의 유전 산물(product)을 회복한다. 인트론은 크게 스스로-편집하는 인트론(I, II & III 그룹 인트론)과 스스로-편집하지 않는 인트론(spliceosomal, tRNA와 아키아 인트론)으로 나뉜다.

5) 인타인은 인트론의 단백질 아나로그(analog)이며, 번역 후(post-translationally)에 제거된다. 많은 스스로-편집하는 인트론과 인타인은 기동성(mobility)을 촉진하는 단백질인 homing endonucleases를 인코딩하는 기동성의 유전 인자이다.

*P. ubique*의 유전체에 있는 모든 수송자의 절반 가량과 모든 영양염 흡수 수송자는 ABC (ATP-binding cassette family) 수송자이다. ABC 수송자는 높은 친화도를 갖는다. 여러 질소계 화합물들을 흡수하는 것으로 보인다: 암모늄, 요소, 염기성 아미노산, spermidine, putrescine, 당, 가지난[branched] 아미노산, 2탄산[dicarboxylic acids] 및 3탄산[tricarboxylic acids]. 그리고 여러 삼투보호화합물(예, glycine betaine, proline, mannitol & 3-dimethylsulfoniopropionate)에 대한 광범위 특이성(broad-specificity) 수송자들도 발견된다(Giovannoni et al., 2005b).

*Pelagibacter*의 경우 유전체의 간소화는 별난 성장 요구로 직접 연결된다. Glycine 요구 외에도, 동화적 황산염 환원 경로가 없기 때문에 dimethylsulfoniopropionate (DMSP) 또는 메티오닌(methionine) 같은 황 화합물을 요구한다. 유전체의 간소화로부터 유래된 이러한 예상치 못한 성장 요구는 이들 박테리아를 배양하기가 어려운 현상을 부분적으로 설명할 수 있을 것이다(Giovannoni et al., 2014).

유전체의 간소화는 일반적으로 세포 크기와 복잡성의 최소화를 선호하는 선택을 가리킨다. 간소화는 자원에 대한 경쟁에 의해 성공이 결정되는 빈영양 환경에서 중요할 수 있다(Giovannoni et al., 2014). 독립생활형인 *Prochlorococcus*, *Pelagibacterales*와 OM43 단계통은 환경 조건들이 적게 변하는, 그리고 기능적 복잡성을 최소한으로 요구하는 생태지위를 차지하고, 번식(=복제)하는 데 필요한 자원들을 최소화하려는 선택에 의해 유전체 복잡성이 감축된 것으로 추측된다. 유전체의 간소화와 빈영양(oligotrophy)은 다양한 독립생활형 박테리아들에서 우세한 특징으로 보인다.

단세포 증폭된 유전체(single-cell amplified genome, SAG) 시퀀싱은 배양되지 않은 미생물에 유전체학을 확대 적용한, 미생물 다양성 연구에 있어서 중요한 도구이다. SAG들의 분석을 통해, 유전체의 간소화와 빈영양의 지표들(indicators)로서 배양된 박테리아들과는 다르게 낮은 GC 함량, 비코딩 뉴클레오티드(noncoding nucleotides)의 낮은 %, 세포질 막 단백질 및 주변질(周邊質, periplasm) 단백질을 인코딩하는 유전자들의 낮은 %, 그리고 COG K와 COG T 범주를 인코딩하는 유전자들의 낮은 %가 확인되었다(Swan et al., 2013).

요약하면, 간소화된 유전체는 전형적인 특징들을 나타낸다: (1) 유전체의 크기는 작으며, 유사유전자의 수는 적고, 높게 보존된 핵심(core) 유전체를 갖는다; (2) 코딩되는 DNA에 대한 유전자간 스페이서(intergenic spacer) DNA의 비가 낮다(Giovannoni et al., 2014). 그리고 간소화된 해양 박테리아에선 A+T의 비율이 높고, 낮은 질소(N) 함량을 갖는 아미노산(알기닌 대신에 리신[lysine]으로 치환)의 비율이 높은 경향이 있다. 간소화의 선택은 세포분열에 필요한 질소의 양을 줄이려는 것으로 보인다. 그러나 성장 속도(generation time)와 유전체 크기 간의 관계는 발견되지 않았다.

간소화된 유전체들에는 시그마 인자의 개수가 적어 생활사가 보다 단순한 것으로 보인다[6]. SAR11의 경우 정지기의 시그마-인자(RpoS)도 없다. 환경 조건들이 많이 변하는 연안에서 분리된 액티노박테리아인 *Pontimonas salivibrio*는 뜻밖에도 작은 크기의 유전체(1.76 Mb, 58.3% G+C)를 갖고, 느리게 성장하며, 2개의 시그마 인자를 갖고 있었다(Cho et al., 2018). 메타지놈 데이터베이스 자료의 분석 결과, *P. salivibrio*는 온대와 아열대 해역의 연안에 분포하는 것으로 나타났고, 연안 환경에 적응한 간소화된 유전체를 갖는 박테리아로 판단되었다. 특이하게 많은(24개) 독소-항독소(toxin-antitoxin) 계들을 갖는데, 연안에서 많은 환경 변화에 따른 성장 조절에 관여하는 것으로 생각되었다.

공생, 기생, 편리공생을 하는 박테리아에서도 유전체의 축소(genome reduction)가 나타나는데, 유전체상의 다른 특징들을(예, 비-코딩유전 물질의 확대, 비-동의 치환[non-synonymous substitution][7]의 높은 비율, 생합성 경로의 손실) 갖는다.

절대적 공생 박테리아의 계열들에서 나타나는 유전체 진화의 눈에 띄는 극단적인 양상들은 작은 유전체(< 1 Mb), 비-동의 치환 비율의 상승, 그리고 기동성 인자(mobile element)와 반복 시퀀스들(repeated sequences)의 고갈을 들 수 있다(McCutcheon & Moran, 2012). 공생 박테리아의 유전체에서는 막 수송, 세포벽/캡슐, 운동성(motility), DNA 수선, 조절 및 세포 신호(signaling)와 같은 과정에 관련된 유전자들은 흔히 관찰되지 않는다.

지중해의 엽록소 최대 수심에서 유래된 메타유전체 자료 세트로부터 조립된 4개의 새로운 해양 액티노박테리아 유전체는 *Acidimicrobiales* 목에 속하였으며, 전형적인 액티노박테리아의 G+C 값인 55~64%와 다르게 이들의 G+C는 40~50%로 낮은 값을 나타냈고, 간소화된 유전체의 특징(1.7~2.3 Mb)이 나타났다(Mizuno et al., 2015). 이뿐만 아니라 유전자간 스페이서의 길이도 감소되었고(3~23 bp), 조절 시그마 인자(regulatory sigma factors)의 수(2~5개)도 적었다. 이러한 특징들은 이들 액티노박테리아가 빈영양 해양에서 독립생활을 하는 것을 시사하였고, 편모와 관련된 유전자가 없었다. 해당(glycolysis), TCA (tricarboxylic acid cycle) 및 산화적 인산화(oxidative phosphorylation)와 관련된 효소를 갖고 있어 호기성 호흡이 추정되었다. 자외선에 의해 유발된 DNA 손상을 수선하는 광리아제(photolyases)와 UvrABC 시스템의 존재는 유광층에 서식하는 종임을 시사하였고, 또한 담수성 액티노박테리아에서 발견되는 액티노로돕신에 연관된 acidirhodopsin

---

6) 박테리아가 갖고 있는 시그마(σ) 인자의 수는 크게 다르다. *E. coli*는 7개를, *Bacillus subtilis*는 18개를 갖고 있다. *Bacillus subtilis*는 포자 형성(sporulation)과 관련된 σ 인자들을 갖고 있어 더 많은 σ 인자를 갖는다(Dale & Park, 2010). 여러 환경에서 널리 분포하는 *P. aeruginosa*는 24개의 σ 인자를 갖고 있다. *Streptomyces coelicolor*는 토양 환경에 적응한 박테리아로 복잡한 생활사를 갖는데 65개의 σ 인자를 갖는다(Dale & Park, 2010). 이와 같이 박테리아는 σ 인자를 많이 가질수록 더 다양한 능력을 갖는 경향을 볼 수 있다.

7) '비-동의 치환(non-synonymous substitution)'은 단백질의 아미노산 시퀀스에 변화를 일으키는 뉴클레오티드(nucleotide) 돌연변이이다. 단백질의 아미노산 시퀀스에 변화를 주지 않는 돌연변이인 '동의 치환(synonymous substitutions)'과 다르다. 비-동의 치환은 개체에서 생물학적인 변화를 가져오고, 자연선택을 받게 된다.

이 발견되어 광종속영양임을 시사하였다(Mizuno et al., 2015).

당, 아미노산, 글리세롤, 펩타이드 등의 유기물을 수송하는 수송자들과 이화적 경로(예, 해당, TCA 회로, 지방산 산화)가 있고, 아세테이트와 아세틸코에이(acetyl-CoA)로부터 C2 탄소의 이용을 가능하게 하는 글리옥살산 우회로(glyoxylate bypass)가 존재하며, 해양 환경에서 가용한 DMSP, 술폰산염(sulfonate), CO로부터 에너지를 얻을 수 있는 것으로 추정되었다. 이와 같이 *Acidimicrobiales* 목의 해양 액티노박테리아는 탄소 획득 · 대사에 있어 능란함(versatility)이 시사되었다.

한편, 큰 유전체(4.0~5.3 Mbp)을 갖는 *Vibrio* 종, *Pseudoalteromonas*, *Shewanella*와 *Silicibacter* 속의 박테리아는 환경 변화에 반응하여 여러 대사적 책략을 수행하게 하는 전체적 조절계들(global regulatory systems)을 갖는다. 큰 유전체를 갖고 있는 *Roseobacter*(예, *Silicibacter*)와 *Vibrio*는 적응성(adaptable) 유전체를 갖고 있어서 다양한 대사 능력을 갖는 것으로 생각된다. *Silicibacter pomeroyi*는 일산화 탄소와 황화물(sulfide) 산화에 대한 오페론을 갖고 있어서 종속영양을 보충하는 무기종속영양(lithoheterotrophy) 책략이 사용되는 것으로 시사되었고, 운동성 유전자들은 입자와 플랑크톤에 연합된 고영양 환경을 찾는 잠재성을 보여 빈영양 원핵생물과 다른 것으로 시사되었다(Moran et al., 2004). *Prochlorococcus*와 *Pelagibacter ubique* 같은 빈영양자(oligotroph)는 대양에서의 생존에 필수적인 최소한의 유전자들로 구성된 최적화된 유전체를 갖고 있어 적응성이 덜할 것으로 여겨진다. 한 예로 *Prochlorococcus marinus*의 유전체 시퀀스는 신호 전달(signal transduction) 유전자들의 %가 낮아, 빈영양 해역에서 자가영양생물로서 세포외 화합물들을 감지하고 반응할 필요가 적음을 시사하였다(Dufresne et al., 2003).

배양된 심해 박테리아(예, *Alteromonas macleodii*; 4.4 Mbp)의 유전체에는 일반적으로 빛과 관련된 유전자들(예, 광활성화[photoreactivation] 유전자들)이 없으며, 저온과 고압에 중요한 막 불포화(membrane unsaturation) 유전자들과 같은 유전자들을 갖고 있다. 심해 박테리아는 통상 극성(polar) 편모와 측면(lateral) 편모를 갖고 있고, 각각 유영(swimming)과 유군(遊群, swarming)에 사용한다. 유군은 표면에 적응한 운동 체계로 심해 박테리아가 표층에서 침강한 입자에 부착하고 입자 표면에서 이동하도록 해줄 것으로 보인다. 그리고 표층에 서식하는 박테리아보다 더 많은 전치인자(轉置 因子, transposable element)들과 파아지 관련된 요소들을 가지며, 더 큰 유전자간 스페이서를 갖는 것으로 나타났다(Qin et al., 2011). 전치 인자들은 자연적인 유전공학 시스템으로 기능하여 박테리아가 환경에 적응하도록 기여할 수 있어서 유전체의 진화 속도를 높이는 것으로 생각된다.

유전체 섬(genomic islands, GIs). 유전체 섬은 수평 유전자 전달(horizontal gene transfer, HGT)을 통해 획득된 유전체의 부분들로(부속[accessory] 유전체) 크기는 약 6~200 kb이고, 생태지위 확장에 기여한다. 태평양의 빈영양 표층 군집에서 얻은 메타유전체 리드들과 메타전사체 전사물들을 *Prochlorococcus*의 기준 유전체와 정렬시킨 결과, 5개의 유전체 섬들이 적은 수의 DNA 리드들에 의해 커버(cover)되나 높은 수의 cDNA 전사물들에 의해 커버되어 표층에서의 적응에 이들 유전체 섬들의 중요성이 시사되었다(Frias–Lopez et al., 2008).

통상, 유전체 섬은 공여자(donor) 개체의 유전체적 표지(genomic signature)를 나타내어 유전체 섬의 G+C 빈도(frequency)는 유전체의 평균 G+C 빈도와 유의하게 다르다. 유전체 섬에는 병원성 섬(pathogenicity islands, PAIs), 항미생물제 내성 섬(antimicrobial resistance islands, REIs), 대사 섬(metabolic islands, MIs)과 공생 섬(symbiosis islands, SIs)들이 있다. 병원성 섬은 병원성 박테리아의 전파(dissemination)와 다양화를 가져온다. 항미생물제 내성 섬은 다중 항생제에 내성을 부여하며 다중 내성의 병원성 박테리아의 출현을 용이하게 한다. 대사 섬은 대사물(metabolites) 또는 이차 대사물의 생합성에 관련된 유전자들을 갖고 있고, 공생 섬은 숙주–박테리아의 공생 관계를 유지시키는 유전자들을 제공한다.

병원성 박테리아의 유전체는 병원성 인자를 인코딩하는 유전자들의 수평 전달을 중개하는 병원성 섬을 종종 포함한다. 알려진 병원성 섬의 예로는 invasins, adhesins, 그리고 secretion 인자들을 인코딩하는 유전자들, *Vibrio cholerae*의 VPI (= *Vibrio* 병원성 섬)와 같은 정착 인자(colonization factor), *Shigella flexneri*의 장내독신(enterotoxin)이 있다(Lawence & Ochman, 1998). 흥미롭게도, 절대적 세포내 기생자들(obligate intracellular parasites; 예, *Rickettsia prowazekii*)은 병원성 섬을 갖고 있지 않다. 이는 숙주가 기생 박테리아를 수평 유전자 전달로부터 보호하는 것으로 보인다.

수평 유전자 전달은 유전체 섬을 합체(incorporation)시킴으로써 유전체 소성[8](塑性, plasticity)과 진화에서 중대한 역할을 한다. 일부 유전체에 대해서는 유전자들의 10~20%가 지난 1억 년 내에 수평 전달된 것으로 추정된다(Lawence & Ochman, 1998). 수평 유전자 전달의 수단들로는 전치 인자(transposition), 접합 플라스미드(conjugative plasmids), 파아지 형질도입(transduction), 그리고 천연 형질변환(natural transformation)이 있다.

대서양의 대양저 산맥(mid–Atlantic Ridge)에 위치한 Lost City Hydrothermal Field는 pH가 9~10이며 수온이 40~90°C인 유체(fluid)에 뒤덮인 열수 생태계로, 그곳 광물 표면에서 자라는 생물막의 메타유전체는 아키아의 낮은 다양성을 보이며 *Methanosaricinales* (Euryarchaeota)가 군집의 80% 이상을 차지하였다. 메타유전체의 주요 특징은 전치효소(transposase)가 상당히 풍부하다(모든 메타유전체 리드의 > 8%)는 것이었다. 대부분의 전치효소는 많은 작은 유전체외 인자들(extragenomic elements; 예, 바이러스 유전체, 플라스미드 또는 세포외 DNA 조각)에서 발견됨을 시사하였다(Brazelton & Baross, 2009). 전치효소의 높은 빈도는 만연한 수평 유전자 전이

8) 박테리아 유전체의 소성은 다양한 기구(機構)에 의해 얻어진다: 점 돌연변이(point mutation), 재배열(inversions과 translocations), 삭제(deletion), 그리고 다른 생물의 DNA 삽입(insertion).

가 극한 조건에 대한 주요 적응 방식임을 시사하였다(Walsh et al., 2009). 태평양에서 수심 4,000 m로부터 회수된 메타유전체도 전치효소와 프로파아지 시퀀스들이 유의하게 많은 것으로 나타나(Konstantinidis et al., 2009), 수평 유전자 이동은 극한 환경(=심해와 열수계)에서 원핵생물의 적응에 있어서 보존된 기구(機構)로 보였다.

대양에는 용존 DNA의 농도가 0.6~88 μg l^{-1}로서 형질변환이 일어나기에는 낮은 농도로 보인다. 해양에 수적으로 많은 박테리아인 *Prochlorococcus*와 *Pelagibacter*는 플라스미드와 트랜스포존이 없어서 접합(conjugation)이 가능하지 않을 것으로 보인다. 반면에 파아지는 해양에 많이 존재하므로, 형질도입은 생태학적으로 중요한 유전 교환의 기구(機構)로 판단된다. 박테리아의 유전체에서 합체된 프로파아지(prophage, 박테리아 염색체에 합체된 파아지)가 많이 보고되고 있다. 프로파아지가 박테리아 유전체의 10~20%까지 차지하여, 박테리아의 진화에 바이러스가 중요한 동력(forces)임이 제시되었다.

134개의 아키아 유전체로부터 267,568개의 단백질-코딩 유전자들을 조사하여 1,847개의 기준 박테리아 유전체로부터의 상동유전자(homologue)들과 비교한 결과, 아키아 유전자들의 약 1/3이 박테리아 상동유전자를 갖는 것으로 나타났다(Nelson-Sathi et al., 2015). 이들 유전자의 진화계통적 분석은 이들 유전자가 박테리아로부터 아키아에 의해 획득되었음을 시사하였다. 그리고 박테리아로부터 이들 유전자의 획득이 아키아에서 더 높은 분류군의 진화를 구동함이 시사되었다. 메탄생성 아키아는 박테리아 유전자들의 주된 수신자(recipient)이었으며, 대부분의 수입된 유전자들은 대사 기능들과 관련이 있었다. 박테리아로부터 새로운 대사 경로의 획득은 높은 아키아 분류군의 진화의 주요 원인 중 하나임을 시사하였다. HGT의 한 예를 들면, 아키아 그룹 MG-III의 로돕신(rhodopsin)은 진화계통적으로 euryarchaea 로돕신보다는 박테리아의 프로티오로돕신과 클러스터를 형성하여서 박테리아로부터 HGT에 의해 획득된 것으로 보였다(Haro-Moreno et al., 2017).

참고로, 유전자의 기능을 추정할 때에 자주 사용되는 여러 Blast 프로그램을 소개한다(표 8-1).

비교 유전체학(comparative genomics)은 다른 종들 또는 생태형들의 특이한 생태적 적응을 이해하는 데 강력한 도구가 된다. 예를 들면, 남극 연안 해수에서 분리된 *Pseudoalteromonas haloplanktis* TAC125 균주와 심해(수심 1,855 m)에서 분리된 *Pseudoalteromonas* sp. SM9913 균주의 비교 유전체학은 심해의 *Pseudoalteromonas* 균주가 심해 퇴적물에서 어떻게 특이하게 적응하고 있는가를 잘 보여준다(Qin et al., 2011): 두 균주 모두 친저온성이며, 영구적인 추운 수생 환경에서 분리되었기 때문에 표층 박테리아와 심해 퇴적물 박테리아에 독특한 특성을 비교하기에 적합하였다. 두 균주 모두 두 개의 염색체(chromosome)를 가지며, 크기도 4 Mb로 유사하였다. 두 종 간의 16S rRNA 유전자의 동일성(identity)은 > 99%이나, ANI(average nucleotide identity, 평균 뉴클레오티드 동일성)는 85%로서 서로 다른 종으로 판정되었다. 두 종은 2,698 개의 병렬상동

표 8-1 유전자의 기능 추정 시에 자주 사용되는 여러 Blast 프로그램. 예를 들면, blastn 프로그램은 질문(query) 시퀀스로서 뉴클레오티드 시퀀스를 신청하여, 뉴클레오티드 데이터베이스에서 가장 유사도가 높은 시퀀스를 포함한 시퀀스들의 정보를 구하는 데 사용한다.

BLAST program	Query	Database
nucleotide blast (blastn, megablast)	nucleotide	nucleotide
protein blast (blastp, psi–blast, phi–blast)	protein	protein
blastx	translated nucleotide	protein
tblastn	protein	translated nucleotide
tblastx	translated nucleotide	translated nucleotide

(orthologous) 유전자들을 공통으로 소유하였으며, 이는 심해 SM9913 균주의 72.7%에 그리고 연안 TAC125 균주의 77.4%에 해당하였다. TAC125 균주와 비교하면, SM9913에 특이한 유전자들의 더 많은 부분이 세포 운동성과 신호 전달(signal transduction)에 관련된 COGs (Clusters of Orthologous Groups)에 속하였다. SM9913은 28개의 전치효소 유전자들과 12개의 삽입효소(integrase) 유전자를 갖는 반면에, TAC125은 각각 13개와 7개를 가졌다. 전치효소와 삽입효소 유전자들의 약 1/3이 4개의 유전체 섬에 위치하였고, 두 개의 유전체 섬은 중금속 내성과 관련되어 이들 내성 관련 유전자의 이동에 관여하는 것으로 보였다. SM9913의 세 개의 유전체 섬은 EPS(세포외 다당) 생성과 관련되었고, 극한 조건을 견디는 심해 박테리아의 공통된 책략으로 보였다. SM9913은 글리코겐 생산 오페론(operon)을 갖고 있어서 글리코겐을 저장 산물로 생성하여, 기아 기간 동안 에너지와 탄소로 활용할 수 있도록 적응한 것으로 보였다. 이와 같은 연구 기법을 통해 심해 퇴적물 박테리아가 심해의 극한 조건들에서 적응하는 특이한 특징들이 파악되었다.

흥미로운 특징으로는 SM9913는 극성 편모와 측면 편모 합성에 관여하는 유전자 클러스터를 갖고 있으나, TAC125는 측면 편모 유전자 클러스터가 없었다. 호압성(piezophilic) 박테리아인 *Photobacterium profundum* SS9 균주는 고압 조건에서만 측면 편모 유전자 클러스터가 발현되었다. 그러나 표층에서 분리된 수압에 민감한 *Ph. profundum* 3TCK 균주에는 측면 편모 유전자 클러스터가 없었다.

부영양성 *Photobacterium angustum* S14와 빈영양성 *Sphingopyxis alaskensis* RB2256의 유전체 비교를 통해 다른 기능적 선호가 확인되었다(Lauro et al., 2009). 부영양자(copiotroph)들은 운동성, 방어, 전사 및 신호 전달에 관련된 유전자들을 더 갖고 있어, 변화하는 영양분 공급에 대한 적응 책략으로서 환경 자극에 민감한 유전적 잠재성을 보여준다. 반면에 빈영양자는 여러 수송된 지질과 이차 대사산물들을 해독하는(detoxifyng) 많은 유전자들을 갖는다. 빈영양자는 해양의 독립생활형 원핵생물 개체군들에서 우위를 차지하는 것으로 보였다.

해양 원생생물의 유전체 분석에 대한 연구는 원핵생물에 비해 적다: 석회화(calcifying) 착편모조류(*Emiliania huxleyi*), 비-석회화 착편모조류(*Phaeocystis antarctica*와 *P. globosa*), 규조류(*Fragillariopsis cylindrus*와 *Pseudonitzschia multiseries*), 망형충류(*labyrinthulids*; *Aurantiochytrium limacinum*, *Aplanochytrium kerguelense*, *Labyrinthula terrestris*, *Schizochytrium aggregatum*), 황갈조류(chrysophytes; *Ochromonas sp*. CCMP1393, *Paraphysomonas imperforata*) 및 펠라고조류(pelagophyte, *Aureococcus anophagefferens*; 유전체 크기는 57 Mbp) 등의 유전체 특징이 분석되었다. 한 예로, 2013년에 착편모조류 *Emiliania huxleyi* 균주 CCMP1516과 추가적인 13개 분리주(isolate)들의 시퀀스들로부터 첫 착편모조류 기준 유전체(reference genome)가 보고되었다(Read et al., 2013): CCMP1516의 반수체(haploid) 유전체의 크기는 142 Mb로 추정되었고, 반복 인자(repetitive elements)들이 우세(시퀀스의 > 64%)하였다. 이는 규조류(*Phaeodactylum tricornutum*, 27 Mb)의 경우 반복 인자들이 15%를 차지하는 것과 비교해 매우 높은 값이었다. 30,569개의 단백질-코딩 유전자들이 예견되었고, 시퀀스된 다른 진핵생물 미소조류에 비해 철/고분자 수송, 번역후 수식(post-translational modification), 그리고 세포골격 발달(cytoskeletal development)과 신호 전달에 특이적인 유전자 그룹(family)의 확장이 식별되었다.

단일 종으로 여겨져 왔던 *E. huxleyi*가 균주들 간의 비교를 통해 광범위한 유전체 변이를 갖는 것으로 나타났다(Read et al., 2013): CCMP1516 유전체에서 예측된 30,569개의 유전자들 중에서 1373개에서 2012 개의 유전자들은 여러 해역에서 분리된 3개의 균주들에서 발견되지 않았고, 364개 유전자는 3개 균주에서 모두 없는 것으로 나타났다. 13개 균주의 리드들을 CCMP1516 유전체에 유전지도작성(mapping)한 결과, 기준 유전체에서 예견되는 유전자들의 약 2/3를 포함하는 핵심 유전체가 나타났다. 그리고 CCMP1516 유전자들의 거의 25%가 적어도 3개의 다른 균주에서 발견되지 않았다. 즉, 하나의 균주가 모든 균주의 전형적인 또는 대표적일 가능성이 낮음을 시사하였다. 이러한 유전체 변이는 적도에서부터 아북극(subarctic)까지 이르는 서식지에서 *E. huxleyi*가 번성하는 능력과, 다양한 환경 조건에서 대규모의 대발생을 형성하는 능력을 뒷받침하는 것으로 보였다. 따라서 하나의 미생물(또는 박테리아) 종은 종 내의 모든 균주에 있는 유전자들로 구성된 핵심(core) 유전체와 하나의 균주에 독특한 유전자들과 둘 또는 그 이상의 균주에 있는 유전자들을 포함하는 비필수(dispensable) 유전체로 구성된 범유전체(pangenome)에 의해 기술될 수 있을 것으로 여겨진다.

8.2 메타유전체학

"메타유전체(metagenome)"는 채집된 환경 미생물들의 DNA 총체를 말한다. 메타유전체학은 메타유전체의 연구를 의미하며, 환경 유전체학 또는 군집 유전체학으로도 알려져 있다. 메타유전체학 연구는 16S rRNA 유전자와 같은 단일의 진화계통적 마아커를 사용하는 군집 조성 연구와(제7장 참조) 군집의 모든 유전자에 대한 대사 잠재력을 연구하는 기능적 메타유전체학(='random shotgun')

연구 분야로 크게 나뉜다(그림 8-1). 두 방식 모두, 군집 커버리지[9](community coverage)는 시퀀싱의 깊이(depth of sequencing)에 달려 있다. 대부분의 초기 자료세트(dataset)들은 생거(Sanger)와 454 파이로시퀀싱(pyrosequencing)의 조합(combination)에 의존하였고, 콘티그들(contigs)을 조립하기에 충분한 커버리지 깊이를 제공하지 못하였다. 따라서 리드(read)에 기반한 대사 잠재성 추론이 우세하였다.

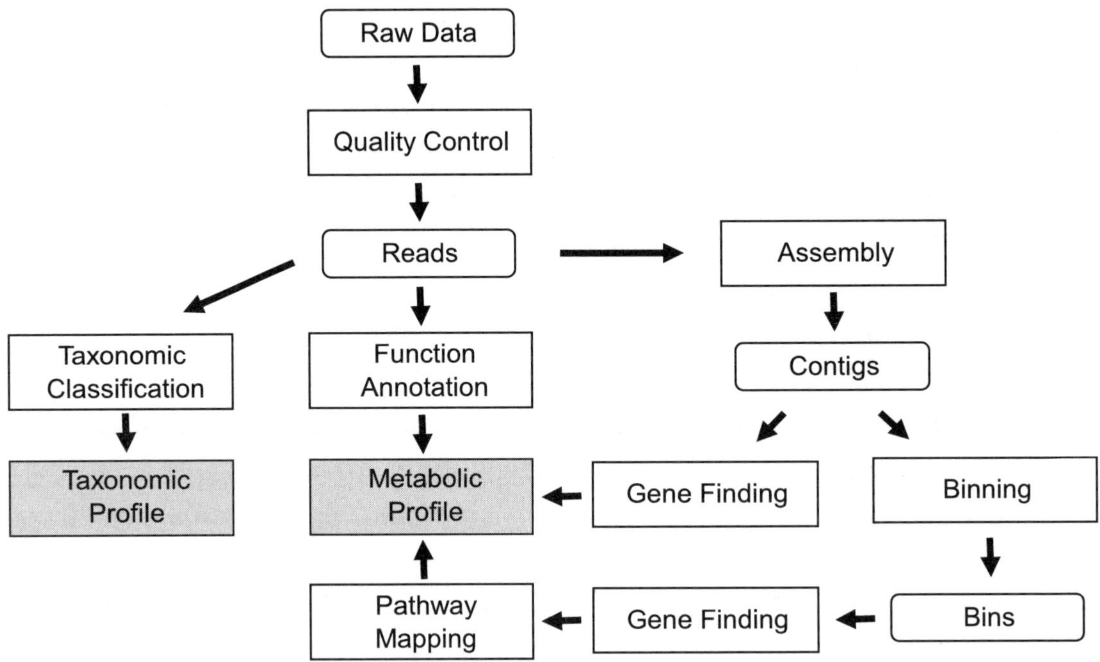

그림 8-1 메타유전체 분석의 흐름도. 메타유전체학은 시료에 있는 DNA를 추출하여 라이브러리를 구축하고[10], 모든 라이브러리 DNA를 (최근에는 대량생산[high-throughput] 방식으로) 시퀀싱하고 양질의 서열을 선별한 후, 많은 DNA 조각들을 조립(assembly)하여 가능하면 유전체 시퀀스를 얻고, 새로운 원핵생물 유전체의 뚜렷한 특징 등을 식별한다. 메타유전체(metagenomes)는 분류학적으로 일관된 통(bins; taxobins)으로 분할되어(partitioned), 동정과 주석(annotation)에 이용된다(황청연 교수[서울대학교] 제공).

9) 군집 커버리지가 1이면, 모든 유전자가 시퀀싱하는 동안 각각 1번 얻어졌다는 의미임.

10) 해양 미생물의 메타유전체학 연구는 '**라이브러리(library) 구축**' 방식에 따라 3개의 범주로 나뉠 수 있다: 1) 포스미드(fosmid), 코스미드(cosmid), 그리고 BAC에서 유래한 메타유전체 연구, 2) 생거 시퀀싱에서 유래한 샷건 메타유전체학 연구, 3) 차세대 시퀀싱(NGS)에서 유래한 샷건 메타유전체학 연구. BAC 라이브러리 클로닝은 해양 미생물 메타유전체 DNA를 분리하는 데에 처음으로 사용되었다(Béjà et al., 2000). 해양 아키아 *Crenarchaeota*의 특징 규명을 하는데에 포스미드 라이브러리가 구축되었다(Béjà et al., 2002). 포스미드 벡터는 평균 4만 bp 크기의 DNA를 끼워 넣을 수 있었다. 포스미드 라이브러리는 BAC 라이브러리보다 만들기가 편하여 더 흔히 사용되는 기법이 되었다. GOS 탐사에서도 북서 대서양과 동부 열대 태평양의 일부 시료들에 대해 생거 시퀀싱 기법으로 작은-DNA-삽입 클론들을 시퀀싱한 방법이 사용되었다(Rusch et al., 2007).

'무작위 샷건(random shotgun) 메타유전체학'은 환경 시료로부터 총 DNA를 추출하고, 시퀀스하여, 군집 내의 모든 유전자들의 개요(profile)를 만드는 연구 방식을 사용한다. 대략 2003년에서 2010년 사이에 유전자–중심의 접근법에 의존한 샷건 메타유전체학 분석은 유기체–중심의 접근법으로 변화가 일어나고 있다(McMahon, 2015). 시퀀스된 유전체들의 수가 증가함에 따라, 유기체–중심의 관점에서 메타유전체 정보를 해석하는 능력이 상승할 것으로 보인다. 메타유전체 조립은 시료 내의 가장 많은 개체들로부터 기원한 유전체 조각들(genomic fragments)을 창출할 것으로 예상된다. 키메라 시퀀스들을 조립할 가능성이 있으며, 만약 기준(reference) 유전체들이 가용하지 않다면 그 결과들은 판단하기 어렵다.

메타유전체학의 궁극적인 목표는 생태계의 기술적인 그리고 궁극적으로 예측적인 대사 및 분류 모델을 제공하는 것이다. 시료의 반복(replication)과 통계학을 사용하는 terabase의 메타유전체학은 시스템의 모든 interactome을 기술하려는 목표로, 시공간에 걸친 대사 유동량(flux)의 모델을 구축하려는 틀을 제공할 것으로 보인다(Gilbert & Dupont, 2011). 해양 생태계에서 기후 변화, 산성화, 표층 수온 상승 등의 영향을 추정하기 위해서 이는 필수적이다.

해양 미생물의 메타유전체 데이터베이스는 2010년에 DNA의 약 4천억 bp[11])를 포괄하였고(Gilbert & Dupont, 2011), 대서양과 태평양에서 축적된 해양 미생물의 메타유전체 정보량은 최근 5조 bp (Biller et al., 2018)에 달하였다. 아래에서 대표적인 해양 미생물 메타유전체학 연구의 사례들을 소개한다.

이정표적인 메타유전체학 연구는 생거 시퀀싱 기법으로 작은–DNA–삽입 클론들을 시퀀싱하여 사가소해에서 원핵생물 군집과 유전자 기능의 다양성의 특징이 규명된 사례(Venter et al., 2004)를 들 수 있겠다. 200리터 가량의 해수 시료로부터 > 10억 bp가 생산되었고, 148개의 새로운 계통형을 포함하여 최소 1800개의 박테리아 종이 출현하는 것으로 추정되었으며, 새로운 782개의 로돕신과 유사한 광수용체(光受容體, photoreceptor)를 포함하여 이전에는 알려지지 않았던 최소 120만 개의 유전자가 발견되었다. 그리고 암모니아 일원자산소 첨가효소(monooxygenase) 유전자가 아키아와 연계된 골격(scaffold)에서 발견되어, 해양의 아키아가 질산화를 할 수 있음이 시사되었다(Venter et al., 2004). 다음 해에 Crenarchaeota에 속하는 암모니아 산화 아키아가 최초로 분리되었다(Könneke et al., 2005; 제7장 참조).

메타유전체학은 해양 미생물 다양성의 이해에 큰 기여를 하였다. 해양 Euryarchaeota의 주요 세 그룹은 marine group II Euryarchaeota (MG II), MG III 및 MG IV가 있다. 아직 배양된 해양 Euryarchaeota는 없다. MG II는 온대 해역의 유광대 내에서 널리 분포한다(총 원핵생물의 4~20%). MG III는 일반적으로 깊은 중층대와 점심해수층에서 낮은 수도를 갖는 것으로 알려졌다.

---

11) 4천억 bp는 해수 1리터에 있는 원핵생물 DNA의 약 0.03%에 해당한다.

최근 메타유전체학을 사용하여 MG III에 대한 이해가 증대하였다. Haro-Moreno et al. (2017)은 8개의 MG III에 해당하는 유전체 시퀀스를 확인하였다. 6개는 유광대의 시료에서, 2개는 심해 시료에서 얻어졌다. 낮은 GC% (36~36.8%)를 갖는 MG III를 *Epipelagoarchaeales*로, 높은 GC% (64.2%)를 갖는 MG III를 *Bathypelagoarchaeales*로 명명하였다. 낮은 GC%를 갖으나 무광대에 사는 것으로 보이는 유전체(Bathy1)도 확인되었다. *Epipelagoarchaeales*는 부유생활형의 광종속영양을 하는 것으로 보이며, 로돕신의 획득과 광리아제를 가짐으로 MG III는 광층으로 서식지를 확대한 것으로 보였다. Bathy1은 광종속영양을 하지 않고 중층대에서 살며 다양한 대사능을 갖춘 것으로 보였다.

표층대(epipelagic) MG III는 수층에서 낮은 빈도로(최대 0.6%) 출현하고, *Bathypelagoarchaeales*인 Bathy2는 1%까지 출현하였다. 전반적으로 MG III는 유광대과 무광대에서 아키아 군집의 상대적으로 소수의 구성원(minor components)이었다. MG III는 주로(=관찰된 총 상호작용 네트워크의 51%) 후생동물과 공존하는 것으로 추정되었다.

SAG의 시퀀싱과 메타유전체학은 약 20개 박테리아 후보 문(candidate phylum)과 몇 개의 중요한 배양되지 않은 계열의 아키아에 대하여 부분, 또는 거의 완전한 또는 완전한 유전체를 제공하였다. Atribacteria는 최근에 제안된 하나의 후보 문[12]으로서 OP과 JS1 계열을 포함한다. 박테리아 도메인에 보존적인 31개의 마아커 유전자들(Wu & Scott, 2012)에 대한 진화계통적 분석(=진화유전체적 분석, pylogenomic analysis)은 OP과 JS1의 단원(monophyly)을 확증하였다. 종전에는 OP과 JS1의 단원이 의심되었었는데, 데이터베이스에서 이들 시퀀스 수의 증가와 이들 시퀀스들의 다양성 증가를 반영한 것으로 보인다. 배양에 의존하지 않은 유전체학 접근 방법을 사용하여 Atribacteria의 진화계통과 대사 잠재능력이 규명되었다(Nobu et al., 2016). 그 결과 얻어진 단세포 유전체(single-cell genomes)와 metagenome bins(메타유전체 자료로부터 얻어진 유전체 시퀀스)는 6개의 종 또는 속을 포함하였다. 이들 박테리아는 혐기성 환경(예, 해양 퇴적물, 지열[geothermal] 환경 및 석유 저장고 등)에 분포한다. JS1 계열은 subseafloor 환경에 서식하며, 메탄 수화물(hydrate)과 탄화수소의 누출지(seeps)와 연합된 퇴적물에 많다. JS1 계열은 초산염(acetate) 또는 프로피온산염(propionate)과 같은 유기산을 이화시키는 능력을 갖는 것으로 보인다. 이들 환경은 저-에너지(low-energy) 생태계로서 발효와 혐기적 공생(syntrophy)이 중요한 대사적 책략일 것으로 보인다.

해양 박테리아의 절반 정도까지 차지하는 SAR11 단계통은 산소가 있는 해양 환경에 국한된 것으로(=성장에 산소를 요구) 알려졌었다. SAGs와 메타유전체학 자료 분석 결과는 SAR11 내의 일부 계열들(lineages)은 해양의 산소 최소 대역에서 번성하는 것으로 나타났다. 이들 SAR11은 기능성의 호흡 질산염 환원효소(respiratory nitrate reductase)를 갖고 있어 탈질화의 첫 단계를 수행한다. 유

12) 대표적 배양체가 없는 후보 문(candidate phylum)들은 대개 개체수가 적은 '드문 생물권(rare biosphere)'에 속한다. 통상, 문의 경계/구분(delineation)은 16S rRNA 유전자 동일성의 75% 유사도(Yarza et al., 2014)에 기반한다.

산소(oxic) 및 무산소 계열들 사이의 강한 유사도는 무산소 환경으로의 적응은 이들 그룹의 진화에서 최근에 나타난 것으로 시사되었다(Tsementzi et al., 2016).

메타유전체-조립된 유전체들(metagenome-assembled genomes, MAGs)과 단세포 증폭된 유전체들(SAGs)은 생지화학적 순환에서 원핵생물의 잠재적 역할을 확인하는데 특히 유용하다. SAGs의 연구를 통해, 심해의 SAR324 (δ-프로티오박테리아)는 캘빈-벤슨-바샴 회로(Calvin-Benson-Bassham cycle)를 통한 탄소 고정에 동력을 공급하기 위하여 황 산화를 하는 것이 시사되었다(Swan et al., 2011): 기존의 관점은 심해에서는 Crenarchaeota가 3-hydroxypropionate/4-hydroxybutyrate 회로를 사용하여 탄소 고정을 한다는 것이었다(Swan et al., 2011). SAGs는 또한 빛에 무관한 탄소 고정 책략(예, Wood-Ljungdahl 경로)이 원핵생물의 구성원들에 널리 퍼져 있다는 것을 제시하였다(Rinke et al., 2013).

MAGs와 SAGs는 수천의 새로운 원핵생물 유전체들을 나타내었다. 최근의 한 연구에서 거의 8,000개 가량의 MAGs가 기술되었고, 17개의 새로운 배양되지 않은 문(phylum)과 3개의 배양되지 않은 아키아 문이 제안되었다(Parks et al., 2017).

13개의 알려진 *Prochlorococcus*(배양된 *Prochlorococcus marinus*와 기준 균주들) 유전체를 대상으로 MLSA, AAI, 유전체간 거리가 분석되었고, 그리고 111개의 해양 메타유전체에서 *Prochlorococcus* 종의 다양성이 추정되었다. 그 결과 13개의 균주들은 10개의 다른 *Prochlorococcus* 종으로 추정되었고, 메타유전체 자료의 분석 결과 전 세계 해양에서 35개의 *Prochlorococcus* 종이 존재할 것으로 추정되었다(Thompson et al., 2013). 다른 해양 미생물들에 비해 *Prochlorococcus* 종의 수가 적은 것은 빈영양 해양에서 다양화(diversification)를 제한하는 높은 선택 압들에 의해 구동된 것으로 여겨졌다.

유전체 분류학이 담수와 해양 시아노박테리아의 분류를 다시 정의하기 위하여 적용되었다. 그 결과 57개의 속(그 중 28개는 신속)과 87개의 종으로의 분류가 제안되었다(Walter et al., 2017). 지구-규모의 메타유전체 자료 세트에서 새로 설정된 분류군들의 상대적 수도, 그리고 환경 변수와의 관계에 기반하여 이들 분류군의 구성원들은 3개의 주요 생태지위로 배정되었다: 저온, 저온 부영양자(copiotrophs), 그리고 고온 빈영양자(oligotrophs).

해양 박테리아의 유전체 정보 비교를 통해 다른 서식지들에서의 해양 박테리아의 적응 전략을 알 수 있었다. GOS 탐사에서 얻은 73개 메타유전체 시료로부터 2개의 규명되지 않았던 *Prochlorococcus* 단계통들의 존재가 발견되었고, 6개의 유전자 마아커를 사용하여 진화계통을 분석한 결과 고광도 환경에 적응한 단계통에 가까운 것으로 나타났다(Rusch et al., 2010). 공통(consensus) 유전체의 재구축(reconstruction)과 비교를 통해, 철을 함유하는 몇 개의 단백질을 상실함으로써 철(Fe)의 요구가 감소되는 것으로 나타났다. 이러한 대사적 적응은 이들 새로운 생태형의 균주들이 동부 열대 태평양 및 열대 인도양의 철이 제한된, 영양염 농도가 높고 엽록소가 낮은(HNLC) 해역에서 우점함을 나타낸 생지리적 분석과 일치하였다. 이러한 결과들은 철이 고갈된 해역에서 *Prochlorococcus* 개체군들이 철-시비 실험에 반응하지 않는 이유를 설명해 주었다. 또한 철과 같은 미량(trace) 원소들의 가용성이 해양 박테리아에서 유전적 분화와 종분화(speciation)를 주도할 수도 있을 것을 시사하였다(Gilbert & Dupont, 2011).

메타유전체에 대한 연구를 통해 여러 해양 환경에서 새로 발견된 유전자들의 대사(metabolism)와 생지화학 순환에서의 역할에 대한 이해가 넓혀졌다. 박테리아 인공 염색체(bacteria artificial chromosome, BAC)에 있는 프로티오로돕신(proteorhodopsin)의 발견은 그러한 예이다. 프로티오로돕신은 "SAR86" 그룹의 배양되지 않은 γ-프로티오박테리아의 유전체에 인코딩되어 있었다. 이전까지는 호염성 아키아(halophilic archaea)에서 광-주도 프로톤 펌프(proton [H^+] pump)로 기능하는 박테리오로돕신(bacteriorhodopsin)의 존재가 알려져 있었다. 프로티오로돕신은 양성자 구동력(proton motive force)을 생성하여 세포 과정에 에너지를 공급하는 기능적으로 광-주도 프로톤 펌프이다(Béjà et al., 2000). 프로티오로돕신은 해양 환경에 널리 분포하며(Béjà et al., 2001), 이러한 광영양이 해양에서 박테리아에게 생태적으로 중요함이 시사되었다.

포스포네이트는 해양에서 인의 중요한 원(源)이다. 해양에서 포스포네이트 생합성 및 이화적(catabolic) 유전자들이 널리 분포함이 발견(Martinez et al., 2010)됨으로써, 해양 박테리아에서 인 획득의 대체적 경로로 포스포네이트 이용의 생태적 중요성이 지지를 받게 되었다('6.4.1 인의 순환' 참조). GOS 메타유전체 분석을 통해 *Prochlorococcus*는 표층 해양에서 포스포네이트 이용에 중요한 기여를 하는 것으로 시사되었다(Feingersch et al., 2012). 흥미롭게도, 인산염 농도가 0.1 μM보다 적은 해역들에서 *Prochlorococcus*는 인산염 흡수, 조절 및 이용 관련 유전자들을 더 갖고 있는 반면에, 0.1 μM 보다 높은 해역들에서는 이들 유전자들의 대부분이 없는 것으로 나타났다(Martínez-Pérez et al., 2009).

해양의 황 순환에서 중요한 화합물인 DMSP는 GOS 메타유전체에서 2개의 우세한 분해 경로를 나타내었다: 하나는 DMSP 탈메틸효소(demethylase, *dmdA*)에 의한 DMSP의 탈메틸화이고, 다른 하나는 DMSP 리아제(lyase, *dddP*)를 사용하여 디메틸황화물(dimethylsulfide)을 생성하는 DMSP의 분열 경로였다(Howard et al., 2008; Todd et al., 2009).

끝으로 산호와 연합한 미생물 군집에 대한 메타유전체학 연구를 소개한다. Thurber et al. (2009)은 산호 한 종과 산호에 연합한 미생물 군집(holobiont)을 채취하여, 수온, 영양염 및 DOC 부하와 감소된 pH에 노출시키고, holobiont 군집으로부터 파이로시퀀싱에 의해 메타유전체를 얻었다. 스트레스를 받은 산호들의 미생물 군집들은 병원성(virulence), 스트레스 내성, 황과 질소 대사, 운동성 및 화학주성, 지방산과 지질 이용 및 이차 대사와 연계된 유전자들에서 증가를 나타냈다. 그리고 건강한 holobiont 군집(예, Cyanobacteria, 프로티오박테리아와 주우키산텔라 [*Symbiodinium*])에서 Bacteroidetes, Fusobacteria와 진균(fungi)이 우점하는 군집으로 변함이 나타났다. 메타유전체 프로필(=미생물총의 대사)은 낮은 수도의 비브리오 종들에 의해 상당히 변하여서, 이 그룹이 산호

holobiont의 건강 상태를 크게 변화시킬 수 있는 것을 시사하였다. 즉, 산호의 기회적 병원체일 가능성을 시사하였다.

생명수(tree of life). 메타유전체학은 앞에서 본 바와 같이 계속 미생물들의 다양성을 드러내고 있고, 어떻게 생명이 진화하였는가에 대한 이해를 넓혀주고 있다. 생명수는 진화적 관계를 기술하기 위하여 작성된다. 생명수를 기술하기 위해서 최근까지 분류학적 표지 유전자(marker gene)로서 흔히 16S rRNA 유전자가 사용되었고, 생물계는 3개의 도메인(Domain)으로 구성되었다고 생각하게 되었다: 박테리아, 아키아, 그리고 진핵생물(Eukarya). 최근에도 생명수에 대한 이해가 역동적으로 변하고 있어 이를 소개한다. 대량생산(high-throughput) 시퀀싱, 메타유전체학과 생물정보학(bioinformatics)은 미생물 분류군의 목록을 확대시키고 있고, 새로운 문들의 발견으로 생명수를 새로운 모양으로 만들고 있다.

최근 데이터베이스에 있는 유전체와 여러 환경으로부터 얻은 새로 재구축된 1,011개의 유전체를 이용하여 생명수를 만들기 위해서[13], 각 원핵생물로부터 분류학적 표지 유전자로서 16개의 리보조말 단백질 유전자 시퀀스들을 하나로 잇고 정렬(align)하여 진화계통(phylogeny)을 구축한 결과, 매우 확장된 생명수가 발표되었다(Hug et al., 2016): Candidate Phyla Radiation (CPR)이 지구상에 있는 생명의 다양성에서 매우 우세함이 제시되었다. CPR은 전체 박테리아 역(域, Domain)의 약 절반을 차지하였고, 생명수에서 박테리아 우세에 본질적으로 기여하였다. CPR은 배양된 대표종(representative)이 없으며, CPR에 속한 미생물들은 비교적 작은 유전체들을 갖고, 대부분은 다소 제한된 대사 능력을 가진다. 지금까지, 모든 CPR 세포들은 완전한 구연산 회로(citric acid cycles)와 호흡 회로(respiratory chains)가 결여되어 있고, 대부분 아미노산과 뉴클레오티드를 합성하는 능력이 제한되거나 또는 없어서, CPR에 속한 유기체들은 많은 경우 공생이 예견되었다. CPR 내의 많은 다양성은 공생하는 생활사와 관련된 빠른 진화의 결과로 볼 수도 있다. 아키아가 박테리아보다 적은 것은 sampling bias에 기인하지 않는 것으로 보인다. 왜냐하면 메타유전체 방법과 단세포 유전체 방법은 아키아와 박테리아를 동등하게 잘 검출하기 때문이다. 이러한 생명수 분석 결과는 다양성의 상당 부분이 현재로선 배양에 의존하지 않는 유전체 접근 방식(genome-resolved approach)에 의해서만 접근할 수 있음을 보여주었다.

그러면 왜 지금까지 CPR에 속한 16S rRNA 유전자가 검출되지 않았을까? 16S rRNA 유전자 증폭에 사용되는 PCR-프라이머에 대한 시퀀스 발산(divergence)에 기인하기 때문이다. 2년 후, 120개의 단일본 단백질 유전자 시퀀스의 연쇄에 기반한 진화유전체적 분석을 한 결과, CPR은 여러 개의 문들로 구성된 것이 아니고 하나의 문(*Patescibacteria*)으로 구성되어 있음이 제시되었다(Parks et al., 2018). 참고로, 해양 생태계에서 CPR 구성원의 존재는 아직 보고되지 않고 있다(Coutinho et al., 2018).

---

13) 이러한 방식은 하나의 유전자로부터 얻어진 생명수보다 더 높은 해상력이 있는 생명수를 얻게 하여 준다.

진핵생물의 진화. 진핵생물은 아마도 박테리아와 아키아 세포들이 관여된 내부공생 융합(endosymbiotic fusion)을 통해 발생된 진화적 키메라(chimaera)로 여겨진다. 약 18억 년 전에 진핵생물 세포는 원핵생물 세포들[14)]로부터 기원하였다고 본다. 진핵생물은 현대의 α-프로테오박테리아와 연관된 박테리아 세포를 아키아 세포가 삼킴에 의해서 생겨난 합병(merger)으로부터 유래된 것으로 생각되고 있다. 이들 초기 진핵생물 세포 안에서, 프로테오박테리아는 진화하여 궁극적으로 막에 둘러싸인 미소기관인 미토콘드리아를 형성한 것으로 보인다. 지금까지 진핵생물 세포의 가장 가까이 연관된 조상들로 확인된 아키아는 Lokiarchaeota이었다. Lokiarchaeota는 심해 퇴적물에서 발견된 개체들의 유전체 시퀀싱에 의해 확인되었다. Lokiarchaeota는 진핵생물에 특이적인 것으로 생각되는 특징들(진핵생물 단백질 수송에 관여하는 유전자들)을 갖고 있다.

최근 보고된 초문(超門, superphylum) Asgard (Zaremba-Niedzwiedzka et al., 2017)는 진핵생물이 아키아와 α-프로테오박테리아의 합병에 의해 생기었음을 시사한다: 수생(aquatic) 퇴적물 시료를 추출하여 짧은 DNA 조각들을 얻었고, 시퀀싱(> 6,440억 뉴클레오티드)을 하였다. 시퀀스의 작은 조각들은 보다 긴 조각들로 조립되었고, 진화적으로 보존된 리보솜 단백질 유전자 클러스터(cluster)의 적어도 6개의 유전자를 포함하는 콘티그들을 추출하여 계통유전체적(phylogenomic) 분석을 하였다. 그리고 기존에 기술된 Lokiarchaeota와 Thorarchaeota(진핵생물과 연관된 다른 아키아 그룹임)에 먼 연관을 갖으나 같은 아키아 단계통에 속하는 시퀀스들을 찾았고, 4개의 분류군(=Lokiarchaeota, Thorarchaeota, 새로 발견된 그룹인 Odinarchaeota와 Heimdallarchaeota)을 포함하는 아키아의 초문을 찾게 되었다. 이러한 Asgard의 구성원들은 진핵생물에 가장 가까운 아키아 자매 분류군(sister lineage)을 형성하였다.

그리고 초문 Asgard는 진핵생물에 특이적인 것으로 생각되는 유전자들을 갖고 있다: 단백질 수송, 신호(signaling) 및 단백질 분해 기능 유전자들, 그리고 진핵세포에 형태를 부여하는 세포골격(cytoskeleton)과 관련된 유전자들. 튜불린(tubulin) 단백질은 필라멘트(filaments)를 형성할 수 있어 세포골격의 주요 요소이고, 진핵생물의 세포분열에 필수적이다. 아키아에서 튜블린의 존재는 보고된 바 있으나, 진핵생물 튜블린에 시퀀스가 더 가까운 튜블린이 Odinarchaeota에서 발견되었다. 이들 유전자는 기존에는 진핵생물에 특이적인 것으로 생각되었으나, 어쩌면 아키아에 기원을 두고 있을 수 있다. 시퀀스 유사도의 공유가 진화적으로 보존된 기능을 보장하는 것은 아니어서, 이들 유전자들이 아키아에서 어떤 기능을 가질 것인가는 현재로선 불명하다. 진핵생물 세포의 초기 기원에 대한 규명을 위해서, 이 초문에 대한 연구가 더 필요하다. 진핵생물을 Lokiarchaeota에 대한 자매 계열(lineage)로서 위치시키는 것은 Eocyte 모델(생명의 두 개 域[도메인] 모델)을 선호하는 것으로 볼 수 있다. Eocyte 모델과 3개 域 모델은 진핵생물의 기원에 대한 경쟁적인 가설이다.

---

14) 박테리아와 아키아의 공통 조상은 '마지막 보편적 공통 조상'('last universal common ancestor')으로 알려져 있다.

또한 이와 같은 메타유전체학 접근 방법으로 흥미로운 거대 바이러스의 유전체 정보가 얻어졌다. Klosneuviruses가 그러한 예로, 현재 가장 세포 같은(cell-like) 거대 바이러스이다. 거대 바이러스는 지금은 사라진 생명의 4번째 도메인의 후예라고 가정되고 있으나, Klosneuviruses는 그러한 주장을 불식시키는 데 기여하는 것으로 본다. 그러나 아직도 이러한 논쟁은 여전히 남아 있다.

역 메타유전체학(reverse metagenomics). 배양되지 않은 원핵생물을 배양하려는(culturing the uncultured) 연구에서 메타유전체학을 역으로 활용한 사례(역 메타유전체학)가 있어 소개한다. 지금까지 배양되지 않은 해양 원핵생물의 분리에도 적용 가능한 방식으로 보인다.

타마 월라비(Tammar wallaby)의 前腸(foregut) 미생물체(microbiome)로부터 주요 프로티오박테리아(*Succinivibrionaceae* 과) 계통형이 16S rRNA 클론 라이브러리에 있는 시퀀스의 9%를 차지함을 발견하고, Pope et al. (2011)은 이를 월라비 그룹 1(WG-1)으로 명칭하고 메타유전체학 방법을 사용하여 2 Mbp의 WG-1 합성 유전체를 분석하고 부분적으로 대사 경로들을 구축하였다. 유전체에 요소분해효소와 α-아밀라아제가 존재하여, 단일 탄소원으로 녹말을 단일 질소원으로 요소를 그리고 항생제인 bacitracin을 포함하는 배지를 개발하여, 소화된(digesta) 시료를 개발된 배지에 접종하고, WG-1에 특이적인 정량 PCR로 WG-1가 증가하는 것을 모니터하였다. WG-1의 증가가 확인된 후, 반연속(semicontinuous) 회분 배양으로 순수 배양에 성공하였다. 개발된 배지에 아가를 첨가하여 평판(plate)을 만들고, 단일 콜로니를 분리하여, WG-1이 순수 분리되었다(Pope et al., 2011).

기능 메타유전체학(functional metagenomics). 기능 메타유전체학은 시퀀스 자료 비교에 기반한 메타유전체학 방식과 달리, 하나의 표현형에 대하여 직접 라이브러리 클론들을 선별(screening)하는 데 초점을 둔다. 시료로부터 총 군집의 DNA가 추출되고, 추출된 DNA는 적합한 클로닝 벡터를 사용하여 메타유전체 라이브러리를 만드는 데 사용된다. 이 라이브러리는 적절한 숙주(보통 *E. coli*)에 이전되며(=transformation), 각 클론은 환경 DNA 조각에 의해 인코딩되는 기능(예, 효소, 항생제 내성, 또는 다른 생물활성)의 존재에 의해 선별된다. 이 방법은 새로운 효소를 분리하는 데 매우 효과적이었다(Kennedy et al., 2010; 제9장 참조). 그러나 기능 메타유전체학은 몇 가지 제약을 받는다: 멀리 연관된 개체들로부터의 유전자들은 이들 유전자들의 프로모터 지역이 *E. coli* 전사 기구(machinery)에 의해 인식되지 않기 때문에, 또는 코돈 사용(codon usage)에서의 차이 때문에 발현되지 않을 수 있다. 또한 번역 후에 변경(post-translationally modified)될 필요가 있거나 활성을 위해 export되어야 한다면, 발현되지 않을 수 있다. 이러한 이유로 적절한 이종 발현(異種發現, heterologous expression) 숙주의 가용성이 장벽이 될 수 있다. 이러한 문제를 줄이는 방법들이 개발되고 있다(Kennedy et al., 2010): 친저온성 박테리아로부터 유래된 chaperonin 유전자들의 발현은 *E. coli*의 성장의 최소 온도를 낮출 수 있어서, 저온-적응된 단백질들의 기능 발현을 가능하게 한다. 또한 단세포 유전체학(single cell genomics)은 군집 내의 드문 원핵생물들(즉, 메타지놈 라이브러리에서 빈약하게 나타나는)로부터 새로운 효소들을 찾을 수 있게 해줄 것으로 보인다.

8.3 전사체학, 메타전사체학과 메타단백질체학

전사체학과 메타전사체학 방법은 모든 전사물(轉寫物, transcripts; 즉, mRNA들, ncRNA [non-coding RNA]들과 small RNA들을 포함)로부터 기인된 cDNA를 무작위로 시퀀싱하는 방법(RNA-seq)을 통해, 유전자 발현 양상과 작은 ncRNAs (sRNAs)에 대한 통찰을 제공하며 전체적인 전사체(global transcriptome) 분석에 혁신을 가져왔다. 전사체와 메타전사체는 각각 특정한 상황에서 세포와 개체군에 있는 모든 RNA 분자를 말한다.

외양에서 이 방법들을 적용하여 특정 상황에 있는 군집의 잠재적인 생물학적 활동들을 직접 조사하고, 주요 신진 대사에 관련된 유전자들과 생화학 중요성을 갖는 독특한 유전자들을 검출할 수 있었다. 특히 메타전사체학은 진핵생물 연구에 유용하다. mRNA를 역전사(reverse transcription)를 통해 poly-dT 프라이머를 사용하여 선택적으로 cDNA로 전환될 수 있기 때문에, 진핵생물 유전체의 코딩 부분에만 집중할 수 있고, 시료에 과다하게 많은 rRNA 시퀀스들을 회피할 수 있다. 시퀀스의 진화계통적 친연성(affinity)을 통해 군집 조성에 대한 정보를 얻을 수 있고, 또한 군집의 각 종들의 환경 생리에 대한 정보를 얻을 수 있을 것으로 보인다. 아래에 해양에서 이러한 기법들이 활용된 사례들을 간략하게 소개한다.

해저아래(subseafloor)의 화학무기자가영양 군집은 그 시료를 채취하기 어려워서, 열수 유체(vent fluid) 채집에 의존한다. 열수 유체는 해저아래 열수 유체와 심해수의 혼합으로서, 보통 75~99%의 심해수와 1~25%의 뜨거운 열수로 조성되어 있다(Fortunato & Huber, 2016). 활성의 해저 화산인 Axial Seamount의 Marker 113 분출공(수심 1,521 m)으로부터, 해저에서 2 cm 위에서 채집된 확산 열수 유체(24°C, 산소 농도는 < 7 μM)는 약 4%의 해저아래 열수 유체(즉, 해저아래 열수 군집을 포함)를 포함하였고, 원핵생물의 수도는 4.4×10^5 ml^{-1}이고 바이러스의 수도는 1.6×10^8 ml^{-1}이었다. 24°C의 확산 열수 유체에 존재하는 대사 잠재성, 유전자 발현 양상 및 자가영양 원핵생물과 그 대사 경로들을 조사하기 위해 메타유전체, 메타전사체 및 RNA-안정 동위원소 탐색[15](RNA-SIP) 분석이 사용되었고, 심해 열수 분출공의 온도 경사에 걸쳐 뚜렷한 화학무기자가영양 군집들의 존재와 활성이 있는 것으로 관찰되었다(Fortunato & Huber, 2016).

---

15) 안정 동위원소 탐색(stable isotope probing, SIP)은 거의 자연 조건하에서 동위원소로 표지된 기질이 핵산으로 고정(incorporation)되는 것에 기반하여 특정의 활성 있는 군집을 탐색하는 강력한 도구이다. 활성이 있는 군집은 비활성인 부분(fraction)에 비해서 표지된 기질을 고정하고 생물량을 증가한다. 그러나 주의할 점들이 있다: 배양 시간이 너무 짧으면 안 된다. 느리게 성장하는 원핵생물은 표지가 안 될 수도 있다(=군집의 불완전한 표지). 너무 길어도 안 된다. 교차-섭이(cross-feeding)를 가져올 수 있다. 즉, 자가영양 원핵생물의 표지를 위해 ^{13}C-중탄산염(bicarbonate)을 사용한 경우, 종속영양 박테리아가 ^{13}C-표지된 유기물을 섭취하여 ^{13}C으로 표지될 수 있다(=군집의 비특이적 표지). 한 예로, 80°C에서 36시간 배양한 결과 거의 모든 전사물들이 종속영양 박테리아에 해당하여 36시간은 너무 긴 배양 시간으로 나타났고, 18시간이 적당하였다(Fortunato & Huber, 2016).

Fortunato & Huber (2016)은 확산 열수 유체(24°C)에 대해 먼저 메타유전체학 및 메타전사체학 방법을 사용하여 심해 해수와 해저아래 열수 유체가 혼합된 유체내의 대사 잠재력과 유전자 발현 양상을 확립하고, 자가영양 원핵생물의 주요 분류군과 그 대사 경로들을 조사하기 위해 RNA-SIP 실험을 30°C, 55°C, 80°C에서 ^{13}C-중탄산염(최종 농도 10 mM로 첨가)을 첨가하고 수소를 공급(약 17~23 μM)하여 환원된 조건하에서 수행한 후, 추출된 RNA는 메타전사체학 분석에 사용하였다.

RNA-SIP 실험에서 RNA의 대부분은 오직 몇 개의 ^{13}C-heavy 부분에서만 발견되어, 군집의 대부분이 ^{13}C-중탄산염을 흡수한 것으로 보였다. 이는 열수 미생물 군집이 자가영양자가 우세하다는 사실과 일치한다. 확산 열수 유체의 메타유전체와 ^{13}C-heavy 부분(=표지된 자가영양 군집)의 메타전사체의 16S rRNA 군집 조성을 비교한 결과 열수계 유체의 군집은 매우 다양하나, 각 온도에서 배양된 메타전사체의 군집 조성은 다양성이 감소하였고 분류학적으로 다른 자가영양성 군들이 우점하였다(표 8-2).

탄소 고정 경로들에 대한 유전자들은 열수 유체의 메타유전체에는 5개의 경로(환원적 TCA 회로[reductive TCA cycle], 환원적 아세틸-CoA 경로[reductive acetyl-CoA pathway], 3-hydroxypropionate bicycle, 3-hydroxypropionate/4-hydroxybutyrate 회로와 Calvin Benson Bassham [CBB] 회로)에 해당하는 유전자들이 존재하였고, 열수 유체의 메타전사체에는 3-hydroxypropionate bicycle을 제외한 4개의 경로에 해당하는 유전자들이 존재하였다. RNA-SIP 메타전사체에는 배양 온도별로 차이가 나타났다: 30°C에서는 환원적 TCA 회로가, 55°C와 80°C에서는 환원적 TCA 회로, 환원적 아세틸-CoA 경로 및 CBB 회로가 검출되었다. 온도가 증가함에 따라, 우세한 CO_2 고정 경로는 환원적 TCA 회로에서 환원적 아세틸-CoA 경로로 바뀌었다.

확산 열수 유체(24°C)에 대한 메타유전체 및 메타전사체 분석 결과 산소 호흡, 탈질화, 황 산화 및 환원, 수소 산화, 메탄 생성에 대한 유전자들과 전사체들이 검출되었다. ε-프로티오박테리아는 메타전사체(metatranscriptome)의 주석된(annotated) 전사물들의 8%를 차지하였고, 수소와 황 산화, 탈질화를 하는 것으로 보였다. 메타전사체에서 중온성 *Methanococcus* 속이 아키아 전사물들의 66%를 차지하여 메탄 생성은 넓은 온도 범위에서 활동적이며, 열수 해역에서 심해의 일차생산에 중요한 기여자로 보였다.

30°C에서 배양된 RNA-SIP 메타전사체는 최종(terminal) 전자 수용체로서 산소의 사용에서 질산염의 사용으로 군집에서의 천이를 나타냈다. 수소 산화가 주된 자가영양 대사이었다. 55°C에서는 수소 산화와 메탄 생성이 주요 자가영양 대사이었고, 80°C에서는 메탄 생성이 우세한 자가영양 대사이었다. 30°C와 55°C에서는 수소를 산화시키고 질산염을 환원하는 ε-프로티오박테리아가 우점하였다. 메탄생성 아키아는 55°C에서도 존재하였으며, 80°C에서는 유일한 자가영양생물이었다.

표 8-2 Marker 113 열수공의 확산 열수 유체의 메타유전체, 메타전사체 및 30°C, 55°C, 80°C 배양의 메타전사체 분석의 주요 결과. Fortunato & Huber (2016)에서 자료 발췌

	확산 열수 유체 metagenome	확산 열수 유체 metatranscriptome	30°C metatranscriptome	55°C metatranscriptome	80°C metatranscriptome
16S rRNA 우점군	δ-proteobacteria 12%	α-proteobacteria	*Sulfurimonas* (가장 우세, 66%)	수소 산화 *Caminibacter* (고온성, 가장 우세)	메탄 생성 *Methanocaldococcus* (~95%)
	ε-proteobacteria 35%	ε-proteobacteria		*Methanothermococcus* (고온성, ~9%)	
	γ-proteobacteria 6.5%	중온성 메탄생성 *Methanococcus*			
	아키아 17%				
탄소 고정 경로 유전자	환원적 TCA 회로 (가장 풍부)	환원적 TCA 회로 (가장 풍부)	환원적 TCA 회로 (가장 풍부[1])	환원적 TCA 회로 (가장 풍부[2])	환원적 TCA 회로 (전사체의 약 0.5%)
	환원적 acetyl-CoA 경로	환원적 acetyl-CoA 경로		환원적 acetyl-CoA 경로[3]	환원적 acetyl-CoA 경로(전사체의 약 1%)
	3-hydroxypropionate bicycle				
	3-HP/4-HB 회로[4]	3-HP/4-HB 회로			
	Calvin Benson Bassham 회로	Calvin Benson Bassham 회로		Calvin Benson Bassham 회로	Calvin Benson Bassham 회로
대표적 대사	산소 호흡	cytochrome *c* oxidase aa3-type (전사체의 > 25%)	cytochrome *c* oxidase cbb3-type		
	질산염 환원			질산염 환원 유전자 (*napA*_0.5%, & *narG*)	
	탈질화	*napA* (전사체의 약 3%)[5]	*napA*[6] (전사체의 약 2%)		
	암모니아 산화				
	질소 고정				
	황 산화 및 환원				
	수소 산화		hydrogenase 유전자 (*hya*, *hyb* & *hyd*)	hydrogenase genes (*hya*, *hyb*, *hyd* & *ech*)	
	메탄 생성	메탄 생성 유전자 (전사체의 ~10%)		메탄 생성 유전자	메탄 생성 유전자 우세 (전사체의 18.5%: *mcr* & *frh*)

1. ε-proteobacteria (전사체의 > 4%)
2. 대부분 *Caminibacter*와 *Nautilia* 종(전사체의 약 2%). 이 종들은 ε-proteobacteria이며 고온성, 수소 산화 및 질산염 환원을 한다.
3. 환원적 acetyl-CoA 경로를 통해 메탄 생성자가 탄소를 고정한다.
4. 3-HP/4-HB 회로는 3-hydroxypropionate/4-hydroxybutyrate 회로를 의미한다.
5. 탈질화 유전자 전사체의 85%가 ε-proteobacteria임.
6. NapA는 높은 친화도의 질산염 환원효소이다.

북태평양 아열대 환류의 유광대에서 8일에 걸쳐 4시간 간격으로 바이러스(0.03~0.2 μm)와 박테리아(> 0.2 μm) 크기 구간의 메타유전체에서 dsDNA 바이러스의 출현과 전사 활동(transcriptional activities)을 조사한 결과, 대부분의 바이러스(=유전체 스캐폴드[scaffolds])가 8일에 걸쳐 항상 존재함이 나타났고, 광자가영양 박테리아와 종속영양 박테리아 숙주들의 복제 사이클과 바이러스 복제 사이클의 동기화된 일간 연계(synchronized diel coupling)가 있음이 알려졌다(Aylward et al., 2017). 알려진 시아노파아지와 유사한 파아지들이 대부분이었다. 가장 많은 스캐폴드들은 거의 완

전한 유전체로 조립이 되었고, *Prochlorococcus* 파아지와 유사하였다. 그리고 SAR11과 SAR116 박테리아 파아지에 유사한 바이러스들이 지속적으로 출현하였다. 숙주가 예측되는 바이러스들은 대개 *Myoviridae* 또는 *Podoviridae*이었다. 그러나 대부분은 숙주를 예측할 수 없었고, 대부분은 이전에 확인되지 않은 그룹들이었다. 이들 바이러스는 대부분 용균 생활 책략을 갖는 것으로 추정되었다. 스캐폴드의 일부는 박테리아-크기 구간 메타유전체에서 더 높은 상대적 풍도를 나타내지만, 용원을 나타내는 마아커가 없고 용균에 필수적인 구조 단백질들을 갖고 있어서, 영양분이 고갈된 환경에서 추정되는 세포내부에서의 유사용원(pseudolysogeny)의 결과로 생각되었다.

박테리아-크기 구간의 메타전사체 자료로부터 바이러스 유전자의 전사(transcription) 패턴을 8일 동안 4시간마다 측정한 결과, 바이러스 구조 단백질을 인코딩하는 유전자들이 바이러스 전사물들 가운데 가장 많았고 바이러스 대부분이 용균 생활사를 갖는 것으로 시사되었다. 전사 활동을 나타내는 총 170개의 바이러스 스캐폴드 중에서 26개가 일주성 패턴을 보여주었고, 그 중 17개가 시아노파아지로 추정되었다. 총 바이러스성 전사물의 양은 밤까지 증가하였지만, 대부분의 일주성 패턴을 갖고 있는 바이러스 스캐폴드의 전사물(대부분이 시아노파아지)은 정오와 저녁 6시 사이에 가장 많았다. 그리고 *Pelagibacter* 파아지 또한 일주성 전사 활동을 나타내었다. 이는 바이러스들이 매일 숙주세포들(*Prochlorococcus*, *Pelagibacter* 등)을 활발하게 감염한다는 것을 의미하였다.

최근까지 RNA 파아지들에 대해서는 알려진 것이 적었다. 단지 19개의 완전한 유전체 시퀀스가 알려져 있었고, 2개의 과(科)가 기술되었다: leviviruses[16]와 cystoviruses[17]. 메타전사체의 자료 세트들에 RNA 파아지의 유전체가 있을 것으로 예상하고, 정렬(alignment)을 이용하여 leviviruses에 속하는 138개의 부분(partial) 유전체들과 cystoviruses에 속하는 5개의 부분 유전체들을 얻은 연구가 2016년에 보고되었다(Krishnamurthy et al., 2016). 이들 대부분이 새로운 종들이었다.

신경독소인 도모산을 생성하여 인간에게 기억상실성 패독을 일으키는 *Pseudonitzschia multiseries* 규조류 균주 PC9와 박테리아 *Sulfitobacter* 균주 SA11 사이에서 화합물들과 신호 분자의 교환에 기반한 공생적 관계가 있는 것이 발견되었다(Attar, 2015). *Sulfitobacter* 균주 SA11은 규조류에 의해 분비되는 타우린(taurine)을 탄소원으로 이용하고, 규조류에서 기원한 DMSP에 반응하여 DMSP를 분해하는 유전자를 상향 조정하고(upregulate), 그 결과 DMS를 방출한다. 규조류 *P. multiseries* 균주는 박테리아 균주 SA11이 존재하면 광합성과 탄소 고정에 관련된 유전자들의 발현이 증가하였다. 또한 SA11은 식물 성장 호르몬인 IAA (indole-3-acetic acid)를 분비하고 *P. multiseries*는 아미노산인 트립토판을 분비하는 것이 관찰되었다. 태평양 해수 시료에서도 IAA가 검출되었고, 전사체 자료는 현장에서 여러 IAA 생합성 경로에 대한 증거를 제시하였다. IAA 신호(signaling)가 식물플랑크톤과 박테리아 사이에 있음이 시사되었다.

---

16) 단일 사슬(single-stranded, ss) RNA임.

17) 이중 사슬(double-stranded, ds) RNA임.

최근, 처리되지 않은(nascent) 전사물들(즉, 5′PPP−mRNA)[18]을 선택적으로 풍부하게 하는 새로운 방법론(Sharma et al., 2010)이 등장하였다. RNA−seq은 5′PPP기를 갖는 주요 전사물들과 5′P기 또는 5′ 히드록실기를 갖는 처리된 또는 분해된 전사물들을 구분하지 못하기 때문에, 직접적으로 TSS (transcriptional start site, 전사 시작 위치)를 검출하지 못하였다. 기본적인 아이디어는 처리된 전사물들을 특정 효소로 분해시켜 주요 전사물들을 풍부하게 하는 것이었다. 여기에 사용되는 효소는 terminator exonuclease (TEX)로 5′PPP−RNA에는 작용하지 않고, 5′P−RNA를 분해시킨다. 따라서 전사가 시작되는 염기의 위치를 정확히 아는 것이 가능해졌고, 유전체상에서 TSS를 유전지도 작성(mapping)하는 분해능이 하나의 염기수준에서 결정되는 것이 가능해졌다. 즉, 박테리아의 유전체상에서 TSS와 오페론(operon) 및 ncRNA를 분석할 수 있게 되었다.

이러한 기법은 질소고정 박테리아, 시아노박테리아, 산업 미생물 등 여러 그룹의 박테리아에 적용되었고(Pfeifer−Sancar et al., 2013; Pfreundt et al., 2014), 안티센스(antisense) TSS와 오페론 내의 TSS들의 존재가 규명되어 박테리아 유전자 발현의 복잡성이 파악되었다. 아래에서 이러한 기법으로 해양의 질소고정 시아노박테리아(*Trichodesmium erythraeum*)에 대해 수행한 전사체학 연구의 주요 결과들을 소개한다.

*T. erythraeum*은 유전체가 큰(7.75 Mb) 편이며, 106개 이상의 삽입 시퀀스(insertion sequence, IS)와 약 350개의 전치효소를 갖고 있다. *T. erythraeum* 균주 IMS 101은 유전체의 약 60%만이 단백질을 코딩한다. 이는 염기서열이 규명된 다른 시아노박테리아에서의 ∼85%와 비교된다. *T. erythraeum*의 이러한 특징은 조절 기능을 가진 ncRNA가 아마도 많이 존재할 것을 시사하였다.

*T. erythraeum*에서 반복된 시퀀스 인자들(repeated sequence elements), 전치(transposable) 인자들 및 인트론의 전사가 높게 발생하는 것이 관찰된 점은 특이하였다: 그룹 II 인트론과 ncRNA가 전체 TSS의 40%를 차지하였다. ncRNA TSS는 mRNA보다 세포 내에 더 많이 축적되었다. 반면에 rRNA 오페론 TSS는 예상과 달리 13위를 차지하였고, 상위 8개의 mRNAs는 전체 리드의 9%를 차지하였다.

인트론과 homing endonuclease는 이기적 유전 인자들(selfish genetic elements)이며, 대부분의 이기적 인자들처럼 숙주 유전체에 명확한 선택적 이점을 주지 않는다(Edgell, 2009). 그룹 II 인트론들은 '박테리아 인트론 종류(class)'로서 진핵생물의 spliceosomal 인트론들의 진화적 조상으로 여겨진다. 박테리아 유전체의 25%가 1개 내지는 적은 수의 그룹 II 인트론을 갖고 있다. *T. erythraeum*에는 17개의 그룹 II 인트론이 존재하였다. *T. erythraeum* 유전체에서 긴 유전자간 스페이서는 조절 및 대사의 유연성(flexibility)을 증가시키는 프로모터 시퀀스들의 진화를 허용하는 것으로 추정되었다(Pfreundt et al., 2014).

---

18) RNA들은 5′ 끝에 있는 인산염의 상태에 따라 두 개의 범주로 나뉜다: (1) 전사(transcription)의 시작으로 인하여 5′ 삼−인산염(tri−phosphate, 5′PPP) 기를 갖는 주요 전사물들(=대부분의 mRNA와 sRNA)과 (2) 5′ 단일−인산염(mono−phosphate, 5′P) 또는 5′ 히드록실(hydroxyl)을 갖는 처리된(processed) 또는 분해된 전사물들(mature rRNA, tRNA)로 구분될 수 있다.

원생동물의 단세포 전사체학(single-cell transcriptomics). 단세포 전사체학은 미생물 크기의 진핵생물의 생태 · 생리를 연구(예, 단일 종에 대해서 또는 두 종류의 원생생물 간의 공생 관계)하는 데 있어 매우 유용한 기법이다(Balzano et al., 2015). 단세포 전사체학은 환경 시료에 있는 관심 종의 개체들을 표적으로 한다. 크기가 큰(50~500 μm) 섬모충류에 대한 단세포 전사체학의 결과는 단세포들로부터 얻은 전사체 커버리지(transcriptome coverage)가 배양체(culture)에 기반한 전사체 커버리지와 유사한 것으로 나타났다. 그러나 8~15 μm 크기의 원생생물에 대한 결과는 배양체에서 얻은 것보다 전사물의 회수율이 낮고(약 3~15%), 유전자 발현 수준에서의 임의성(randomness)은 훨씬 더 높은 것으로 나타났다(Liu et al., 2017). 그리고 단세포 전사체들 사이에서 변이가 컸다: 단세포 전사체들에서 검출된 전사물들의 약 절반이 오직 하나의 세포에서만 관찰되었고, 적은 수(8 μm의 원생생물의 경우 18개; 15 μm의 원생생물의 경우 220개)의 전사물들이 모든 세포에서 검출되었다. 주의할 점은, 관찰된 단세포 전사체들의 차이는 세포들 간의 생리적 차이의 반영이라기보다는 각 유전자들의 발현 수준에서의 상승된 확률론(stochasticity)의 반영으로 봐야 한다는 것이다.

낮은 전사물의 회수율과 높은 유전자-수준의 변이는 작은 원생생물의 경우 세포당 RNA 양이 상대적으로 적기(약 4,880~51,000개) 때문으로 생각된다(Liu et al., 2017). 이러한 mRNA의 사본 수는 어떤 특정 시간에 이들 개체가 가질 수 있는 전사물들의 목록을 제한한다. 하나의 방법은 같은 종에 대한 단세포 전사체들을 많이 수행하는 것이다. 15 μm의 원생생물의 경우 25개 세포에 대한 결과를 합하여 대부분의 전사물들을 얻고, 8 μm의 원생생물의 경우 100개의 세포가 필요하다. 한편 박테리아는 세포당 200~2,000개의 mRNA 분자를 갖기 때문에, 단세포 전사체학은 적합하지 않을 것으로 여겨진다.

단세포 진핵생물인 Hemimastigophora 문에 속하는 생물체의 분자 시퀀스 자료나 배양체(culture)가 없었는데, 토양의 집적(enrichment) 배양으로부터 두 개의 미기록 종(하나는 *Spironema*, 다른 하나는 *Hemimastix*)이 동정되었으며 첫 배양체(신종 *Hemimastix kukwesjijk*)가 확립되었다(Lax et al., 2018): 두 종의 18S rRNA 시퀀스는 기존의 확립된 환경 단계통에 속하지 않는 것으로 나타났고, Hemimastigophora에 배정되는 환경 rRNA 시퀀스들의 절반 가량은 해양 퇴적물 또는 수층 시료에서 왔다.

분리된 두 종의 단세포들로부터 전사체를 얻고, 351개 유전자에 기반한 계통유전체적 분석에 의해 Hemimastigophora가 모든 확립된 진핵생물 슈퍼그룹들의 밖에 위치하는 것으로 보고되었다. Hemimastigophora는 상계(上界, supra-kingdom) 수준의 계열로 여겨지며, 진핵생물 다양성의 반을 차지하는 상계 'Diaphoretickes[19]'에 자매 단계통을 형성하는 것으로 보였다. 적절한 먹이로 또는 적절한 숙주로 배양체를 확립하는 것이 어려운 종속영양 원생동물 연구에 단세포 기법들은 특히 유

19) 상계 'Diaphoretickes'는 '부등편모조류(stramenopiles), 피하낭류 및 근족사상류(Rhizaria)'의 슈퍼그룹(SAR)과, 원시색소체생물(Archaeplastida)과 크립티스타(Cryptista), 그리고 다른 주요 그룹들을 포함한다.

망할 것으로 보였다. Hemimastigophora 유전체 연구는 진핵생물의 진화를 심도있게 이해하는 데에 유용할 것으로 보인다.

비교 전사체학(comparative transcriptomics). *Prochlorococcus*의 유전체는 간소화된 유전체의 특징을 나타내어 전형적인 빈영양 환경에 대한 적응을 반영한다. *Prochlorococcus*의 유전체는 구아닌과 시토신 기(residue)가 적고, 유전자간 스페이서의 크기가 작으며, 전사와 신호 전달, 그리고 유전자 발현 조절에 관여하는 단백질들을 인코딩하는 유전자들은 단지 몇 개에 불과하다.

고광도에 적응한 생태형인 *Prochlorococcus* 균주 MED4와 저광도에 적응한 생태형인 *Prochlorococcus* 균주 MIT9313 간에 공통적인 유전자는 1447개이었다. 각 균주들에 특이한 ORF는 광합성 단백질과 영양분 흡수에 관련된 유전자, 동화와 대사 기능에 관련된 유전자들이었다. 따라서 생태형에 특이적인 조절 인자(regulatory elements)들이 *Prochlorococcus*의 두 균주에서 다를 것으로 예측되어 비교 전사체학 실험이 수행되었다(Voigt et al., 2014). 차이가 나타난 결과를 보면, 고광도 적응 생태형인 균주 MED4와 저광도 적응 생태형인 MIT9313에서 각각 4,126개와 8,587개의 TSS가 확인되어 두 균주 간에 TSS의 밀도 차이가 있었다. *Prochlorococcus*의 대부분의 ncRNA는 고광도- 그리고 저광도-단계통에 특이적이었다. 이는 각 단계통에 특이한 생태지위에 각 균주가 적응함에 있어서, 이들 조절자의 기능적 중요성을 시사하였다. 광합성 관련 유전자를 제외하면, 단백질을 코딩하는 유전자들과 asRNA (=antisense RNA)의 TSS들은 두 균주 간에 보존되지 않았다. 고광도에서 유도되는 단백질을 인코딩하는 TSS가 고광도-적응 생태형인 MED4 균주에서 발현되었다.

메타유전체학과 메타단백질체학의 적용. 북해 연안에서 메타유전체학과 메타단백질체학을 함께 적용하여 얻은 메타유전체와 메타단백질체(metaproteome)의 자료 분석으로부터 규조류의 대발생과 사멸기 동안(그림 8-2 참조) 박테리아의 천이는 기질(substrate)에 의해 조절됨을 규명한 연구

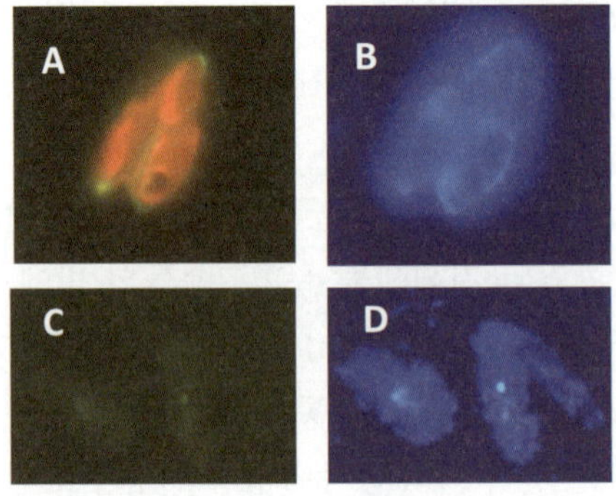

그림 8-2 성장기와 사멸기에 있는 규조류 배양체의 형광현미경 사진. (A) 활발하게 성장하는 규조류 세포에서는 엽록소 형광이 뚜렷하게 관찰되며, (B) 박테리아가 부착되어 있지 않으나, (C) 죽은 세포에서는 엽록소 형광이 나타나지 않으며, (D) 많은 수의 박테리아가 부착되어 있다(황청연 교수[서울대학교] 제공).

(Teeling et al., 2012)를 소개한다.

탄수화물−활성 효소들(carbohydrate−active enzymes)의 수도에서의 정점은 박테리아 천이를 수반하였다. 많은 미소조류 다당류는 카라기난(carragenans), 아가란(agarans)[20], 얼반(ulvans)[21] 및 푸칸(fucans)[22]과 같이 황산화(sulfated)되어 있다. 따라서 이들의 분해에는 술파타아제(sulfatases)가 필요하였다. 술파타아제 발현의 최대는 대발생의 후반(4월 21일)에 나타났고 *Flavobacteria*에 의해 우점되었다. 반면에 황산화가 안 된 라미나린(laminarin)을 분해하는 데 필요한 glycoside 가수분해효소(hydrolases)는 조류의 사망 시기의 초기에(3월 31일) 최대로 발현되었고, γ−프로티오박테리아에 의해 우점되었다.

박테리아에 의한 복잡한 미소조류 다당류의 이용은 당분해 세포외효소(glycolytic exoenzymes)에 의해 시작되게 된다. 그 결과 작은 당 올리고머(oligomers)와 단당체(monomers)의 가용성이 증가하게 되고, 더 넓은 기질 스펙트럼을 갖는 빠르게 자라는 기회적 박테리아들이 성장하게 된다.

영양분 섭취를 위한 수송계(transport systems)의 발현에서도 분류군에 따른 차이가 나타났다. TonB−의존적 수송 인자들이 Flavobacteria에서 발현된 수송 단백질들에 우점하였으나, 저분자 기질 수송에 필요한 ABC, TRAP (tripartite ATP−independent periplasmic) 및 TTT (tripartite tricarboxylate transporters) 수송자(transporter)들은 낮은 수준에서 발현되었다. α−프로티오박테리아는 ABC와 TRAP 수송자들을 높은 수준으로 발현하였으나, TonB−의존적 수송자와 TTT는 낮은 수준으로 발현하였다. SAR11에 속하는 *Pelagibacter ubique*는 빈영양 조건에서 높은 친화도의 ABC와 TRAP 수송자들에 의해 잘 자란다. 기회적 α−프로티오박테리아인 *Roseobacter* 단계통도 SAR11을 상회하는 수준의 저분자(=ABC와 TRAP) 수송자 발현을 나타냈다.

박테리아 대발생의 종식에는 여러 요인들이 관여할 것으로 보인다: 편모류에 의한 섭식, 바이러스에 의한 용균, 그리고 영양분 고갈. 식물플랑크톤 대발생의 초기에 인산염의 농도는 검출 한계 이하로 떨어진다. 인의 획득에 관여하는 단백질들의 발현 양상을 보면, 인산염 및 포스포네이트 ABC−형 흡수계들의 발현이 여러 분류군에서 대발생의 진행 동안 증가하였다. γ−프로티오박테리아와 SAR11은 ABC형 인산염 수송자들을 사용하는 경향이 있고, Flavobacteria인 *Polaribacter* 종들은 인산염: Na symporters를 사용하고, α−프로티오박테리아인 *Rhodobacterales* 종들은 포스포네이트 수송자들을 사용하였다(Teeling et al., 2012).

---

20) 카라기난과 아가란은 홍조류에서 발견되는 황산화 다당류.

21) 녹조류의 세포 벽에서 추출된 수용성(water−soluble) 황산화 다당류.

22) 푸코오스(fucose)의 중합체.

제 9 장

미생물 해양학의 활용과 전망

지금까지 해양 미생물이 해양 생태계의 구조와 기능에서 차지하는 역할과 중요성에 대해 이해하였다. 여기서는 해양 미생물의 해로운 영향, 실용적인 활용 및 응용에 대해 알아본다. 해양 미생물의 직접적인 해로운 영향으로는 병원체로써 인간 질병의 야기 및 양식장의 경제적 손실, 음식의 부패(spoilage)와 해양 구조물 등의 생물손상(biodeterioration) 등을 들 수 있다. 한편, 경제적 이익으로는 오염의 환경 정화(bioremediation)와 해양 미생물을 산업적, 생명의학적(biomedical)으로 개발하는 해양 생명공학(marine biotechnology)을 들 수 있다. 환경 정화는 효과적이고 경비-효율적인 방법으로서 토양 및 수생 환경에서 다양한 오염물들의 처리에 선호되는 방법이다. 해양 생명공학은 좁은 의미에서 효소, 제약(pharmaceuticals), 중합체(polymers)와 같은 유용한 신(新)물질들의 합성과, 환경 모니터링, 생물적 환경 정화와 질병 진단과 같은 새로운 공정(processes)을 포함한다(Munn, 2004). 미생물 해양학 연구에서 사용되는 연구 방법들은 해양 환경 모니터링, 해양 환경의 건강과 보전에 활용될 수 있으며, 미생물에 의한 생물적 환경 정화에 유용할 것이다. 신종 연구를 포함한 미생물 다양성 연구는 식품 공학에의 응용 및 유용한 자원의 적극적 활용과 회수에 활용될 수 있다. 특히, 해양 생물에 의해 생산되는 생촉매(biocatalysts)와 이차 대사산물(secondary metabolites)를 분리 · 확인하고 이러한 다양성을 탐구하는 새로운 연구 응용 분야를 'blue biotechnology'라고 한다. 예를 들면, 보고자(reporter) 단백질로서 분자생물학에서 널리 사용되며 임상적 진단과 치료법(therapeutics)을 포함한 광범위한 응용에 이용되는 해파리(*Aequorea victoria*)로부터 얻은 녹색 형광 단백질(Enterina et al., 2015), 발광 박테리아(*Vibrio fischeri*)로부터 얻은 보고자 단백질로서 널리 사용되는 루시페라아제(luciferase), 우렁쉥이(sea squirt)의 내부공생 박테리아에 의해 생성되는 화학요법약제(chemotherapeutic) 화합물인 trabectedin이 이러한 연구의 성과들이다(Bollinger et al., 2018).

해양 생명공학에 대한 상세한 기술은 본 저술의 범위를 벗어나므로, 여기서는 미생물 해양학 연구 경험들을 통해 축적된 지식들과 기초 연구들이 다양한 분야에 활용될 수 있는 사례들을 소개하고, 해양 미생물의 생명공학에 대한 내용을 간단히 소개한다.

9.1 해양 환경 모니터링

연안 또는 외양에서의 인간 활동은 해양 환경에 교란(disturbance)을 가져오게 된다. 대표적인 예를 들면, 온배수(thermal effluents)의 방출과 해양 투기를 들 수 있다. 냉각 계통을 통과한 온배수의 방출은 주변 해수의 수온을 높이게 되고, 또한 냉각 계통의 표면에 생성되는 생물막을 억제하기 위해 염소 처리(chlorination)를 시행하는 경우에 염소처리된 부산물들(chlorinated byproducts)이 주변 해수로 배출되어 연안 생태계에 영향을 줄 수 있다. 냉각 계통을 통과하는 동안, 흡입 해수(intake seawater)에 있는 미생물들은 짧은 시간(10~30분) 동안 상승된 온도(40℃)와 방오 화합물(antifouling chemicals)에 노출되게 된다. 배출구(outlet)에서 온배수는 주변 해수와 혼합되어, 상승된 수온과 염소처리된 부산물이 방출해역에서 관찰된다(Jenner et al., 1997; Allonier et al., 1999).

연안 발전소로부터 배출된 온배수가 주변 연안 해역의 해양 박테리아와 종속영양 미소편모류(HNF)에 끼치는 영향을 조사하기 위해서, 표층에서 박테리아와 HNF의 분포, 온도(40°C; 냉각 계통의 온도) 처리 실험, 차아염소산염(hypochlorite) 첨가 실험, 그리고 온배수를 흡입 해수로 희석한 후 미생물 활동도의 변화를 추적한 실험이 수행되었다(Choi et al., 2002): 배출 수로(discharge channel)의 수온은 주변 해수의 수온보다 5~10℃ 높았고, 박테리아 생산, HNF 개체수와 HNF의 박테리아 섭식률, 엽록소 *a*의 농도는 낮았으나, 발전소로부터 거리가 증가함에 따라 증가하였다. 차아염소산염 첨가(잔류 염소의 0.13 ppm 수준)는 박테리아 생산을 95~98% 감소시켰으며, HNF 수도를 25~45% 감소시켰다. 반면에 40℃의 고온 처리는 박테리아 생산을 9~39% 감소시켰으며, HNF 수도에 영향을 주지 않았다. 콘덴서 관(condenser tube)과 배출구에서 취한 온배수를 흡입 해수로 10배 및 100배 희석하면 잔류 염소의 농도가 0.03 ppm (자연 배경 수준, natural background level; Eppley et al., 1976) 이하가 되어 영향이 없을 것으로 예상했으나, 박테리아 생산이 23~69%, HNF 섭식률이 31~36% 억제되어서, 온배수의 염소 처리 부산물(chlorination by-products)이 억제 가능성을 갖는 것으로 보였다. 요약하면, 고온보다는 염소처리에 기인한 온배수의 억제 효과가 일관성 있게 나타났다. 이러한 연구는 해양 미생물 생태학적 조사 방법이 해양 환경에서 미생물들에 대한 열 오염의 영향을 추정함에 있어 유용함을 제시하였다. 앞으로, 미생물의 군집 구조 변화(예, 파이로시퀀싱)와 메타전사체학에 대한 조사가 수행되면 환경 교란에 의한 미생물 군집의 구조 및 반응의 변화에 대해 보다 깊은 이해가 가능할 것으로 보인다.

해양은 인류의 여러 폐기물(waste)을 투기하는 장소로 사용되어 왔다. 인간의 활동들로부터 해양 환경을 보호하려는 런던 협약이 발효된 1975년 이후에도, 매년 수억 톤의 폐기물(주로 준설물과 하수 슬러지[sewage sludge]로 구성)이 세계의 해양에서 투기되어 왔다(IMO, 2002). 동해에서도 1988년에 해양 투기가 시작된 이후 2002년까지 약 6백만 톤으로 투기량이 증가하였다(Choi et al., 2005). 투기된 폐기물은 상당량의 영양염, 유기물과 오염물질들을 해양 환경으로 배출할 수 있으며, 투기 해역의 화학적 환경에 영향을 줄 수 있게 된다. 해양 투기의 영향을 조사한 대부분의 연구들은 투기 해역의 퇴적물에서 독성 화합물의 분포, 저서 생물의 분포와 하수-오염 지시자(indicator) 박테리아의 분포를 조사하였고, 수층에 대한 투기의 영향에 대해서는 알려진 바가 드물었다. Choi et al. (2005)은 외래의 유기물 또는 오염물질들이 해양 박테리아와 식물플랑크톤에 어떤 영향을 준다면, 박테리아와 식물플랑크톤의 관계에서의 변화와 박테리아와 식물플랑크톤 변수에서의 변화를 검출할 수 있을 것으로 예상하고, 해양 투기가 해양 박테리아와 식물플랑크톤에 끼치는 영향을 추정하기 위하여 투기 해역과 인근의 대조(reference) 해역에서 환경 변수들과 박테리아와 식물플랑크톤 변수들을 수 년에 걸쳐 조사하였다. 그리고 여러 투기물들을 직접 해수 시료에 첨가하여 해양 박테리아와 식물플랑크톤에 대한 폐기물의 영향을 측정하였다. 투기 해역과 인근의 대조 해역에서 수온, 염분, 영양염 농도와 같은 물리 · 화학적 특징들은 유사하였고, 박테리아 수도와 엽록소 a의 농도도 유사한 값들이 관찰되었다. 그러나 BP/PP 대 SST의 관계식을 포함한 미생물 생태학적으로 의미있는 관계식들은 대조 해역에서는 유의한 관계가 관찰되었으나, 투기 해역에서는 대부분 교란되었다. 그리고 투기 해역에서는 대조 해역에 비해 낮은 PP, 낮거나 높은 BP가 관찰되었다. 폐기물 첨가 실험은 적게 희석된(>1%) 경우 억제 효과가 나타났고, 많이 희석되면(10,000배 이상) 약간의 증가 효과가 관찰되었다. 폐기물의 해양 투기는 해양 먹이망 하부의 생태적 기능에 영향을 미칠 수 있는 것으로 보였다(Choi et al., 2005).

9.2 유류 유출(oil spill)

전형적인 해양 오염 연구 과제 중 하나는 해양의 유류 유출과 관련한 원유 분해에 관한 것이다. 원유는 수천 종류의 탄수화물의 혼합물이다. 연간 30억 톤 이상의 원유가 추출되고, 약 0.1%는 여러 경로를 통해 해양으로 유출된다. 그리고 거의 비슷한 양이 해저로부터 자연적으로 해양으로 스며 나온다. 유류 유출의 장소와 기상 조건들이 유류 유출을 다룰 방법의 효율성에 영향을 준다. 극심한 파도와 강풍은 많은 양의 유출된 유류도 몇 시간 안에 분산시켜 별로 지속된 영향 없이 자연적으로 분해된 사례가 있다. 해수면에서 원유의 제거를 위하여 해양 생물에 독성이 강한 유화제의 이용, 물리적 제거(흡착재[absorbant materials]로 유류를 흡수), 광화학 반응 등의 방법이 제안 또는 사용되어 왔으나, 분산제 사용 또는 소각(burning)은 해양 생태에 큰 손상 효과를 가져올 수 있다(Munn, 2004). 해양 미생물은 아스팔트(asphaltene)와 수지(resin) 성분을 제외한 석유 성분의 대부분을 분해하여(Jordan & Payne, 1980), 생물학적 처리가 고려되고 있다.

해양의 대규모 유류 오염은 대중의 큰 관심을 끈다. 1979년 Ixtoc I 유류 유출이 발생된 후에 3백만 배럴 이상의 유류가 멕시코만으로 흘러들었고, 유출된 유류의 25%가 해저로 이동된 것으로 추정되었다. 'Deepwater Horizon (DWH)' 폭발 사고 후에 4백만 배럴의 원유가 멕시코만 깊은 곳으로(~1,500 m) 흘러들었다(Bacosa et al., 2018). 이 사건은 유류 유출에 대한 심해 퇴적물 미생물 군집의 반응을 이해하는 기회가 되었다. DWH 유출에 가까운 코어(core)들에서 높은 수준의 다환식 방향족 탄화수소(polycyclic aromatic hydrocarbons, PAHs; >24,000 μg/kg) 농도가 관찰되었다: 조금 떨어진 곳의 코어에서는 낮은 값이 관찰되었다(PAHs; ~50 μg/kg).

유류 유출은 즉각적인 문제뿐 아니라 독성 잔류물(toxic residues) 및 생태계의 파괴 등 장기간 영향에 대한 우려를 야기한다. 환경 정화는 자연적으로 일어나는 오염물질의 생분해(biodegradation) 속도를 증가시키는 생물학적 방법으로 보통 정의된다. 유류 오염의 경우 탄화수소는 탄소원을 공급하므로, 해양 미생물에 의한 분해 속도를 높이기 위해서는 당연히 질소, 인 등의 제한 영양염의 공급이 필요하다. 1989년 알래스카에서 유조선 Exxon Valdez에 의한 천백만 갤런(gallon)의 원유 유출 사고로 인해 500 km의 연안이 오염되었다. 해양 미생물에 의한 원유의 분해를 돕기 위해 질소계 영양분의 시비가 시행되어 비교적 짧은 기간에 성공을 거둔 것으로 보고되었다: 초기 생분해 속도를 10배까지 증가시킨 것으로 나타났다. 이 경우, 친유성 화합물(oleophilic compounds)의 비료를 사용하여 영양염을 천천히 지속적으로 공급(즉, slow-release fertilizer)하는 방법이 최선인 것으로 나타났고, 시비로 인한 부작용은 없는 것으로 나타났다. 유류 분해는 촉진되었고, Prince William Sound에서의 환경 정화는 성공적인 것으로 판단되었다(Pritchard et al., 1992).

다른 대책으로는 원유 분해능이 뛰어난 균주를 유류 유출 현장에 투여하는 것이다. 적어도 160 속(genus)에 속하는 석유 탄화수소를 분해하는 미생물들이 분리되었다. 대부분의 탄화수소 분해 균주는 프로티오박테리아에 속하는 *Acinetobacter*, *Pseudomonas*, *Alcanivorax* 등이다. 대개 이 방법은 성공적이지 않았다. 현장의 해양 박테리아와의 생존 경쟁에서 지기 때문이다. 그러나 생물계면활성제(biosurfactant)를 생산하는 균주를 개발하고, 현장의 해양 박테리아와의 경쟁을 도와주는 제품에 넣어 적용할 경우 가능성이 있을 것으로 보인다(Munn, 2004).

유류의 분해는 유류가 작은 방울(droplets)로 유화된(emulsified) 때에 가장 빠르게 진행된다. 화학적 분산제 대신에 천연 생물계면활성제의 개발에 관심이 높다. *Acinetobacter calcoaceticus*는 에멀산(emulsan)으로 불리는 세포외 당지질(glycolipid) 생물계면활성제를 생성하고 탄화수소에 흡착하기 때문에(에멀산은 표면-활성의 중합체 생물유화제[bioemulsifier]임; Bollinger et al., 2018), 유류의 생분해에 매우 효과적인 것으로 알려졌고, 에멀산은 원유의 추출을 돕기 위해 점성도를 낮추는데 사용된다(Munn, 2004).

소형격리수계(microcosm) 실험을 통해 유류 분산제(dispersants)가 탄화수소의 산화 속도와 종속영양 미생물의 활동도를 증가시키지 않고 억제시키며, 분산제 분해가 가능한 *Colwellia*를 선택(selection)함으로써 미생물 군집 조성을 변화시키는 것이 보고되었다(Kleindienst et al., 2015). 실제로 *Colwellia*는 심해 유정 폭발 사고가 일어나 화학 분산제가 투여된 멕시코만 현장의 심해수에서 대발생하였다. 분산제는 탄화수소의 분해에 가장 효과적인 미생물들을 선택하지 않았다. 심해수 시료에 분산제를 첨가하지 않고 유류를 첨가한 경우, 탄화수소를 분해하는 *Marinobacter*의 성장이 촉진되었다.

9.3 난분해성 오염물질과 플라스틱의 분해

해양 환경과 해양 생물에서 지속성 유기 오염물질들(persistent organic pollutants, POPs)의 분포에 대한 연구가 활발히 진행되어 왔다. POPs는 광화학, 생물학, 화학적으로 분해하기 어렵다. 대부분의 POPs는 할로겐화 화합물(예, DDT, PCBs, dioxins)이며 지용성이어서 지방 조직에 축적된다. 또한 반휘발성(semivolatile) 특징을 갖고 있어, 기화하여 대기 입자에 흡착함으로써 멀리 운반된다(Munn, 2004). POPs를 분해하는 박테리아의 분리는 생물학적 정화에 활용성이 높다. 지속성 유기 오염물질들의 환경 정화에 유전체학 도구들을 사용하여, 전체 미생물 군집의 반응과 미생물 개체군들의 역할을 이해하고, POPs의 환경 정화에 영향을 주는 물리 · 화학적 특성을 찾을 수 있을 것으로 본다. 그리고 새로운 분해 관련 유전자들을 찾고, 미생물의 대사 활동 및 환경 정화 과정에 대한 통찰도 가능할 것이다.

플라스틱은 현재 연간 약 3억 톤 가량이 생산되는 것으로 추정되고, 약 10% 정도가 해양으로 유입되는 것으로 본다(그림 9-1). 북태평양과 북대서양에서 거대한 쓰레기 지대(garbage patch)가 발견되었다. 해양에 유입된 플라스틱 폐기물은 결국 작은(5 mm 이하) 미소플라스틱(microplastic) 입자로 부서진다. 해양 표층에서 채집되는 플라스틱은 폴리에틸렌(polyethylene)과 폴리프로필렌(polypropylene)으로 만들어진 포장재와 낚시 장비들의 조각들이 대부분이다. 북대서양 환류 표층에서 플라스틱은 중간 값이 1.7 조각 m^{-3}(1.6 mg m^{-3})으로 나타났다(Reisser et al., 2015). 북태평양에 플라스틱이 축적되는 해역에서 미소플라스틱의 양은 최소 2.1만 톤으로 추정되었다. 심해 퇴적물에서도 플라스틱 입자가 발견된다. 북극의 해빙에서도 미소플라스틱이 발견되었다. 플라스틱

그림 9-1 인적이 한적한 겨울에도 관찰되는 해변의 플라스틱 오염. (A) 태평양에 바로 접해 있는 타이완의 치싱탄 해변. (B) 을왕리 해수욕장 해변(장광일 박사[서해수산연구소] 제공).

은 프탈레이트(phthalates)와 같은 독성 화합물을 포함한다. 이들 입자는 해양 무척추동물에 의해 섭취되어 영향을 주는 것으로 알려져 있다. PET(polyethyleneterephthalate)와 같이 생분해되지 않는 폴리에스터(polyester)의 환경 오염이 증가하여 폴리에스터 화합물의 분해는 최근 중요한 사안이 되고 있다. 해양에서 플라스틱 병은 완전 분해까지 450년이 걸릴 것으로 보인다. PET를 분해(PET를 분해하는 효소, PETase) 및 동화하는 박테리아인 *Ideonella sakaiensis* 신종이 분리되어(Maeda et al., 2016; Tanasupawat et al., 2016), 해양 먹이사슬에서 심각한 영향을 줄 수 있는 플라스틱의 분해 및 저감 대책에 활용될 수 있을 것으로 예상된다.

9.4 보건에 활용

콜레라는 위생과 깨끗한 식수를 제공함으로서 쉽게 예방되고, 경구용 수화제(hydration solution)의 신속한 투여에 의해 치료하기 쉬운 질병이다. 그러나 콜레라는 발병 사례가 세계적으로 매년 백만에서 4백만에 이르고, 2만 명에서 14만 여명의 사망을 가져온다. 예멘에서 2017년에 2천 명 이상이 콜레라로 사망하였다. 2030년까지 콜레라로 인한 사망을 90% 줄이려는 것이 세계보건기구(World Health Organization, WHO)의 목표이다.

콜레라를 일으키는 수백 개의 *Vibrio cholerae* 유전체 자료로부터 지난 반세기에 아프리카와 아메리카에서 발생한 폭발적인 전염병(epidemics)은 모두 아시아에서 진화한 새로운 균주가 도착한 후에 발생했었음이 최근 밝혀졌다. 아프리카에서 모든 콜레라 전염병들은 1970년 아시아로부터 온 콜레라의 하나의 확장된 계열(lineage)에 의해 발생된 것으로 밝혀졌다(Domman et al., 2017; Weill et al., 2019): 이전의 유행성(pandemic) 균주들은 아프리카에서 비교적 짧은 기간에 사라졌으며, 새로운 균주의 유입이 없다면 아프리카에서 콜레라는 결국 사라질 수 있음을 시사한다. 아메리카에서의 콜레라 균주 유전체 분석도 유사한 결론에 도달하였다: 지역적인 균주에 의한 산발적인 콜레라 발생은 가끔 있지만, 대대적인 콜레라 발생은 아시아 균주의 유입에 의해서였다. 2010년 하이티의 경우, 네팔로부터 온 유엔 평화유지군에 의해 우연히 유입되었음이 확인되었다. 이러한 연구들을 통해 현실적인 대책 마련을 할 수 있을 것으로 보인다(Kupferschmidt, 2017): 콜레라 발생 동안의 시료 채집을 체계화하고 유전체를 시퀀싱하면, 어디서 콜레라 균주들이 출현하여 전 세계로 퍼져나가는가(즉, genomic phylogeography)에 대한 통찰을 거의 실시간으로 하게 된다. 콜레라가 발생하면 균주를 시퀀싱하여 아시아에서 온 세계적 유행병 계열에 해당하는지를 판단하고, 유입된 위험한 균주에 의한 콜레라 발생일 경우 한정적으로 비축된 구강 콜레라 백신을 사용하게 할 수 있을 것이다. 또한 콜레라 발생을 장기적으로 줄이기 위해서 동남 아시아에 있는 세계적 유행병 *V. cholerae*의 자연적 저장소 제거가 중요함을 제시한다. 그리고 왜 이 지역에서 새로운 세계적 유행병 균주가 진화되는지에 대한 원인 규명이 전 지구적 수준에서 콜레라를 조절하기 위해 필요해 보인다.

9.5 해산 식품(seafood products)

미생물의 성장과 대사 활동도는 어류와 패류 상품에 부패(spoilage)를 일으킨다. 비브리오 과(*Vibrionaceae*)의 종들은 보존되지 않은 어류에 빠른 부패를 일으키고, *Shewanella* 같은 친저온성 미생물들은 얼음에 어류를 냉장하여도 자란다. 해산 식품의 미생물 군집 조성은 공정(processing)과 저장 방법에 의해 영향을 받는다(Munn, 2004): 부패를 막거나 억제하기 위한 전통적인 방법들로는 염장(salting), 훈제(smoking)와 절임(pickling)이 있고, 최근엔 이산화탄소 농도를 변화시킨 대기에서의 포장(packaging)이 사용된다. 그러나 포자를 형성하는 박테리아들은 진공 포장 제품의 파스퇴르 처리에서 살아남는다. 넓은 범위의 온도와 염분에서 자랄 수 있는 *Listeria monocytogenes*는 냉동-훈제된 어패류와 같이 가볍게 보존된 제품의 경우 특히 관심 대상이다. 특정 미생물을 제어하기 위한 생물공학적 방식들이 연구되었다. 항생제 첨가는 항생제 잔류와 내성에 대한 우려 때문에 사용되지 않는다(Munn, 2004). Lactic acid bacteria (LAB)의 박테리오신(bacteriocin)은 일반적으로 안전하여(예, 유제품에서 nisin의 사용) 식품에 허용된다. 어류의 경우에도 박테리오신의 첨가는 활용 가능성이 높다고 하겠다.

전통 발효된 해산 식품의 보존과 풍미에 미생물 활동도가 관련된다. 태국(예, Jaloo[1)], Plaa-som), 일본(Narezushi[2)]), 라오스(Pa-som[3)]), 필리핀(염장 발효한 새우 반죽[paste]) 등 아시아에서 주로 이러한 식품들을 경험할 수 있다. 우리나라의 경우 대표적인 발효 해산 식품은 다양한 젓갈과 홍어가 있다. 내장을 제거한 후 첨가물 없이 저온에서 1주일 이상 발효된 홍어의 경우, 일반적인 산성 또는 중성 pH 발효 식품들과 달리 pH가 8.4~8.9로 알카리성이다. 홍어는 근육 조직에 유기 삼투보호화합물(organic osmolytes)로서 비교적 높은 농도의 요소와 트리메틸아민 옥사이드(trimethylamine N-oxide, TMAO)를 갖고 있다: 요소는 습 질량(wet mass) kg당 292~369 mmol, 그리고 TMAO는 습 질량 kg당 85~168 mmol (Laxson et al., 2011). 발효가 진행되면서 요소의 농도는 신선한 홍어의 100 g당 $6.5 \sim 8.7 \times 10^2$ mg N에서 0.9×10^2 mg N 이하로 감소하고, 암모니아 농도는 신선한 홍어의 100 g당 5.1×10^2 mg N에서 26×10^2 mg N으로 증가하는 것이 관찰되었다(Jang et al., 2017). TMAO는 트리메틸아민(trimethylamine, TMA)로 바뀌며, 신선한 홍어의 100 g당 3~6 mg N에서 발효된 홍어에서 14~26 mg N으로 증가하였다. 암모니아와 TMA는 발효된 홍어에 독특한 냄새를 준다. 해양성 LAB에서 요소분해효소(urease)의 존재가 알려져 있지 않기 때문에, 요소의 분해는 발효가 되는 동안 아마도 γ-프로티오박테리아에 의해 된 것으로 추정된다(Jang

---

1) Jaloo는 토착의 크릴[*Mesopodopsis orientalis*]을 2~3일 염장 발효시킨 제품. Plaa-som은 라오스의 Pa-som과 유사한 발효 제품(Faithong et al., 2010).

2) 염장한 전갱이[*Trachurus japonicus*]와 밥으로 만들어진 전통 발효 식품으로 상온에서 4주 이상 자연 발효함(Kiyohara et al., 2012).

3) 전통 발효된 어류 제품으로 신(sour) 생선이란 뜻이 있음. 여러 담수어를 비늘과 내장을 제거하고 잘 세척한 후 소금, 마늘과 밥과 혼합하여 상온에서 2~5일 발효함(Marui et al., 2014).

et al., 2017).

신선한 홍어에 비해 알카리 발효된 홍어에서 박테리아 군집의 종의 풍도(richness)도 증가하였고, 다른 해산 발효 식품에 비해 높은 것(1230~6862 대 11~88)으로 나타났다. 군집 조성에서 우점하는 박테리아가 신선한 홍어에서는 *Moraxellaceae* 과(주로 *Psychrobacter*, γ-프로티오박테리아) 또는 *Vibrionaceae* 과(γ-프로티오박테리아)에 속하는 OTUs에서, 발효된 홍어에서는 *Firmicutes* 문에 속하는 *Carnobacteriaceae* 과(*Lactobacillales* 목) 또는 *Tissierellales* 속(*Clostridia* 강)에 속하는 OTUs로 변하였다.

RT-PCR과 파이로시퀀싱 결과, 발효된 홍어에서 활동적인(active) 분류군은 *Atopostipes* (*Carnobacteriaceae*)와 *Tissierella*으로 나타났고, 해양성 LAB으로 보였다. 홍어의 알카리 발효에 *Lactobacillales*와 *Clostridia*가 중요한 것으로 시사되었다. 반면에, 산성 또는 중성 pH로 발효된 해산 식품의 경우, *Clostridia*는 소수 그룹에 속하며, LAB(예, *Pediococcus*, *Streptococcus*, *Lactobacillus*, *Lactococcus*와 *Weissella* 속)이 일반적으로 존재하는 주요 박테리아였다(Roh et al., 2010; Kiyohara et al., 2012; Marui et al., 2014). 홍어의 발효 동안 형성되는 알카리성 조건은 해양성 LAB을 포함한 독특한 박테리아 군집을 선택하는 것으로 보인다. 그러나 기존에 알려진 호알카리성/내(耐)알카리성(alkaliphilic/alkalitolerant)의 해양성 LAB들(*Alkalibacterium*, *Halolactibacillus*와 *Marinilactibacillus*)은 검출되지 않았다. 부패 박테리아인 *Citrobacter*와 *Clostridium*은 신선한 홍어에서는 검출되지 않았고, 발효된 홍어에서는 0.2% 미만으로 나타났다. 식중독 병원체인 *E.coli*, *Listeria monocytogenes*, 살모넬라 종, *Vibrio parahaemolyticus*, *Staphylococcus aureus*와 *Clostridium perfringens*에 가까운 OTU들은 발효된 홍어에서 검출되지 않았다. 발효된 홍어에서 우점적인 분류군들은 프로바이오틱(probiotic) 박테리아와 종배양(starter-culture)[4)]으로서 가능성이 있을 것으로 보였다(Jang et al., 2017).

젓갈과 같은 발효 해산 식품의 경우 아키아(주로 *Halobacteriaceae*이고, Crenarchaeota는 대부분 시료에서 25% 이하이며 오징어 젓갈에서는 99.6%)가 중요한 것으로 생각되는데(Roh et al., 2010) 반해, 알카리 발효된 홍어에서 아키아는 중요하지 않은 것으로 나타났다. 해산 식품의 발효 과정을 전체적으로 이해하려면 이스트(yeast) 또는 곰팡이(mould)의 출현과 주요 종조성에 대한 조사도 필요하다.

4) 종배양(starter-culture)은 원하는 제품을 생산하기 위해서, 발효를 시작하기 위해 원료(raw material)에 첨가되는, 선택된 미생물(예, LAB과 이스트)이다. 품질 조절에서 중요한 단계이다.

9.6 해양 생명공학: 유용한 자원의 적극적 활용 및 회수

해양에 출현하는 다양하고 풍부한 해양 생물은 자원이란 개념으로 생각할 수 있으며, 이를 적극적으로 활용하여 경제적으로 부가 가치가 높은 산물의 생성과 자원의 회수에 이용할 수 있다.

해양 박테리아의 생명공학적 응용: 박테리아의 생리적 특성 내지는 생리 활성물을 이용한 산업적, 의학적 이용 가치는 매우 높다(Munn, 2004): 예를 들면, PCR에 사용되는 열안정 DNA 중합효소는 연구, 진단, 법의학 수사 등에서 사용되어 큰 시장(조 규모)을 형성하게 되었다. *Taq* 중합효소는 육상의 온천에서 분리된 *Thermus aquaticus*에서 분리되었고, 곧이어 해양의 열수 분출공에서 분리된 균주들로부터 기능이 우수한 PCR 중합효소(Vent™)가 시판되었다. 더 높은 온도에서 더 큰 열안정성과 활동도를 가지며, GC가 많은 시퀀스들을 증폭할 때에 유용하고, 교정(proofreading) 기능이 있어 높은 복제의 충실도가 있다.

해양 박테리아와 해양 균(fungi)은 대사 다양성의 거대한 미개발 저장고로 밝혀졌고, 생물학적 활성 화합물의 유망한 출처로서 상당한 중요성을 갖는다. 박테리아 세포의 구조 물질들, 구성 물질들과 대사 산물들은 모두 생명공학적, 산업적 응용성이 있다고 하여도 과언이 아닌 듯하다(Munn 2004; 표 9-1 참조): 많은 박테리아가 셀룰로스(cellulose)를 세포외 기질(extracellular matrix)의 주요 성분으로서 합성한다. 원핵생물인 *Komagataeibacter* (*Gluconacetobacter*) *xylinus*에 의해 생산된 셀룰로스 섬유는 식물에서 발견되는 것과 매우 유사하며, 생명공학과 나노테크놀로지(nanotechnology)에서 사용이 증가하는 추세이다.

균일한 구조를 갖는 자성 결정은 전자제품 산업과 생의학 응용성이 높고, *Halobacterium salinarum*으로부터 분리된 박테리오로돕신도 응용성이 높은 제품이다(Munn, 2004). 많은 해양 박테리아는 생명공학적 응용에 큰 잠재성을 갖고 있다. 유류 유출의 환경 정화에서 중요 역할을 하는 것으로 알려진 *Alcanivorax borkumensis*는 생물계면활성제를 생산하고(Yakimov et al., 1998), 생명공학적으로 흥미로운 에스테라제(esterases)와 일원자산소 첨가효소(monooxygenases)를 인코딩하는 유전자를 갖는다. 해양성 *Acinetobacter* 종들도 생물계면활성제를 생산한다(Mnif & Ghribi, 2015). *Pseudomonas pertucinogena* 계열의 해양 박테리아 종들은 비교적 작은(<4 Mbp) 유전체 크기를 가지며(예, *P. pelagia*, *P. litoralis*, *P. aestusnigri*) 생명공학적으로 관련된 효소들(예, polyester hydrolases, halohydrin dehalogenases, ω-transaminases)과 탄소 저장 화합물(PHA)과 이차 대사물(예, 항산화 천연물인 aryl-polyenes)을 생산하는 잠재성이 제시되었다(Bollinger et al., 2018).

고염 환경에 사는 *Halomonas* 종에 속하는 박테리아는 고염 환경에 적응하기 위해, 세포 내에 세포 건량의 20%에 해당하는 엑토인[5](ectoin)을 생산한다. 1998년 엑토인의 대량 생산이 시작되었다.

---

5) 삼투보호제(osmoprotectant)인 엑토인은 생명공학적으로 생산되고 있으며, 화장품에서 습윤 성분(moisturizing

이와 같이, 극한 환경(예, 고온, 저온, 고염, 높은 pH 또는 낮은 pH)에 서식하는 원핵생물들은 극한 환경에 적응하는 생화학적, 생리적 기능을 갖기 때문에, 이러한 특성을 활용한 다양한 제품들이 개발되었다. 예를 들면, 친저온성 미생물로부터의 효소들과 불포화 지방산은 저온이 요구되는 공정에 사용된다(Munn, 2004). 저온에서 활성을 갖는 단백질분해효소(proteases)와 지방분해효소(lipases)들이 저온 세탁제에 포함되어 사용됨으로써 에너지 비용의 절약이 있게 된다. 불포화 지방산은 식품첨가제와 건강보조 식품에 사용된다.

Mühling et al. (2013)은 374개의 해양 박테리아(프로티오박테리아, *Actinobacteria*, *Firmicutes*, *Bacteroidetes*와 *Verrucomicrobia*에 속함)를 분리하여 34개의 생명공학적으로 중요한(즉, 개발 또는 상용화 가능성이 있는) 효소 활동도들[6]의 출현을 조사한 결과, α- 및 γ-프로티오박테리아는 액티노박테리아만큼 중요한 효소원으로 나타났다. 호염성 미생물, 호열성 미생물, 호알카리성 미생물들로부터 얻어진 다양한 제품들이 상당히 광범위하게 활용되고 있으며, 이에 대한 상세한 내용들은 관련 전문 서적과 참고 문헌들을 참조하기 바란다.

건강 증진을 위해 사용되는 영양제(nutraceuticals)는 기능성 식품, 프로바이오틱스(probiotics)와, 영양 보조제를 포함한다(Munn, 2004): 세계적으로 조 규모의 큰 시장을 형성한다. 해양 종속영양 와편모조류인 *Crypthecodinium cohnii*로부터 다중불포화 지방산(polyunsaturated fatty acid, PUFA)인 DHA(오메가 3)의 생산은 그 한 예이다. 심해 친저온성 박테리아도 PUFA의 좋은 원(源)이다. 식품에서 사용된 바가 없는 미생물은 독성이 없고 병원성이 없음을 입증해야 하고, 적합한 대량 배양 방법을 개발해야 한다. 건강 식품 산업에서 중요한 분야는 항산화 효과가 있는 생리 활성물을 찾는 것이다. 높은 광도와 자외선에 노출된 해양 환경(예, 산호초, 갯벌 표면)에 서식하는 원핵생물은 산화 손상을 회복시키는 기작을 갖고 있을 것으로 예상된다.

잠재적 제약 응용성을 갖는 화합물 또는 경제적 가치가 있는 화합물들(화장품, 약, 정밀 화학제품 및 기능성 개인관리 용품)에 대한 최근의 요구가 증가하여, 해양 미생물에서 유래된 천연물 화학에 대한 연구가 증가하였다. 1970년대에는 콜레스테롤 생합성 억제제인 compactin과 mevinolin이 발견되었다(Debbab et al., 2010). 해양 천연물은 신약으로써 또는 화학적 신약 합성에서 리드 구조(lead structures)로써 생물의학 연구와 신약 개발에서 중요한 역할을 한다. 생체활성 대사물(bioactive metabolites)에 대하여 지금까지 조사된 미생물의 수는 적지만, 많은 활성 물질들이 분리되었고 일부는 독특한 구조 골격을 갖고 있다. 아래에 몇 사례를 소개한다(Debbab et al., 2010): 해양 액티노박테리아의 *Marinispora* 속으로부터 항미생물성(antimicrobial) 이차 대사물인

ingredients)으로 사용된다. 엑토인 합성은 해양 박테리아에 널리 분포하며, 고염 조건(8~15%까지)에의 대응을 도와준다.

6) 일반적인 화학 촉매반응에 의해서 수행되기 어렵거나 불가능한 반응을 촉진시키거나, enantioselective 반응들을 수행하여 고가의 키랄(chiral, 거울상) 특성을 갖는 산물을 생성하는 효소들의 목록: C4-carboxy esterase, C16-carboxy esterase, Peroxidase, Laccase, EC1.1-type dehydrogenase, Epoxyalkene hydrolase, α-halocarboxylic acid dehalogenase, Indole-induced monooxygenase, Nitrilase (aromatic), Nitrilase (aliphatic), p-halobenzoic acid dehalogenase, Lactone hydrolase와 Acid phosphomonoesterase 등이 있다(Mühling et al., 2013).

chlorinated bisindole pyrroles인 lynamicins가 규명되었고, 병원내 감염 치료에 가능성이 제시되었다. 해양 균인 *Cosmospora* 종으로부터 규명된 aquastatin A라는 화합물은 tyrosine phosphatase 1B 단백질에 강한 억제 활성을 나타내었고(Seo et al., 2009), 당뇨병과 비만의 새로운 치료제가 될 것으로 시사되었다.

시아노박테리아의 생명공학적 응용: 시아노박테리아의 경우 상업용 화합물의 대부분은 담수 시아노박테리아에서 분리되었다(Abed et al., 2009). 다양한 환경 조건들이 있는 해양 환경은 생명공학적으로 중요한 시아노박테리아 종들의 좋은 분리 원(源)이 될 것으로 보인다. 참고가 될 수 있도록, 담수 시아노박테리아에서 기원한 주요 생활성(bioactive) 화합물들에 대하여 간단히 소개한다(표 9-1): 생체활성 화합물들로는 폴리케티드(polyketide), 아미드(amide), 알칼로이드(alkaloid), 지방산, 인돌(indole)과 리포펩타이드(lipopeptide)가 있으며, 생물학적 활성은 항박테리아성(예, malyngolide), 항균성(예, nostodione), 항바이러스성(예, spirulan), 항조류성(antialgal; 예, fisherellin) 등이다. 시아노박테리아인 *Lyngbya majuscule*은 curacins를 생성하며 항암 화합물인 탁솔(taxol)과 유사성을 갖는 것으로 알려졌고, *Nostoc*은 고형 종양(solid tumors)을 억제하는 cryptophycins를 생성한다고 알려졌다(Munn, 2004). *Spirulina*가 생산하는 γ-linolenic acid는 인체에서 arachidionic acid와 prostaglandin E2로 전환되어 혈압을 낮추는 작용을 하고, 지질 대사에서 중요한 역할을 하여 의학적으로 중요하다. 또한 시아노박테리아는 상업적으로 가용한 동위원소로 표지된 화합물들(당, 아미노산, 지질)을 합성하는 데 사용되어왔다.

PHA (polyhydroxyalkanoates)는 생분해성(biodegradable) 플라스틱으로서 폴리프로필렌(polypropylene)과 특성이 유사하며, 석유-기반한 비분해성 플라스틱을 대체할 가능성이 있고 생체적합성 재료(biocompatible material)로서 관심 대상이다. *Spirulina platensis* 같은 시아노박테리아는 질소가 제한된 조건하에서 PHA를 세포 건량의 6% 미만으로 축적한다. Poly(3-hydroxybutyrate)(PHB)는 박테리아에 의해 합성되는 PHA의 가장 흔한 타입이다.

연료로서 생물학적 수소를 사용하는 것은 환경친화적이다. 이질세포(heterocyst)가 있는 시아노박테리아는 수소 생산에 효율적이다. 시아노박테리아의 많은 속들이 수소를 생산하는 것으로 알려졌으며, *Anabaena variabilis*는 최대 68 μmol mg^{-1} chl *a* h^{-1}의 수소를 생산하는 것으로 알려졌다(Al-Haj et al., 2016): 이와 같은 큰 가능성 때문에, 생물공학(bioengineering)과 합성 생물학(synthetic biology) 도구들을 이용하여 시아노박테리아를 산업 생명공학의 platforms으로 개발하려는 관심이 많다. 예를 들면, 유전자 조작된 시아노박테리아는 미래에 훌륭한 대체 연료로 보이는 여러 연료 분자들을 생산한다(표 9-1). 이외에도 PHA, 어류 성장 호르몬, PUFA와 같은 화합 제품들이 유전자 조작된 시아노박테리아에 의해 생산된다. 시아노박테리아 “omics” 연구의 발전과 유전 공학적 도구들의 개발, 그리고 합성 생물학 분야는 시아노박테리아의 산업 생명공학을 더욱 실현 가능하게 할 것으로 보인다(Al-Haj et al., 2016).

표 9-1 해양 박테리아의 생명공학적 이용의 일반적인 사례, 메타유전체학 연구 방법을 통해 발견된 천연물과 효소, 시아노박테리아의 생물활성 및 연료 화합물

해양 박테리아의 생명공학적 이용에 대한 사례		
Acinetobacter sp.	biosurfactant surface-active glycolipoproteins	Mnif & Ghribi (2015)
Alcanivorax borkumensis	biosurfactant esterases monooxygenases	Yakimov et al. (1998)
Halomonas	ectoin	
Pseudomonas pertucinogena 계열의 해양 종들(*P. pelagia, P. litoralis, P. aestusnigri, P. sabulinigri, P. salegens, P. oceani, P. pachastrellae*)	polyester hydrolases halohydrin dehalogenases ω-transaminases flavin-binding fluorescent proteins polyhydroxyalkanoates (PHA) wax esters synthesis triacylglycerol synthesis ectoin synthesis aryl-polyenes	Bollinger et al. (2018)
메타유전체학 연구법을 통해 발견된 천연물과 효소		
Bugula neritina	bryostatin	Hildebrand et al. (2004)
Didemnum molle	minimide	Donia et al. (2011)
Lyngbya bouillonii	apratoxin A	Grindberg et al. (2011)
Streptomyces sp. JP95	griseorhodin A	Li & Piel (2002)
해양 해면(*Theonella swinhoei*)	onnamide A	Piel et al. (2004)
해양 해면	halichondrins	Proksch et al. (2002)
새만금 갯벌의 퇴적물	phospholipase A	Lee et al. (2012)
발틱 해의 해수	glycoside hydrolase	Wierzbicka-Wos et al. (2013)
시아노박테리아의 생물활성 및 연료 화합물		
Fischerella muscicola	Fisherellin (antialgal, antifungal)	Dahms et al. (2006)
Lyngbya majuscula	Curacin A (microtubulin assembly inhibitors)	Shimizu (2003)
	malyngolide (antibacterial)	Burja et al. (2001)
Nostoc commune	Nostodione (antifungal)	Bhadury & Wright (2004)
Spirulina platensis	Spirulan (antiviral)	Hayashi et al. (1991)
	gamma linolenic acid	Cohen (1999)
Synechococcus elongatus	ethanol, 1-butanol, isobutanol, ethylene	Al-Haj et al. (2016)

해양 미생물 다양성의 엄청난 가능성은 실험실에서 미생물들을 분리 · 배양하는 어려움 때문에 아직 충분히 탐사되지 않고 있지만, 메타유전체학은 배양되지 않은 미생물 군집의 대다수에 접근할 수 있는 중요한 기법으로, 미생물 다양성의 생명공학적 응용에 새로운 기회를 제공한다(Barone et al., 2014). 메타유전체학은 효소들을 인코딩하는 유전자들 또는 유전자 클러스터들, 그리고 생물활성 화합물과 같은 이차 대사산물의 합성과 생산에 관여하는 생물촉매들(biocatalysts)의 발견에 집중한다. 유전체 시퀀스와 해양 메타유전체학을 통해 배양에 의존하지 않고, 흥미로운 유전자들을 탐색할 수 있으며, 해양 미생물의 생명공학적 가능성에 대한 통찰이 가능하다. **해양 생물자원탐색(bioprospecting)**은 새로운 생물체 또는 유전자들을 탐색하는 것을 목적으로 한다. 통상 심해, 외양, 심해저, 열수 분출공과 같이 탐사가 덜 된 지역에서 시료를 얻는다. 새로운 특성을 갖는 새로운 종들을 배양하려는 노력은 좋은 결과를 가져올 것으로 본다.

기능 메타유전체학은 다양한 환경에서 새로운 효소들의 분리 · 발견에 효과적이었다(Barone et al., 2014). 메타유전체 라이브러리로부터 lipase 활동도가 있는 phospholipase A가 얻어졌고(Lee et al., 2012), 저온에서 활성을 갖는 glycoside hydrolase family 1 효소가 확인되었다(Wierzbicka-Wos et al., 2013). 그 외에도 esterases, lipases, chitinases, amylases와 amidases가 있다(Kennedy et al., 2010). 실용화에 보다 전문적인 기법이 사용된 사례를 소개한다: 전분 액화(starch liquefaction) 공정은 열수 분출공 주변과 유사한 105℃와 pH 4.5에서 일어난다. 열수 분출공 주변에서 얻은 시료에 대해 시퀀스-기반 및 기능-기반한 메타유전체학의 적용으로 3개의 아밀라아제(amylase) 후보가 선택되었다. 각 후보는 pH 4.5에서 최적 활성, 105℃에서 최적의 열 안정성, 선택된 생산 숙주에서 최적의 발현 특징을 갖고 있어서, 3개의 특징을 모두 갖는 효소(Ultra-Thin™)가 만들어져(=direct evolution에 의한 효소의 최적화) 시판되고 있으며, 에탄알코올의 생산을 위한 전분 액화에 사용된다(Mathur et al., 2006).

참고로, 해양 미생물을 대상으로 한 연구는 아니지만, 기능 메타유전체학적 선별(screening)을 통해서 A형 혈액을 O형 혈액으로 전환시키는 효율적인 효소 한 쌍을 발견한 훌륭한 사례를 소개한다(Rahfeld et al., 2019): A형과 B형 혈액은 적혈구의 표면에 항원이 각각 맨 끝에 α-1,3-N-acetylgalactosamine과 galactose가 있는 탄수화물 구조를 갖는다. O형의 적혈구는 이들 당을 갖지 않기 때문에, 같은 레수스(rhesus, Rh) 형을 갖는 환자들에게 수혈이 가능한 것이다. 따라서 A형과 B형 혈액을 O형으로 전환한다면 수혈에 필요한 혈액 공급을 상당히 증가시킬 수 있게 된다. 성공적으로 효소를 발견하는 기회를 높이고자, 메타유전체의 원(源)이 사려깊게 선택되었다. 혈액형 A와 B의 항원 구조들은 장의 벽(gut wall)에 붙어 있는 점액(mucin)에 존재하므로, Rahfeld et al. (2019)는 인체의 장의 미생물체를 대상으로 기능 메타유전체 선별 방법을 통해 목표한 효소들(N-acetylgalactosamine deacetylase와 galactosaminidase)을 발견하였다.

끝으로, 시퀀스에 기반한 선별에 의해 발견된 천연물들의 사례를 소개한다. 해양 무척추동물로부터 천연물 생합성 유전자들을 최초로 분리한 사례로서, 해양 해면(*Theonella swinhoei*)으로부터 구축된 코스미드 라이브러리(약 60,000개 클론으로 구성됨; 해면 유전체와 수백 개의 다른 박테리아 유전체를 포함한 복잡한 라이브러리)를 적절한 PCR 프라이머로 선별하여, 하나의 코스미드를 분리하고 시퀀싱한 결과, 36.5 kb 부분에서 10개의 유전자가 확인되었고 항종양(antitumor) 활성의 onnamides 생성에 관여하는 polyketide synthase (PKS) 유전자 클러스터로 확인되었다(Piel et al., 2004). 분리된 유전자들은 공생 박테리아의 것으로 확인되었다. 분리된 유전자들은 onnamide 분자의 거의 전체 부위(region)에 해당하였다. 브리오스타틴(bryostatin; cytotoxic macrolide)은 어류 포식자들에게 해양 태형동물[*Bugula neritina*] 유생이 입맛에 맞지 않게 함으로써 *B. neritina* 유생의 화학 방어로 작용을 한다. 브리오스타틴 1은 여러 암들의 치료를 위한 다른 화학 요법 약제와 함께 임상 단계에 있다(http://www.clinicaltrials.gov). *B. neritina*로부터 생산되는 브리오스타틴의 양은 적고, 공생 박테리아를 배양하는 것이 가능하지 않으며, 브리오스타틴의 화학 합성도 과정의 복잡성으로 실용적이지 않기 때문에, 브리오스타틴 합성 유전자들을 클로닝하고 이종(heterologous) 숙주에서 발현시키는 방법이 비용상 효율적일 것이다. 브리오스타틴의 생산에 관여하는 β-ketoacyl-synthase (KSa)의 300 bp 조각이 확인된 바 있었는데, 이것은 해양 태형동물[*B. neritina*]의 공생 박테리아(*Candidatus* Endobugula sertula) DNA가 풍부한 메타유전체 라이브러리 선별에서 프로브(probe)로 사용되었다(Hildebrand et al., 2004). 그 결과 브리오스타틴 생합성의 초기 단계들에 관여하는 것으로 보이는 유전자(*bryA*)가 규명되었다. *bryA* 유전자 산물(product)은 브리오스타틴의 약리학적 활성 부위의 일부를 합성하는 것으로 제시되었다. 이와 유사한 방식으로 발견된 천연물은 minimide, 항종양성의 Apratoxin A, telomerase 억제제(inhibitor)인 griseorhodin A, 임상 시험 단계에 있는 강력한 cytostatic polyketide인 항암제 halichondrin 등이 있다(표 9-1 참조).

그리고 기능 선별(functional screening)에 의해 발견된 천연물의 사례를 하나 소개한다. 해양 해면(*Discodermia calyx*)으로부터 미생물 DNA를 사용하여 준비한 메타유전체(=25만 개의 fosmid; 삽입된 DNA 크기는 평균 40 kb) 라이브러리는 붉은 대장균 클론(=phorphyrin의 생산을 지시함)을 확인하기 위하여, 색깔 선택을 사용하는 아가(agar) 평판에서 빠르게 선별되었다. 두 개의 클론이 분리되었고, 대규모로 배양되어 화학 분석에 사용되었다. 붉은 색소들이 분리되었고, 주요 색소는 Zn-coproporphyrin III로 구조가 판별되었다(He et al., 2012).

9.7 항생제 개발 및 항생제 내성에 대한 대책

1940년에서 1960년 사이의 항생제 발견의 황금 시대는 왁스만(Waksman)의 연구에 의해 예고되었다. 왁스만은 항생제(antibiotic)라는 용어를 만들었고, 항박테리아 리드들(antibacterial leads)을 발견하기 위해 체계적인 선별을 처음으로 사용하였다(Hermann, 2015): 항생제 발견 황금 시대의 대표적인 항생제 발견 사례로는 1943년에 발견된 결핵의 첫 효과적 치료제인 스트렙토마이신과 제2차 세계대전 동안 대규모로 생산된 페니실린을 들 수 있다. 그 이후, 항생제의 오남용과 생산성 향상 목적으로 축산업과 양식업에서 항생제를 사용하여(2030년까지 연간 십만 톤을 상회할 것으로 추정), 현존하는 항생제에 대한 박테리아의 내성 증가가 보고되어 왔다. 신약에 대한 긴급한 임상적 필요성에도 불구하고 천연 자원에서 나오는 항생제는 줄어들고 있으며(예, 1983~1987년 사이에 시장에 나온 승인된 새로운 항박테리아제는 16개이나, 25년이 지난 2008~2012년 사이에는 2~4개로 추정), 항생제 발견에 적극적인 회사는 몇 되지 않는다.

항생제 이전의 시기로 되돌아가는 것인가 하는 우려까지 나오고 있다. 항생제 내성은 전 지구적 위기를 유발할 수 있는 문제이며, 항생제 내성 문제로 유럽에서만 연간 15억 유로가 손실되고 있다. 탄자니아에서는 말라리아에 의한 사망보다 항생제 내성 박테리아에 의한 사망이 2배 높다. WHO는 항생제 내성이 인간 보건을 위협하는 10대 원인 중 하나로 간주하고 있다.

항생제 내성의 증가로 인하여 연구자들은 미생물에서 유용한 화합물을 찾는 새로운 방법들을 시도하고 있다. 최근, 정교한 표현형–선별 방식을 사용하여 새로운 항생제 리드가 보고되었다(Hermann, 2015). 박테리아는 많은 효소 반응에서 요구되는 조효소들(예, flavin mononucleotide, FMN)의 전구물질인 리보플라빈(riboflavin, 비타민 B_2)을 합성할 수 있다. 리보플라빈 생합성에 관여하는 유전자들은 박테리아가 환경으로부터 비타민 B_2를 얻을 수 없을 때 필수적이다. 약 5만 7천 개의 작은 합성 분자들을 테스트한 결과, 리보실(ribocil) 분자가 리보플라빈 생합성을 선택적으로 차단하여 박테리아를 죽이는 분자로 확인되었다. 병원성 박테리아로 감염된 쥐에서 리보실 처리는 박테리아 농도를 천 배 이상 감소시켰다. 리보실에 아치사 농도로 오래 노출되는 동안 내성이 생긴 클론을 분리하고 유전체 시퀀싱을 하여, 리보실의 분자적 표적이 확인되었다: 비–코딩 지역(non-coding stretch)에서 돌연변이가 포착되었다. 리보실에 의해 결합되는 ncRNA 도메인(domain)은 정상적으로 FMN에 의해 결합된다. 즉, 그 자리는 리간드가 결합하면 구조가 변경되는 RNA 지역인 리보스위치(riboswitch)인 것이다. 박테리아 리보스위치는 대사산물(metabolites)에 반응하여, 전사 종료(transcriptional termination)에 의해 전체 길이의(full–length) mRNA의 생성(즉, 단백질의 생성)을 막는다. FMN(=metabolite ligand, 대사 리간드)이 결합하면 전사와 단백질 합성(translation)의 기구(machinery)들의 접근을 막고, 합성 효소의 발현을 차단하는 리보스위치 RNA 구조가 된다. 같은 ncRNA 표적에 결합함으로써, 리보실(대사 리간드에 가까운 구조 유사체가 아님)은 리보플라빈 생성을 막는다. 이와 같은 정보는 임상적 사용을 위한 용도로 리보실 유도체들의 항박테리아 활성 증진에 유용하다. 이러한 리보스위치의 천연 리간드 모방 기작은 다른 어떠한 항박테리아 화합물들로부터 알려진 것이 없다(Hermann, 2015).

또한 미생물의 유전체에 숨겨져 있는 유용한 화합물을 찾는 새로운 방법들이 시도되고 있다. 각 박테리아가 단독으로 자랄 때는 발현되지 않지만, 두 균주를 함께 배양하면 새로운 방식으로 박테리아를 죽이는 항생제를 생성할 것이라는 가정하에서 해양 무척추동물로부터 분리된 *Rhodococcus*와 *Micromonospora* 종의 균주를 함께 키운 결과, *Micromonospora* 균주에 의해 키이신(keyicin)으로 불려지는 항생제의 생성이 관찰되었다(=다른 종에 의해서는 항생제 생성이 관찰되지 않음; Adnani et al., 2017). 키이신은 항생제 내성을 갖는 병원체인 *Staphylococcus aureus* 균주를 포함하여 그램–양성 박테리아의 성장을 억제하였다.

박테리아의 대부분의 계열이 생산하는 박테리오신(bacteriocin)은 강력한 항미생물(antimicrobial) 펩타이드 또는 단백질 분자로서 리보솜(ribosome)에서 합성되는 단백질성 화합물이며, 대개 박테리오신을 생성하는 균주와 가까우며 경쟁하는 박테리아들을 죽이거나(bacteriocidal) 성장을 정지시키는(bacteriostatic) 효과가 있다. 박테리오신 생성 박테리아는 자가 면역에 의해 보호된다. 일부 박테리아는 박테리오신과 유사한 특성들을 갖는 독소를 생산하는데 완전히 규명되지 않아 '박테리오신-유사 억제 물질'(bacteriocin-like inhibitory substances, BLIS)로 지칭된다.

박테리오신은 식품, 농업, 의약, 암 치료 등 여러 면에서 주목을 받고 있다. 니신(nisin)은 이미 그 안정성을 인정받아 아질산을 대신하는 식품 보존제로 통조림 등에 상업적으로 사용되고 있는 유일한 GRAS (generally regarded as safe) 박테리오신이다. 특히 항생제의 사용으로 인한 항생제 내성 박테리아의 출현이 심각한 문제로 인식되고, 광범위(broad-spectrum) 항생제의 투여가 건강에 중요한 역할을 하는 편리공생 미생물들에 부수적인 피해를 줄 수 있고, 광범위 항생제 사용이 자가면역 질병과 아토피 발생의 증가와 관련될 가능성은 우려할만한 문제들로서, 이러한 부작용이 없는 항생물질로서 박테리오신의 개발과 응용에 관심이 높아지고 있다. *Serratia plymithicum* J7이 생성하는 박테리오신의 항생 활성은 화상병(fire blight)의 원인 병원체에 대한 항생제인 스트렙토마이신과 유사한 효율을 갖는 것으로 보고되었다(Jabrane et al., 2002). 이러한 추세에 맞추어 LAB의 박테리오신에 대한 연구가 1970년대부터 최근까지 급격히 증가하고 있음과 비교하면, 해양 박테리아가 생성하는 박테리오신에 대한 연구는 미미하여 특성이 규명된 박테리오신은 적은 상황이다(Desriac et al., 2010; Bindiya & Bhat, 2016): 1960년대 중반부터 1970년대 후반에 비브리오에 의해 생성되는 박테리오신(vibriocin, harveyicin [*Vibrio harveyi*로부터])이 분리되었고, 그 외에 약간의 해양 박테리아와 아키아로부터 박테리오신의 존재가 보고되었다. 21세기 들어서서 인간 병원체이며 식인성 질환(foodborne disease)과 관련된 *Vibrio vulnificus*를 해산 식품에서 중화(neutralizing)하려는 시도로 기수역 · 연안에 서식하는 *V. vulnificus*를 대상으로 박테리오신에 대한 연구가 시도된 바 있었다(Shehane & Sizemore, 2002). 해양 박테리아 기원의 박테리오신과 박테리오신을 생산하는 박테리아는 각각 항생제(예, 박테리오신이 코팅된 플라스틱 필름을 사용하여 부패 미생물의 성장을 억제)와 프로바이오틱스[7]로서 해산 식품 산업과 수산 양식에 활용성이 있다(Bindiya & Bhat, 2016).

항생제 내성에 대한 하나의 대책으로써 박테리오파이지를 사용하는 파아지 요법(phage therapy)은 상당한 주목을 받았으나 논쟁의 여지가 있었다. 파아지 요법의 폭넓은 사용에 따르는 어려움은 임상 균주들의 파아지 감수성(susceptibilities)에서의 변이와 파아지 내성에 대한 대응 필요성이었다. 따라서 임상 균주를 감염하는 것으로 알려진 파아지들의 칵테일을 이용한 맞춤식 치료는 전망이 있어 보인다. 주요 안전 관심사는 그램-음성 박테리아에서의 성장을 통해 제조되는 파아지들에

---

7) '프로바이오틱스'는 적정량으로 소비되면 숙주에게 건강상의 이익을 주는 살아 있는 미생물들로 정의된다. 현재 사용되는 프로바이오틱스의 다수는 젖산 박테리아(LAB)이다.

서 리포다당체(lipopolysaccharide, LPS) 독소가 존재한다는 것이다.

인체에 적용된 파아지 요법의 한 예를 들면, 비결핵성 미코박테리아(non–tuberculous mycobacteria, NTM)는 낭포성 섬유증(cystic fibrosis) 환자에서 만성적 폐 감염을 일으키고, 또한 항생제 내성 NTM (*Mycobacterium abscessus*)이 널리 퍼져 있어서, 항생제–내성 박테리아 감염의 치료에 파아지의 사용은 가능한 대체 방법으로 보인다(Dedrick et al., 2019). 최근 널리 퍼진, 항생제–내성 있는 *M. abscessus* 아종 *massiliense*에 감염된 낭포성 섬유증 환자를 치료함에 3개의 파아지 칵테일이 사용되었고, 임상적 개선 효과들이 있는 것으로 보고되었다. 미코박테리아는 LPS를 갖지 않아서, LPS 독성은 예상되지 않았다. *M. abscessus* 감염 균주를 효율적으로 죽이기 위해서 용균 파아지 유도체들(derivatives)을 개발하는데에 선별, 유전체 공학과 전향 유전학(前向遺傳學, forward genetics)[8)]이 사용되었다.

최근 파아지의 tail fibre에서 파아지의 숙주 범위를 결정하는 부위들이 확인되었고, 대량 생산 방식으로 특정 부위의 돌연변이유발(site–directed mutagenesis)을 사용하여 이들 부위를 유전공학 처리한 결과, 파아지에 내성이 있는 돌연변이체(mutant)들을 표적으로 할 수 있는 광범위한 숙주 범위를 갖는 합성 파아지들이 생성되었다(Yehl et al., 2019). 합성 파아지들에 대한 박테리아 내성은 관찰되지 않았다. 이러한 발견은 파아지에 기반한 항미생물제의 개발을 강화할 것으로 보인다.

9.8 생물검정(bioassay)

발광 박테리아(종전에 *Vibrio fischeri*)로 알려진 *Allivibrio fischeri*는 환경 시료에 있는 독성 물질의 생물 검정에 활용되어 왔다(예, Microtox). 독성 물질에 노출되면 발광이 감소되는 원리에 기반한다.

최근에 고도의 분자생물학적 기법들이 활용되어 개발된 생물검정 방법을 소개한다. DNA 압타머(aptamers)는 금속 이온으로부터 단백질에 이르는 표적들에 높은 특이성을 갖고 결합하는 올리고뉴클레오타이드(oligonucleotides)이다. 다수의 작은 분자들의 농도를 한번에 측정할 수 있는 DNA 압타머에 기반한 생물검정 방법이 최근 발표되었다(Canoura et al., 2018): 표적이 없으면, 표적에 결합하지 않은 DNA 압타머는 exonuclease III와 I 효소에 의해 분해되어 표적의 농도는 검출되지 않는다. 표적에 결합된 압타머는 안정된 형태(머리핀[hairpin] 구조)를 가져 효소에 의한 분해로부터 보호되며, SYBR Gold 또는 시퀀스–특이적인 분자 표지(molecular beacon)로 표지된 DNA의 형광 측정을 통해 표적의 농도 측정이 가능하게 된다. 이 방법은 복잡한 생물학적 시료에서 ATP와 코카인을 동시에 민감하게 검출하는 데 사용되었다.

8) 특정 표현형에 관여하는 유전자들을 확인하기 위해 사용하는 접근 방식임.

9.9 미생물 해양학에 대한 전망

현재 우리는 해양 미생물의 다양성과 기능, 해양 생태계 내의 생태적 연합/관계들에 대한 이해를 하기 시작한 것으로 보인다(Coutinho et al., 2018): 여전히 심해 환경, 산호초, 극 지역, 퇴적물, 숙주와 연합한 미생물들에 대한 연구가 더 필요해 보인다. 지난 40년간 봐 왔듯이, 미래에도 새로운 연구 기법들이 계속 개발 · 적용되어 새로운 관점들을 얻게 될 것으로 본다. 예를 들면, 삼세대 시퀀싱 기법들이 더 길고 정확한 시퀀싱 리드를 생산하도록 빠르게 최적화되고, 오류 수정(error-correction)과 조립에 더 좋은 분석 관로로 양질의 MAGs와 SAGs를 더 쉽게 얻게 될 것으로 보인다. 전사체학, 단백질체학과 대사체학(metabolomics)은 유전자 수준에서는 평가할 수 없었던 발견들을 선도하여 정교한 미생물 군집의 이해에 기여할 것으로 본다. 또한 중(重) 동위원소로 표지된 특정 화합물의 대사에 관여하는 원핵생물들의 MAGs, SAGs, 또는 메타유전체를 얻는 것이 가능할 것으로 보인다.

또한 1980년대에서 21세기 초까지 수행된 대양 분지(basin)-규모의 해양 연구에서 누적된 방대한 자료들은 해양 미생물의 전 지구적-규모의 해석, 생태적 중요성 분석 및 장기 변화 예측에 이르렀다(Boetius, 2019; Cavicchioli et al., 2019). 특히 최근의 전 지구적 변화는 지구가 뚜렷한 지질학적 대(代, era)인 인류세(Anthropocene)에 진입하고 있음을 시사한다. 즉, 대기, 해양 및 육지를 포함하는 지구에 대한 인류의 지대한 영향을 뜻한다. 플라스틱, 살충제, 여러 화학물질들이 환경에 누적되고 있고, 영구 동토층(permafrost) 지역에서 증가하는 연안 침식은 해양 미생물에 의한 화학 물질과 육상 물질의 재무기질화 잠재력에 대한 이해를 필요로 한다. 또한 기후 온난화 상태에서 미래의 해양 생산과 biological pump, 부영양화(질소 및 인의 유입), 산성화, 생물군들 간의 경쟁 등에 대한 이해를 필요로 한다.

생명과학에서 커다란 도전 중의 하나는 유전자를 생태계에 연결시키는 것이다. 이러한 연구를 통해, 대양의 생지화학과 관련된 기능들을 예측하고 감시(monitor)하는 데 사용할 수 있는 군집-기반한 또는 유전자-기반한 바이오 마아커들(biomarkers)이 식별될 수 있을 것이다(Guidi et al., 2016).

우리는 현재 2100년까지 2°C 이상 지구가 더워지는 경로에 있다. 현재의 경로를 변경하지 않으면, 인간 활동은 지구, 기후, 자연(예, 산호초의 상실과 북극의 해빙[sea ice]의 사라짐, 해양 산성화의 심화) 및 인류 사회의 주요 재앙적 변환을 가져올 것으로 보인다(Boetius, 2019). 대기의 이산화탄소 수준이 급격히 상승하고 있다는 일반적인 합의가 있고, 모델링된 시나리오(modeled scenarios)는 대기 이산화탄소의 급격한 상승이 지난 3억 년간에 걸쳐 해양 산성화의 가장 큰 증가를 야기할 것으로 시사되고 있다. 대기 이산화탄소의 농도가 2배가 되면, 열대 산호의 석회화(calcification)는 54%까지 감소할 것으로 예측하고 있다(Roberts et al., 2006).

이에 우리는 해양 미생물이 여러 현안들에 대해 답이 될 수 있는지 숙고할 필요가 있다(Boetius, 2019). 자연과 인류에게 심각한 전 지구적 문제가 되는 항생제와 살충제의 비지속적인 사용에 대한 답을 미생물이 줄 수 있을지, 바이오-경제(bioeconomy), 생명공학, 에너지, 보건에 지속적인 답을 주는 데 도움이 되는지?

궁극적으로 미생물 해양학의 연구 목표는 해양의 현장에서 각 해양 미생물 세포의 유전적 특징과 활동도, 해양 미생물 군집의 유전적 · 기능적 다양성과 변이성(variability)을 파악하고, 그러한 변이에 영향을 주는 중요한 환경 요인을 파악하며, 미생물-(미)생물 상호작용과 나아가 전체 해양 생태계에서 주요 해양 미생물 종들의 생지화학적 기능과 기후 변화에 대한 반응 또는 조절에 대한 기여를 이해하는 것이라고 하겠다. 즉, 유전자 수준으로부터 지구 생태계 규모에 걸쳐서 진화를 포함한 해양 미생물의 모든 생명 현상을 이해하고 지구적 문제에 대한 답을 찾으려는 것이라 하겠다.

참고 문헌

심재형, 윤성화, 윤상선, 최동한, 조병철. 1995. 만경 · 동진강염하구에서 종속영양성 및 혼합영양성 미소편모류의 수도와 박테리아 섭식. 한국해양학회지. 30: 413–425.

장동석, 신일식, 변재형, 박영호. 1987. 진주담치의 마비성독에 관한 연구–1986년 부산 감천만 중독사고를 중심으로. 한국수산과학회지. 20: 293–299.

조병철. 2019. 전환기의 박테리아 분류학: 개념과 실제. ㈜바이오사이언스출판. p. 154.

한명수. 1990. 유독플랑크톤(와편모조류를 중심으로)에 관한 고찰. 한국수산과학회지. 23: 51–60.

Abe F. 2007. Exploration of the effects of high hydrostatic pressure on microbial growth, physiology and survival: perspectives from piezophysiology. Biosci Biotechnol Biochem. 71: 2347–2357.

Abed RMM, Dobretsov S, Sudesh K. 2009. Applications of cyanobacteria in biotechnology. J Appl Microbiol. 106: 1–12.

Adam B, Klawonn I, Svedén JB, Bergkvist J, and others. 2016. N_2–fixation, ammonium release and N–transfer to the microbial and classical food web within a plankton community. ISME J. 10: 450–459.

Adler J. 1973. A method for measuring chemotaxis and use of the method to determine optimum conditions for chemotaxis by *Escherichia coli*. J Gen Microbiol. 74: 77–91.

Adnani N, Chevrette MG, Adibhatla SN, Zhang F, and others. 2017. Coculture of marine invertebrate–associated bacteria and interdisciplinary technologies enable biosynthesis and discovery of a new antibiotic, Keyicin. ACS Chem Biol. 12: 3093–3102.

Agogué H, Casamayor EO, Bourrain M, Obernosterer I, Joux F, Herndl GJ, Lebaron P. 2005. A survey on bacteria inhabiting the sea surface microlayer of coastal ecosystems. FEMS Microbiol Ecol. 54: 269–280.

Al–Haj K, Lui YT, Abed RMM, Gomaa MA, Purton S. 2016. Cyanobacteria as chassis for industrial biotechnology: progress and prospects. Life. 6: 42. doi:10.3390/life6040042.

Alldredge AL, Gotschalk CC. 1990. The relative contribution of marine snow of different origins to biological processes in coastal waters. Cont Shelf Res. 10: 41–58.

Allen AE, Howard–Jones MH, Booth MG, Frischer ME, Verity PG, Bronk DA, Sanderson MP. 2002. Importance of heterotrophic bacterial assimilation of ammonium and nitrate in the Barents Sea during summer. J Marine Syst. 38: 93–108.

Allgaier M, Uphoff H, Felske A, Wagner–Döbler I. 2003. Aerobic anoxygenic photosynthesis in Roseobacter clade bacteria from diverse marine habitats. Appl Environ Microbiol. 69: 5051–5059.

Allonier AS, Khalanski M, Camel V, Bermond A. 1999. Characterization of chlorination by–products in cooling effluents of coastal nuclear power stations. Mar Pollut Bull. 38: 1232–1241.

Ammerman JW, Azam F. 1985. Bacterial 5'–nucleotidase in aquatic ecosystems: a novel mechanism of phosphorus regeneration. Science. 227: 1338–1340.

Ammerman JW, Fuhrman JA, Hagstrom A, Azam F. 1984. Bacterioplankton growth in seawater: I. Growth kinetics and cellular characteristics in seawater cultures. Mar Ecol Prog Ser. 18: 31–39.

Amon RMW, Benner R. 1994. Rapid cycling of high–molecular–weight dissolved organic matter in the ocean. Nature. 369: 549–552.

Angly FE, Felts B, Breitbart M, Salamon P, Edwards RA, and others. 2006. The marine viromes of four oceanic regions. PLoS Biol. 4: e368.

Antia NJ, Harrison PJ, Oliveira L. 1991. The role of dissolved organic nitrogen in phytoplankton nutrition, cell biology and ecology. Phycologia. 30: 1–89.

Antunes A, Ngugi DK, Stingl U. 2011. Microbiology of the Red Sea (and other) deep–sea anoxic brine lakes. Environ Microbiol Rep. 3: 416–433.

Arrieta JM, Mayol E, Hansman RL, Herndl GJ, Dittmar T, Duarte CM. 2015. Dilution limits dissolved organic carbon utilization in the deep ocean. Science. 348: 331–333.

Attar N. 2015. An interkingdom partnership. Nature Rev Microbiol. 13: 400.

Aylward FO, Boeuf D, Mende DR, Wood–Charlson EM, Vislova A, Eppley JM, Romano AE, DeLong EF. 2017. Diel cycling and long–term persistence of viruses in the ocean's euphotic zone. Proc Natl Acad Sci. USA. 114: 11446–11451.

Ayo B, Unanue M, Azua I, Gorsky G, Turley C, J Iriberri. 2001. Kinetics of glucose and amino acid uptake by attached and free–living marine bacteria in oligotrophic waters. Mar Biol. 138: 1071–1076.

Azam F, Malfatti F. 2007. Microbial structuring of marine ecosystems. Nature Rev Microbiol. 5: 782–791.

Azam F, Ammerman JW. 1984. Cycling of organic matter by bacterioplankton in pelagic marine ecosystems: Microenvironmentalconsiderations. In Flows of Energy and Materials in Marine Ecosystem, ed. MJR Fasham, pp. 345–360. New York: Plenum Publishing Company.

Azam F, Fenchel T, Field JG, Gray JS, Meyer–Reil L–A, Thingstad F. 1983. The ecological role of watercolumn microbes in the sea. Mar Ecol Prog Ser. 10: 257–263.

Bacosa HP, Erdner DL, Rosenheim BE, Shetty P, and others. 2018. Hydrocarbon degradation and response of seafloor sediment bacterial community in the northern Gulf of Mexico to light Louisiana sweet crude oil. ISME J. 12: 2532–2543.

Bailiff MD, Karl DM. 1991. Dissolved and particulate DNA dynamics during a spring bloom in the Antarctic Peninsula region, 1986–1987. Deep–Sea Res. 38: 1077–1095.

Balzano S, Corre E, Decelle J, Sierra R, and others. 2015. Transcriptome analysis to investigate symbiotic relationships between marine protists. Front Microbiol. 6: 98.

Bar–On YM, Phillips R, Milo R. 2018. The biomass distribution on Earth. Proc Natl Acad Sci. USA. 115: 6506–6511

Barone R, De Santi C, Esposito FP, Tedesco P, and others. 2014. Marine metagenomics, a valuable tool for enzymes and bioactive compounds discovery. Frontiers in Marine Sci. 1: 38. doi: 10.3389/fmars.00038.

Baudoux AC, Brussaard CPD. 2005. Characterization of different viruses infecting the marine harmful algal bloom species Phaeocystis globose. Virology. 341: 80–90.

Beardsley C, Pernthaler J, Wosniok W, 2003. Are readily culturable bacteria in coastal North Sea waters suppressed by selective grazing mortality? Appl Environ Microbiol. 69: 2624–2630.

Béjà O, Aravind L, Koonin EV, Suzuki MT, and others. 2000. Bacterial rhodopsin: evidence for a new type of phototrophy in the sea. Science. 289: 1902–1906.

Béjà O, Spudich EN, Spudich JL, Leclerc M, DeLong EF. 2001. Proteorhodopsin phototrophy in the ocean. Nature. 411: 786–789.

Béjà O, Suzuki MT, Heidelberg JF, Nelson WC, and others. 2002. Unsuspected diversity among marine aerobic anoxygenic phototrophs. Nature. 415: 630–633.

Bell T, Ager D, Song JI, Newman JA, Thompson IP, Lilley AK, van der Gast CJ. 2005. Larger islands house more bacterial taxa. Science. 308: 1884.

Berg HC. 1983. Random walks in biology. Princeton University Press, Princeton, N.J.

Bergh O, Børsheim KY, Bratbak G, Heldal M. 1989. High abundance of viruses found in aquatic environments. Nature. 340: 467–468.

Bertilsson S, Berglund O, Karl DM, Chisholm SW. 2003. Elemental composition of marine *Prochlorococcus* and *Synechococcus*: Implications for the ecological stoichiometry of the sea. Limnol Oceanogr. 48: 1721–1731.

Betzer PR, Showers WJ, Laws EA, Winn CD, DiTullio GR, Kroopnick PM. 1984. Primary productivity and particle fluxes on a transect of the equator at 153°W in the Pacific Ocean. Deep–Sea Res. 31: 1–11.

Bhadury P, Wright PC. 2004. Exploitation of marine algae: biogenic compounds for potential antifouling applications. Planta. 219: 561–578.

Bianchi D, Dunne JP, Sarmiento JL, Galbraith ED. 2012. Data–based estimates of suboxia, denitrification, and N_2O production in the ocean and their sensitivities to dissolved O_2. Global Biogeochem Cycles. 26: GB2009, doi:10.1029/2011GB004209.

Bianchi D, Weber TS, Kiko R, Deutsch C. 2018. Global niche of marine anaerobic metabolisms expanded by particle microenvironments. Nature Geosci. doi.org/10.1038/s41561–018–0081–0.

Biddanda B, Opsahl S, Benner R. 1994. Plankton respiration and carbon flux through bacterioplankton on the Louisiana shelf. Limnol Oceanogr. 39: 1259–1275.

Bidle KD, Azam F. 1999. Accelerated dissolution of diatom silica by marine bacterial assemblages. Nature. 397: 508–512.

Biller SJ, Berube PM, Dooley K, Williams M, and others. 2018. Data Descriptor: Marine microbial metagenomes sampled across space and time. Sci Data. 5: 180176, DOI: 10.1038/sdata.2018.176.

Binder B. 1999. Reconsidering the relationship between virally induced bacterial mortality and frequency of infected cells. Aquat Microb Ecol. 18: 207–215.

Bindiya ES, Bhat SG. 2016. Marine bacteriocins: A review. J Bacteriol Mycol: Open Access. 2: 00040.

Bird DF, Kalff F. 1984. Empirical relationships between bacterial abundance and chlorophyll concentration in fresh and marine waters. Can J Fish Aquat Sci. 41: 1015–1023.

Bird DF, Kalff F. 1986. Bacterial grazing by planktonic lake algae. Science. 231: 493–495.

Björkman K, Duhamel S, Karl DM. 2012. Microbial group specific uptake kinetics of inorganic phosphate and adenosine–5'–triphosphate (ATP) in the north pacific subtropical gyre. Front Microbiol. 3: 189.

Bjørnsen PK. 1986a. Automatic determination of bacterioplankton biomass by image analysis. Appl Environ Microbiol. 51: 1199–1204.

Bjørnsen PK. 1986b. Bacterioplankton growth yleld in continuous seawater cultures. Mar Ecol Prog Ser. 30: 191–196.

Bobay LM, Ochman H, 2018. Biological species in the viral world. Proc Natl Acad Sci. USA. 115: 6040–6045.

Bodaker I, Sharon I, Suzuki MT, Feingersch R, Shmoish M. 2010. Comparative community genomics in the Dead Sea: an increasingly extreme environment. ISME J. 4: 399–407.

Boenigk J, Arndt H. 2002. Bacterivory by heterotrophic flagellates: community structure and feeding strategies. Antonie Van Leeuwenhoek. 81: 465–480.

Boetius, A. 2019. Global change microbiology — big questions about small life for our future. Nat Rev Microbiol. 17: 331–332.

Boeuf D, Audic S, Brillet–Guéguen L, Caron C, Jeanthon C. 2015. MicRhoDE: a curated database for the analysis of microbial rhodopsin diversity and evolution. Database. 1–8.

Bollinger A, Thies S, Katzke N, Jaeger K–E. 2018. The biotechnological potential of marine bacteria in the novel lineage of *Pseudomonas pertucinogena*. Microbial Biotechnol. 0: 1–13.

Bongiorni L, Magagnini M, Armeni M, Noble R, Danovaro R. 2005. Viral production, decay rates, and life strategies along a trophic gradient in the North Adriatic Sea. Appl Environ Microbiol. 71: 6644–6650.

Born DA, Ulrich EC, Ju KS, Peck SC, van der Donk WA, Drennan CL. 2017. Structural basis for methylphosphonate biosynthesis. Science. 358: 1336–1339.

Boyd PW, Watson AJ, Law CS, Abraham ER, Trull T, and others. 2000. A mesoscale phytoplankton bloom in the polar Southern Ocean stimulated by iron fertilization. Nature. 407: 695–702.

Boyd PW, Bury SJ, Owens NJP, Savidge GJ, Preston T. 1995. A comparison of isotopic and chemiluminescent methods of estimating microalgal nitrate uptake in the NE Atlantic. Mar Ecol Prog Ser. 116: 199–205.

Bratbak G, Heldal M, Norland S, Thingstad TF. 1990. Viruses as partners in spring bloom microbial trophodynamics. Appl Environ Microbiol. 56: 1400–1405.

Bratbak G. 1985. Bacterial biovolume and biomass estimations. Appl environ Microbiol. 49: 1488–1493.

Bratbak G, Haslund OH, Heldal M, Naess A, Roeggen T. 1992. Giant marine viruses? Mar Ecol Prog Ser. 85: 201–202.

Brazelton WJ, Baross JA. 2009. Abundant transposases encoded by the metagenome of a hydrothermal chimney biofilm. ISME J. 3: 1420–1424.

Breitbart M, Rohwer F. 2005. Here a virus, there a virus, everywhere the same virus? Trends in Microbiol. 13: 278–284.

Brum JR, Schenck RO, Sullivan MB. 2013. Global morphological analysis of marine viruses shows minimal regional variation and dominance of non– tailed viruses. ISME J. 7: 1738–1751.

Brum JR, Hurwitz BL, Schofield O, Ducklow HW, Sullivan MB. 2016. Seasonal time bombs: dominant temperate viruses affect Southern Ocean microbial dynamics. ISME J. 10: 437–449.

Buchan A, González JM, Moran MA. 2005. Overview of the marine Roseobacter lineage. Appl Environ Microbiol. 71: 5665–5677.

Burja AM, Banaigs B, Abou–Mansour E, Burgess JG, Wright PC. 2001. Marine cyanobacteria – a prolific source of natural products. Tetrahedron. 57: 9347–9377.

Burkholder JM, Noga EJ, Hobbs CH, Glasgow HB Jr, Smith SA. 1992. New 'phantom' dinoflagellate is the causative agent of major estuarine fish kills. Nature. 358: 407–410.

Byrne N, Strous M, Crépeau V, Kartal B, and others. 2009. Presence and activity of anaerobic ammonium–oxidizing bacteria at deep–sea hydrothermal vents. ISME J. 3: 117–123.

Cailliau C, Claustre H, Vidussi F, Marie D, Vaulot D. 1996. Carbon biomass, and gross growth rates as estimated from ^{14}C pigment labelling method during photoacclimatation in *Prochlorococcus* CCMP1378. Mar Ecol Prog Ser. 145: 209–221.

Campbell BJ, Engel AS, Porter ML, Takai K. 2006. The versatile epsilon–proteobacteria: key players in sulphidic habitats. Nat Rev Microbiol. 4: 458–468.

Canoura J, Wang Z, Yu H, Alkhamis O, Fu F, Xiao Y. 2018. No structure–switching required: A generalizable exonuclease–mediated aptamer–based assay for small–molecule detection. J Amer Chem Soc. 140: 9961–9971.

Cao Y, Chastain RA, Eloe EA, Nogi Y, Kato C, Bartlett DH. 2014. Novel Psychropiezophilic *Oceanospirillales* Species *Profundimonas piezophila* gen. nov., sp. nov., Isolated from the Deep–Sea Environment of the Puerto Rico Trench. Appl Environ Microbiol. 80: 54–60.

Carini P, White AE, Campbell EO, Giovannoni SJ. 2014. Methane production by phosphate–starved SAR11 chemoheterotrophic marine bacteria. Nat Commun. 5: 4346.

Carlson CA. Ducklow HW. Michaels AF. 1994. Annual flux of dissolved organic carbon from the euphotic zone in the Northwestern Sargasso Sea. Nature. 371: 405–408.

Caron, DA. 1983. Technique for enumeration of heterotrophic and phototrophic nanoplankton, using epifluorescence microscopy, and comparison with other procedures. Appl Environ Microbiol.46: 491–498.

Caron DA, Porter KG, Sanders RW. 1990. Carbon, nitrogen, and phosphorus budgets for the mixotrophic phytoflagellate *Poterioochromonas malhamensis* (Chrysophyceae) during bacterial ingestion. Limnol Oceanogr. 35: 433–443.

Carpenter EJ, Capone DG. 2008. Nitrogen fixation in the marine environment. In: Nitrogen In The Marine Environment, 2nd edition. pp. 141–198 (Elsevier).

Charlson RJ, Lovelock JE, Andreae MO, Warren SG. 1987. Oceanic phytoplankton, atmospheric sulfur, cloud albedo and climate. Nature. 326: 655–661.

Chen F, Suttle CA, Short SM. 1996. Genetic diversity in marine algal virus communities as revealed by sequence analysis of DNA polymerase genes. Appl Environ Microbiol. 62: 2869–2874.

Chin WC, Orellana MV, Verdugo P. 1998. Spontaneous assembly of marine dissolved organic matter into polymer gels. Nature. 391: 568–572.

Chin WC, Orellana MV, Quesada I, Verdugo P. 2004. Secretion in unicellular marine phytoplankton: demonstration of regulated exocytosis in *Phaeocystis globosa*. Plant Cell Physiol. 45: 535–542.

Chin–Leo G, Kirchman DL. 1988. Unbalanced growth in natural assemblages of marine bacterioplankton. Mar Ecol Prog Ser. 63: 1–8.

Chisholm SW, Olson RJ, Zettler ER, Goericke R, Waterbury JB, Welschmeyer NA. 1988. A novel free–living prochlorophyte abundant in the oceanic euphotic zone. Nature. 334: 340–343.

Chisholm SW, Frankel S, Goericke R, Olson R, Palenik B, Waterbury J, West–Johnsrud L, Zettler E. 1992. *Prochlorococcus marinus* nov. gen. nov. sp.: an oxyphototrophic marine prokaryote containing divinyl chlorophyll *a* and *b*. Arch Microbiol. 157: 297–300.

Cho BC, Azam F. 1988a. Major role of bacteria in biogeochemical fluxes in the ocean's interior. Nature. 332: 441–443.

Cho BC, Azam F. 1988b. Heterotrophic bacterioplankton production measurement by the tritiated thymidine incorporation method. Arch Hydrobiol Beih Ergeb Limnol. 31: 153–162.

Cho BC. 1990. Significance of dissolved nucleic acids in dissolved organic phosphorus (DOP) pool and their dynamics in oceanic phosphorus cycle. J Oceanol Soc Korea. 25: 145–150.

Cho BC, Azam F. 1990. Biogeochemical significance of bacterial biomass in the oceans euphotic zone. Mar Ecol Prog Ser. 63: 253–259.

Cho BC, Choi JK, Chung CS, Hong GH. 1994. Uncoupling of bacteria and phytoplankton during a spring diatom bloom in the mouth of the Yellow Sea. Mar Ecol Prog Ser. 115: 181–190.

Cho BC, Azam F. 1995. Urea decomposition by bacteria in the Southern California Bight and its implications for the mesopelagic nitrogen cycle. Mar Ecol Prog Ser. 122: 21–26.

Cho BC, Park MG, Shim JH, Azam F. 1996. Significance of bacteria in urea dynamics in coastal surface waters. Mar Ecol Prog Ser. 142: 19–26.

Cho BC, Na SC, Choi DH. 2000. Active ingestion of fluorescently labeled bacteria by mesopelagic heterotrophic nanoflagellates in the East Sea, Korea. Mar Ecol Prog Ser. 206: 23–32.

Cho BC, Park MG, Shim JH, Choi DH. 2001. Sea–surface temperature and f–ratio explain large variability in the ratio of bacterial production to primary production in the Yellow Sea. Mar Ecol Prog Ser. 216: 31–41.

Cho BC, Hwang CY. 2011. Prokaryotic abundance and16S rRNA gene sequences detected in marine aerosols on the East Sea (Korea). FEMS Microbiol Ecol. 76: 327–341.

Cho BC, Hardies SC, Jang GI, Hwang CY. 2018. Complete genome of streamlined marine actinobacterium *Pontimonas salivibrio* strain CL–TW6^T adapted to coastal planktonic lifestyle. BMC Genomics. 19: 625. https://doi.org/10.1186/s12864–018–5019–9.

Choi DH, Yang SR, Hong GH, Chung CS, Kim SH, Park JS, Cho BC.2005. Different interrelationships among phytoplankton, bacterial and environmental variables in dumping and reference areas in the East Sea. Aquat Microb Ecol. 41: 171–180.

Choi DH, Park JS, Hwang CY, Huh SH, Cho BC. 2002. Effects of thermal effluents from a power station on bacteria and heterotrophic nanoflagellates in coastal waters. Mar Ecol Prog Ser. 229: 1–10.

Choi JW, Stoecker DK. 1989. Effects of fixation on cell volume of marine planktonic Protozoa. Appl Environ Microbiol. 5: 1761–1765.

Ciobanu MC, Burgaud G, Dufresne A, Breuker A, Rédou V, and others. 2014. Microorganisms persist at record depths in the subseafloor of the Canterbury Basin. ISME J. 8: 1370–1380.

Claverie J–M., Ogata H, Audic S, Abergel C, Suhre K, Fournier PE. 2006. Mimivirus and the emerging concept of "giant" virus. Virus Res. 117: 133–144.

Corhlan WP, Harrison PJ. 1991. Uptake of nitrate, ammonium, and urea by nitrogen–starved cultures of *Micromonas pusilla* (Prasinophyceae): Transient responses. J Phycol. 27: 673–679.

Cochlan WP, Wikner J, Steward GF, Smith DC, Azam F. 1993. Spatial distribution of viruses, bacteria and chlorophyll a in neritic, oceanic and estuarine environments. Mar Ecol Prog Ser. 92: 77–87.

Codispoti LA, Friederich GE, Packard TT, Glover HE, and others. 1986. High nitrite levels off Northern Peru: a signal of instability in the marine denitrification rate. Science. 233: 1200–1202.

Cohen Z. 1999. Chemicals from Microalgae. Boca Raton, FL: CRC Press.

Cole JJ, Findlay S, Pace ML. 1988. Bacterial production in fresh and saltwater ecosystems — a cross–system overview. Mar Ecol Prog Ser. 43: 1–10.

Corliss JB, Dymond J, Gordon LI, Edmond JM, and others. 1979. Submarine thermal sprirngs on the galapagos rift. Science. 203: 1073–1783.

Coutinho FH, Gregoracci GB, Walter JM, Thompson CC, Thompson FL. 2018. Metagenomics sheds light on the ecology of marine microbes and their viruses. Trends in Microbiol. doi.org/10.1016/j.tim.2018.05.015

Crawford DW. 1992. Metabolic cost of motility in planktonic protists: theoretical considerations on size scaling and swimming speed. Microb Ecol. 24: 1–10.

Culley AI, Lang AS, Suttle CA. 2003. High–diversity of unknown picorna–like viruses in the sea. Nature.

424: 1054–1057.

Culley AI, Lang AS, Suttle CA. 2006. Metagenomic Analysis of Coastal RNA Virus Communities. Science. 312: 1795–1798.

Cuvelier ML, Allen AE, Monier A, McCrow JP, Messie M, Tringe SG, and others. 2010. Targeted metagenomics and ecology of globally important uncultured eukaryotic phytoplankton. Proc Natl Acad Sci. USA. 107: 14679–14684.

Dahms H–U, Xu Y, Pfeiffer C. 2006. Antifouling potential of cyanobacteria: a mini–review. Biofouling. 22: 317–327.

Daims H, Brühl A, Amann R, Schleifer KH, Wagner M. 1999. The domain–specific probe EUB338 is insufficient for the detection of all Bacteria: development and evaluation of a more comprehensive probe set. System Appl Microbiol. 22: 434–444.

Daims H, Lebedeva EV, Pjevac P, Han P, and others. 2015. Complete nitrification by Nitrospira bacteria. Nature. 528: 504–509.

Dale JW, Park SF. 2010. Molecular Genetics of Bacteria. 5th Ed., Wiley–Blackwell, pp388.

Danovaro R, Dell'Anno A, Corinaldesi C, Magagnini M, and others. 2008. Major viral impact on the functioning of benthic deep–sea ecosystems. Nature. 454: 1084–1088.

Danovaro R, Dell'Anno A, Corinaldesi C, Rastelli E, Cavicchioli R, Krupovic M, Noble RT, Nunoura T, Prangishvili D. 2016. Virus–mediated archaeal hecatomb in the deep seafloor. Sci Adv. 2: e1600492.

Davidson AR, Cardarelli L, Pell LG, Radford DR, Maxwell KL. 2012. Long Noncontractile Tail Machines of Bacteriophages. Rossmann, M.G. and Rao, V.B. (eds.), Viral Molecular Machines, p115–142. Advances in Experimental Medicine and Biology 726, DOI 10.1007/978–1–4614–0980–9_6, Springer Science+Business Media, LLC 2012.

De Vargas C, Audic S, Henry N, Decelle J, Mahé F, and others. 2015. Eukaryotic plankton diversity in the sunlit ocean. Science. 348: 1261605

Debbab A, Aly AH, Lin WH, Proksch P. 2010. Bioactive compounds from marine Bacteria and Fungi. Microbial Biotechnol. 3: 544–563.

Dedrick RM, Guerrero–Bustamante CA, Garlena RA, Russell DA, and others. 2019. Engineered bacteriophages for treatment of a patient with a disseminated drug–resistant *Mycobacterium abscessus*. Nat Med. https://doi.org/10.1038/s41591–019–0437–z.

DeFlaun MF, Paul JH, Jeffrey WH. 1987. Distribution and molecular weight of dissolved DNA in subtropical estuarine and oceanic environments. Mar Ecol Prog Ser. 38: 65–73.

Del Giorgio PA, Duarte CM. 2002. Respiration in the open ocean. Nature. 420: 379–384.

Del Giorgio PA, Cole JJ. 1998. Bacterial growth efficiency in natural aquatic systems. Ann Rev Ecol Syst. 29: 503–541.

Del Giorgio PA, Gasol JM. 2008. Physiological structure and single–cell activity in marine bacterioplankton. In: Microbial Ecology of the Oceans, Second Edition (ed D. L. Kirchman), John Wiley & Sons, Inc., Hoboken, NJ, USA. p 243–298.

Dell'Anno A, Corinaldesi C, Danovaro R. 2015. Virus decomposition provides an important contribution to benthic deep–sea ecosystem functioning. Proc Natl Acad Sci. USA. E2014–E2019. doi/10.1073/pnas.1422234112.

DeLong EF, Wickham GS, Pace NR. 1989. Phylogenetic stains: ribosomal RNA–based probes for the identification of single cells. Science. 243: 1360–1363.

DeLong EF, Franks DG, Alldredge AL. 1993. Phylogenetic diversity of aggregate–attached vs. free–living marine bacterial assemblages. Limnol Oceanogr. 38: 924–934.

DeLong EF, Wu KY, Prézelin BB, Jovine RV. 1994. High abundance of Archaea in Antarctic marine picoplankton. Nature. 371: 695–697.

DeLong EF, Preston CM, Mincer T, Rich V, and others. 2006. Community genomics among stratified microbial assemblages in the ocean's interior. Science. 311: 496–503.

DeLong EF, Yayanos AA. 1985. Adaptation of the membrane lipids of a deep–sea bacterium to changes in hydrostatic pressure. Science. 228: 1101–1103.

Desriac F, Defer D, Bourgougnon N, Brillet B, and others. 2010. Bacteriocin as weapons in the marine animal–associated bacteria warfare: Inventory and potential applications as an aquaculture probiotic. Mar Drugs. 8: 1153–1177.

Dittmar T, Kattner G. 2003. The biogeochemistry of the river and shelf ecosystem of the Arctic Ocean: A review. Mar Chem. 83: 103–120.

Dittmar T, Stubbins A, Ito T, Jones DC. 2017. Comment on "Dissolved organic sulfur in the ocean: Biogeochemistry of a petagram inventory". Science. 356: 813.

Dodds JA, Cole A. 1980. Microscopy and biology of *Uronema gigas*, a filamentous eucaryotic green alga, and its associated tailed virus–like particle. Virology. 100: 156–165.

Dodd MS, Papineau D, Grenne T, Slack JF, Rittner M, Pirajno F, O'Neil J, Little CT. 2017. Evidence for early life in Earth's oldest hydrothermal vent precipitates. Nature. 543: 60–64.

Domman D, Quilici ML, Dorman MJ, E Njamkepo, and others. 2017. Integrated view of *Vibrio cholerae* in the Americas. Science. 358: 789–793.

Donia MS, Ruffner DE, Cao S, Schmidt EW. 2011. Accessing the hidden majority of marine natural products through metagenomics. Chembiochem 12: 1230–1236.

Duckdale RC, Goering JJ. 1967. Uptake of new and regenerated forms of nitrogen in primary productivity. Limnol Oceanogr. 12: 196–206.

Ducklow HW, Purdie DA, Williams PJL, Davies JM. 1986. Bacterioplankton – a sink for carbon in a coastal marine plankton community. Science. 232: 865–867.

Ducklow HW, Shiah FK. 1993. Temperature and substrate regulation of bacterial abundance, production and specific growth rate in Chesapeake Bay, USA. Mar Ecol Prog Ser. 103: 297–308.

Dufresne A, Salanoubat M, Partensky F, Artiguenave F, and others. 2003. Genome sequence of the cyanobacterium *Prochlorococcus marinus* SS120, a nearly minimal oxyphototrophic genome. Proc Natl Acad Sci. USA. 100: 10020–10025.

Duprat LPA, Bigg GR, David J, Wilton DJ. 2016. Enhanced Southern Ocean marine productivity due to fertilization by giant icebergs. Nat Geosci. 9: 219–221.

Dyhrman ST, Ammerman JW, Van Mooy BAS. 2007. Microbes and the marine phosphorus cycle. Oceanography. 20: 110–116.

Eccleston–Parry JD, Leadbeater BSC. 1994. A comparison of the growth kinetics of six marine heterotrophic nanoflagellates fed with one bacterial species. Mar Ecol Prog Ser. 105: 167–177.

Eccleston–Parry JD, Leadbeater BSC. 1995. Regeneration of phosphorus and nitrogen by four species of heterotrophic nanoflagellates feeding on three nutritional States of a single bacterial strain. Appl Environ Microbiol. 61: 1033–1038.

Edgell DR. 2009. Selfish DNA: homing endonucleases find a home. Current Biol. 19: R115–R117.

Edwards RA, Rohwer F. 2005. Viral metagenomics. Nature Rev Microbiol. 3: 504–510.

Egge JK, Aksnes DL. 1992. Silicate as regulating nutrient in phytoplankton competition. Mar Ecol Prog Ser. 83: 281–289.

Eloe EA, Malfatti F, Gutierrez J, Hardy K, and others. 2011. Isolation and characterization of a psychropiezophilic alphaproteobacterium. Appl Environ Microbiol. 77: 8145–8153.

Emery T. 1971. Hydroxamic acids of natural origin. Adv Enzymol. 35: 135–185.

Enterina JR, Wu L, Campbell RE. 2015. Emerging fluorescent protein technologies. Current Opinion in Chem Biol. 27: 10–17.

Eppley RW, Peterson BJ. 1979. Particulate organic matter flux and planktonic new production in the deep ocean. Nature. 282: 677–680.

Eppley RW, Renger E, Venrick E, Mullin MM. 1973. A study of plankton dynamics and nutrient cycling in the central gyre of the North Pacific Ocean. Limnol Oceanogr. 18: 534–551.

Eppley RW, Renger EH, Williams PM. 1976. Chlorine reactions with seawater constituents and the inhibition of photosynthesis of natural marine phytoplankton. Estuar Coast Mar Sci. 4: 147–161.

Eppley RW, Renger EH. 1986. Nitrate–based primary production in nutrient–depleted surface waters off California. Océanogr trop. 21: 229–238.

Erez Z, Steinberger–Levy I, Shamir M, Doron S, Stokar–Avihail A, and others. 2017. Communication between viruses guides lysis–lysogeny decisions. Nature. 541: 488–493.

Faithong N, Benjakul S, Phatcharat S, Binsan W. 2010. Chemical composition and antioxidative activity of Thai traditional fermented shrimp and krill products. Food Chemistry. 119: 133–140.

Feingersch R, Philosof A, Mejuch T, Glaser F, Alalouf O, Shoham Y, Beja O. 2012. Potential for phosphite and phosphonate utilization by Prochlorococcus. ISME J. 6: 827–834.

Fenchel, T. 1980. Suspension feeding in ciliated protozoa: functional response and particle size selection. Microb Ecol. 6: 1–11.

Fenchel, T. 1982a. Ecology of heterotrophic microflagellates. 11. Bioenergetics and growth. Mar Ecol Prog Ser. 8: 225–231.

Fenchel T. 1982b. Ecology of heterotrophic microflagellates. IV. Quantitative occurrence and importance as bacterial consumers. Mar Ecol Prog Ser. 9: 35–42.

Fernández E, Boyd P, Holligan PM, Harbour DS. 1993. Production of organic and inorganic carbon within a large–scale coccolithophore bloom the northeast Atlantic Ocean. Mar Eco Prog Ser. 97: 271–285.

Fernández AB, León MJ, Vera B, Sánchez–Porro C, Ventosa A. 2014. Metagenomic sequence of prokaryotic microbiota from an intermediate–salinity pond of a saltern in Isla Cristina, Spain. Genome Announc. 2(1):e00045–14. doi:10.1128/genomeA.00045–14.

Field CB, Behrenfeld MJ, Randerson JT, Falkowski P. 1998. Primary production of the biosphere: integrating terrestrial and oceanic components. Science. 281: 237–240.

Field KG, Gordon D, Wright T, Rappé M, Urback E, Vergin K, Giovannoni SJ. 1997. Diversity and depth–specific distribution of SAR11 cluster rRNA genes from marine planktonic bacteria. Appl Environ Microbiol. 63: 63–70.

Flemming H.–C. & Wuertz S. 2019. Bacteria and archaea on Earth and their abundance in biofilms. Nat Rev Microbiol.17: 247–260.

Flombaum P, Gallegos JL, Gordillo RA, Rincón J, and others. 2013. Present and future global distributions of the marine cyanobacteria *Prochlorococcus* and *Synechococcus*. Proc Natl Acad Sci. USA. 110: 9824–

9829

Fortunato CS, Huber JA. 2016. Coupled RNA–SIP and metatranscriptomics of active chemolithoautotrophic communities at a deep–sea hydrothermal vent. ISME J. 10: 1925–1938.

Fossing H, Gallardo VA, Jørgensen BB, Hüttel M, and others. 1995. Concentration and transport of nitrate by the mat–forming sulphur bacterium *Thioploca*. Nature. 374: 713–715.

Frias–Lopez J, Shi Y, Tyson GW, Coleman ML, Schuster SC, Chisholm SW, DeLong EF. 2008. Microbial community gene expression in ocean surface waters. Proc Natl Acad Sci. USA. 105: 3805–3810.

Frigaard N–U, Martinez A, Mincer TJ, DeLong EF. 2006. Proteorhodopsin lateral gene transfer between marine planktonic bacteria and archaea. Nature. 439: 847–850.

Frost BW. 1987. Grazing control of phytoplankton stock in the open subarctic Pacific Ocean: a model assessing the role of mesozooplankton, particularly the large calanoid copepods *Neocalanaus* spp. Mar Ecol Pro Ser. 39: 49–68.

Fuhrman JA, Azam F. 1982. Thymidine incorporation as a measure of heterotrophic bacterioplankton production in marine surface waters: evaluation and field results. Mar Biol. 66: 109–120.

Fuhrman JA, McCallum K, Davis AA. 1992. Novel major archaebacterial group from marine plankton. Nature. 356: 148–149.

Fuhrman JA, Noble RT. 1995. Viruses and protists cause similar bacterial mortality in coastal seawater. Limnol Oceanogr. 40: 1236–1242.

Fuhrman JA. 1999. Marine viruses and their biogeochemical and ecological effects. Nature. 399: 541–548.

Fuhrman JA, Steele JA, Hewson I, Schwalbach MS, Brown MV, and others. 2008. A latitudinal diversity gradient in planktonic marine bacteria. Proc Natl Acad Sci. USA. 105:7774–7778.

Fuhrman JA, Cram JA, Needham DM. 2015. Marine microbial community dynamics and their ecological interpretation. Nat Rev Microbiol. 13: 133–146.

Gandola E, Antonioli M, Traficante A, Franceschini S, Scardi M, Congestri R. 2016. ACQUA: Automated Cyanobacterial Quantification Algorithm for toxic filamentous genera using spline curves, pattern recognition and machine learning. J Microbiol Methods. 124: 48–56.

Gasol JM, Vaque D. 1993. Lack of coupling between heterotrophic nanoflagellates and bacteria: a general phenomenon across aquatic systems? Limnol Oceanogr. 38: 657–665.

Gasol JM. 1994. A framework for the assessment of top–down vs bottom–up control of heterotrophic nanoflagellate abundance. Mar Ecol Prog Ser. 113: 291–300.

Gasol JM, Del Giorgio PA, Massana R. 1995. Active versus inactive bacteria: size–dependence in a coastal marine plankton community. Mar Ecol Prog Ser. 128: 91–97.

German CR, Bowen A, Coleman ML, Honig DL, and others. 2010. Diverse styles of submarine venting on the ultraslow spreading Mid–Cayman Rise. Proc Natl Acad Sci. USA. 107: 14020–14025.

Ghai R, Pašić L, Fernandez AB, Martin–Cuadrado AB, Mizuno CM, and others. 2011. New abundant microbial groups in aquatic hypersaline environments. Sci Rep. 1: 135. http://dx.doi.org/10.1038/srep00135.

Ghedin E, Claverie J–M. 2005. Mimivirus relatives in the Sargasso sea. Virol J. 2: 62.

Gilbert JA, Dupont CL. 2011. Microbial Metagenomics: Beyond the Genome. Ann Rev Mar Sci. 3: 347–371.

Giovannoni SJ, Britschgi TB, Moyer CL, Field KG. 1990. Genetic diversity in Sargasso Sea bacterioplankton. Nature. 345: 60–63.

Giovannoni S, Rappé MS. 2000. Evolution, diversity, and molecular ecology of marine prokaryotes. In: Kirchman D. editor. Microbial Ecology of the Oceans. New York: JohnWiley & Sons, p 47–84.

Giovannoni SJ, Bibbs L, Cho JC, Stapels MD, and others. 2005a. Proteorhodopsin in the ubiquitous marine bacterium SAR11. Nature. 438: 82–85.

Giovannoni SJ, Tripp HJ, Givan S, Podar M, and others. 2005b. Genome streamlining in a cosmopolitan oceanic bacterium. Science. 309: 1242–1245.

Giovannoni SJ, Hayakawa DH, Tripp HJ, Stingl U, and others. 2008. The small genome of an abundant coastal ocean methylotroph. Environ Microbiol. 10: 1771–1782.

Giovannoni SJ, Thrash JC, Temperton B. 2014. Implications of streamlining theory for microbial ecology. ISME J. 8: 1553–1565.

Glasl B, Herndl GJ, Frade PR. 2016. The microbiome of coral surface mucus has a key role in mediating holobiont health and survival upon disturbance. ISME J. 10: 2280–2292.

Glover HE. 1982. Methylamine, an inhibitor of ammonium oxidation and chemoautotrophic growth in the marine nitrifying bacterium *Nitrosococcus oceanus*. Arch Microbiol. 132: 37–40.

Goldman JC, Glibert PM. 1983. Nitrogen in the Marine Environment, eds Carpenter EJ, Capone DG (Academic, New York), p 233–273.

Gómez–Consarnau L, González JM, Coll–Lladó M, Gourdon P, and others. 2007. Light stimulates growth of proteorhodopsin–containing marine Flavobacteria. Nature. 445: 210–213.

Gómez–Consarnau L, Akram N, Lindell K, Pedersen A, and others. 2010. Proteorhodopsin phototrophy promotes survival of marine bacteria during starvation. PLoS Biol. 8: e1000358.

González JM, Sherr BF, Sherr EB. 1993a. Digestive enzyme activity as a quantitative measure of protistan grazing: the acid lysozyme assay for bacterivory. Mar Ecol Prog Ser. 100: 197–206.

González JM, Sherr EB, Sherr BF. 1993b. Differential feeding by marine flagellates on growing versus starving, and on motile versus nonmotile, bacterial prey. Mar Ecol Prog Ser. 102: 257–267.

González JM, Sherr EB, Sherr BF. 1990. Size–selective grazing on bacteria by natural assemblages of estuarine flagellates and ciliates. Appl Environ Microbiol. 56: 583–589.

González JM, Suttle CA. 1993. Grazing by marine nanoflagellates on viruses and viral–sized particles: ingestion and digestion. Mar Ecol Prog Ser. 94: 1–10.

Gonye ER, Carpenter EJ. 1974. Production of iron–binding compounds by marine microorganisms. Limnol Oceanogr. 19: 840–842.

Gowing MM. 1993. Large virus–like particles from vacuoles of phaeodarian radiolarians and from other marine samples. Mar Ecol Prog Ser. 101: 33–43.

Gregory AC, Solonenko SA, Ignacio–Espinoza JC, and others. 2016. Genomic differentiation among wild cyanophages despite widespread horizontal gene transfer. BMC Genomics. 17: 930.

Gregory AC, Zayed AA, ConceiÇão–Neto N, and others. 2019. Marine DNA viral macro– and microdiversity from pole to pole. Cell. 177: 1–15.

Griffith PC, Douglas DJ, Wainright SC. 1990. Metabolic activity of size–fractionated microbial plankton in estuarine, nearshore, and continental shelf waters of Georgia. Mar Ecol Prog Ser. 59: 263–270.

Grindberg RV, Ishoey T, Brinza D, Esquenazi E, and others. 2011. Single cell genome amplification accelerates identification of the apratoxin biosynthetic pathway from a complex microbial assemblage. PLoS ONE 6:e18565. doi: 10.1371/journal.pone.0018565.

Grossart HP, Levold F, Allgaier M, Simon M, Brinkhoff T. 2005. Marine diatom species harbour distinct bacterial communities. Environ Microbiol. 7: 860–873.

Guidi L, Chaffron S, Bittner L, and others. 2016. Plankton networks driving carbon export in the oligotrophic ocean. Nature. 532: 465–470.

Guillou L, Chrétiennot–Dinet M–J, Medlin LK, Claustre H, Loiseaux–de Goer S, Vaulot D. 1999. Bolidomonas: A new genus with two scpecies belonging to a new algal class, the Bolidophyceae (Heterokonta). J Phycol. 35: 368–381.

Guillou L, Jacquet S, Chrétiennot–Dinet M–J, Vaulot D. 2001. Grazing impact of two small heterotrophic flagellates on *Prochlorococcus* and *Synechococcus*. Aquat Microb Ecol. 26: 201–207.

Guixa–Boixareu N, Calderón–Paz JI, Heldal M, Bratbak G, Pedrós–Alió C. 1996. Viral lysis and bacterivory as prokaryotic loss factors along a salinity gradient. Aquat Microb Ecol. 11: 215–227.

Guixa–Boixareu N, Vaqué D, Gasol JM, Pedrós–Alió C. 1999. Distribution of viruses and their potential effect on bacterioplankton in an oligotrophic marine system. Aquat Microb Ecol. 19: 205–213.

Hackett JD, Scheetz TE, Yoon HS, Soares MB, Bonaldo MF, and others. 2005. Insights into a dinoflagellate genome through expressed sequence tag analysis. BMC Genomics. 6: 80–92.

Hagström A, Larsson U, Hörstedt P, Normark S. 1979. Frequency of dividing cells: a new approach to the determination of bacterial growth rates in aquatic environments. Appl Environ Microbiol. 37: 805–812.

Hagström A, Ammerman JW, Henrichs S, Azam F, 1984. Bacterioplankton growth in seawater: II. Organic matter utilization during steady–state growth in seawater cultures. Mar Ecol Prog Ser. 18: 41–48.

Hagström A, Azam F, Andersson A, Wikner J, Rassoulzadegan F. 1988. Microbial loop in an oligotrophic pelagic marine ecosystem – possible roles of cyanobacteria and nanoflagellates in the organic fluxes. Mar Ecol Prog Ser. 49: 171–178.

Hall JA, Barrett DP, James MR. 1993. The importance of phytoflagellate, heterotrophic flagellate and ciliate grazing on bacteria and picophytoplankton sized prey in a coastal marine environment. J Plankton Res. 15: 1075–1086.

Hamasaki K. 2006. Comparison of bromodeoxyuridine immunoassay with tritiated thymidine radioassay for measuring bacterial productivity in oceanic waters. J Oceanogr. 62: 793–799.

Hansell DA, Carlson CA, Repeta DJ, Schlitzer R. 2009. Dissolved Organic Matter in the Ocean: A Controversy Stimulates New Insights. Oceanogr. 22: 202–211.

Hara A, Syutsubo K, Harayama S. 2003. Alcanivorax which prevails in oil–contaminated seawater exhibits broad substrate specificity for alkane degradation. Environ Microbiol. 5: 746–753.

Hardies SC1, Hwang YJ, Hwang CY, Jang GI, Cho BC. 2013. Morphology, physiological characteristics, and complete sequence of marine bacteriophage ϕRIO–1 infecting *Pseudoalteromonas marina*. J Virol. 87: 9189–9198.

Harrison WG, Head EJD, Conover RJ, Longhurst AR, Sameoto DD. 1985. The distribution and metabolism of urea in the eastern Canadian Arctic. Deep–Sea Res. 32: 23–42.

Haro–Moreno JM, Rodriguez–Valera F, López–García P, Moreira D, Martin–Cuadrado AB. 2017. New insights into marine group III Euryarchaeota, from dark to light. ISME J. 11: 1102–1117.

Harvey GW. 1966. Microlayer collection from the sea surface: a new method and initial results. Limnol Oceanogr. 11: 608–613.

Harvey GW, Burzell LA. 1972. A simple microlayer method for small samples. Limnol Oceanogr. 17: 156–157.

Hayashi K, Hyashi T, Kojima J. 1991. A natural sulfated polysaccharide, calcium spirulan, isolated from *Spirulina platensis*: in vitro and ex vivo evaluation of anti–herpes simplex virus and anti–human immunodeficiency virus activities. AIDS Res Hum Retrovir. 12: 1463–1471.

He LY, Zhang YF, Ma HY, Su LN, Chen ZJ, Wang QY, Qian M, Sheng XF. 2010. Characterization of copper–resistant bacteria and assessment of bacterial communities in rhizosphere soils of copper–tolerant plants. Appl Soil Ecol. 44: 49–55.

Heberling C, Lowell RP, Liu L, Fisk MR. 2010. Extent of the microbial biosphere in the oceanic crust. Geochem Geophys Geosyst. 11: Q08003, doi:10.1029/2009GC002968.

Heldal M, Bratbak G. 1991. Production and decay of viruses in aquatic environments. Mar Ecol Prog Ser. 72: 205–212.

Hellebust JA, Lewin J. 1977. Heterotrophic nutrition. In The Biology of Diatoms. Werner, (ed.), University of California Press, Berkeley, p169–197.

Hennes K.P, Suttle CA. 1995. Direct counts of viruses in natural waters and laboratory cultures by epifluorescence microscopy. Limnol Oceanogr. 40: 1050–1055.

Hermann T. 2015. Non–coding RNA: antibiotic tricks a switch. Nature. 526: 650–651.

Herndl GJ, Reinthaler T, Teira E, van Aken H, Veth C, Pernthaler A, Pernthaler J. 2005. Contribution of Archaea to total prokaryotic production in the deep Atlantic Ocean. Appl Environ Microbiol. 71: 2303–2309.

Hewson I, Poretsky RS, Tripp HJ, Montoya JP, Zehr JP. 2010. Spatial patterns and light–driven variation of microbial population gene expression in surface waters of the oligotrophic open ocean. Environ Microbiol. 12: 1940–1956.

Hewson I, Paerl RW, Tripp HJ, Zehr JP, Karl DM. 2009. Metagenomic potential of microbial assemblages in the surface waters of the central Pacific Ocean tracks variability in oceanic habitat. Limnol Oceanogr. 54: 1981–1994.

Hildebrand M, Waggoner LE, Liu H, Sudek S, and others. 2004. bryA: an unusual modular polyketide synthase gene from the uncultivated bacterial symbiont of the marine bryozoan *Bugula neritina*. Chem & Biol. 11: 1543–1552.

Hirose M, Katano T, Nakano S. 2008. Growth and grazing mortality rates of *Prochlorococcus*, *Synechococcus* and eukaryotic picophytoplankton in a bay of the Uwa Sea, Japan. J Plank Res. 30: 241–250.

Ho T–Y, Quigg A, Finkel ZV, Milligan A J, and others. 2003. The elemental composition of some marine phytoplankton. J Phycol. 39: 1145–1159.

Hobbie JE, Daley RJ, Jasper S. 1977. Use of nucleopore filters for counting bacteria by fluorescence microscopy. Appl Environ Microbiol. 33: 1225–1228.

Hofer U. 2016. Marine microbiology: Microbiome 'coral'ations. Nat Rev Microbiol. 14: 266.

Hoffman RM. 2015. Application of GFP imaging in cancer. Lab Invest. 95: 432–452.

Holland HD. 1984. The Chemical Evolution of the Atmosphere and Oceans. Princeton University Press, Princeton.

Hoppe HG. 1983. Significance of exoenzymatic activities in the ecology of brackish water: measurements by means of methylumbelliferyl–substrates. Mar Ecol Prog Ser. 11: 299–308.

Hoppe H, Arnosti C, Herndl G. 2002a. Ecological significance of bacterial enzymes in the marine environment. Enzymes in the Environment: Activity, Ecology, and Applications. p 73–107.

Hoppe HG, Gocke K, Koppe R, Begler C. 2002b. Bacterial growth and primary production along a north–south transect in the Atlantic Ocean. Nature. 416: 168–171.

Howard–Varona C, Hargreaves KR, Abedon ST, Sullivan MB. 2017. Lysogeny in nature: mechanisms, impact and ecology of temperate phages. ISME J. 11: 1511–1520.

Howard EC, Sun S, Biers EJ, Moran MA. 2008. Abundant and diverse bacteria involved in DMSP degradation in marine surface waters. Environ Microbiol. 10: 2397–2410.

Hu W, Murata K, Fukuyama S, Kawai Y, Oka E, Uematsu M, and others. 2017. Concentration and viability of airborne bacteria over the Kuroshio extension region in the northwestern Pacific ocean: data from three cruises. J Geophys Res Atmos. 122: 892–812.

Huber JA, Welch DBM, Morrison HG, Huse SM, Neal PR, Butterfield DA, Sogin ML. 2007. Microbial population structures in the deep marine biosphere. Science. 318: 97–100.

Hubert C, Loy A, Nickel M, Arnosti C, Baranyi C, and others. 2009. A constant flux of diverse thermophilic bacteria into the cold Arctic seabed. Science. 325: 1541–1544.

Hug LA, Baker BJ, Anantharaman K, Brown CT, and others. 2016. A new view of the tree of life. Nat Microbiol. 1: 16048.

Hughes KT, Berg HC. 2017. The bacterium has landed. Science. 358: 446–447.

Hunter–Cevera KR, Neubert MG, Olson RJ, Solow AR, Shalapyonok A, Sosik HM. 2016. Physiological and ecological drivers of early spring blooms of a coastal phytoplankter. Science. 354: 326–329.

Hwang CY, Cho BC. 2002. Virus–infected bacteria in oligotrophic open waters of the East Sea, Korea. Aquat Microb Ecol. 30: 1–9.

IMO (International Maritime Organisation). 2002. Convention on the prevention of marine pollution by dumping of wastes and other matter, 1972 (London Convention 1972). Final report on permits issued in 1998. LC.2/Circ.423, International Maritime Organisation, London.

Iriberri J, Unanue M, Barcina I, Egea L. 1987. Seasonal variation in population density and heterotrophic activity of attached and free living bacteria in coastal waters. Appl Environ Microbiol. 53: 2308–2314.

Jabrane A, Sabri A, Compere P, Jacques P, and others. 2002. Characterization of serracin P, a phage–tail–like bacteriocin, and its activity against Erwinia amylovora, the fire blight pathogen. Appl Environ Microbiol. 68: 5704–5710.

Jang GI, Kim G, Hwang CY, Cho BC. 2017. Prokaryotic community composition in alkaline–fermented skate (*Raja pulchra*). Food Microbiol. 61: 72–82.

Jeffrey WH, Von Haven R, Hoch MP. 1996. Bacterioplankton RNA, DNA, protein content and relationships to rates of thymidine and leucine incorporation. Aquat Microb Ecol. 10: 87–95.

Jenner HA, Taylor CJL, van Donk M, Khalanski M. 1997. Chlorination by–products in chlorinated cooling water of some European coastal power stations. Mar Environ Res. 43: 279–293.

Jennings DH. 1986. Fungal growth in the sea. In: The Biology of Marine Fungi (ed. S.T. Moss) Cambridge University Press, London. p 1–10.

Jeong HJ. 1994. Predation by the heterotrophic dinoflagellate *Protoperidinium* cf. *divergens* on copepod eggs and early naupliar stages. Mar Ecol Prog Ser. 114: 203–208.

Johnson ZI, Zinser ER, Coe A, McNulty NP, Woodward EM, Chisholm SW. 2006. Niche partitioning among Prochlorococcus ecotypes along ocean–scale environmental gradients. Science. 311: 1737–1740.

Jonsson PR, Tiselius P. 1990. Feeding behaviour, prey detection and capture efficiency of the copepod *Acartia tonsa* feeding on planktonic ciliates. Mar Ecol Prog Ser. 60: 35–44.

Jordan RE, Payne JR. 1980. Fate and Weathering of Petroleum Spills in the Marine Environment: a literature review and synopsis. Ann Arbor Science Publishers, Inc. pp. 174.

Jørgensen NOG, Kroer N, Coffin RB, Yang XH, Lee C. 1993. Dissolved free amino acids, combined amino acids, and DNA as sources of carbon and nitrogen to marine bacteria. Mar Ecol Prog Ser. 98: 135–148.

Joux F, LeBaron P. 1997. Ecological implications of an improved direct viable count method for aquatic bacteria. Appl Environ Microbiol. 63: 3643–3647.

Joux F, Agogué H, Obernosterer I, Dupuy C, and others. 2006. Microbial community structure in the sea surface microlayer at two contrasting coastal sites in the northwestern Mediterranean Sea. Aquatic Microb Ecol. 42: 91–104.

Jurgens K, Gude H. 1994. The potential importance of grazing–resistant bacteria in planktonic systems. Mar Ecol Prog Ser. 112: 169–188.

Kadavy DR, Shaffer JJ, Lott SE, Wolf TA, and others. 2000. Influence of infected cell growth state on bacteriophage reactivation levels. Appl Environ Microbiol. 66: 5206–5212.

Kana TM, Glibert PM. 1987. Effect of irradiances up to 2000 $\mu E\ m^{-2}\ s^{-1}$ on marine *Synechococcus* WH7803–I: Growth, pigmentation, and cell composition. Deep–Sea Res. 34: 479–495.

Karl DM, Letelier R, Hebel D, Tupas L, J Dore, and others. 1995. Ecosystem changes in the North Pacific subtropical gyre attributed to the 1991–92 El Nino. Nature. 373: 230–234.

Karl DM. 2007. Microbial oceanography: paradigms, processes and promise. Nat Rev Microbiol. 5: 759–769.

Karner M, Fuhrman JA. 1997. Determination of Active Marine Bacterioplankton: a Comparison of Universal 16S rRNA Probes, Autoradiography, and Nucleoid Staining. Appl Environ Microbiol. 63: 1208–1213.

Karner MB, Delong EF, Karl DM. 2001. Archaeal dominance in the mesopelagic zone of the Pacific Ocean. Nature. 409: 507–510.

Kawachi M, Inouye I, Honda D, O'Kelly CJ, Bailey JC, Bidigare RR, Andersen RA. 2002. The *Pinguiophyceae* classis nova, a new class of photosynthetic stramenopiles whose members produce large amounts of omega–3 fatty acids. Phycol Res. 50: 31–47.

Kellogg CA, Rose JB, Jiang SC, Turmond JM, Paul JH. 1995. Genetic diversity of related vibriophages isolated from marine environments around Florida and Hawaii, USA. Mar Ecol Prog Ser. 120: 89–98.

Kennedy J, Flemer B, Jackson SA, Lejon DPH, and others. 2010. Marine metagenomics: new tools for the study and exploitation of marine microbial metabolism. Mar Drugs. 8: 608–628.

Kieber DJ, McDaniel J, Mopper K. 1989. Photochemical source of bioloaical substrates in sea water: implications for carbon cycling. Nature. 341: 637–639.

Kiene RP, Linn LJ, Bruton JA. 2000. New and important roles for DMSP in marine microbial communities. J Sea Res. 43: 209–224.

Kirchman DL, Hanson TE. 2013. Bioenergetics of photoheterotrophic bacteria in the oceans. Environ Microbiol. 5: 188–199.

Kirchrman DL, K'Nees E, Hodson R. 1985. Leucine incorporation and its potential as a measure of protein synthesis by bacteria in natural aquatic systems. Appl Environ Microbiol. 49: 599–607.

Kirchman DL, Moran XAG, Ducklow H. 2009. Microbial growth in the polar oceans – role of temperature and potential impact of climate change. Nat Rev Microbiol. 7: 451–459.

Kirstein IV, Kirmizi S, Wichels A, Garin–Fernandez A, Erler R, and others. 2016. Dangerous hitchhikers? Evidence for pathogenic *Vibrio* spp. on microplastic particles. Mar Environ Res. 120: 1–8.

Kiyohara M, Koyanagi T, Matsui H, Yamamoto K, 2012. Changes in microbiota population during fermentation of Narezushi. Biosci Biotechnol Biochem. 76: 48–52.

Kleindienst S, Seidel M, Ziervogel K, Grim S, and others. 2015. Chemical dispersants can suppress the activity of natural oil–degrading microorganisms. Proc Natl Acad Sci. USA. 112: 14900–14905.

Knowles B, Silveira CB, Bailey BA, Barott K, Cantu VA, and others. 2016. Lytic to temperate switching of viral communities. Nature. 531: 466–470.

Kohlmeyer J, Volkmann–Kohlmeyer B. 1991. Marine fungi of Queensland, Australia. Australian J Mar Res. 42: 91–99.

Koike I, Hara SI, Terauchi K, Kogure K. 1990. Role of sub–micrometre particles in the ocean. Nature. 345: 242–244.

Kokjohn TA, Sayler GS, Miller RV. 1991. Attachment and replication of Pseudomonas aeruginosa bacteriophages under conditions simulating aquatic environments. Microbiology. 137: 661–666.

Kolber ZS, Van Dover CL, Niederman RA, Falkowski PG. 2000. Bacterial photosynthesis in surface waters of the open ocean. Nature. 407: 177–179.

Konstantinidis KT, Braff J, Karl DM, DeLong EF. 2009. Comparative metagenomic analysis of a microbial community residing at a depth of 4,000 meters at station ALOHA in the North Pacific subtropical gyre. Appl Environ Microbiol. 75: 5345–5355.

Könneke M, Bernhard AE, de la Torre JR, Walker CB, Waterbury JB, Stahl DA. 2005. Isolation of an autotrophic ammonia–oxidizing marine archaeon. Nature. 437: 543–546.

Kooi M, van Nes EH, Scheffer M, Koelmans AA. 2017. Ups and downs in the oceans: effect of biofouling on vertical transport of microplastics. Environ Sci Technol. 51: 7963–7971.

Koonin EV, Martin W. 2005. On the origin of genomes and cells within inorganic compartments. Trends Genet. 21: 647–654.

Krishnamurthy SR, Janowski AB, Zhao G, Barouch D, Wang D. 2016. Hyperexpansion of RNA bacteriophage diversity. PLoS Biol. 14: e1002409.

Kroer N, Jsrgensen NOG, Coffin RB. 1994. Utilization of dissolved nitrogen by heterotrophic bacterioplankton: a comparison of three ecosystems. Appl Environ Microbiol. 60: 4116–4123.

Krupovic M, Dutilh BE, Adriaenssens EM, Wittmann J, and others. 2016. Taxonomy of prokaryotic viruses: update from the ICTV bacterial and archaeal viruses subcommittee. Arch Virol. 161: 1095–1099.

Krupovic M, Dolja VV, Koonin EV. 2019. Origin of viruses: primordial replicators recruiting capsids from hosts. Nature Rev Microbiol. 17: 449–458.

Ksionzek KB, Lechtenfeld OJ, McCallister SL, 2016. Dissolved organic sulfur in the ocean: Biogeochemistry of a petagram inventory. Science. 354: 456–459.

Kupferschmidt K. 2017. Genomes Rewrite cholera's global story. Science. 358: 706–707.

La Scola B, Audic S, Robert C, Jungang L, and others. 2003. A giant virus in amoebae. Science. 299: 2033.

Laber CP, Hunter JE, Carvalho F, Collins JR, and others. 2018. Coccolithovirus facilitation of carbon export in the North Atlantic. Nat Microbiol. 3: 537–547.

Lalli CM, Parsons TR. 1993. Biological Oceanography: An introduction. Pergamon Press Ltd., Oxford. pp 301. ISBN O–08–041014.

Landry MR, Calbet A. 2004. Microzooplankton production in the oceans. ICES J Mar Sci. 61: 501–507.

Landry MR, Hasset RP. 1982. Estimating the grazing impact of marine microzooplankton. Mar Biol. 67: 283–288.

Lauro FM, McDougald D, Thomas T, Williams TJ, and others. 2009. The genomic basis of trophic strategy in marine bacteria. Proc Natl Acad Sci. USA. 106: 15527–15533.

Lauro FM, Chastain RA, Blankenship LE, Yayanos AA, Bartlett DH. 2007. The unique 16S rRNA genes of piezophiles reflect both phylogeny and adaptation. Appl Environ Microbiol. 73:838–845.

Lawence JG, Ochman H. 1998. Molecular archaeology of the *Escherichia coli* genome. Proc Natl Acad Sci. USA. 95: 9413–9417.

Lax G, Eglit Y, Eme L, Bertrand EM, Roger A, Simpson AGB. 2018. Hemimastigophora is a novel supra–kingdom–level lineage of eukaryotes. Nature. 564: 410–414.

Laxson CJ, Condon NE, Drazen JC, Yancey PH, 2011. Decreasing urea : trimethylamine N–oxide ratios with depth in chondrichthyes: a physiological depth limit? Physiol Biochem Zool. 84: 494–505.

Lea–Smith DJ, Biller SJ, Davey MP, Cotton CA, and others. 2015. Contribution of cyanobacterial alkane production to the ocean hydrocarbon cycle. Proc Natl Acad Sci. USA. 112: 13591–13596.

Lee S–H, Fuhrman JA. 1987. Relationships between biovolume and biomass of naturally derived marine bacterioplankton. Appl Environ Microbiol. 53: 1298–1303.

Lee K–H, Ruby EG. 1992. The detection of squid light organ symbiont *Vibrio fischeri* in Hawaiian seawater by using lux gene probes. Appl Environ Microbiol. 58: 942–947.

Lee MH, Oh KH, Kang CH, Kim JH, and others. 2012. Novel metagenome–derived, cold–adapted alkaline phospholipase with superior lipase activity as an intermediate between phospholipase and lipase. Appl Environ Microbiol. 78: 4959–4966.

Lesser MP, Mazel CH, Gorbunov MY, Falkowski PG. 2004. Discovery of symbiotic nitrogen–fixing cyanobacteria in corals. Science. 305: 997–1000.

Li A, Piel J. 2002. A gene cluster from a marine Streptomyces encoding the biosynthesis of the aromatic spiroketal polyketide griseorhodin A. Chem & Biol. 9: 1017–1026.

Lindell D, Jaffe JD, Johnson ZI, Church GM, Chisholm SW. 2005. Photosynthesis genes in marine viruses yield proteins during host infection. Nature. 438: 86–89.

Lindell D, Jaffe JD, Coleman ML, Futschik ME, and others. 2007. Genome–wide expression dynamics of a marine virus and host reveal features of co–evolution. Nature. 449: 83–86.

Lindholm T. 1985. *Mesodinium rubrum* – a unique photosynthetic ciliate. Adv Aquat Microbiol. 3: 1–48.

Lindroth P, Mopper K. 1979. High perfor– mance liquid chromatographic determination of subpicomole amounts of amino acids by prccolumn fluorescence derivatization with o–phthaldialdehydc. Anal Chem. 51: 1667–1674.

Lipp JS, Morono Y, Inagaki F, Hinrichs K–U. 2008. Significant contribution of Archaea to extant biomass in marine subsurface sediments. Nature. 454: 991–994.

Liu H, Probert I, Ultz J, Claustre H, Aris–Brosou S, and others. 2009. Extreme diversity in noncalcifying haptophytes explains a major pigment paradox in open oceans. Proc Natl Acad Sci. USA. 106: 12803–12808.

Liu Z, Hu SK, Campbell V, Tatters AO, Heidelberg KB, Caron DA. 2017. Single–cell transcriptomics of small microbial eukaryotes: limitations and potential. ISME J. 11: 1282–1285.

Locey KJ, Lennon JT. 2016. Scaling laws predict global microbial diversity. Proc Natl Acad Sci. USA. 113: 5970–5975.

Long PF, Dunlap WC, Battershill CN, Jaspars M. 2005. Shotgun cloning and heterologous expression of the patellamide gene cluster as a strategy to achieving sustained metabolite production. Chem BioChem. 6: 1760–1765.

López–García P, Rodríguez–Valera F, Pedrós–Alió C, Moreira D. 2001. Unexpected diversity of small eukaryotes in deep–sea Antarctic plankton. Nature. 409: 603–607.

Louca S, Parfrey LW, Doebeli M. 2016. Decoupling function and taxonomy in the global ocean microbiome.

Science. 353: 1272–1277.
Luo H, Benner R, Long RA, Hu J. 2009. Subcellular localization of marine bacterial alkaline phophatases. Proc Natl Acad Sci. USA. 106: 21219–21223.

Maeda Y, Toyohara K, Miyamoto K, Kimura Y, Oda K. 2016. A bacterium that degrades and assimilates poly(ethylene terephthalate). Science. 351: 1196–1199.
Malmstrom RR, Kiene RP, Cottrell MT, Kirchman DL. 2004. Contribution of SAR11 bacteria to dissolved dimethylsulfoniopropionate and amino acid uptake in the North Atlantic Ocean. Appl Environ Microbiol. 70: 4129–4135.
McMahon K. 2015. Metagenomics 2.0. Environ Microbiol Reports. 71: 38–39.
Maki JS. 1993. The air–water interface as an extreme environment (In: Aquatic Microbiology: An ecological approach, Ed. TF Edgcumbe), Blackwell Scientific Publications, Boston. p. 409–439.
Malfatti F, Samo TJ, Azam F. 2009. High–resolution imaging of pelagic bacteria by atomic force microscopy and implications for carbon cycling. ISME J. 4: 427–439.
Mann NH, Cook A, Millard A, Bailey S, Clokie M. 2003. Marine ecosystems: bacterial photosynthesis genes in a virus. Nature. 424: 741.
Maranger R, Bird DF. 1995. Viral between marine and fresh waters. Mar Ecol Prog Ser. 121: 217–226.
Marie D, Brussaard CPD, Thyrhaug R, Bratbak G, Vaulot D. 1999. Enumeration of marine viruses in culture and natural samples by flow cytometry. App Env Microbiol. 65: 45–52.
Marrase C, Lim EL, Caron DA. 1992. Seasonal and daily changes in bacterivory in a coastal plankton community. Mar Ecol Prog Ser. 82: 281–289.
Martens T, Heidorn T, Pukall R, Simon M, Tindall BJ, Brinkhoff T. 2006. Reclassification of *Roseobacter gallaeciensis* Ruiz–Ponte et al. 1998 as *Phaeobacter gallaeciensis* gen. nov., comb. nov., description of *Phaeobacter inhibens* sp. nov., reclassification of *Ruegeria algicola* (Lafay et al. 1995) Uchino et al. 1999 as *Marinovum algicola* gen. nov., comb. nov., and emended descriptions of the genera *Roseobacter*, *Ruegeria* and *Leisingera*. Int J Syst Evol Microbiol. 56: 1293–1304.
Martens–Habbena W, Berube PM, Urakawa H, de la Torre JR, Stahl DA. 2009. Ammonia oxidation kinetics determine niche separation of nitrifying Archaea and Bacteria. Nature. 461: 976–979.
Martin JH. 1990. Glacial–interglacial CO_2 change: the iron hypothesis. Paleoceanogr. 5: 1–13.
Martin JH, Coale KH, Johnson KS, Fitzwater SE. 1994. Testing the iron hypothesis in ecosystems of the equatorial Pacific Ocean. Nature. 371: 123–129.
Martin EL, Benson RL. 1982. Algal viruses, pathogenic bacteria and fungi: introduction and biobliography. In: Rosowski, J R., Parker, B C. (eds.) Selected papers in phycology vol. 11. Phycological Society of America, Inc, New York, p 793–798.
Martin JL, Haya K, Burridge LE, Wildish DJ. 1990. *Nitzschia Pseudodelicatissima* – a source of domoic acid in the Bay of Fundy, eastern Canada. Mar Ecol Prog Ser. 67: 177–182.
Martínez–Pérez C, Mohr W, Löscher CR, Dekaezemacker J, and others. 2009. Occurrence of phosphate acquisition genes in *Prochlorococcus* cells from different ocean regions. Environ Microbiol. 11: 1340–1347.
Martinez–Perez C, Mohr W, Löscher CR, Dekaezemacker J. 2016. The small unicellular diazotrophic symbiont, UCYN–A, is a key player in the marine nitrogen cycle. Nature Microbiol. 1: 16163.
Martinez A, Tyson GW, Delong EF. 2010. Widespread known and novel phosphonate utilization pathways in marine bacteria revealed by functional screening and metagenomic analyses. Environ Microbiol. 12:

222–238.

Marui J, Boulom S, Panthavee W, Momma M, and others. 2014. Culture–independent analysis of the bacterial community during fermentation of pa–som, a traditional fermented fish product in Laos. Fish Sci. 80: 1109–1115.

Mathur EJ, Toledo G, Green BD, Podar M, and others. 2005. A biodiversity–based approach to development of performance enzymes: applied metagenomics and directed evolution. Industrial Biotechnol. 1: 283–287.

Matsuo Y, Imagawa H, Nishizawa M, Shizuri Y. 2005. Isolation of an algal morphogenesis inducer from a marine bacterium. Science. 307: pp. 1598. DOI: 10.1126/science.1105486.

Mayol E, Arrieta JM, Jiménez MA, Martínez–Asensio A, and others. 2017. Long–range transport of airborne microbes over the global tropical and subtropical ocean. Nat Commun. 8: 201.

McCarthy JJ, Whitledge TE. 1972. Nitrogen excretion by anchovy (*Engrauhs mordax* and *E. ringens*) and jack mackerel (*Trachurus symmetricus*). Fish Bull US. 70: 395–401.

McCutcheon JP, Moran NA. 2012. Extreme genome reduction in symbiotic bacteria. Nat Rev Microbiol. 10: 13–26.

McKeown DA, Stevens K, Peters AF, Bond P, Harper GM, Brownlee C, Brown MT, Schroeder DC. 2017. Phaeoviruses discovered in kelp (*Laminariales*). ISME J. 11: 2869–2873.

McManus GB, Fuhrman JA. 1986. Bacterivory in seawater studies with the use of inert fluorescent particles. Limnol Oceanogr. 31: 420–426.

McManus GB, Fuhrman JA. 1990. Mesoscale and seasonal variability of heterotrophic nanoflagellate abundance in an estuarine outflow plume. Mar Ecol Prog Ser. 61: 207–213.

Medigue C, Krin E, Pascal G, Barbe V, and others. 2005. Coping with cold: The genome of the versatile marine Antarctica bacterium *Pseudoalteromonas haloplanktis* TAC125. Genome Res. 15: 1325–1335.

Meersman F, Daniel I, Bartlett DH, Winter R, Hazael R, McMillan PF. 2013. High–pressure biochemistry and biophysics. Rev Mineral Geochem. 75: 607–648.

Meeske AJ, Nakandakari–Higa S, Marraffini LA. 2019. Cas13–induced cellular dormancy prevents the rise of CRISPR–resistant bacteriophage. Nature. 570: 241–245.

Meier KJS, Beaufort L, Heussner S, Ziveri P. 2014. The role of ocean acidification in *Emiliania huxleyi* coccolith thinning in the Mediterranean Sea. Biogeosciences. 11: 2857–2869.

Middelboe M. 2000. Bacterial growth rates and marine virushost dynamics. Microb Ecol. 40: 114–124.

Miller SD, Haddock SH, Elvidge CD, Lee TF, 2005. Detection of a bioluminescent milky sea from space. Proc Natl Acad Sci. USA. 102: 14181–14184.

Milligan KLD, Cosper EM. 1994. Isolation of virus capable of lysing the Brown Tide microalga, *Aureococcus anophagefferens*. Science. 266: 805–807.

Miranda JA, Culley AI, Schvarcz CR, Steward GF. 2016. RNA viruses as major contributors to Antarctic virioplankton. Environ Microbiol. 18: 3714–3727.

Mitchell BG, Holm–Hansen O. 1991. Observations of modeling of the Antartic phytoplankton crop in relation to mixing depth. Deep–Sea Res. 38: 981–1007.

Mitchell JG, Pearson L, Bonazinga A, Dillon S, Khouri H, Paxinos R. 1995. Long lag times and high velocities in the motility of natural assemblages of marine–bacteria. Appl Environ Microbiol. 61: 877–882.

Mizuno CM, Rodriguez–Valera F, Ghai R. 2015. Genomes of planktonic *Acidimicrobiales*: widening horizons for marine Actinobacteria by metagenomics. mBio. 6: e02083–14.

Mnif I, Ghribi D. 2015. Review lipopeptides biosurfactants: mean classes and new insights for industrial, biomedical, and environmental applications. Peptide Science. 104: 129−147.

Moestrup Ø. 1991. Further studies of presumedly primitive green algae, including the description of *Pedinophyceae* class. nov. and *resultor* gen. nov. J Phycol. 27: 119−133.

Monger BC, Landrey MR. 1992. Size−selective grazing by heterotrophic nanoflagellates: An analysis using live−stained bacteria and dual−beam flow cytometry. Arch Hydrobiol Beih Ergebn Limnol. 37: 173−185.

Monger BC, Landry MR. 1990. Direct−interception feeding by marine zooflagellates: the importance of surface and hydrodynamic forces. Mar Ecol Prog Ser. 65: 123−140.

Monier A, Claverie J−M, Ogata H. 2008. Taxonomic distribution of large DNA viruses in the sea. Genome Biol. 9: R106.

Monteil CL. Vallenet D, Menguy N, Benzerara K, and others. 2019. Ectosymbiotic bacteria at the origin of magnetoreception in a marine protist. Nat Microbiol. 4: 1088−1095.

Montoya JP, Holl CM, Zehr JP, Hansen A, Villareal TA, Capone DG. 2004. High rates of N_2−fixation by unicellular diazotrophs in the oligotrophic Pacific Ocean. Nature. 430: 1027−1031.

Moon−van der Staay SY, De Wachter R, Vaulot D. 2001. Oceanic 18S rDNA sequences from picoplankton reveal unsuspected eukaryotic diversity. Nature. 409: 607−610.

Moore LR. 2013. More mixotrophy in the marine microbial mix. Proc Natl Acad Sci. USA. 110: 8323−8324.

Mopper K, Zhou J, Ramana KS, Passow U, Dam HG, Drapeau DT. 1995. The role of surface−active carbohydrates in the flocculation of a diatom bloom in a mesocosm. Deep−Sea Res. II. 42: 47−73.

Moriarty DJW. 1986. Measurements of bacterial growth rates in aquatic systems from rates of nucleic acid synthesis. Adv Microb Ecol. 9: 245−292.

Moran MA, Buchan A, González JM, Heidelberg JF, and others. 2004. Genome sequence of *Silicibacter pomeroyi* reveals adaptations to the marine environment. Nature. 432: 910−913.

Morris, RM, Rappé MS, Connon SA, Vergin KL, Siebold WA, Carlson CA, Giovannoni SJ. 2002. SAR11 clade dominates ocean surface bacterioplankton communities. Nature. 420: 806−810.

Morris RM, Vergin KL, Cho JC, Rappe MS, Carlson CA, Giovannoni SJ. 2005. Temporal and spatial response of bacterioplankton lineages to annual convective overturn at the Bermuda Atlantic Time−series Study site. Limnol Oceanogr. 50: 1687−1696.

Mou X, Sun S, Edwards RA, Hodson RE, Moran MA. 2008. Bacterial carbon processing by generalist species in the coastal ocean. Nature. 451: 708−713.

Mullins TD, Britschgi TB, Krest RL, Giovannoni SJ. 1995. Genetic comparisons reveal the same unknown bacterial lineages in Atlantic and Pacific bacterioplankton communities. Limnol Oceanogr. 40: 148−158.

Munn CB. 2004. Marine Microbiology: ecology & Applications. Garland Science/BIOS Scientific Publishers. P282.

Muñoz−Marín MdelC, Luque I, Zubkov MV, Hill PG, Diez J, García−Fernández JM. 2013. *Prochlorococcus* can use the Pro1404 transporter to take up glucose at nanomolar concentrations in the Atlantic Ocean. Proc Natl Acad Sci. USA. 110: 8597−8602.

Murrell MC, Hollibaugh JT. 1998. Microzooplankton grazing in northern San Francisco Bay measured by the dilution method. Aquat Microb Ecol. 15: 53−63.

Muyzer G, De Waal EC, Uitterlinden AG. 1993. Profiling of complex microbial population by denaturing gradient gel electrophoresis analysis of polymerase chain reaction amplified genes encoding for 16S

rRNA. Appl Environ Microbiol. 59: 695–700.
Mühling M, Joint I, Willetts AJ. 2013. The biodiscovery potential of marine bacteria: an investigation of phylogeny and function. Microbial Biotechnol. 6: 361–370.

Nagata T, Kirchman DL. 1992. Release of macromolecular organic complexes by heterotrophic marine flagellates. Mar Ecol Prog Ser. 83: 233–240.
Neidhardt F, Magasanik B. 1959. Studies on the role of ribonucleic acid in the growth of bacteria. Biochim Biophys Acta. 42: 99–116.
Nelson–Sathi S, Sousa FL, Roettger M, Lozada–Chávez N, and others. 2015. Origins of major archaeal clades correspond to gene acquisitions from bacteria. Nature. 517: 77–80. http://dx.doi.org/10.1038/nature13805
Nelson CE, Carlson CA. 2005. A nonradioactive assay of bacterial productivity optimized for oligotrophic pelagic environments. Limnol Oceanogr Methods. 3: 211–220.
Noble RT, Fuhrman JA. 1997. Virus decay and its causes in coastal waters. Appl Environ Microbiol. 63: 77–83.
Noble RT, Fuhrman JA. 1998. Use of SYBR Green I for rapid epifluorescence counts of marine viruses and bacteria. Aquat Microb Ecol. 14: 113–118.
Noble RT, Fuhrman JA. 1999. Breakdown and microbial uptake of marine viruses and other lysis products. Aquat Microb Ecol. 20: 1–11.
Noble RT, Fuhrman JA. 2000. Rapid virus production and removal as measured with fluorescently labeled viruses as tracers. Appl Environ Microbiol. 66: 3790–3797.
Noble RT, Steward GF. 2001. Estimating viral proliferation in aquatic samples. In: Paul JH (ed) Methods in microbiology, Vol 30. Plenum Press, New York, p 67–82.
Nobu MK, Dodsworth JA, Murugapiran SK, Rinke C, and others. 2016. Phylogeny and physiology of candidate phylum 'Atribacteria'(OP9/JS1) inferred from cultivation–independent genomics. ISME J. 10: 273–286.
Not F, Valentin K, Romari K, Lovejoy C, Massana R, Töbe K, Vaulot D, Medlin LK. 2007. Picobiliphytes: a marine picoplanktonic algal group with unknown affinities to other eukaryotes. Science. 315: 253–255.

Obayashi Y, Suzuki S. 2005. Proteolytic enzymes in coastal surface seawater: significant activity of endopeptidases and exopeptidases. Limnol Oceangr. 50: 722–726.
Obernosterer I, Catala P, Reinthaler T, Herndl GJ, Lebaron P. 2005. Enhanced heterotrophic activity in the surface microlayer of the Mediterranean Sea. Aquat Microb Ecol. 39: 293–302.
Obernosterer I, Catala P, Lami R, Caparros J, Ras J, Bricaud A, Dupuy C, van Wambeke F, Lebaron P. 2008. Biochemical characteristics and bacterial community structure of the sea surface microlayer in the South Pacific Ocean. Biogeosciences. 5: 693–705.
Ohba Y, Fujioka Y, Nakada S, Tsuda M. 2013. Fluorescent protein–based biosensors and their clinical applications. Prog Mol Biol Transl Sci. 113: 313–348.
O'Kelly CJ, Sieracki ME, Their EC, and others. 2003. A transient bloom of *Ostreococcus* (Chlorophyta, Prasinophyceae) in West Neck Bay, Long Island, New York. J Phycol. 39: 850–854.
Pace ML, Knauer GA, Karl DM, Martin JH. 1987. Primary production, new production and vertical flux in the eastern Pacific Ocean. Nature. 325: 803–804.
Pachiadaki MG, Sintes E, Bergauer K, Brown JM, and others. 2017. Major role of nitrite–oxidizing bacteria

in dark ocean carbon fixation. Science. 358: 1046–1051.

Paez–Espino D, Eloe–Fadrosh EA, Pavlopoulos GA, Thomds AD, and others. 2016. Uncovering Earth's virome. Nature. 536: 425–430.

Pagarete A, Chow CE, Johannessen T, Fuhrman JA, Thingstad TF, Sandaa RA. 2013. Strong seasonality and interannual recurrence in marine myovirus communities. Appl Environ Microbiol. 79: 6253–6259.

Painchaud J, Therriault JC, Legendre L. 1995. Assessment of salinity–related mortality of freshwater bacteria in the Saint Lawrence Estuary. Appl Environ Microbiol. 61: 205–208.

Park JS, Choi DH, Hwang CY, Park GI, Cho BC. 2006. Seasonal study on ectoenzyme activities, carbohydrate concentrations, prokaryotic abundance and production in a solar saltern in Korea. Aquat Microb Ecol. 43: 153–163.

Parkes RJ, Cragg BA, Bale J, Getliff M, and others. 1994. Deep bacterial biosphere in Pacific Ocean sediments. Nature. 371: 410–413.

Parks DH, Rinke C, Chuvochina M, Chaumeil P–A, and others. 2017. Recovery of nearly 8,000 metagenome–assembled genomes substantially expands the tree of life. Nature Microbiol. 2: 1533–1542.

Parks DH, Chuvochina M, Waite DW, Rinke C, Skarshewski A, Chaumeil PA, Hugenholtz P. 2018. A standardized bacterial taxonomy based on genome phylogeny substantially revises the tree of life. Nat Biotechnol. 36: 996–1004.

Passow U. 2002. Transparent exopolymer particles (TEP) in aquatic environments. Prog Oceanogr. 55: 287–333.

Passow U, Alldredge AL, Logan BE. 1994. The role of particulate carbohydrate exudates in the flocculation of diatom blooms. Deep–Sea Res. I. 41: 335–357.

Paul JH, DeFlaun MF, Jeffrey WH, David AW. 1988. Seasonal and diel variability in dissolved DNA and in microbial biomass and activity in a subtropical estuary. Appl Environ Microbiol 54: 718–727.

Pernthaler J. 2005. Predation on prokaryotes in the water column and its ecological implications. Nat Rev Microbiol. 3: 537–546.

Pernthaler A, Preston CM, Pernthaler J, DeLong EF, Amann R. 2002. Comparison of fluorescently labeled oligonucleotide and polynucleotide probes for the detection of pelagic marine bacteria and archaea. Appl Environ Microbiol. 68: 661–667.

Pedersen H, Lomstein BA, Henry BT. 1993. Evidence for bacterial urea production in marine sediments. FEMS Microbiol Ecol. 12: 51–59.

Pfeifer–Sancar K, Mentz A, Rückert C, Kalinowski J. 2013. Comprehensive analysis of the *Corynebacterium glutamicum* transcriptome using an improved RNAseq technique. BMC Genomics. 14: 888.

Pfreundt U, Kopf M, Belkin N, Berman–Frank I, Hess WR. 2014. The primary transcriptome of the marine diazotroph *Trichodesmium erythraeum* IMS101. Sci Rep. 4: 6187. DOI: 10.1038/srep06187.

Piel J, Hui D, Wen G, Butzke D, Platzer M, and others. 2004. Antitumor polyketide biosynthesis by an uncultivated bacterial symbiont of the marine sponge *Theonella swinhoei*. Proc Natl Acad Sci. USA. 101: 16222–16227.

Pinhassi J, Azam F, Hemphälä J, Long RA, Martinez J, Zweifel UL, Hagström Å. 1999. Coupling between bacterioplankton species composition, population dynamics, and organic matter degradation. Aquat Microb Ecol. 17: 13–26.

Platt T, Rao DVS, Irwin B. 1983. Photosynthesis of picoplankton in the oligotrophic ocean. Nature. 301: 702–704.

Polymenakou PN, Mandalakis M, Stephanou EG, Tselepides A. 2008. Particle size distribution of airborne microorganisms and pathogens during an intense African dust event in the eastern Mediterranean. Environ Health Persp. 116: 292–296.

Pomeroy LR. 1974. The ocean's food web: a changing paradigm. Bioscience. 9: 499–504.

Pomeroy LR, Deibel D. 1986. Temperature regulation of bacterial activity during the spring bloom in Newfoundland coastal waters. Science. 233: 359–361.

Pope PB, Smith W, Denman SE, Tringe SG, and others. 2011. Isolation of *Succinivibrionaceae* implicated in low methane emissions from *Tammar wallabies*. Science. 333: 646–648.

Porter KG, Feig YS. 1980. The use of DAPI for identifying and counting aquatic microflora. Limnol Oceanogr. 25: 943–948.

Prangishvili D, Bamford DH, Forterre P, Iranzo J, Koonin EV, Krupovic M. 2017. The enigmatic archaeal virosphere. Nature Rev Microbiol. 15: 724–739.

Pritchard PH, Mueller JG, Rogers JC, Kremer FV, Glaser JA. 1992. Oil spill bioremediation: experiences, lessons and results from the Exxon Valdez oil spill in Alaska. Biodegradation. 3: 315–335.

Proctor LM, Fuhrman JA. 1990. Viral mortality of marine bacteria and cyanobacteria. Nature. 343: 60–62.

Proctor LM, Okubo A, Fuhrman JA. 1993. Calibrating estimates of phage–induced mortality in marine bacteria: ultrastructure studies of marine bacteriophage development from one–step growth experiments. Microb Ecol. 25: 161–182.

Proksch P, Edrada R, Ebel R. 2002. Drugs from the seas–current status and microbiological implications. Appl Microbiol Biotechnol. 59: 125–134.

Qin QL, Li Y, Zhang YJ, Zhou ZM, and others. 2011. Comparative genomics reveals a deep–sea sediment–adapted life style of *Pseudoalteromonas* sp. SM9913. ISME J. 5: 274–284.

Rahav E, Adina P, Mescioglu E, Yuri G, Rosenfeld S, Ofrat R, and others. 2018. Airborne microbes contribute to N_2 fixation in surface water of the Northern Red Sea. Geophys Res Lett. 45: 6186–6194.

Rahfeld P, Sim L, Moon H, Constantinescu I, and others. 2019. An enzymatic pathway in the human gut microbiome that converts A to universal O type blood. Nat Microbiol. https://doi.org/10.1038/s41564–019–0469–7.

Raoult D, Audic S, Robert C, Abergel C, and others. 2004. The 1.2–megabase genome sequence of Mimivirus. Science. 306: 1344–1350.

Rappé MS, Connon SA, Vergin KL, Giovannoni SJ. 2002. Cultivation of the ubiquitous SAR11 marine bacterioplankton clade. Nature. 418: 630–633.

Read BA, Kegel J, Klute MJ, Kuo A, and others. 2013. Pan genome of the phytoplankton *Emiliania* underpins its global distribution. Nature. 499: 209–213.

Reinthaler T, Sintes E, Herndl GJ. 2008. Dissolved organic matter and bacterial production and respiration in the sea–surface microlayer of the open Atlantic and the western Mediterranean Sea. Limnol Oceanogr. 53: 122–136.

Reisser JW, Slat B, Noble K, Plessis KD, and others. 2015. The vertical distribution of buoyant plastics at sea: an observationalstudy in the North Atlantic Gyre. Biogeosciences. 12: 1249–1256.

Repeta DJ, Ferrón S, Sosa OA, DeLong EF, Karl DM, 2016. Marine methane paradox explained by bacterial degradation of dissolved organic matter. Nat Geosci. 9: 884–887.

Revsbech NP, Jørgensen BB. 1986. Microelectrodes: their use in microbial ecology. Adv Microb Ecol. 9:

293–352.
Riemann B, Bjornsen PK, Newell S, Fallon R. 1987. Calculation of cell production of coastal marine bacteria based on measured incorporation of [^{3}H]thymidine. Limnol Oceanogr. 32: 471–476.
Rittenberg SC. 1939. Investigations on the microbiology of marine air. J Mar Res. 2: 208–217.
Rivkin RB, Legendre L. 2001. Biogenic carbon cycling in the upper ocean: Effects of microbial respiration. Science. 291: 2398–2400.
Rivkin RB, Putt M. 1987. Heterotrophy and photoheterotrophy by Antarctic microalgae: Light–dependent incorporation of amino acids and glucose. J Phycol. 23: 442–452.
Roberts JM, Wheeler AJ, Freiwald A. 2006. Reefs of the deep: the biology and geology of cold–water coral ecosystems. Science. 312: 543–547.
Rocap G, Distel DL, Waterbury JB, Chisholm SW. 2002. Resolution of *Prochlorococcus* and *Synechococcus* ecotypes by using 16s–23s ribosomal DNA internal transcribed spacer sequences. Appl Environ Microbiol. 68: 1180–1191.
Rodriguez GG, Phipps D, Ishiguro K, Ridgway HF. 1992. Use of a fluorescent redox probe for direct visualization of actively respiring bacteria. Appl Environ Microbiol. 58: 1801–1808.
Rohwer F. 2003. Global phage diversity. Cell. 113: 141.
Rosso AL, Azam F. 1987. Proteolytic activity in coastal oceanic waters: Depth distribution and relationship to bacterial populations. Mar Ecol Prog Ser. 41: 231–240.
Roux S, Hawley AK, Beltran MT, Scofield M, and others. 2014. Ecology and evolution of viruses infecting uncultivated SUP05 bacteria as revealed by single–cell–and meta–genomics. eLife 3: e3125.
Roux S, Brum JR, Dutilh BE, Sunagawa S, and others. 2016. Ecogenomics and potential biogeochemical impacts of globally abundant ocean viruses. Nature. 537: 689–693.
Rubin M, Berman–Frank I, Shaked Y. 2011. Dust– and mineral–iron utilization by the marine dinitrogen–fixer *Trichodesmium*. Nature Geoscience. 4: 529–534.
Ruiz GM, Rawlings TK, Dobbs FC, Drake LA, Mullady T, Huq A, Colwell RR. 2000. Global spread of microorganisms by ships. Nature. 408: 49–50.
Rusch DB, Halpern AL, Sutton G, Heidelberg KB, and others. 2007. The Sorcerer II Global Ocean Sampling Expedition: northwest Atlantic through eastern Tropical Pacific. PLoS Biol. 5: e77.
Rusch DB, Martiny A, Dupont CL, Halpern AL, Venter JC. 2010. Characterization of *Prochlorococcus* clades from iron depleted oceanic regimes. Proc Natl Acad Sci. USA. 107: 16184–16189.

Sakamoto N, Tanaka S, Sonomoto K, Nakayama J. 2011. 16S rRNA pyrosequencing–based investigation of the bacterial community in nukadoko, a pickling bed of fermented rice bran. Int J Food Microbiol. 144: 352–359.
Saito MA, McIlvin MR, Moran DM, Goepfert TJ, DiTullio GR, Post AF, Lamborg CH. 2014. Multiple nutrient stresses at intersecting Pacific Ocean biomes detected by protein biomarkers. Science. 345: 1173–1177.
Salonen K, Jokinen S. 1988. Flagellate grazing on bacteria in a small dystrophic lake. Hydrobiologia. 161: 203–239.
Sanders RW, Caron DA, Berninger UG. 1992. Relationships between bacteria and heterotrophic nanoplankton in marine and fresh waters: an inter–ecosystem comparison. Mar Ecol Prog Ser. 86: 1–14.
Sapp M, Schwaderer AS, Wiltshire KH, Hoppe HG, Gerdts G, Wichels A. 2007. Species–specific bacterial communities in the phycosphere of microalgae? Microb Ecol. 53: 683–699.

Sayles FL, Martin WR, Deuser WG. 1994. Response of benthic oxygen demand to particulate organic carbon supply in the deep sea near Bermuda. Nature. 371: 686–689.

Schink B, Friedrich M. 2000. Phosphite oxidation by sulphate reduction. Nature. 406: 37.

Schrader HS, Schrader JO, Walker JJ, Wolf TA, Nickerson KW, Kokjohn TA. 1997. Bacteriophage infection and multiplication occur in Pseudomonas aeruginosa starved for 5 years. Can J Microbiol. 43: 1157–1163.

Schulz HN, Brinkhoff T, Ferdelman TG, Mariné MH, Teske A, Jorgensen BB. 1999. Dense populations of a giant sulfur bacterium in Namibian shelf sediments. Science. 284: 493–495.

Schwalbach MS, Fuhrman JA. 2005. Wideranging abundances of aerobic anoxygenic phototrophic bacteria in the world ocean revealed by epifluorescence microscopy and quantitative PCR. Limnol Oceanogr. 50: 620–628.

Scranton MI, Brewer PG. 1977. Occurrence of methane in the near–surface waters of the western subtropical North Atlantic. Deep–Sea Res. 24: 127–138.

Sebastian M, Ammerman JW. 2009. The alkaline phosphatase PhoX is more widely distributed in marine bacteria than the classical PhoA. ISME J. 3: 563–572.

Segev E, Wyche TP, Kim KH, Petersen J, Ellebrandt C, Vlamakis H, Barteneva N, Paulson JN, Chai L, Clardy J, Kolter R. 2016. Dynamic metabolic exchange governs a marine algal–bacterial interaction. Elife. 5.pii: e17473.

Seitzinger SP, Nixon SW. 1985. Eutrophication and the rate of denitrification and N_20 production in coastal marine sediments. Limnol Oceanogr. 30: 1332–1339.

Seitzinger SP. 1988. Denitrification in freshwater and coastal marine ecosystems: Ecological and geochemical significance. Limnol Oceanogr. 33: 702–724.

Selje N, Simon M, Brinkhoff T. 2004. A newly discovered Roseobacter cluster in temperate and polar oceans. Nature. 427: 445–448.

Sender R, Fuchs S Milo R. 2016. Revised estimates for the number of human and bacteria cells in the body. PLOS Biol. 14: e1002533.

Seo C, Sohn JH, Oh H, Kim BY, Ahn JS. 2009. Isolation of the protein tyrosine phosphatase 1B inhibitory metabolite from the marine–derived fungus *Cosmospora* sp. SF–5060. Bioorg Med Chem Lett. 19: 6095–6097.

Shade A. 2017. Diversity is the question, not the answer. ISME J. 11: 1–6.

Shaffer G, Rönner U. 1984. Denitrification in the Baltic proper deep water. Deep–Sea Res. 31: 197–220.

Sharma CM, Hoffmann S, Darfeuille F, Reignier J, and others. 2010. The primary transcriptome of the major human pathogen *Helicobacter pylori*. Nature. 464: 250–255.

Shehane SD, Sizemore RK. 2002. Isolation and preliminary characterization of bacteriocins produced by *Vibrio vulnificus*. J Appl Microbiol. 92: 322–328.

Sherr BF, Sherr EB, Berman T. 1983. Grazing, growth, and ammonium excretion rates of a heterotrophic microflagellate fed with 4 species of bacteria. Appl Environ Microbiol. 45: 1196–1201.

Sherr BF, Sherr EB. 1984. Role of heterotrophic protozoa in carbon and energy flow in aquatic ecosystems, p. 412–423. In: M. J. Klug and C. A. Reddy [eds.], Current Perspectives in Microbial Ecology. Am. Sot. Microbial.

Sherr BF, Sherr EB, Fallon RD. 1987. Use of monodispersed, fluorescently labeled bacteria to estimate in situ protozoan bacteriovory. Appl Environ Microbiol. 53: 958–965.

Sherr BF, Sherr EB, Pedrós–Alió C. 1989. Simultaneous measurement of bacterioplankton production and protozoan bacterivory in estuarine water. Mar Ecol Prog Ser. 54: 209–219.

Sherr EB, Sherr BF. 2002. Significance of predation by protists in aquatic microbial food webs. Antonie Van Leeuwenhoek. 81: 293–308.

Shi M, Lin XD, Tian JH, Chen LJ, and others. 2016. Redefining the invertebrate RNA virosphere. Nature. 540: 539–543.

Shiba T. 1991. *Roseobacter litoralis* gen. nov., sp. nov., and *Roseobacter denitrificans* sp. nov., aerobic pink–pigmented bacteria which contain bacteriochlorophyll a. Syst & Appl Microbiol. 14: 140–145.

Shimizu Y. 2003. Microalgal metabolites. Curr Opin Microbiol. 6: 236–243.

Shin H, Lee E, Shin J, Ko S–R, Oh H–S, Ahn C–Y, Oh H–M, Cho B–K, Cho S. 2018. Elucidation of the bacterial communities associated with the harmful microalgae *Alexandrium tamarense* and *Cochlodinium polykrikoides* using nanopore sequencing. Sci Rep. 8: 5323.

Sieburth JM. 1965. Bacteriological samplers for air–water and water–sediment interfaces. Ocean science and Ocean engineering. Transactions of the Joint Conference, MTS and ASLO, Washington, DC, p. 1064–1068.

Sieburth JM. 1983. Microbiological and organic–chemical processes in the surface and mixed layers. In: Liss PS, Slinn WGN (eds). Air–Sea Exchange of Gases and Particles. Reidel Publishers Co: Hingham, MA. p 121–172.

Sieracki ME, Haas LW, Caron DA, Lessard EJ. 1987. Effect of fixation on particle retention by microflagellates: underestimation of grazing rates. Mar Ecol Prog Ser. 38: 251–258.

Sieracki ME, Viles C. 1992. Distribution and fluorochrome–staining properties of submicrometer particles and bacteria in the North Atlantic. Deep–Sea Res. 39: 1919–1929.

Simmonds P, Adams MJ, Benkő M, Breitbart M, and others. 2017. Consensus statement: virus taxonomy in the age of metagenomics. Nature Rev Microbiol. 15: 161–168.

Simon M, Azam F. 1989. Protein content and protein synthesis of planktonic marine bacteria. Mar Ecol Prog Ser. 51: 201–213.

Simon M. 1991. Isotope dilution of intracellular amino acids as a tracer of carbon and nitrogen sources of marine planktonic bacteria. Mar Ecol Prog Ser. 74: 295–301.

Simon M, Welschmeyer NA, Kirchman DL. 1992. Bacterial production and the sinking flux of particulate organic matter in the subarctic Pacific. Deep–Sea Res. 39: 1997–2008.

Slawyk G, Raimbault P, L'Helguen S. 1990. Recovery of urea nltrogen from seawater for measurements of ^{15}N abundance in urea regeneration studies uslng the isotope–dilution approach. Mar Chem. 30: 343–362.

Smith Jr KL, Carlucci AF, Jahnke RA, Craven DB. 1987. Organic carbon mineralization in the Santa Catalina Basin: benthic boundary layer metabolism. Deep–Sea Res. 34: 185–211.

Smith DC, Simon M, Alldredge AL, Azam F. 1992. Intense hydrolytic enzyme activity on marine aggregates and implications for rapid particle dissolution. Nature. 359: 139–142.

Smith ML, Bruhn JN, Anderson JB. 1992. The fungus *Armillaria bulbosa* is among the largest and oldest living organisms. Nature. 356: 428–431.

Sogin ML, Morrison HG, Huber JA, Mark Welch D, and others. 2006. Microbial diversity in the deep sea and the underexplored "rare biosphere." Proc Natl Acad Sci. USA. 103: 12115–12120.

Somville M, Billen G. 1983. A method for determining exoproteasic activity in natural waters. Limnol Oceanogr. 28: 190–193.

Stackebrandt E, Rainey FA, Ward–Rainey NL. 1997. Proposal for a new hierarchic classification system,

Actinobacteria classis nov. Int J Syst Bacteriol. 47: 479–491.

Steele J. The Structure of Marine Ecosystems. (Harvard Univ. Press, Massachusetts, 1974).

Steward GF, Azam F. 1999. Bromodeoxyuridine as an alternative to ^{3}H–thymidine for measuring bacterial productivity in aquatic samples. Aquat Microb Ecol. 19: 57–66.

Steward GF, Wikner J, Cochlan WP, Smith DC, Azam F. 1992a. Estimation of virus production in the sea: I. Method development. Mar Microb Food Webs. 6: 57–78.

Steward GF, Wikner J, Cochlan WP, Smith DC, Azam F. 1992b. Estimation of virus production in the sea: II. Field results. Mar Microb Food Webs. 6: 79–90.

Steward GF, Smith DC, Azam F. 1996. Abundance and production of bacteria and viruses in the Bering and Chukchi Seas. Mar Ecol Prog Ser. 131: 287–300.

Suess E. 1980. Particulate organic carbon flux in the oceans–surface productivity and oxygen utilization. Nature. 288: 260–263.

Suttle CA, Chen F. 1992. Mechanisms and rates of decay of marine viruses in seawater. Appl Environ Microbiol. 58: 3721–3729.

Suttle CA. 2007. Marine viruses: major players in the global ecosystem. Nat Rev Microbiol. 5: 801–812.

Suzan–Monti M, La Scola B, Raoult D. 2006. Genomic and evolutionary aspects of Mimivirus. Virus Res. 117: 145–155.

Suzumura M, Hashihama F, Yamada N, Kinouchi S. 2012. Dissolved phosphorus pools and alkaline phosphatase activity in the euphotic zone of the western north pacific ocean. Front Microbiol. 3: 99.

Swan BK, Tupper B, Sczyrba A, Lauro FM, Martinez–Garcia M, and others. 2013. Prevalent genome streamlining and latitudinal divergence of planktonic bacteria in the surface ocean. Proc Natl Acad Sci. USA. 110: 11463–11468.

Tabor PS, Neihoff RA. 1984. Direct determination of activities for microorganisms of Chesapeake Bay populations. Appl Environ Microbiol. 48: 1012–1019.

Tagliabue A, Bowie AR, Boyd PW, Buck KN, Johnson KS, Saito MA. 2017. The integral role of iron in ocean biogeochemistry. Nature. 543: 51–59.

Taylor TN, Remy W, Hass H. 1992. Fungi from the lower Devonian Rhynie chert: Chytridiomycetes. Amer J Botany. 79: 1233–1241.

Tanasupawat S, Takehana T, Yoshida S, Hiraga K, Oda K. 2016. *Ideonella sakaiensis* sp. nov., isolated from a microbial consortium that degrades poly(ethylene terephthalate). Int J Syst Evol Microbiol. 66: 2813–2818.

Teeling H, Fuchs BM, Becher D, Klockow C, and others. 2012. Substrate–controlled succession of marine bacterioplankton populations induced by a phytoplankton bloom. Science. 336: 608–611.

Thingstad TF. 2000. Elements of a theory for the mechanisms controlling abundance, diversity, and biogeochemical role of lytic bacterial viruses in aquatic systems. Limnol Oceanogr. 45: 1320–1328.

Thingstad TF, Bratbak G. 2016. Microbial oceanography: viral strategies at sea. Nature. 531: 454–455.

Thompson LR, Sanders JG, McDonald D, Amir A, Ladau J, and others; Earth Microbiome Project Consortium. 2017. A communal catalogue reveals Earth's multiscale microbial diversity. Nature. 551: 457–463.

Thompson AW, Foster RA, Krupke A, Carter BJ, Musat N, Vaulot D, Kuypers MM, Zehr JP. 2012. Unicellular cyanobacterium symbiotic with a single–celled eukaryotic alga. Science. 337: 1546–1550.

Thompson CC, Silva GG, Vieria NM, Edwards R, and others. 2013. Genomic taxonomy of the genus

Prochlorococcus. Microb Ecol. 66: 752–762.

Thrash JC, Temperton B, Swan BK, Landry ZC, and others. 2014. Single–cell enabled comparative genomics of a deep ocean SAR11 bathytype. ISME J. 8: 1440–1451.

Thurber RV, Wilner–Hall D, Rodrigues–Mueller B, Desnues C, Edwards RA, and others. 2009. Metagenomic analysis of stressed coral holobionts. Environ Microbiol. 11:2148–2163.

Todd JD, Curson AR, Dupont, CL, Nicholson P, Johnston AW. 2009. The dddP gene, encoding a novel enzyme that converts dimethylsulfoniopropionate into dimethyl sulfide, is widespread in ocean metagenomes and marine bacteria and also occurs in some Ascomycete fungi. Environ Microbiol. 11: 1376–1385.

Toit AD. 2019. Pushing the eject button. Nature Rev Microbiol. 17: 334–335.

Tortell PD, Maldonado MT, Price NM. 1996. The role of heterotrophic bacteria in iron–limited ocean ecosystems. Nature. 383: 330–332.

Touchon M, Bernheim A, Rocha EPC. 2016. Genetic and life–history traits associated with the distribution of prophages in bacteria. ISME J. 10: 2744–2754.

Tranvik LJ, Sherr EB, Sherr BF. 1993. Uptake and utilization of 'colloidal DOM' by heterotrophic flagellates in seawater. Mar Ecol Prog Ser. 92: 301–309.

Tromas N, Fortin N, Bedrani L, Terrat Y, and others. 2017. Characterising and predicting cyanobacterial blooms in an 8–year amplicon sequencing time course. ISME J. 11: 1746–1763.

Tsementzi D, Wu J, Deutsch S, Nath S, and others. 2016. SAR11 bacteria linked to ocean anoxia and nitrogen loss. Nature. 536: 179–183.

Tseng C–H., Tang S–L. 2014. Marine Microbial Metagenomics: From Individual to the Environment. Int J Mol Sci. 15: 8878–8892.

Turk V, Rehnstam AS, Lundberg E, Hagstrom A. 1992. Release of bacterial DNA by marine nanoflagellates, an intermediate step in phosphorus regeneration. Appl Environ Microbiol. 58: 3744–3750.

Turley CM, Bianchi M, Christaki U, Conan P, and others. 2000. Relationship between primary producers and bacteria in an oligotrophic sea–the Mediterranean and biogeochemical implications. Mar Ecol Prog Ser. 193: 11–18.

Turley CM. 1985. Biological studies in the vicinity of a shallow–sea tidal mixing front IV. Seasonal and temporal distrlbution, of urea and its uptake by phytoplankton. Phil Trans R Soc Lond. Ser B. 310: 471–500.

Turley C, Lochte K. 1986. Diel changes in the specific growth rate and mean cell volume of natural bacterial communities in two different water masses in the Irish Sea. Microb Ecol. 12: 271–282.

Van Dolah FM, Lidie KB, Monroe EA, Bhattacharya D, Campbell L, and others. 2009. The Florida red tide dinoflagellate *Karenia brevis*: new insights into cellular and molecular processes underlying bloom dynamics. Harmful Algae. 8: 562–572.

Van Etten JL, Meints RH, Burbank DE, Kuczmarski D, Cuppels DA, Lane LC. 1981. Isolation and characterization of a virus from the intracellular green alga symbiotic with *Hydra viridis*. Virology. 113: 704–711.

Van Kessel MA, Speth DR, Albertsen M, Nielsen PH, and others. 2015. Complete nitrification by a single microorganism. Nature. 528: 555–559.

Vaulot D, Marie D, Olson RJ, Chisholm SW. 1995. Growth of *Prochlorococcus*, a photosynthetic prokaryote, in the Equatorial Pacific Ocean. Science. 268: 1480–1482.

Venter JC, Remington K, Heidelberg JF, Halpern AL, and others. 2004. Environmental genome shotgun sequencing of the Sargasso Sea. Science. 304: 66–74.

Verdugo P, Alldredge A, Azam F, Kirchman DL, Passow U, Santschi P. 2004. The oceanic gel phase: a bridge in the DOM–POM continuum. Mar Chem. 92: 67–85.

Vezzulli L, Grande C, Reid PC, Hélaouëtb P, and others. 2016. Climate influence on Vibrio and associated human diseases during the past half–century in the coastal North Atlantic. Proc Natl Acad Sci. USA. E5062–E5071. doi/10.1073/pnas.1609157113.

Vila–Costa M, Simó R, Harada H, Gasol JM, Slezak D, Kiene RP. 2006. Dimethylsulfoniopropionate uptake by marine phytoplankton. Science. 314: 652–654.

Visscher PT, Diaz MR, Taylor BF. 1992. Enumeration of bacteria which cleave or demethylate dimethylsulfoniopropionate in the Caribbean Sea. Mar Ecol Prog Ser. 89: 293–296.

Voigt K, Sharma CM, Mitschke J, Lambrecht SJ, Voß B, Hess WR, Steglich C. 2014. Comparative transcriptomics of two environmentally relevant cyanobacteria reveals unexpected transcriptome diversity. ISME J. 8: 2056–2068.

Vreeland RH, Rosenzweig WD, Powers DW. 2000. Isolation of a 250 million–year–old halotolerant bacterium from a primary salt crystal. Nature. 407: 897–900.

Walsh DA, Zalkova E, Howes CG, Song YC, and others. 2009. Metagenome of a versatile chemolithoautotroph from expanding oceanic dead zones. Science. 326: 578–582.

Walter JM, Coutinho FH, Dutilh BE, Swings J, Thompson FL, Thompson CC. 2017. Ecogenomics and taxonomy of Cyanobacteria Phylum. Front Microbiol. 8: 2132.

Wang M, Hu C, Barnes BB, Mitchum G, Lapointe B, Montoya JP. 2019. The great Atlantic Sargassum belt. Science. 365: 83–87.

Ward BB, Perry MJ. 1980. Immunofluorescent assay for the marine ammonium–oxidizing bacterium *Nitrosococcus oceanus*. Appl Environ Microbiol. 39: 913–918.

Ward BB. 1987. Nitrogen transformations in the Southern California Bight. Deep–Sea Res. 34: 785–805.

Waterbury JB, Watson S, Guillard RRL, Brand LE. 1979. Widespread occurrence of a unicellular, marine, planktonic, cyanobacterium. Nature. 277: 293–294.

Waterbury JB, Valois FW. 1993. Resistance to co–occurring phages enables marine *Synechococcus* communities to coexist with cyanophages abundant in seawater. Appl Environ Microbiol. 59: 3393–3399.

Webb V, Leduc E, Spiegelman GB. 1982. Burst size of bacteriophage SP82 as a function of growth rate of its host Bacillus subtilis. Can J Microbiol. 28: 1277–1280.

Weill FX, Domman D, Njamkepo E, Almesbahi AA, and others. 2019. Genomic insights into the 2016–2017 cholera epidemic in Yemen. Nature. 565: 230–233.

Weinbauer MG, Fuks D, Peduzzi P. 1993. Distribution of viruses and dissolved DNA along a coastal trophic gradient in the Northern Adriatic Sea. Appl Environ Microbiol. 59: 4074–4082.

Weinbauer MG, Peduzzi P. 1994. Frequency, size and distribution of bacteriophages in different marine bacterial morphotypes. Mar Ecol Prog Ser. 108: 11–20.

Weinbauer MG, Suttle CA. 1996. Potential significance of lysogeny to bacteriophage production and bacterial mortality in coastal waters of the Gulf of Mexico. Appl Environ Microbiol. 62: 4374–4380.

Weinbauer MG, Wilhelm SW, Suttle CA, Garza DR. 1997. Photoreactivation compensates for UV damage and restores infectivity to natural marine virus communities. Appl Environ Microbiol. 63: 2200–2205.

Weinbauer MG, Winter C, Höfle M. 2002. Reconsidering transmission electron microscopy based estimates of viral infection of bacterioplankton using conversion factors derived from natural communities. Aquat Microb Ecol. 27: 103–110.

Weinbauer MG. 2004. Ecology of prokaryotic viruses. FEMS Microbiol Rev. 28: 127–181.

Wells ML, Goldberg E. 1992. Occurrence of small colloids in seawater. Nature. 353: 342–344.

White PA, Kalff J, Rasmussen JB, Grasol JM. 1991. The effect of temperature and algal biomass on bacterial production and specific growth rate in freshwater and marine habitats. Microb Ecol. 21: 99–118.

Wierzbicka–Wos A, Bartasun P, Cieslinski H, Kur J. 2013. Cloning and characterization of a novel cold–active glycoside hydrolase family 1 enzyme with beta–glucosidase, beta–fucosidase and beta–galactosidase activities. BMC Biotechnol. 13:22. doi: 10.1186/1472–6750–13–22.

Wigington CH, Sonderegger D, Brussaard CP, Buchan A, Finke JF, and others. 2016. Re–examination of the relationship between marine virus and microbial cell abundances. Nat Microbiol. 1: 15024.

Wikner J, Rassoulzadgan F, Hagström Å. 1990. Periodic bacterivore activity balances bacterial growth in the marine environment. Limnol Oceanogr. 35: 313–324.

Wilhelm SW, Weinbauer MG, Suttle CA, Jeffrey WH. 1998a. The role of sunlight in the removal and repair of viruses in the sea. Limnol Oceanogr. 43: 586–592.

Williams HN, Lymperopoulou DS, Athar R, Chauhan A, and others. 2016. *Halobacteriovorax*, an underestimated predator on bacteria: potential impact relative to viruses on bacterial mortality. ISME J. 10: 491–499.

Williams PJL. 1981a. Incorporation of microheterotrophic processes into the classical paradigm of the planktonic food web. Kiel Meeresforsch. 5: 1–28.

Williams PJL. 1981b. Microbial contribution to overall marine plankton metabolism: direct measurements of respiration. Oceanol Acta. 4: 359–364.

Williams PJL, Jenkinson NW. 1982. A transportable microprocessor–controlled Winkler titration suitable for field and shipboard use. Limnol Oceanogr. 27: 576–584.

Williams PJL. 1983. In Heterotrophic Activity in the Sea, J. E. Hobbie, P. J. le B. Williams, Eds. Plenum, New York, p. 375–389.

Williams PJL, Carlucci AF, Henrichs SM, Van Vleet ES, Horrigan SG, Reid FMH, Roberston KJ. 1986. Chemical and microbiological studies of sea–surface films in the southern gulf of California and off the west coast of Baja California. Mar Chem. 19: 17–98.

Wilson WH, Schroeder DC, Allen MJ, Holden MT, and others. 2005. Complete genome sequence and lytic phase transcription profile of a Coccolithovirus. Science. 309: 1090–1092.

Wilson WH, Tarran GA, Schroeder D, Cox M, Oke J, Malin G. 2002. Isolation of viruses responsible for the demise of an *Emiliania huxleyi* bloom in the English Channel. J Mar Biol Assoc. UK. 82: 369–377.

Winter C, Kerros ME, Weinbauer MG. 2009. Seasonal changes of bacterial and archaeal communities in the dark ocean: evidence from the Mediterranean Sea. Limnol Oceanogr. 54: 160–170.

Wommack KE, Hill RT, Kessel M, Russek–Cohen E, Colwell RR. 1992. Distribution of viruses in the Chesapeake Bay. Appl Environ Microbiol. 58: 2965–2970.

Wommack KE, Colwell RR. 2000. Virioplankton: viruses in aquatic ecosystems. Microbiol & Mol Biol Rev. 64: 69–114.

Worden A, Nolan JK, Palenik B. 2004. Assessing the dynamics and ecology of marine picophytoplankton: the importance of the eukaryotic component. Limnol Oceanogr. 49: 168–179.

Wu SY, Hou S. 2017. Impact of icebergs on net primary productivity in the Southern Ocean. The Cryosphere.

11: 707–722.

Wu M, Scott AJ. 2012. Phylogenomic analysis of bacterial and archaeal sequences with AMPHORA2. Bioinformatics. 28: 1033–1034.

Wuchter C, Abbas B, Coolen MJ, Herfort L, and others. 2006. Archaeal nitrification in the ocean. Proc Natl Acad Sci. USA. 103: 12317–12322.

Wurl O, Holmes M. 2008. The gelatinous nature of the sea–surface microlayer. Mar Chem. 110: 89–97.

Yahya RZ, Arrieta JM, Cusack M, Duarte CM. 2019. Airborne prokaryote and virus abundance over the Red Sea. Front Microbiol. 10:1112. doi: 10.3389/fmicb.2019.01112.

Yakimov MM, Golyshin PN, Lang S, and others. 1998. *Alcanivorax borkumensis* gen. nov., sp. nov., a new, hydrocarbon–degrading and surfactant–producing marine bacterium. Int J Syst Bacteriol. 48: 339–348.

Yang S, Gruber N, Long MC, Vogt M. 2017. ENSO–driven variability of denitrification and suboxia in the Eastern Tropical Pacific Ocean. Glob Biogeochem Cycle. 31: 1470–1487.

Yarza P, Yilmaz P, Pruesse E, Glöckner F, and others. 2014. Uniting the classification of cultured and uncultured bacteria and archaea using 16S rRNA gene sequences. Nat Rev Microbiol. 12: 635–645.

Yayanos AA. 1986. Evolutional and ecological implications of the properties of deep–sea barophilic bacteria. Proc Natl Acad Sci. USA. 83: 9542–9546.

Yehl K, Lemire S, Yang AC, Ando H, and others. 2019. Engineering phage host–range and suppressing bacterial resistance through phage tail fibre mutagenesis. Cell. 179: 459–469.

Yoder JA, Ackleson SG, Barber RT, Flament P, Balch WM. 1994. A line in the sea. Nature. 371: 689–692.

Yuan AH, Hochschild A. 2017. A bacterial global regulator forms a prion. Science. 355: 198–201.

Yutin N, Suzuki MT, Teeling H, Weber M, Venter JC, and others. 2007. Assessing diversity and biogeography of aerobic anoxygenic phototrophic bacteria in surface waters of the Atlantic and Pacific oceans using the global ocean sampling expedition metagenomes. Environ Microbiol. 9: 1464–1475.

Zaremba–Niedzwiedzka K, Caceres EF, Saw JH, Bäckström D, and others. 2017. Asgard archaea illuminate the origin of eukaryotic cellular complexity. Nature. 541: 353–358.

Zehr JP. 2015. How single cells work together. Science. 349: 1164–1165.

Zehr JP, Waterbury JB, Turner PJ, Montoya JP, Omoregie E, Steward GF, Hansen A, Karl DM. 2001. Unicellular cyanobacteria fix N_2 in the subtropical North Pacific Ocean. Nature. 412: 635–638.

Zehr JP, Montoya JP, Jenkins BDJ, Hewson I, and others. 2007. Experiments linking nitrogenase gene expression to nitrogen fixation in the North Pacific subtropical gyre. Limnol Oceanogr. 52: 169–183.

Zemmelink HJ, Houghton L, Sievert SM, Frew NM, Dacey JWH. 2005. Gradients in dimethylsulfide, dimethylsulfoniopropionate, dimethylsulfoxide, and bacteria near the sea surface. Mar Ecol Prog Ser. 295: 33–42.

Zhao Y, Temperton B, Thrash JC, Schwalbach MS, and others. 2013. Abundant SAR11 viruses in the ocean. Nature. 494: 357–360.

Zhong Y, Chen F, Wilhelm SW, Poorvin L, Hodson RE. 2002. Phylogenetic diversity of marine cyanophage isolates and natural virus communities as revealed by sequences of viral capsid assembly protein gene g20. Appl Environ Microbiol. 68: 1576–1584.

Zimmermann R, Iturriaga R, Becker–Birck J. 1978. Simultaneous determination of the total number of aquatic bacteria and the number thereof involved in respiration. Appl Environ Microbiol. 36: 926–935.

Zinger L, Boetius A, Ramette A. 2014. Bacterial taxa–area and distance–decay relationships in marine environments. Mol Ecol. 23: 954–964.

ZoBell CE. 1946. Marine microbiology, a monograph on hydrobacteriology. Chronica Botanica Company, Waltham, MA, 240 pp.

ZoBell CE, Mathews HM. 1936. A quantitative study of the bacterial flora of sea and land breezes. Proc Natl Acad Sci. USA. 22: 567–572.

Zohary T, Robarts RD. 1992. Bacterial numbers, bacterial production and heterotrophic nanoplankton abundance in a warm core eddy in the Eastern Mediterranean. Mar Ecol Prog Ser. 84: 133–137.

Zubkov MV, Sazhin AF, Flint MV. 1992. The microplankton organisms at the oxic–anoic interface in the pelagial of the Black Sea. FEMS Microbiol Ecol. 101: 245–250.

Zweifel UL, Hagström Å. 1995. Total counts of marine bacteria include a large fraction of non–nucleoid containing bacteria (ghosts). Appl Environ Microbiol. 61: 2180–2185.

용어 번역

5′−nucleotidase 5′−뉴클레오티다아제
abundance 개체수, 수도
active 활성(이 있는), 활동적, 능동
aggregation 응집
albedo 반사도
alkaline phosphatase 알카리 포스파타아제, 알칼리성 인산가수분해효소
alveolate 피하낭류, 피막포류
alveolata 피하낭문, 피막포문
Anthropocene 인류세
Apicomplexa 아피콤플렉사, 정단복합체충류
atomic force microscopy (AFM) 원자력 현미경 기법
axenic 순수
ballast water 평형수
bathypelagial 점심해수층(漸深海水層)
bathypelagic 반심해성
biased random walk 편향된 무작위 보행
biodeterioration 생물 손상
biofilm 생물막
biolumincescence 생체발광
biomass 생물량, 생체량
bioremediation 환경 정화
bp (base pair) 염기쌍
chemostat 항성분−배양조, 케모스태트
chemotaxis 화학 주성
Choanoflagellates 깃편모충류
chrysophyte 황갈조류
clade 단계통
Class 강(綱)
clone 클론
cluster 클러스터, 군
colonization 정착, 점유
colony 집락, 콜로니
colony forming unit (cfu) 집락(콜로니) 형성 단위
consortia 혼합공동체
copiotrophic 부영양성; copiotroph 부영양자
coverage 유전체 적용 범위
cytoskeleton 세포골격
database 데이터베이스
dataset 데이터세트, 자료세트
deep chlorophyll maximum 엽록소 최대 수심
degenerate primer 변질 프라이머
dispersal, dispersion 산포(散布)
dissolved organic carbon 용존 유기 탄소
divergence 분기, 발산
Domain 역(域)
dormant 휴지(休止)
doubling time 배가 시간
dynamics 동태, 원동력
ecotype 생태형
encode 암호화하다
encoding 인코딩
estuary 염하구
evenness 균등도
exocytosis 세포외방출
export 수출
facultative 조건적, 통성(通性)
Family 과(科)
fitness 적합(성), 적응도
flow cytometer 유세포 분석기
flow cytometry 유세포 분석기법
food−borne pathogen 식품 매개 병원체
food−web 먹이망, 먹이그물
flow rate 유량(流量)
fragment 단편, 조각
framework 체제, 틀 구조
genetic recombination 유전자 재조합
Genus 속(屬)
genome 유전체

genomics 유전체학
gliding 활주운동, 미끌어짐 운동
green sulfur bacteria 녹색 황 박테리아
Haptophyta 착편모조류; haptophyte 착편모조류
Heterocyst 이질세포
high pressure liquid chromatography (HPLC) 고압 액체 크로마토그래피
high-throughput 대량생산
homologue 상동체
horizontal gene transfer 수평 유전자 이전
host range 숙주 범위
hotspot 열점
identity 동일성
intake 섭취
integrase 삽입효소, 인테그라제
intervening sequence 개입 시퀀스
isolate 분리 균주
lineage 계열, 가계
lipopolysaccharide 리포다당체
liquid scintillation counter 액체 섬광 계수기
(macro)diversity 다양성; microdiversity 미소다양성
mesocosm 격리수계
metagenome-assembled genome 메타유전체-조립된 유전체
metagenomic fragment recruitment 메타유전체 리드 가입
methanogenesis 메탄 생성
microbiome 미생물체, 미생물군계(群系)
microbiota 미생물총
microcosm 소형격리수계
microcolony 소형 집락(콜로니)
mobile genetic element 기동성 유전 인자
monophyly 단원, 단계
multiple displacement amplification 다중 변위 증폭
myoviruse 미오바이러스
next generation sequencing 차세대 시퀀싱
noncalcifying 비석회화
nutrient 영양분, 영양소, 영양염, 영양원
nutrient broth 영양원 액체배지
oligotrophic 빈영양성
open reading frame 열린 전사 해독틀
operational taxonomic unit (OTU) 운영 분류 단위
operon 오페론
Order 목(目)
orthologous gene, ortholog 병렬상동 유전자
oxygen minimum zone 산소 최소 대역(帶域). 보통 해양의 800~1,000 m 수심 구역
paralogous gene, paralog 직렬상동 유전자
particles uptake rate 입자 섭취율
particulate organic carbon 입자상 유기 탄소
pathogen 병원체
pattern 유형, 패턴
pelagic 표영(漂泳), 원양(遠洋)
periplasmic space 세포질 주변 공간
persistent organic pollutant 지속성 유기 오염물질
phage conversion 파아지 전환
phenotype 표현형
phylogenomic 계통유전체적
phylogenetic 진화계통적, 진화계통상
phylogenetic tree 진화계통수
phylogeny 진화계통
phylotype 계통형
Phylum 문(門)
piezophilic 호압성
picoplankton 극미소플랑크톤
pili 선모, 필리
pinocytosis 음작용(飮作用)
plaque-forming unit (PFU) 플라크 형성 단위
plate count 평판 계수
plume 플룸
podoviruse 포도바이러스
polycyclic aromatic hydrocarbon 다환식 방향족 탄화수소
polymorphism 다형형상
polyp 폴립형
pore-size 기공-크기
primer 프라이머
probe 프로브, 탐침
Proteobacteria 프로티오박테리아
Prymnesiophyte 착편모조류
purple sulfur bacteria 자주색 황 박테리아
pyrosequencing 파이로시퀀싱
rank abundance 순위 수도
recalcitrant 난분해성
redox cline 산화환원 약층

refractory 난분해성
rarefaction curve 종수누적 곡선
richness 풍도
rank 위계, 계급
reference strain 참고 균주
representative 대표 종
Representative Concentration Pathway(RCP) 대표 농도 경로
reproducible 재현 가능한
sampling 견본 추출, 샘플링
scaffold 골격, 스캐폴드
screening 선별
sea lettuce 갈파래 속
secondary metabolite 이차 대사산물
sediment trap 퇴적물 트랩
seep 누출지; seepage 누출
selfish genetic element 이기적 유전 인자
semi-labile 반-불안정
sequence 염기서열, 시퀀스
sequence variation 시퀀스 변이
sequencing 시퀀싱
sequestration 제거
serotype 혈청형
siderophore 시데로포어
signal transduction 신호 전달
signaling 신호
signature nucleotides 표지 뉴클레오티드
similarity 유사도
sink 싱크
sinking flux 침강 유동량
siphoviruse 시포바이러스
site 장소, 현장
sonicate 음파 파쇄하다
Southern Ocean 남빙양
Speciation 종분화; 이소성 종분화(allopatric speciation)
Species 종(種)
specific activity 비(比)방사능, 비활성도
splicing 편집, 접목, 스플라이싱; self-splicing 스스로 편집하는
spoilage 부패
Subspecies 아종(亞種)
Sucrose 자당
Superphylum 초문(超問)
synonymous substitution 동의 치환; non-synonymous substitution 비-동의 치환
syntrophy 혐기적 공생; syntroph 혐기적 공생자; syntrophic 혐기 공생적
sulfonate 술폰산염
taxa 분류군
threshold value 기준 값, 문턱 값
tidal creek 조류 세곡
transporter 수송자
transposable element 전치(轉置) 인자
transposase 전치효소
tubeworm 관벌레
twitching motility 연축 운동성
ultrafiltration 한외여과
uncoupling 연결해제
uptake 흡수, 섭취
vacuole 액포
vibrio 비브리오
virome 바이러스체
whole-genome 전체 유전체
zooxanthellae 주우키산텔라(황록공생조류)

찾아보기

한글 찾아보기

영문 찾아보기